quadrante

MATEMÁTICA 3

Ensino Médio | 3º ano

Eduardo Chavante

- Licenciado em Matemática pela Pontifícia Universidade Católica do Paraná (PUC-PR).
- Professor da rede pública nos Ensinos Fundamental e Médio.
- Autor de livros didáticos para os Ensinos Fundamental e Médio.

Diego Prestes

- Mestre em Ensino de Ciências e Educação Matemática pela Universidade Estadual de Londrina (UEL-PR).
- Especialista em Educação Matemática pela UEL-PR.
- Licenciado em Matemática pela UEL-PR.
- Atuou como professor na rede particular nos Ensinos Médio e Superior.
- Autor de livros didáticos para o Ensino Médio.

1ª edição, São Paulo, 2016

sm

Quadrante — Matemática — 3

Direção editorial Juliane Matsubara Barroso
Gerência editorial Roberta Lombardi Martins
Gerência de processos editoriais Marisa Iniesta Martin
Edição executiva Ana Paula Souza Nani
Edição: Kátia Takahashi, Larissa Calazans e Simone Politi Xavier
Colaboração técnico-pedagógica: Eduardo Wagner, Elenilton Vieira Godoy, Paulo Cezar Pinto Carvalho
Coordenação de controle editorial Flavia Casellato
Suporte editorial: Alzira Aparecida Bertholim Meana, Camila Cunha, Fernanda D'Angelo, Giselle Marangon, Mônica Rocha, Silvana Siqueira, Talita Vieira
Coordenação de revisão Cláudia Rodrigues do Espírito Santo
Coordenação de *design* Rafael Vianna Leal
***Design*:** Leika Yatsunami, Tiago Stéfano
Coordenação de arte Ulisses Pires
Edição executiva de arte: Melissa Steiner
Coordenação de iconografia Josiane Laurentino
Produção editorial Scriba Projetos Editoriais
Edição executiva: Eduardo da Rosa Neto
Edição: Lucília Franco Lemos dos Santos
Assistência editorial: Daiane Gomes de Lima Carneiro, Leandro Figueira Ferreira, Ana Claudia Barretto, Thais Marcelle de Andrade, Victor Hugo dos Santos Gois
Preparação de texto: Ieda Rodrigues e Shirley Gomes
Revisão: Claudia Maietta
Edição de ilustrações: Maryane Silva
Iconografia: Túlio Esteves
Tratamento de imagens: José Vitor E. Costa
Diagramação: Leandro Pimenta

Capa Rafael Vianna Leal
Projeto gráfico Marcela Pialarissi e Rafael Hatadani
Imagem de capa Obra de Luiz Sacilotto, *Sem título*, 1993. Têmpera acrílica sobre tela, 110 cm x 110 cm. Coleção particular. Fotografia: Valter Sacilotto.
Editoração eletrônica Leonardo Mari
Fabricação Alexander Maeda
Impressão Eskenazi Indústria Gráfica Ltda

Dados Internacionais de Catalogação na Publicação (CIP)
(Câmara Brasileira do Livro, SP, Brasil)

Chavante, Eduardo
Quadrante matemática, 3º ano : ensino médio / Eduardo Chavante, Diego Prestes. – 1. ed. – São Paulo : Edições SM, 2016. – (Coleção quadrante matemática)

Suplementado pelo manual do professor.
Bibliografia.
ISBN 978-85-418-1410-2 (aluno)
ISBN 978-85-418-1411-9 (professor)

1. Matemática (Ensino médio) I. Chavante, Eduardo. II. Prestes, Diego. III. Título. IV. Série.

16-02603 CDD-510.7

Índices para catálogo sistemático:
1. Matemática : Ensino médio 510.7

1ª edição, 2016

Edições SM Ltda.
Rua Tenente Lycurgo Lopes da Cruz, 55
Água Branca 05036-120 São Paulo SP Brasil
Tel. 11 2111-7400
edicoessm@grupo-sm.com
www.edicoessm.com.br

Apresentação

Querido(a) aluno(a),

Preparamos este livro com dedicação a fim de proporcionar a você condições de ampliar o que aprendeu a respeito da Matemática, além de auxiliá-lo(a) em seu ingresso aos cursos de Educação Superior e a outros que você almejar.

Sem um leitor, este livro nada mais é que um apanhado de letras, números e símbolos. No entanto, em suas mãos, ele se torna uma poderosa ferramenta, capaz de expandir seu entendimento acerca do mundo em que estamos inseridos.

Neste material, você vai encontrar textos e atividades que relacionam a Matemática com as outras áreas, além de situações em que seu conhecimento matemático será posto à prova. Esta obra também apresenta assuntos matemáticos direcionados à sua formação cidadã, fornecendo oportunidades de reflexão sobre atitudes que podemos, e devemos, desenvolver para viver melhor em uma sociedade dinâmica e em plena transformação.

Bons estudos!

Os autores.

Aitormmfoto/Shutterstock.com/ID/BR

Atleta amador usando o GPS para conferir sua localização durante uma escalada.

Vários conceitos geométricos, como os que envolvem pontos e esferas, dão suporte aos modernos sistemas de navegação por satélite, em especial do GPS (sistema de posicionamento global).

Conheça seu livro

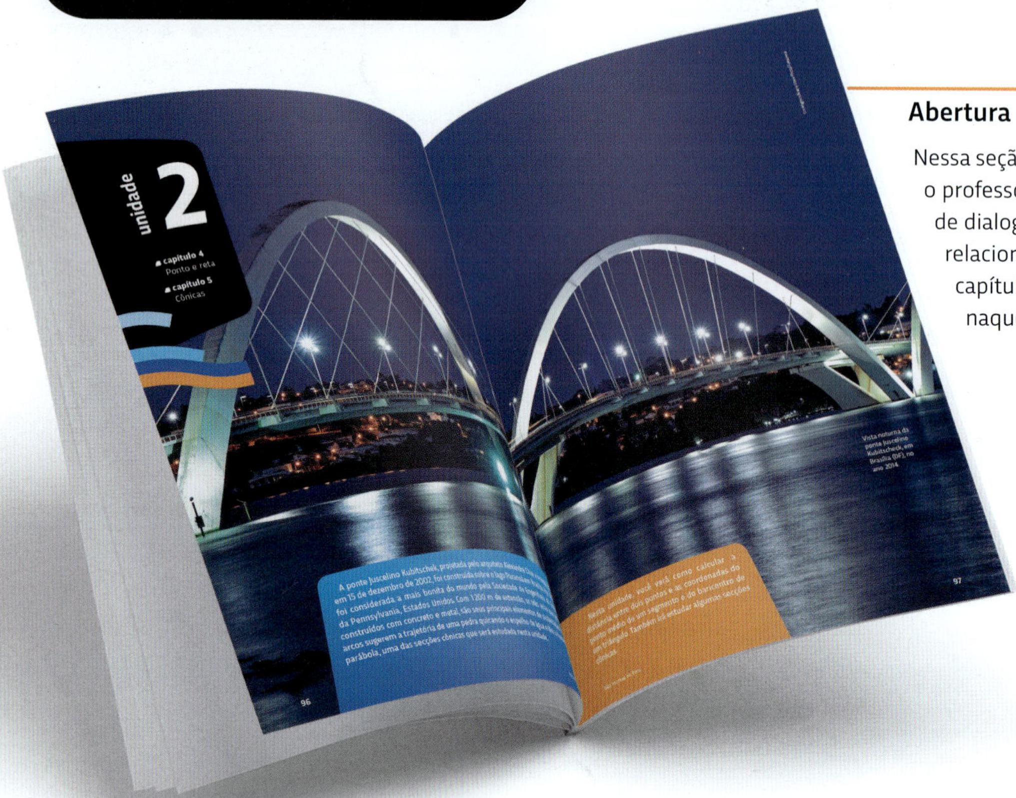

Abertura de unidade

Nessa seção você, seus colegas e o professor terão a oportunidade de dialogar a respeito de temas relacionados com um dos capítulos que serão estudados naquela unidade.

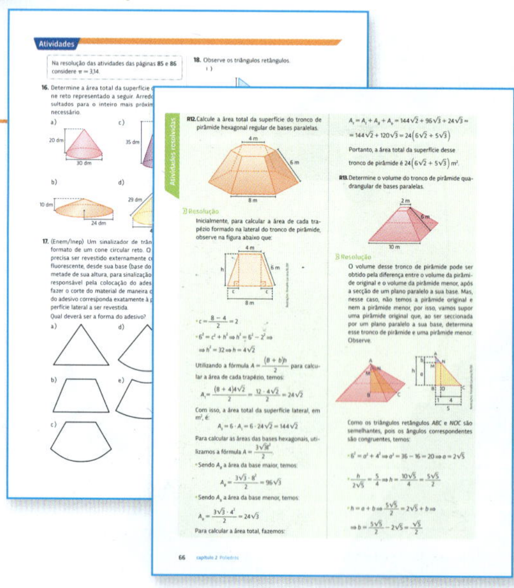

Atividades

Nessa seção você será convidado a colocar em prática os conhecimentos que já possui e desafiado a perceber aspectos que podem ser melhorados. Algumas atividades estão indicadas com ícones.

Atividades resolvidas

Essas atividades complementam os conteúdos apresentados no capítulo e auxiliam no trabalho com as atividades que você deverá resolver.

Ícones

- Atividades que exploram as diversas maneiras de usar a calculadora científica e o uso de ***software***.
- Atividades para serem desenvolvidas com os colegas.
- Atividades com maior grau de dificuldade e que estimulam diferentes estratégias de resolução.
- Indica que as cores apresentadas nas imagens não correspondem às reais.
- Indica que as imagens não são proporcionais entre si.

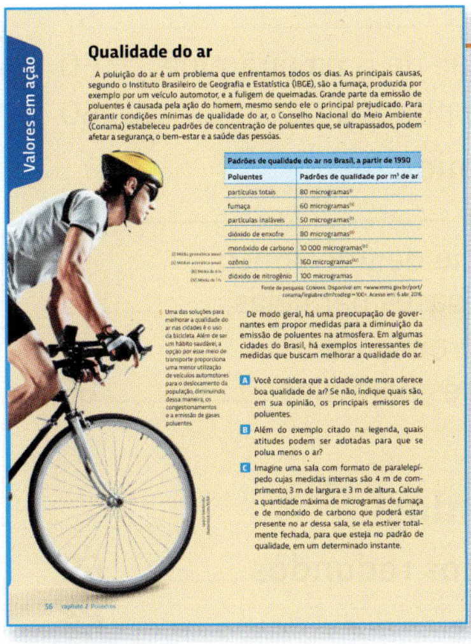

Valores em ação

Nessa seção você será convidado a refletir a respeito de diversos temas, como o cuidado com o seu próprio corpo, com o ambiente e o respeito ao próximo.

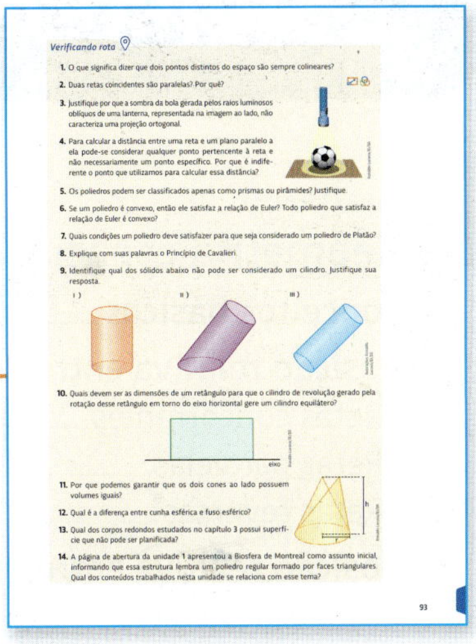

Verificando rota

Nessa seção você terá a oportunidade de rever os conceitos gerais desenvolvidos ao longo dos capítulos, verificando sua rota de aprendizagem.

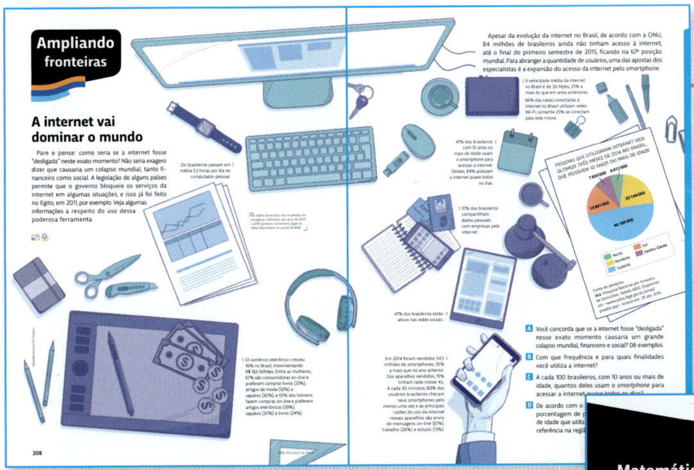

Ampliando fronteiras

A leitura dos textos apresentados nessa seção permite que você amplie as fronteiras do seu conhecimento em temas sobre a história e as diversas aplicações da Matemática.

Matemática em ação

Nessa seção você terá a oportunidade de colocar a Matemática em ação, dentro e fora da escola, e de perceber a sua relação com outras áreas do conhecimento.

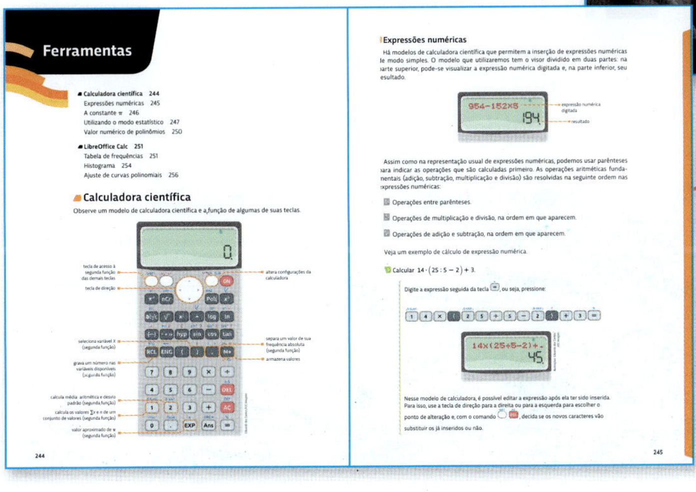

Ferramentas

Nessa seção você vai aprender a utilizar a calculadora científica e a planilha eletrônica BrOffice Calc, ambas exploradas como ferramentas que aprofundam seus conhecimentos matemáticos.

Sumário

unidade 1

- **capítulo 1** Geometria espacial de posição
- **capítulo 2** Poliedros
- **capítulo 3** Corpos redondos

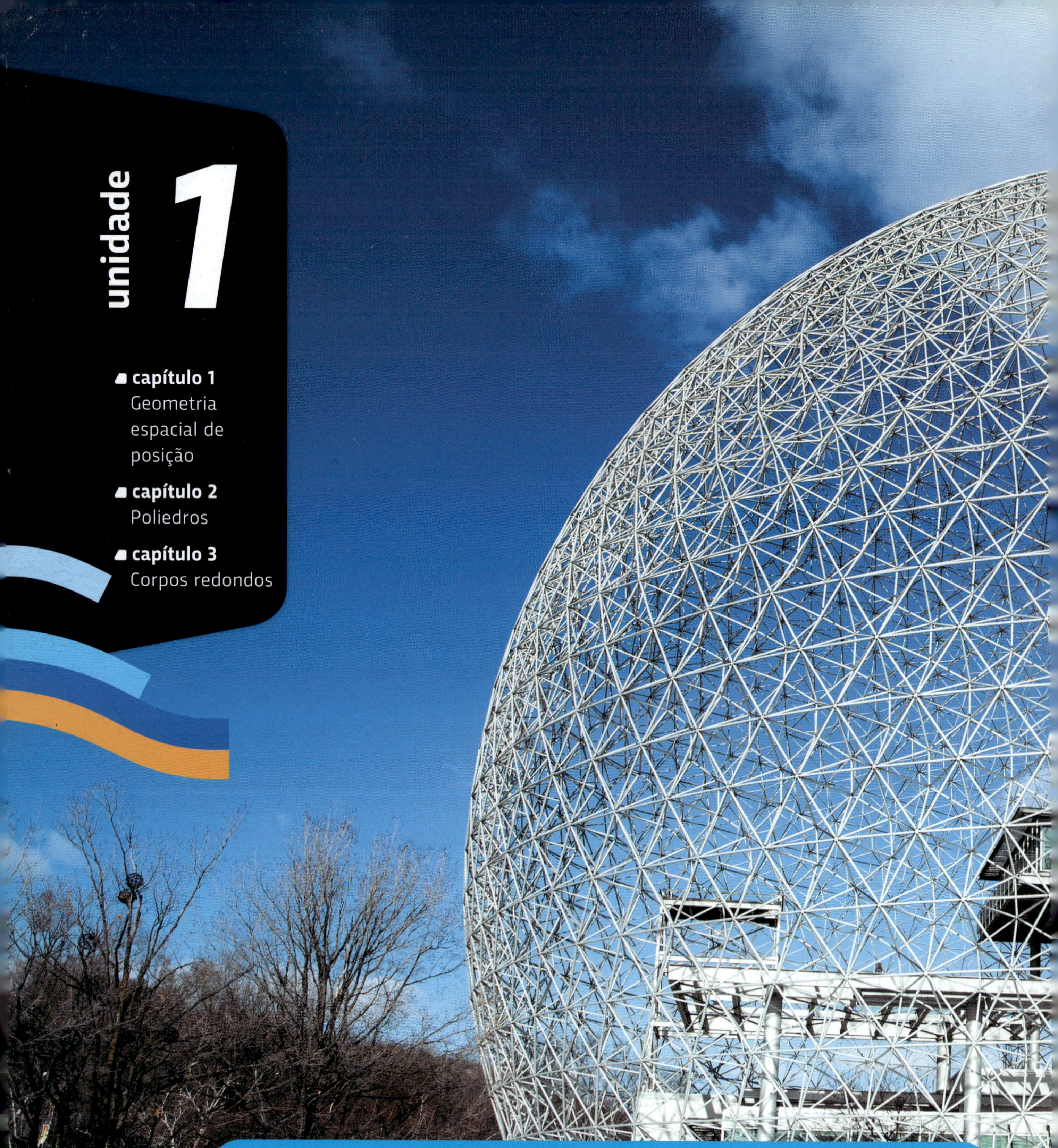

A Biosfera de Montreal, localizada na ilha de Santa Helena, no Canadá, é uma das Cúpulas de Fuller, projetada pelo engenheiro e arquiteto estadunidense Richard Buckminster Fuller, para o pavilhão norte-americano da Exposição Universal de 1967, em Montreal. Medindo aproximadamente 61 m de altura e 76 m de diâmetro, contendo cerca de 1 900 painéis de acrílico delimitados por tubos de aço, hoje acomoda um museu. Sua estrutura lembra o formato de um poliedro composto por faces triangulares, assunto que será abordado nesta unidade.

Jane Rix/Shutterstock.com/ID/BR

Dedicado a questões ambientais, o Museu da Bioesfera (retratado em janeiro de 2015) oferece ao público atividades interativas e apresenta exposições sobre as principais questões ambientais relacionadas com a água, alterações climáticas, ar, ecotecnologias e desenvolvimento sustentável. Está localizado no Parc Jean-Drapeau, em Montreal, Canadá.

Nesta unidade, você vai estudar os conceitos que envolvem o ponto, a reta e o plano na Geometria espacial de posição, e também conhecerá os poliedros, aprofundando-se em alguns casos particulares, e ainda estudará os sólidos denominados corpos redondos.

capítulo 1 Geometria espacial de posição

Conceitos básicos

Em anos anteriores, provavelmente você estudou alguns conceitos básicos de Geometria plana, como paralelismo e perpendicularismo. Neste capítulo, estenderemos essas e outras ideias do plano para o espaço tridimensional.

Na Geometria espacial, consideramos entes geométricos "imersos" no espaço. E **espaço**, na Geometria, é o conjunto de pontos no qual residem as figuras geométricas espaciais.

Os conceitos que estudaremos neste capítulo partem fundamentalmente dos conceitos de **ponto**, **reta** e **plano** no espaço tridimensional.

representação de um ponto

representação de uma reta

representação de um plano

Esses são **conceitos primitivos** da Geometria espacial, pois, para definir algo, recorremos a definições anteriores. O processo de dar definições precisa ter um início, assim, escolhemos determinados conceitos julgados mais essenciais, dos quais se tenha uma ideia intuitiva, que são adotados como primitivos.

O ponto, a reta e o espaço se relacionam com a ideia de **dimensão**.

- Um ponto é um espaço de dimensão 0.
- Uma reta é um espaço de dimensão 1 (unidimensional).
- Um plano é um espaço de dimensão 2 (bidimensional).

Os pontos serão indicados com letras maiúsculas (*A*, *B*, *C*, ...), as retas por letras minúsculas (*r*, *s*, *t*, ...) e os planos por letras gregas minúsculas (α, β, γ, ...).

Ao utilizar a palavra espaço, estaremos sempre nos referindo ao espaço de dimensão 3, ou seja, ao espaço tridimensional.

A reta, o plano e o espaço são conjuntos cujos elementos são pontos. Dessa maneira, dizemos, por exemplo:

- O ponto *A* **pertence** à reta *r*.
- A reta *r* **está contida** no plano α.
- O ponto *A* **pertence** ao plano α.

Ilustrações: Ronaldo Lucena/ID/BR

Utilizando os conceitos primitivos de ponto, reta e plano, podemos enunciar algumas **propriedades essenciais**, ou **postulados**, que são fatos iniciais aceitos como verdadeiros sem necessidade de demonstração. A demonstração de uma propriedade deve sempre se basear em propriedades anteriormente demonstradas, e, de maneira análoga, para a escolha de conceitos primitivos, é preciso escolher determinadas propriedades, de preferência intuitivamente válidas, para serem aceitas sem demonstração.

Observe a seguir alguns desses postulados.

Postulado 1

Dois pontos distintos do espaço determinam uma única reta.

> Uma reta r, determinada pelos pontos *A* e *B*, será denotada por $\overleftrightarrow{AB}$.

reta *r* ou $\overleftrightarrow{AB}$

Nesse postulado, ao dizer que "dois pontos distintos do espaço determinam uma única reta" estamos afirmando que há uma, e somente uma, reta que contém esses pontos. Quando uma reta contém determinado ponto, também podemos dizer que a reta passa por esse ponto.

Quando uma reta contém determinado conjunto de pontos, dizemos que os pontos desse conjunto são **colineares**. Pelo postulado **1**, dois pontos do espaço sempre são colineares.

Postulado 2

Três pontos não colineares do espaço determinam um único plano.

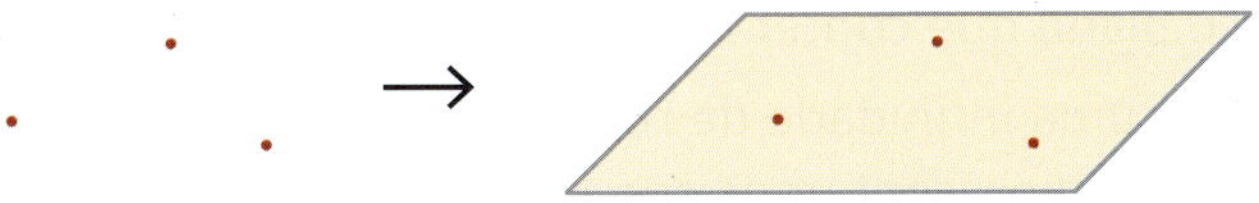

Um conjunto com três pontos não colineares é obtido sempre que escolhemos dois pontos quaisquer de uma reta e um ponto que não pertence a essa reta.

Ao dizer que três pontos determinam um único plano, estamos dizendo que há um, e somente um, plano que contém esses pontos. Quando um plano contém determinado ponto, podemos dizer que o plano passa por esse ponto.

Quando há um plano que contém determinado conjunto de pontos, dizemos que os pontos desse conjunto são **coplanares**. Pelo postulado **2**, três pontos do espaço sempre são coplanares.

Postulado 3

Se uma reta possui dois de seus pontos em um plano, então essa reta está inteiramente contida nesse plano.

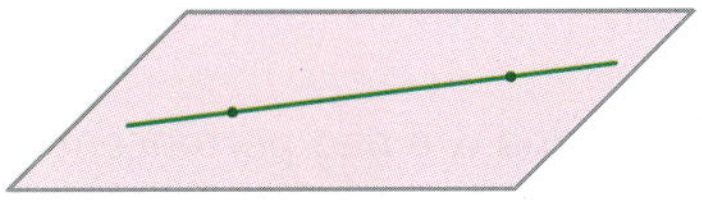

Ilustrações: Ronaldo Lucena/ID/BR

Esse postulado traduz o fato de que uma reta que não está contida em um plano pode intersectar esse plano em, no máximo, um ponto.

Os postulados anteriores são propriedades dos conceitos primitivos aceitos como verdadeiros. Baseando-se neles, é possível deduzir outras propriedades, enunciadas como **teoremas**. Esses teoremas, sim, precisam ser demonstrados com conhecimentos anteriores já estabelecidos.

Observe o exemplo de um teorema acompanhado de sua demonstração.

Teorema 1

Uma reta e um ponto não pertencente a ela determinam um único plano.

Demonstração

Seja *r* uma reta e *A* um ponto não pertencente a essa reta. Considere *B* e *C* dois pontos distintos de *r*.

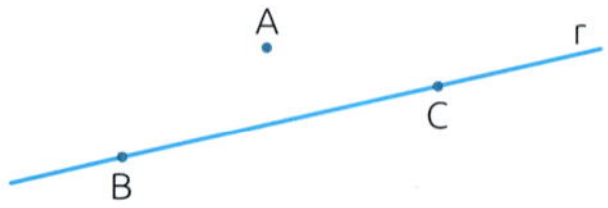

Os pontos *A*, *B* e *C* são não colineares, logo, pelo postulado **2**, há um único plano α que contém esses três pontos.

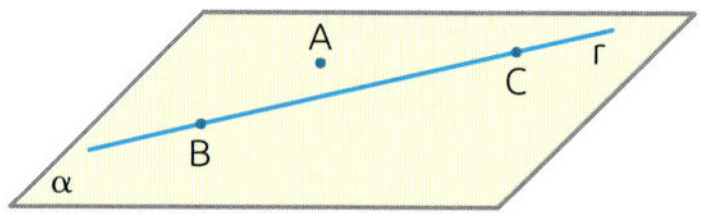

Pelo postulado **3**, a reta *r* está inteiramente contida no plano α, pois α contém dois pontos distintos de *r*.

Portanto, α é o único plano que contém a reta *r* e o ponto *A*.

Por um ponto, passam uma infinidade de retas e por uma reta passam uma infinidade de planos. Nas figuras abaixo, representamos apenas algumas retas passando por um ponto *A* e apenas alguns planos passando por uma reta *r*.

- Infinitas retas passam por um ponto *A*.

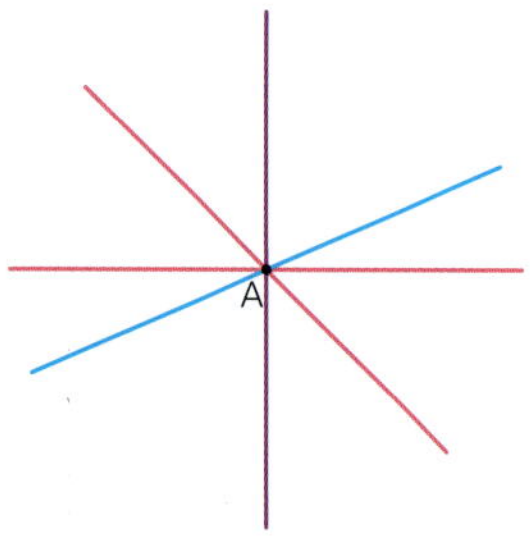

- Infinitos planos passam por uma reta *r*.

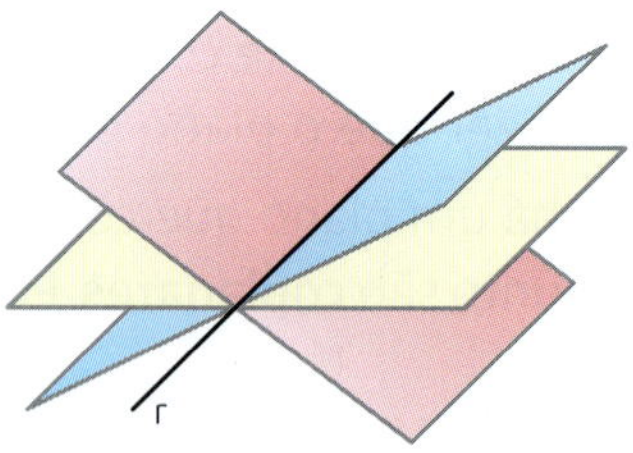

Ilustrações: Ronaldo Lucena/ID/BR

Atividades resolvidas

R1. Considere os pontos *P*, *Q*, *R* e *S*, uma reta *r* e um plano α tais que:

- a reta *r* está contida no plano α;
- o ponto *P* pertence à reta *r*;
- os pontos *Q* e *S* pertencem ao plano α e não pertencem à reta *r*;
- os pontos *P*, *Q* e *S* não são colineares;
- o ponto *R* não pertence ao plano α.

Classifique cada afirmativa a seguir como verdadeira ou falsa, justificando a resposta.

a) Os pontos *P*, *Q* e *S* são coplanares.

b) Existe apenas uma reta que passa pelo ponto *P*.

c) A reta *r* e o ponto *R* não determinam um plano.

Atividades resolvidas

Resolução

a) Verdadeiro, pois os pontos *P*, *Q* e *S* pertencem ao mesmo plano α.

b) Falso, pois por um ponto passam infinitas retas. Ou ainda, pelo postulado **1**, dois pontos distintos do espaço determinam uma única reta, podemos determinar uma reta passando por *P* e *Q* e outra passando por *P* e *S*, por exemplo.

c) Falso. De acordo com o teorema **1**, uma reta e um ponto não pertencente a ela determinam um único plano. Como *R* não pertence à reta *r*, ambos determinam um único plano.

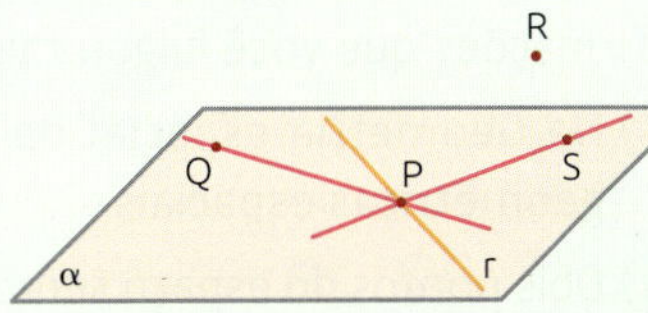

R2. Sejam os pontos *P*, *Q*, *R* pertencentes ao plano α, e os pontos *S* e *T* não pertencentes ao plano α. Sabendo que esses pontos são não colineares quando tomados três a três, responda cada questão justificando a resposta dada.

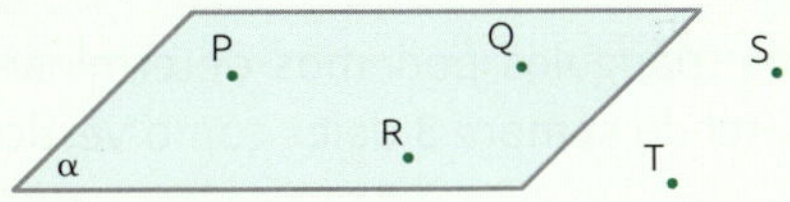

a) Os pontos *Q*, *R* e *S* determinam um único plano?

b) Os pontos *P* e *S* determinam uma única reta?

c) Qual é a quantidade máxima de retas distintas que podem ser determinadas por dois desses pontos?

d) Qual é a quantidade máxima de planos distintos que podem ser determinados com os pontos *P*, *Q*, *R* e *T*?

e) A reta definida pelos pontos *P* e *R* está contida no plano α?

Resolução

a) Sim, pois como *S* não pertence ao plano α não pode estar na reta determinada por *Q* e *R*, uma vez que essa reta está contida no plano α. Portanto, *Q*, *R* e *S* são não colineares e, assim, pelo **postulado 2**, determinam um único plano.

b) Sim, pois pelo **postulado 1**, dois pontos distintos do espaço determinam uma única reta.

c) Os pontos são não colineares quando tomados três a três. Como cada par de pontos determina uma reta, a quantidade máxima de retas é igual à quantidade de modos de escolher 2 entre os 5 pontos e, portanto, é dada por $C_{5,2}$, isto é, uma combinação simples $C_{n,p} = \frac{n!}{p!(n-p)!}$, na qual $n = 5$ e $p = 2$.

$$C_{5,2} = \frac{5!}{2!(5-2)!} = \frac{5 \cdot 4 \cdot 3!}{2 \cdot 1 \cdot 3!} = 10$$

Portanto, podem ser determinadas no máximo 10 retas distintas por dois desses pontos.

d) Os pontos *P*, *Q*, *R* e *T* são não colineares quando tomados três a três. Como três pontos não colineares determinam um único plano, a quantidade máxima de planos é igual à quantidade de modos de escolher 3 entre os 4 pontos e, portanto, é dada por $C_{4,3}$.

$$C_{4,3} = \frac{4!}{3!(4-3)!} = \frac{4 \cdot 3!}{3! \cdot 1!} = 4$$

Portanto, podem ser determinados no máximo 4 planos distintos por esses pontos.

e) Sim, pois pelo **postulado 3**, se uma reta possui dois de seus pontos em um plano, então, essa reta está inteiramente contida nesse plano.

Atividades

1. Que conceito primitivo da Geometria espacial pode ser lembrado ao se observar:

a) um fio bem esticado? b) um grão de areia? c) a superfície de uma mesa?

2. Classifique cada uma das afirmações a seguir em verdadeira ou falsa. Em seguida, reescreva as afirmações que você julgou falsas, corrigindo-as no caderno.

a) Na Geometria espacial de posição, o espaço é limitado e é nele que residem as figuras geométricas espaciais.

b) Dois pontos do espaço sempre são colineares.

c) Três pontos do espaço nem sempre são coplanares.

d) Dois pontos distintos determinam uma única reta.

e) Uma reta que não está contida em um plano intersecta esse plano em vários pontos.

3. No máximo, quantos triângulos podemos determinar com 7 pontos distintos não colineares tomados três a três, tendo sempre 3 deles como vértices?

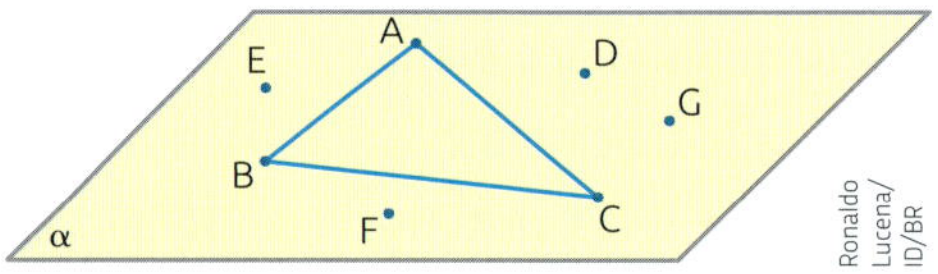

Ronaldo Lucena/ ID/BR

4. (Uece) Sejam *r* e *s* duas retas distintas e paralelas. Se fixarmos 10 pontos em *r* e 6 pontos em *s*, todos distintos, ao unirmos, com segmentos de reta, três quaisquer destes pontos não colineares, formam-se triângulos. Assinale a opção correspondente ao número de triângulos que podem ser formados.

a) 360 b) 380 c) 400 d) 420

5. Sejam os pontos *A*, *B* e *C* pertencentes ao plano α e não colineares, e os pontos *D* e *E* não pertencentes ao plano α e não colineares com os pontos *A*, *B* ou *C*.

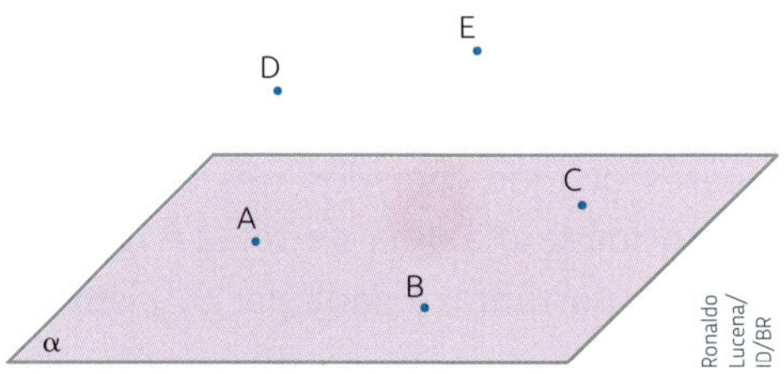

Ronaldo Lucena/ ID/BR

a) No máximo, quantos triângulos não contidos no plano α podem ser determinados pelos pontos *A*, *B*, *C*, *D* e *E* como vértices?

b) Podemos afirmar que os pontos *D* e *E* também são não colineares? Justifique.

c) No máximo, quantos planos podem ser determinados pelos pontos *A*, *B*, *C* e *E*?

6. Quantos planos no máximo podem ser determinados por 6 pontos não colineares tomados três a três no espaço?

7. Observe a imagem de um cubo em que β é um plano que contém uma de suas faces. De acordo com a figura, podemos afirmar que:

a) os pontos *F* e *G* pertencem ao plano β?

b) as faces do cubo estão contidas no plano β? Justifique.

> No próximo capítulo, veremos que o cubo é um prisma reto e que suas seis faces são quadrados congruentes.

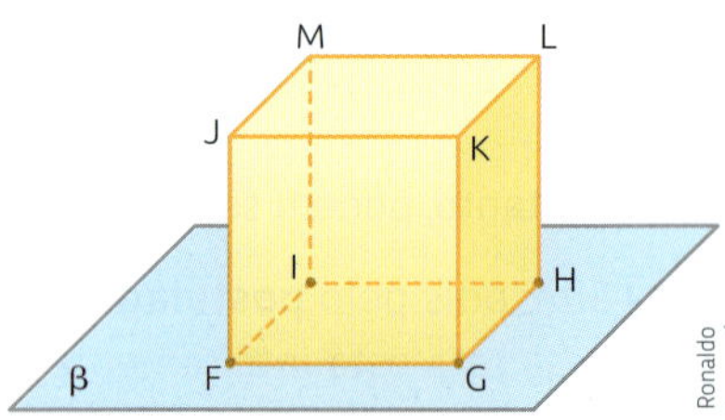

Ronaldo Lucena/ ID/BR

Posição relativa entre duas retas

Vimos que dois pontos distintos do espaço determinam uma única reta. Isso significa que duas retas distintas podem ter, no máximo, um ponto em comum. Se as retas *r* e *s* têm mais de um ponto em comum, então elas são coincidentes, ou seja, correspondem à mesma reta.

Vamos, a seguir, classificar as posições que uma reta pode ocupar em relação a outra reta.

Retas concorrentes

Retas **concorrentes** são aquelas cuja intersecção é apenas um ponto.

Quando duas retas possuem um único ponto em comum, elas são ditas concorrentes.

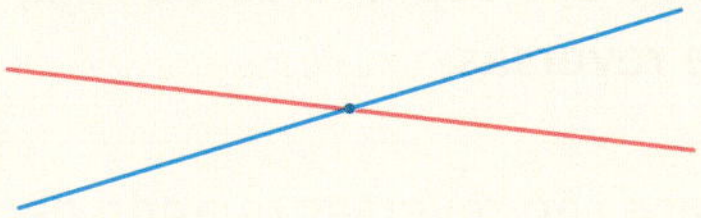

Duas retas concorrentes determinam um único plano. Para provar isso, considere as retas concorrentes *r* e *s* com ponto de intersecção *A*. Seja *B* um ponto em *r* e *C* um ponto em *s*, ambos distintos de *A*. Como três pontos não colineares determinam um único plano, seja α o plano que contém *A*, *B* e *C*. Esse plano contém as retas *r* e *s*, pois contém dois pontos pertencentes a cada uma delas.

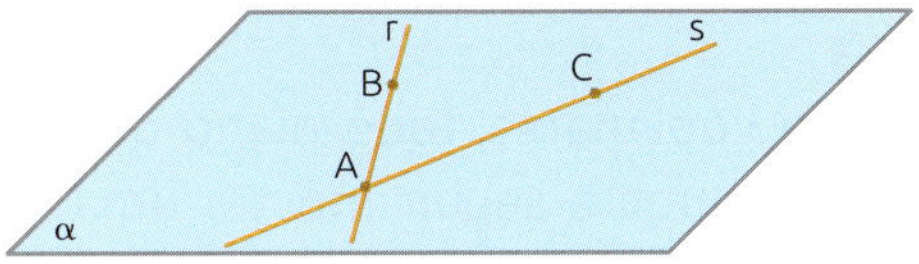

Retas paralelas

Na Geometria plana, definimos retas paralelas como aquelas que não se intersectam. Porém, para definir retas paralelas no espaço, é necessário também exigir que elas sejam coplanares.

Duas retas no espaço são paralelas quando são coplanares e não possuem ponto em comum.

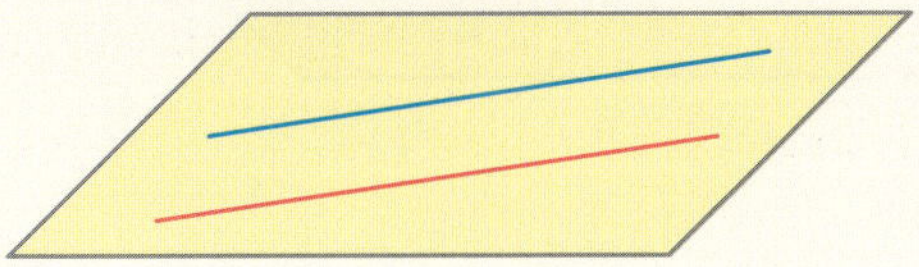

Ilustrações: Ronaldo Lucena/ ID/BR

Utilizamos a notação r//s para indicar que as retas *r* e *s* são paralelas.

Quando duas retas são paralelas, há um único plano que as contém. Para provar isso, basta observar que há um único plano α que contém uma das retas e um ponto da outra reta. Assim, qualquer plano que contenha as duas retas coincidirá com esse plano α.

No espaço, assim como ocorre no plano, dada uma reta e um ponto não pertencente a ela, há uma única reta que passa por esse ponto e é paralela à reta dada. Essa afirmação é conhecida como o quinto postulado de Euclides ou **postulado das paralelas**.

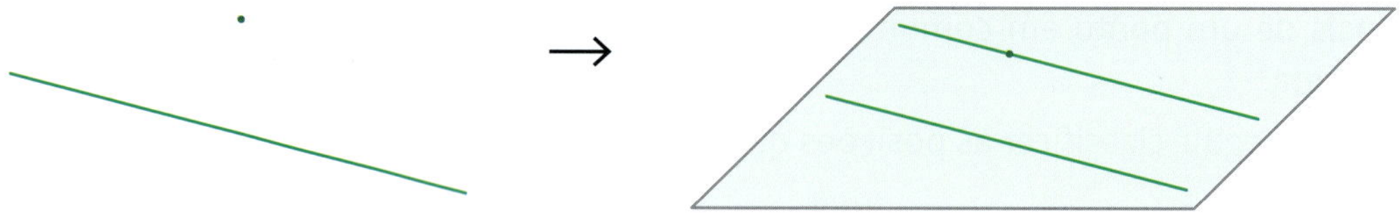

Retas reversas

As posições relativas entre duas retas vistas até agora foram aquelas em que as retas determinam um plano. E, de fato, duas retas distintas pertencentes a um mesmo plano só podem ser concorrentes ou paralelas.

Todos os pares de retas que não são coplanares, ou seja, que não estão contidas em um mesmo plano, são chamados de **reversas**.

Duas retas no espaço são reversas quando não são coplanares.

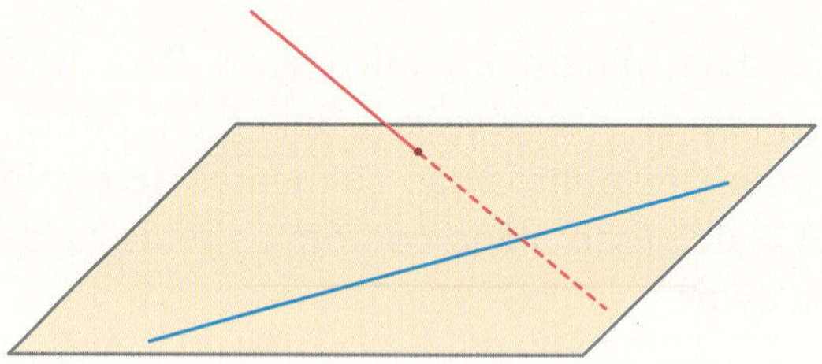

Para que duas retas não sejam coplanares, todo plano que contém uma das retas não contém a outra reta. Porém, o teorema a seguir mostra uma condição mais simples que determina quando duas retas são reversas.

Teorema 2

Sejam *r* e *s* duas retas no espaço. Se existir um plano α que contém *r* e que intersecta *s* em um único ponto *P* não pertencente a *r*, então *r* e *s* são retas reversas.

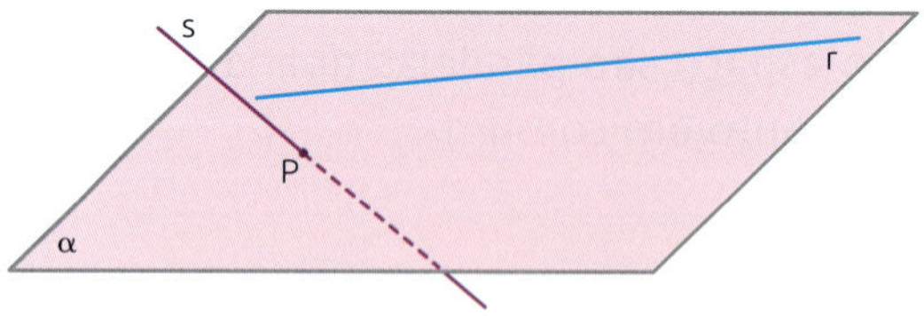

Ilustrações: Ronaldo Lucena/ID/BR

Demonstração

Seja β um plano que contém *r*. Se a reta *s* estivesse inteiramente contida em β, então, em particular, *P* seria um ponto de β. Mas como uma reta e um ponto não pertencente a ela determinam um único plano, então β coincide com o plano α, o que é um absurdo, pois α intersecta *s* em um único ponto, por hipótese. Isso mostra que não é possível que um mesmo plano contenha *r* e *s*, ou seja, essas retas não são coplanares e são, portanto, reversas.

É importante observar que duas retas reversas não possuem ponto algum em comum, caso contrário, essas duas retas seriam concorrentes ou coincidentes e, portanto, coplanares.

O esquema seguinte mostra as possíveis posições relativas entre duas retas distintas no espaço.

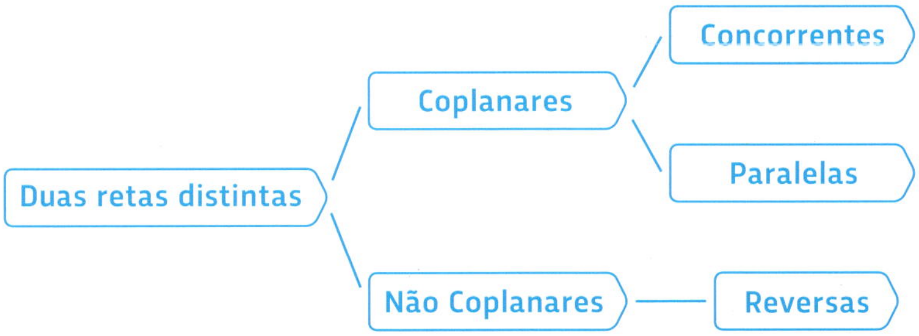

R3. Observe a representação de um prisma de base hexagonal regular.

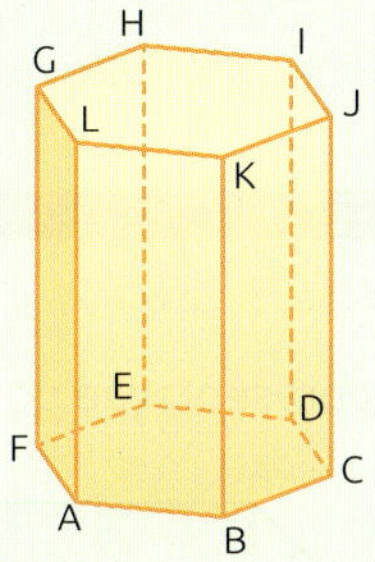

Considere as retas que contêm as arestas do prisma e resolva as questões.

a) Quais retas são reversas a $\overleftrightarrow{DC}$?

b) Quais são as retas paralelas a $\overleftrightarrow{JI}$?

c) Quais retas são coplanares a $\overleftrightarrow{BC}$?

d) Qual é a posição relativa entre $\overleftrightarrow{GH}$ e $\overleftrightarrow{HI}$?

Resolução

a) Para ser reversa a $\overleftrightarrow{DC}$, a reta não deve estar contida no mesmo plano que $\overleftrightarrow{DC}$, isto é, elas não devem ser concorrentes e nem paralelas a $\overleftrightarrow{DC}$. Essas retas são $\overleftrightarrow{KJ}$, $\overleftrightarrow{HI}$, $\overleftrightarrow{HG}$, $\overleftrightarrow{LK}$, $\overleftrightarrow{BK}$, $\overleftrightarrow{AL}$, $\overleftrightarrow{FG}$ e $\overleftrightarrow{EH}$.

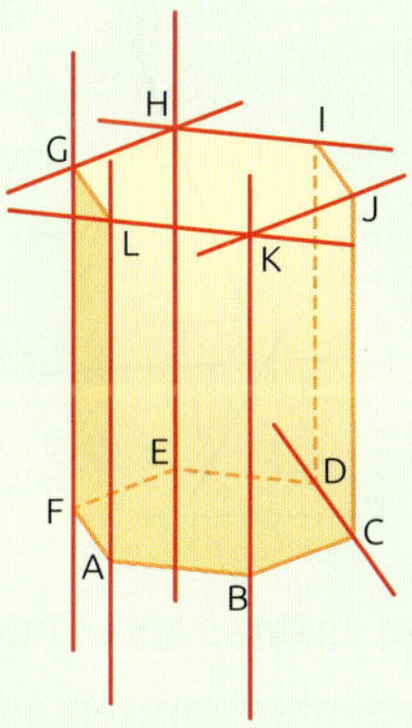

b) Os pontos *CDIJ*, *GHIJKL* e *AFIJ* determinam três planos diferentes. E $\overleftrightarrow{JI}$ está contida nesses três planos. Como o hexágono é regular, $\overleftrightarrow{LG}$ é paralela a $\overleftrightarrow{JI}$. Por outro lado, $\overleftrightarrow{CD}$ é paralela a $\overleftrightarrow{JI}$, por serem arestas correspondentes das duas bases, do mesmo modo que $\overleftrightarrow{LG}$ é paralela a $\overleftrightarrow{AF}$. Portanto, as retas paralelas a $\overleftrightarrow{JI}$ são $\overleftrightarrow{LG}$, $\overleftrightarrow{CD}$ e $\overleftrightarrow{AF}$.

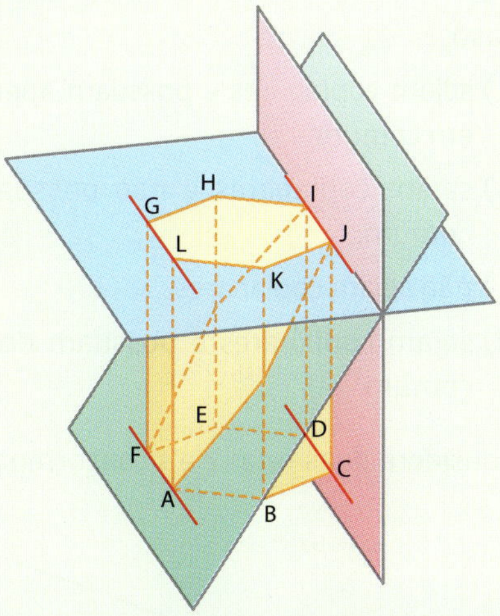

c) Para duas retas serem coplanares, é necessário que exista um plano que contém as duas retas. Neste caso, as retas coplanares a $\overleftrightarrow{BC}$ são: $\overleftrightarrow{CD}$, $\overleftrightarrow{DE}$, $\overleftrightarrow{EF}$, $\overleftrightarrow{FA}$, $\overleftrightarrow{AB}$, $\overleftrightarrow{BK}$, $\overleftrightarrow{CJ}$, $\overleftrightarrow{GH}$ e $\overleftrightarrow{JK}$.

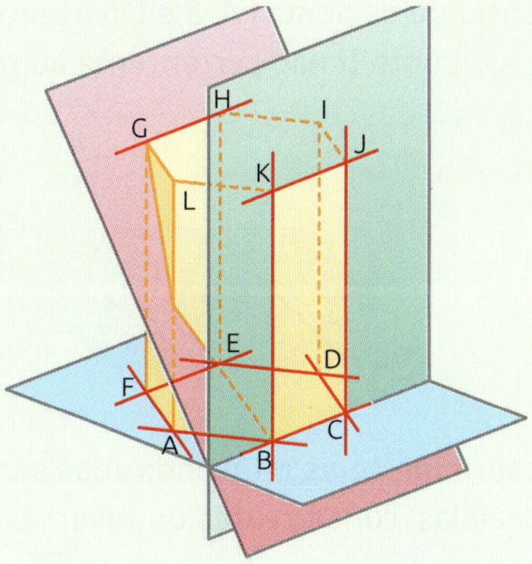

Ilustrações: Ronaldo Lucena/ID/BR

Atividades resolvidas

d) Note que, $\overleftrightarrow{GH}$ e $\overleftrightarrow{HI}$ são concorrentes, pois são coplanares e possuem apenas um ponto em comum.

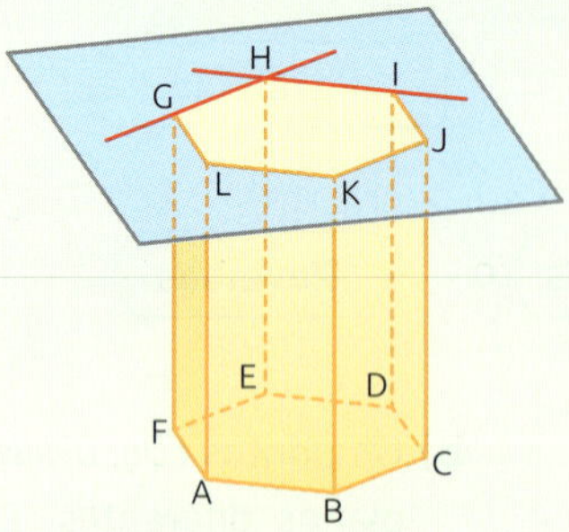

Ronaldo Lucena/ID/BR

> Os prismas serão apresentados com mais detalhes no próximo capítulo. Sobre eles, podemos adiantar que possuem duas bases, paralelas entre si e congruentes e as arestas laterais são paralelas entre si.

Atividades

8. Determine a posição relativa entre duas retas, caso:

a) sejam coplanares e possuam apenas um ponto em comum;

b) sejam coplanares e não possuam ponto em comum;

c) não sejam coplanares;

d) sejam coplanares e possuam dois pontos em comum.

9. Considere duas retas *r* e *s* concorrentes.

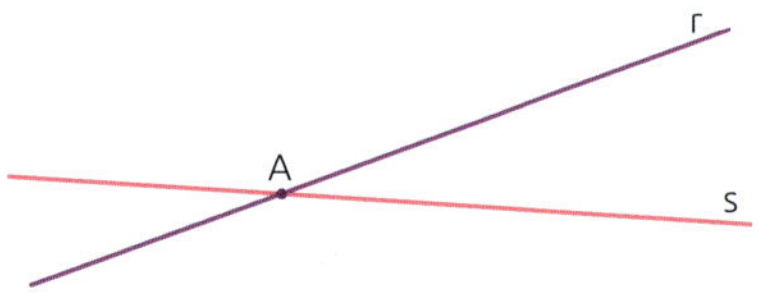

Ronaldo Lucena/ID/BR

Podemos determinar um plano a partir de *r* e *s*? Justifique.

10. Considere os pontos *A*, *B* e *C* pertencentes ao plano α, e o ponto *D* não pertencente ao plano.

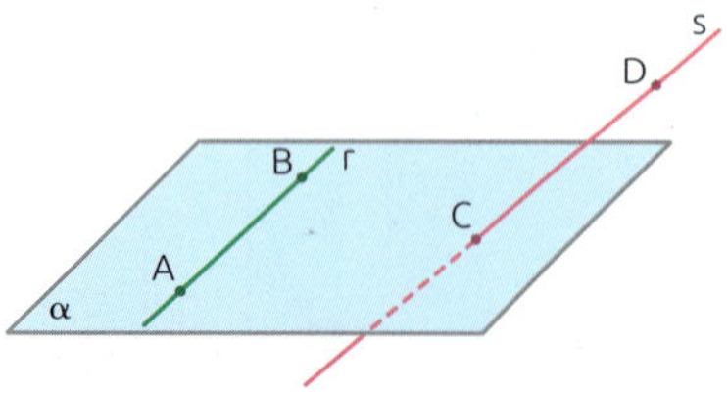

Ronaldo Lucena/ID/BR

Determine se as retas indicadas são coincidentes, paralelas, concorrentes ou reversas.

a) *r* e *s*

b) $\overleftrightarrow{AC}$ e $\overleftrightarrow{BC}$

11. Observe a representação do cubo.

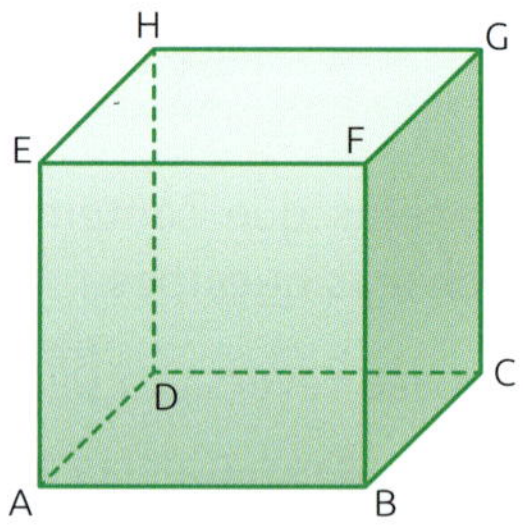

Ronaldo Lucena/ID/BR

Determine a posição relativa das retas que contêm as arestas do cubo, indicadas em cada item.

a) $\overleftrightarrow{EF}$ e $\overleftrightarrow{AB}$

b) $\overleftrightarrow{EF}$ e $\overleftrightarrow{EH}$

c) $\overleftrightarrow{AB}$ e $\overleftrightarrow{BC}$

d) $\overleftrightarrow{DC}$ e $\overleftrightarrow{AB}$

e) $\overleftrightarrow{BC}$ e $\overleftrightarrow{EH}$

f) $\overleftrightarrow{DC}$ e $\overleftrightarrow{FG}$

g) $\overleftrightarrow{HD}$ e $\overleftrightarrow{EF}$

h) $\overleftrightarrow{FG}$ e $\overleftrightarrow{BF}$

12. Responda cada item baseando-se na figura abaixo.

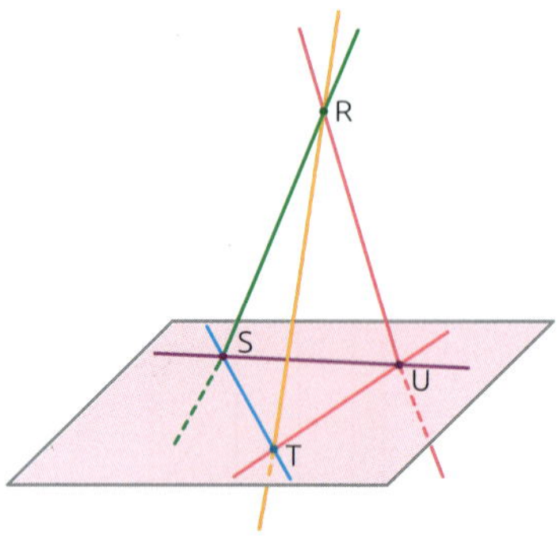

Ronaldo Lucena/ID/BR

a) Quais são as retas apresentadas na figura?

b) Quais das retas apresentadas são concorrentes a $\overleftrightarrow{ST}$?

Posição relativa entre uma reta e um plano

Vimos que, se uma reta possui dois de seus pontos em um plano, então, essa reta está inteiramente contida nesse plano. Assim, dada uma reta e um plano, há três possibilidades: a reta está contida no plano; a reta intersecta o plano em apenas um ponto; a reta não intersecta o plano.

Reta contida em um plano

Uma reta está contida em um plano quando todos os seus pontos pertencem ao plano. De acordo com o **postulado 3**, basta que dois pontos distintos da reta pertençam a um plano para que essa reta esteja contida nesse plano.

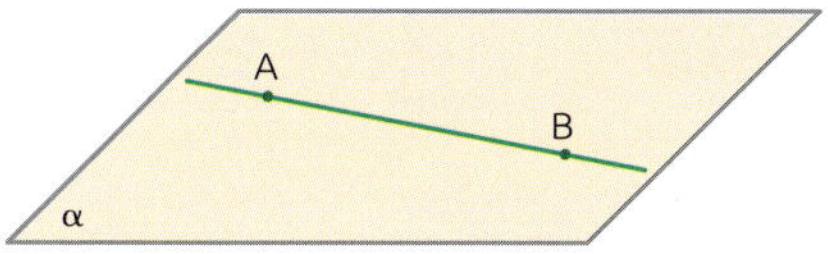

Se A e B pertencem ao plano α, então $\overleftrightarrow{AB}$ está contida em α.

Reta secante a um plano

Uma reta é **secante** a um plano quando ela o intersecta em um único ponto.

Quando uma reta e um plano possuem apenas um ponto em comum, dizemos que a reta é secante a esse plano.

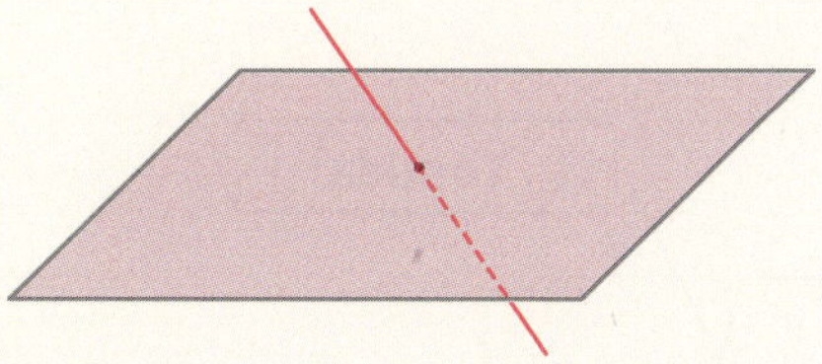

Para que uma reta seja secante a um plano, é necessário e suficiente que ela passe por um ponto pertencente ao plano e por um ponto não pertencente a esse plano.

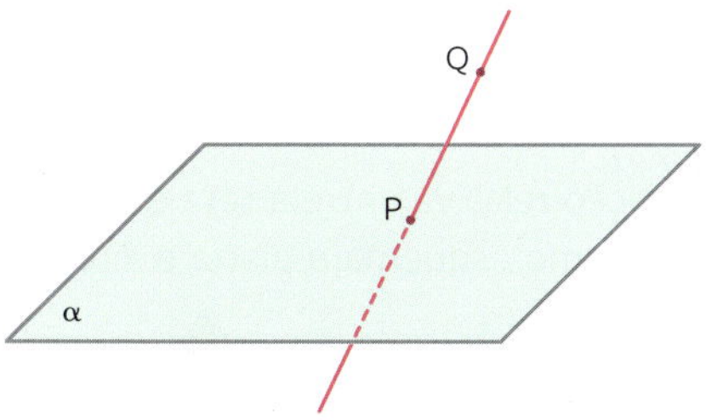

Se P pertence ao plano α e Q não pertence a α, então $\overleftrightarrow{PQ}$ é secante a α.

Reta paralela a um plano

Uma reta é paralela a um plano quando ela não o intersecta.

Quando uma reta e um plano não possuem ponto em comum, dizemos que a reta é paralela ao plano.

Ilustrações: Ronaldo Lucena/ ID/BR

Utilizamos a notação $r // \alpha$ para indicar que a reta r é paralela ao plano α

O teorema seguinte assegura que, se uma reta passa por um ponto não pertencente a um plano e é paralela a uma reta contida nesse plano, então essa reta é paralela a esse plano.

Teorema 3

Seja α um plano e seja Q um ponto não pertencente a α. Suponha que uma reta r passa por Q e é paralela a uma reta s contida em α. Então, r é paralela ao plano α.

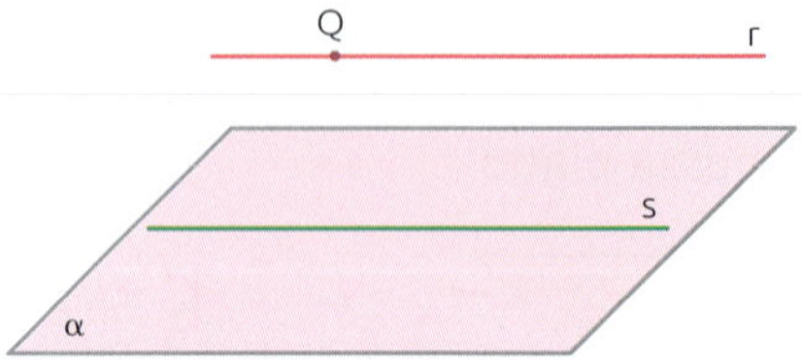

Ronaldo Lucena/IC/BR

Demonstração

Suponha que r não seja paralela a α. Então, a reta r intersecta o plano α em um ponto P não pertencente a s, pois r e s são paralelas. Seja β o plano determinado por r e s. Então, α e β são dois planos distintos e ambos contêm a reta s e o ponto P, o que é impossível, pois uma reta e um ponto fora dela determinam um único plano. Portanto, a suposição de que r não é paralela a α conduz a um absurdo, logo, r é paralela a α.

O esquema abaixo mostra as possíveis posições relativas entre uma reta e um plano no espaço.

- **Uma reta em relação a um plano**
  - **Contida**
  - **Não Contida**
    - **Secante**
    - **Paralela**

Atividades resolvidas

R4. Baseando-se na figura da casa, determine a posição relativa entre a reta e o plano informados em cada item. Em seguida, represente em um mesmo esquema o plano e a reta indicados.

a) Reta r: passa pelos pontos C e E.
Plano α: passa pelos pontos A, D e G.

b) Reta s: passa pelos pontos H e I.
Plano β: passa pelos pontos B, C e E.

c) Reta t: passa pelos pontos E e F.
Plano γ (lê-se "gama"): passa pelos pontos H, I e J.

d) Reta u: passa pelos pontos F e G.
Plano λ (lê-se "lambda"): passa pelos pontos C, D e E.

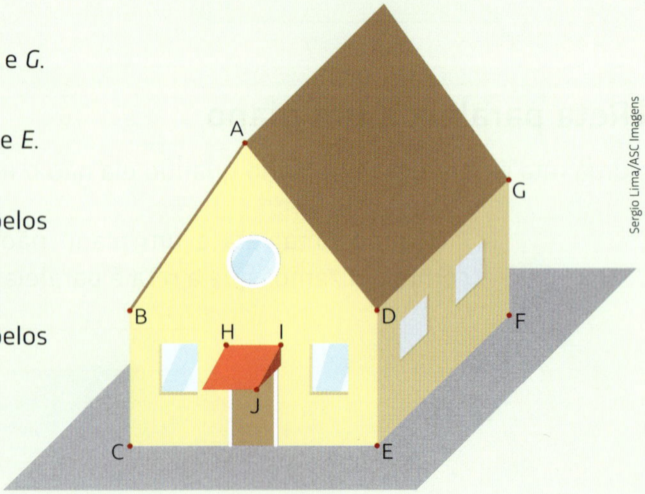

Sergio Lima/ASC Imagens

Resolução

a) A reta *r* é secante ao plano α, pois ao prolongarmos o plano α e a reta *r*, essa reta o intersecta em um único ponto *P*.

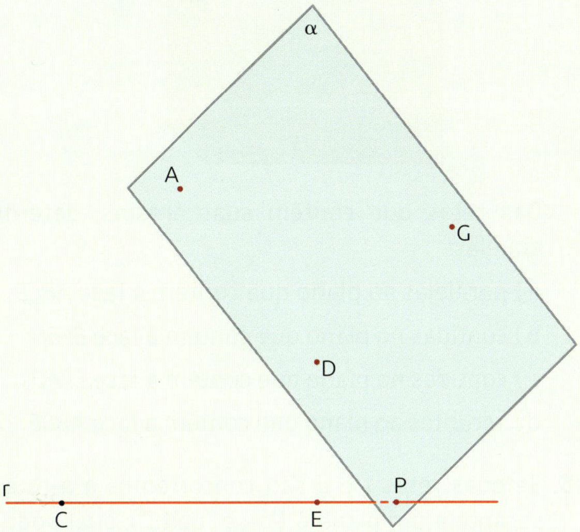

b) O plano β é o plano da parede frontal da casa. Os pontos *H* e *I* pertencem a essa parede, portanto a esse plano. Logo, a reta *s* está contida no plano β.

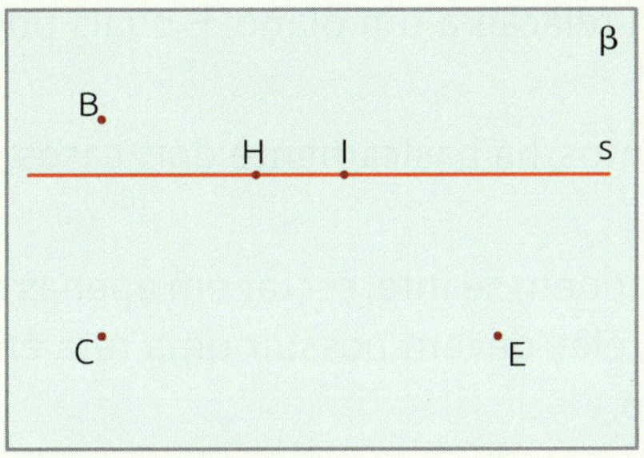

c) A reta *t* é secante ao plano γ, pois ao prolongarmos o plano γ e a reta *t*, essa reta o intersecta em um único ponto.

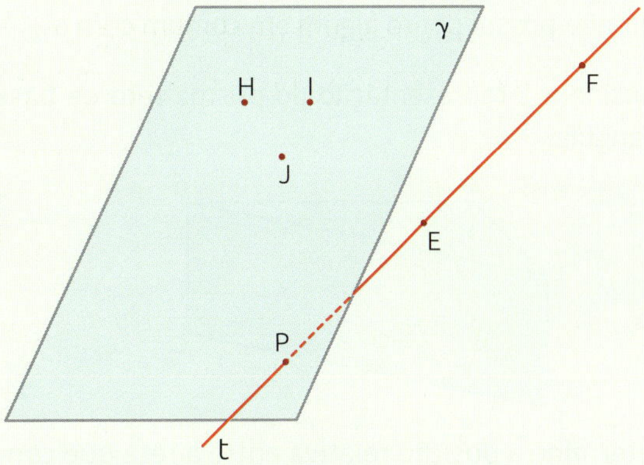

d) Note que, $\overleftrightarrow{GF}$ e $\overleftrightarrow{DE}$ são paralelas, pois a parede DEGF é um retângulo. Assim, pelo teorema **3**, a reta *u* é paralela ao plano λ.

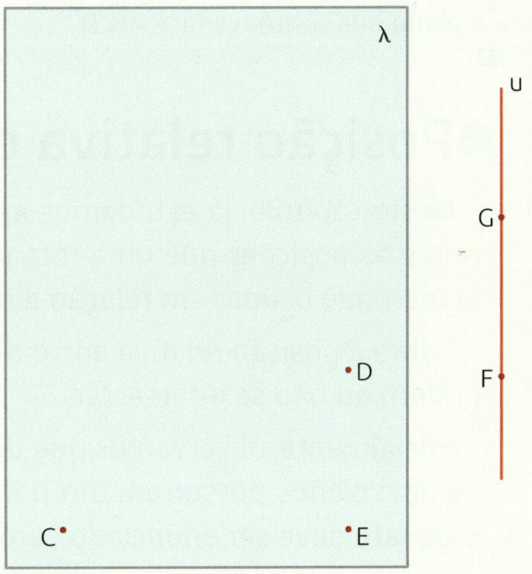

Ilustrações: Ronaldo Lucena/ID/BR

Atividades

13. Considere as retas reversas *r* e *s*. A reta *r* passa pelos pontos *A* e *B* pertencentes ao plano α e a reta *s* passa pelos pontos *H* e *I*, sendo *H* pertencente ao plano α e *I* não pertencente ao plano α.

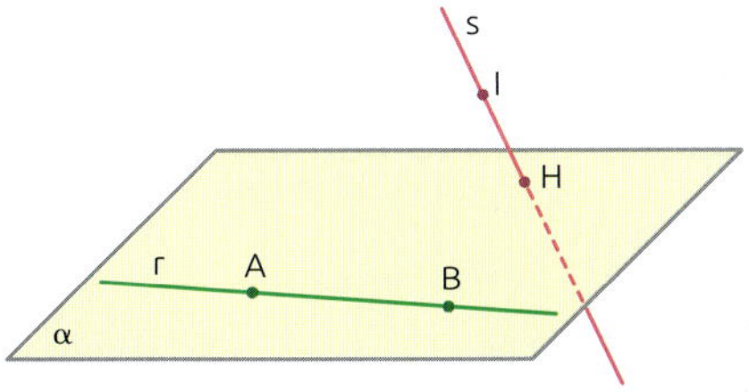

Ronaldo Lucena/ID/BR

Determine a posição relativa entre o plano α e a reta:

a) *r*; b) *s*.

14. Em cada item, classifique a sentença como verdadeira ou falsa. Em seguida, reescreva cada sentença que você julgou falsa corrigindo-a para torná-la verdadeira.

a) Se a reta *r* possui um ponto em comum com o plano α, então, *r* está contida em α.

b) Se a reta *r* possui dois ou mais pontos em comum com o plano α, então, *r* está contido em α.

c) Se a reta *r* intersecta o plano α em apenas um ponto, então, *r* é secante a α.

d) Se a reta *r* é paralela ao plano α, então, *r* intersecta α em apenas um ponto.

15. Determine a posição relativa entre uma reta r e um plano α se:

a) os pontos distintos P e Q de r pertencem a α;

b) r possui apenas um ponto em comum com α;

c) r não possui ponto algum em comum com α.

16. Considere a representação do prisma reto de base triangular.

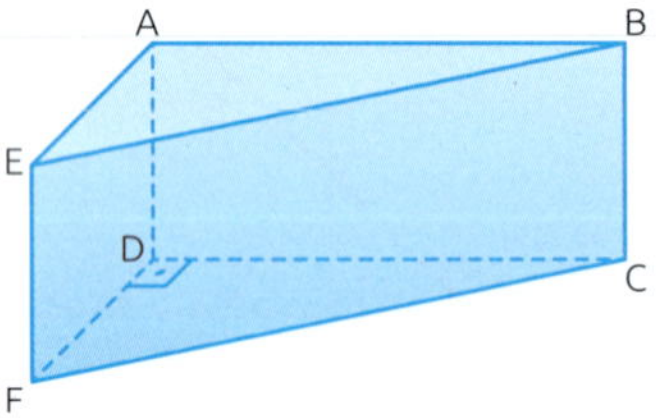

Ronaldo Lucena/ID/BR

Determine a posição relativa entre a reta que contém a aresta:

a) $\overline{AD}$ e o plano que contém a face *ABE*;

b) $\overline{BE}$ e o plano que contém a face *ADEF*;

c) $\overline{EF}$ e o plano que contém a face *ABCD*;

d) $\overline{AD}$ e o plano que contém a face *ABCD*.

17. Observe a representação do bloco retangular.

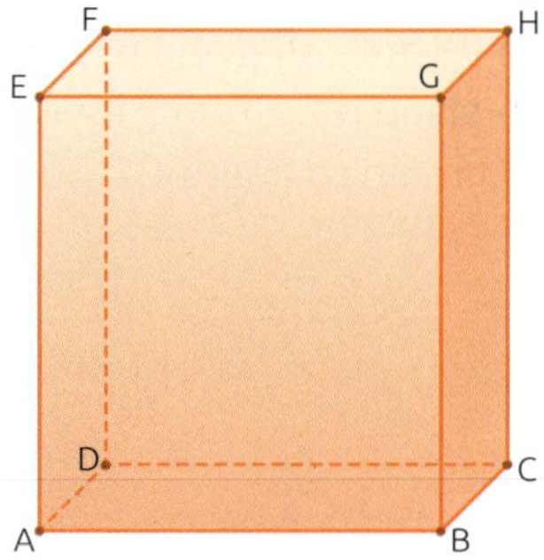

Ronaldo Lucena/ID/BR

Das retas que contêm suas arestas, determine aquelas:

a) paralelas ao plano que contém a face *ABCD*;

b) contidas no plano que contém a face *EFGH*;

c) contidas no plano que contém a face *EFAD*;

d) secantes ao plano que contém a face *ABGE*.

18. Se duas retas t e u são concorrentes e a reta t é secante a um plano δ (lê-se "delta"), qual pode ser a posição relativa entre a reta u e o plano δ?

Posição relativa entre dois planos

Neste capítulo, já estudamos as posições que uma reta pode ocupar em relação à outra reta e as posições que uma reta pode ocupar em relação a um plano. E quais posições um plano pode ocupar em relação a outro plano?

Sobre a posição relativa entre dois planos distintos, há basicamente dois casos: os planos podem ou não se intersectar.

Inicialmente, observamos que dois planos não podem se intersectar em apenas um ponto. Se dois planos possuírem um ponto em comum, eles devem possuir uma reta em comum. Esse fato deve ser enunciado como um postulado.

Postulado 4

Se dois planos possuem um ponto em comum, então, possuem ao menos uma reta em comum.

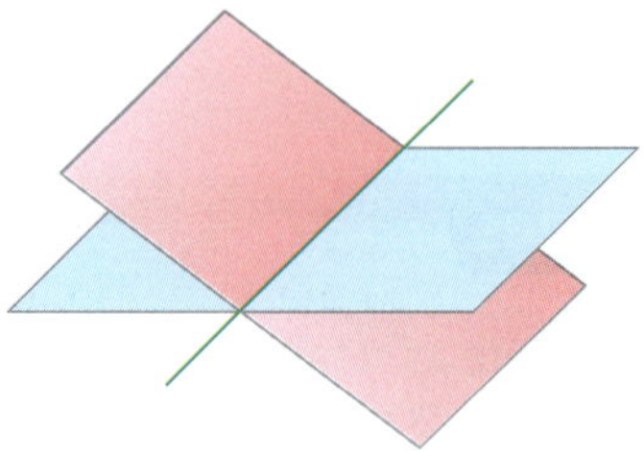
Ronaldo Lucena/ID/BR

O fato de dois planos que se intersectam possuírem ao menos uma reta em comum não é consequência dos outros postulados que vimos anteriormente.

Esse postulado nos diz que a intersecção de dois planos distintos é, no mínimo, uma reta. Mas, como demonstraremos a seguir, essa intersecção, quando não é vazia, é de fato uma reta, confirmando o que diz a nossa intuição.

Teorema 4

A intersecção de dois planos distintos ou é vazia ou é uma reta.

Demonstração

Sejam α e β planos distintos. Se a intersecção entre α e β $(\alpha \cap \beta)$ é vazia, não há nada a fazer. Caso contrário, pelo postulado **4**, a intersecção de α e β contém uma reta *r*. Queremos provar que *r* é a intersecção dos planos α e β. De fato, se houvesse algum ponto não pertencente a *r* na intersecção de α e β, então, esses dois planos conteriam uma reta e um ponto fora dela e seriam, portanto, coincidentes, o que contraria a suposição de que os planos são distintos. Portanto, $\alpha \cap \beta$ é vazia ou é uma reta.

O teorema **4** nos indica as duas possíveis posições relativas entre dois planos distintos.

Planos paralelos

Quando dois planos não possuem ponto em comum, eles são ditos **paralelos**.

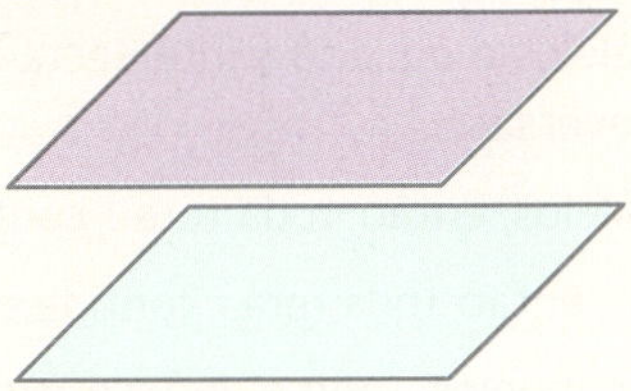

Dois planos paralelos podem ser obtidos com a seguinte construção:

- Seja α um plano e *P* um ponto não pertencente a esse plano. Tome em α duas retas concorrentes *r* e *s*.

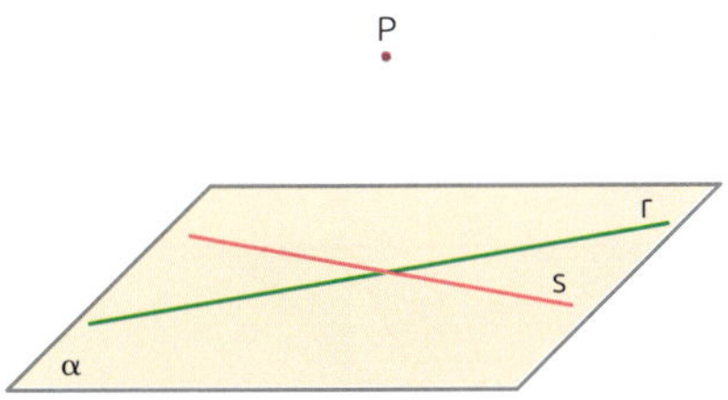

- Sejam r' e s' as retas que passam pelo ponto *P* e são paralelas, respectivamente, a *r* e *s*, e seja β o plano determinado por essas retas r' e s'.

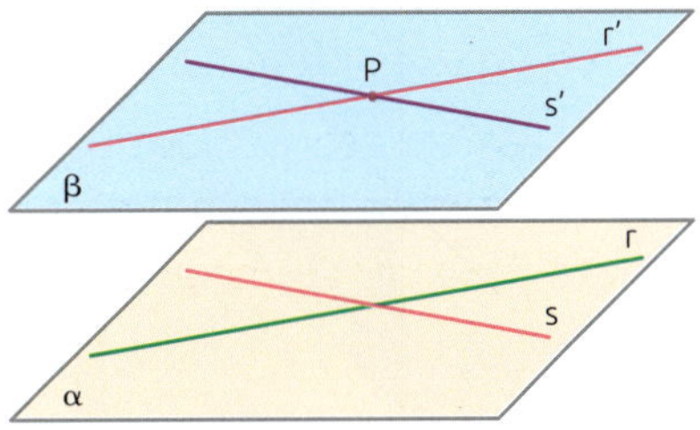

Pode-se demonstrar que os planos α e β são paralelos, ou seja, não se intersectam. Além disso, β é o único plano paralelo a α e que passa por *P*. Portanto, vale o seguinte teorema:

Teorema 5

Seja α um plano e *P* um ponto não pertencente a esse plano. Então, existe um único plano paralelo a α e que passa por *P*.

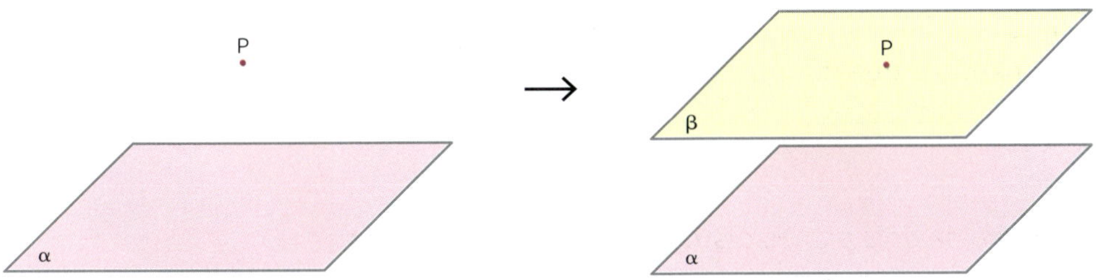

Ilustrações: Ronaldo Lucena/ID/BR

Planos secantes

Podemos dizer que dois planos distintos são secantes quando não são paralelos.

Quando dois planos distintos se intersectam, eles são ditos **secantes**.

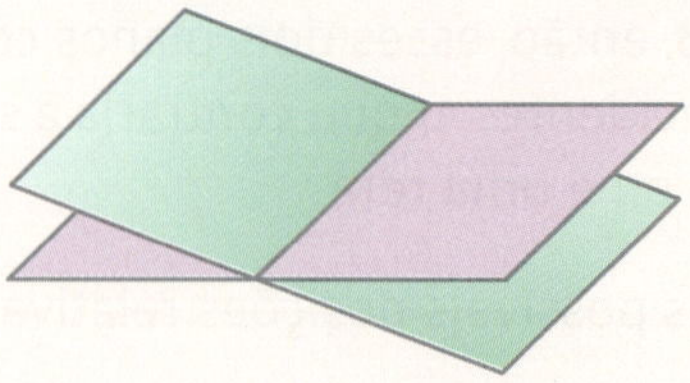

Ronaldo Lucena/ID/BR

Pelo teorema **4**, a intersecção de dois planos secantes é sempre uma reta, pois, de acordo com esse teorema, não sendo vazia, a intersecção entre os planos é uma reta.

Atividades resolvidas

R5. Classifique as afirmativas a seguir em verdadeiras ou falsas, justificando-as.

a) Se os planos α e β são paralelos e o plano γ intersecta-os, então, as intersecções entre γ e os planos α e β são retas reversas.

b) Se os planos α e β são paralelos, então, toda reta *r* contida em α é paralela à β.

c) Se α e β são planos secantes, então, toda reta *r* contida em α intersecta β.

d) Se a reta *r* e o plano α são paralelos, todo plano γ que contém *r* é paralelo a α.

Resolução

a) Falsa. Neste caso, as intersecções r_1 e r_2 dos planos α e β, respectivamente com o plano γ, são retas paralelas e não reversas. Observe as figuras de dois exemplos para este caso.

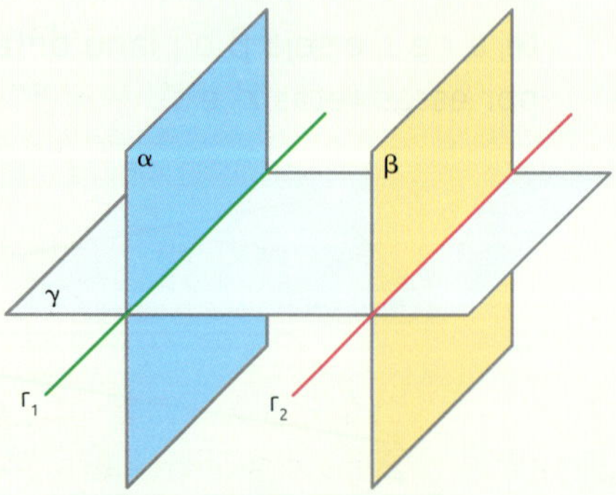

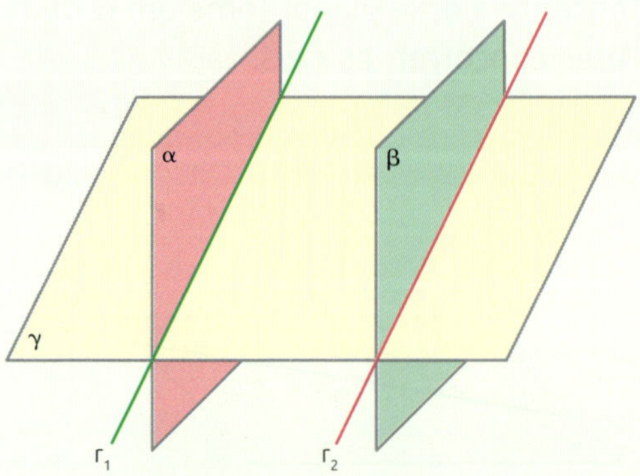

b) Verdadeira. Suponha que *r* esteja contida em α e não seja paralela a β. Dessa maneira, teríamos α e β não paralelos, pois, como *r* e β se intersectam, temos também que α e β se intersectam, pois todo ponto *P* da reta *r* também pertence ao plano α. Logo, para que α e β sejam paralelos, devemos ter *r* paralela à β. Observe ambos os casos nas figuras **I** e **II**.

I) *r* não paralela a β

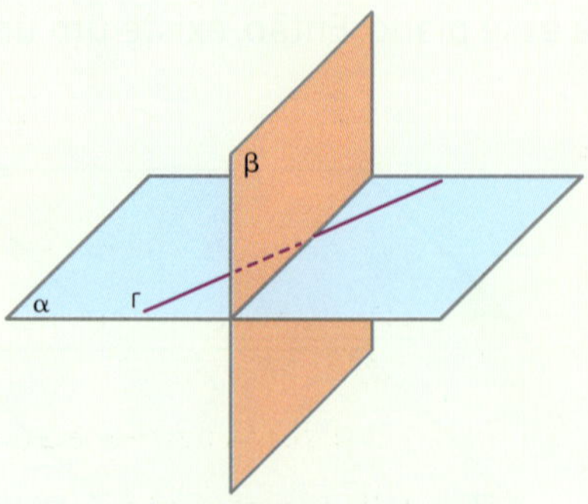

II) *r* paralela a β.

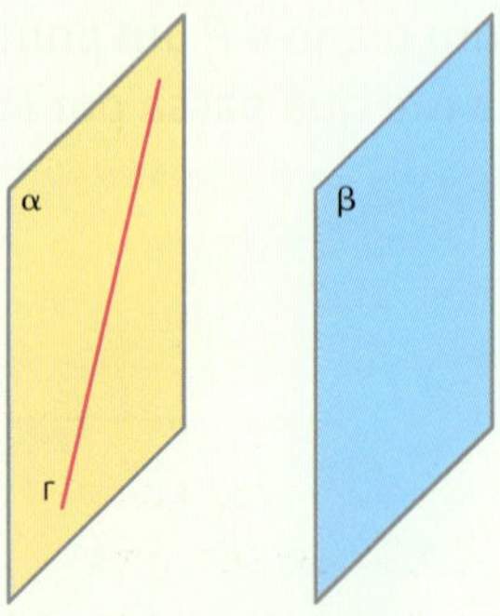

Ilustrações: Ronaldo Lucena/ID/BR

Atividades resolvidas

c) Falsa. A intersecção dos planos α e β é uma reta que chamaremos de *s*. Tomando uma reta *r* paralela à *s* e contida em α, teremos *r* paralela à β. Logo, existe *r* contida em α que não intersecta β.

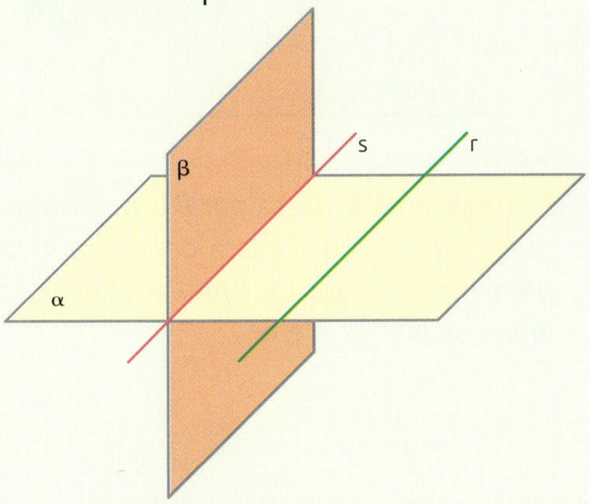

d) Falsa. Observe abaixo um contraexemplo para essa afirmação.

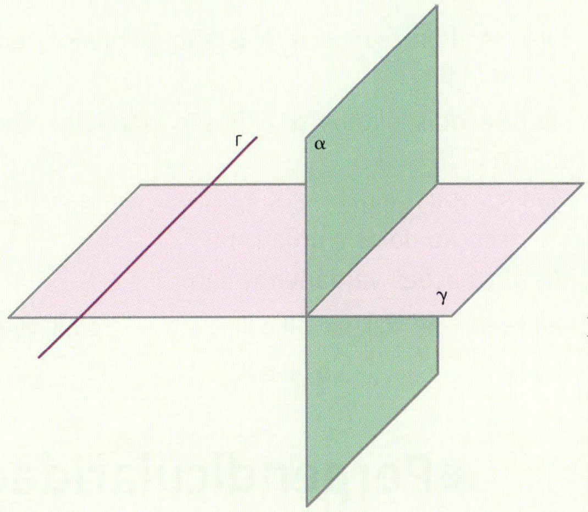

Ilustrações: Ronaldo Lucena/ID/BR

Atividades

19. Observe a representação do prisma reto de base quadrangular.

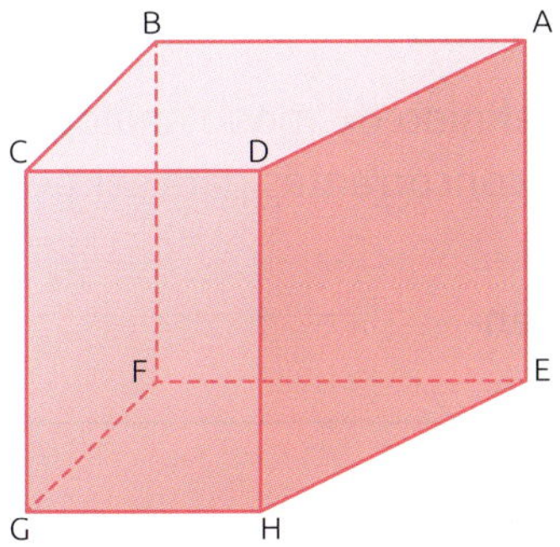

Ronaldo Lucena/ID/BR

Considerando os planos que contêm as faces desse prisma, determine:

a) o(s) plano(s) paralelo(s) ao plano que contém a face *ABFE*;

b) o(s) plano(s) secante(s) ao plano que contém a face *ABCD*;

c) a posição relativa entre os planos que contêm as faces *ABFE* e *BCGF*;

d) a posição relativa entre os planos que contêm as faces *ADHE* e *DCGH*.

20. Sejam α e λ dois planos paralelos. Determine a posição relativa entre um plano β e o plano λ, sabendo que o plano β é:

a) paralelo a α.

b) secante a α.

21. Sejam α e β dois planos secantes e *r* a reta de intersecção desses dois planos. Qual é a posição relativa de uma reta *s* de α em relação à reta *r*?

22. Classifique as afirmações a seguir em verdadeiras ou falsas. Depois, reescreva as que você julgou falsas corrigindo-as de modo a torná-las verdadeiras.

a) Se dois planos distintos têm apenas uma reta comum, eles são secantes.

b) Se dois planos distintos são paralelos, então, todas as retas de um deles são paralelas ao outro plano.

c) Todos os planos que passam pela reta *s* contida no plano α são planos secantes ao plano α.

d) Seja *P* um ponto não pertencente a um plano α, então, existem infinitos planos que passam por *P* e são paralelos ao plano α.

23. Considere os planos e as retas que contêm, respectivamente, as faces e as arestas da representação do cubo.

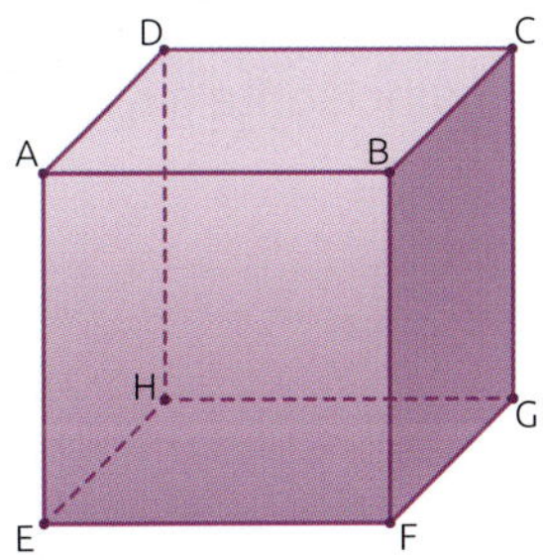

Ronaldo Lucena/ID/BR

a) Quais são os planos paralelos ao plano que contém a face *ABFE*?

b) O ponto *A* pertence a quais planos?

c) $\overleftrightarrow{DH}$ corresponde à intersecção de quais planos?

24. Considere as afirmações.

I) Dois planos secantes possuem um único ponto em comum.

II) Se dois planos α e β são paralelos, então, $\alpha \cap \beta = \varnothing$.

III) Se dois planos α e β são paralelos. Então, $\alpha \cap \beta \neq \varnothing$.

IV) Se dois planos são secantes, então, a intersecção deles é uma reta.

As afirmações verdadeiras são:

a) I e II
b) I e III
c) II e III
d) II e IV
e) II, III e IV

25. Observe a figura abaixo.

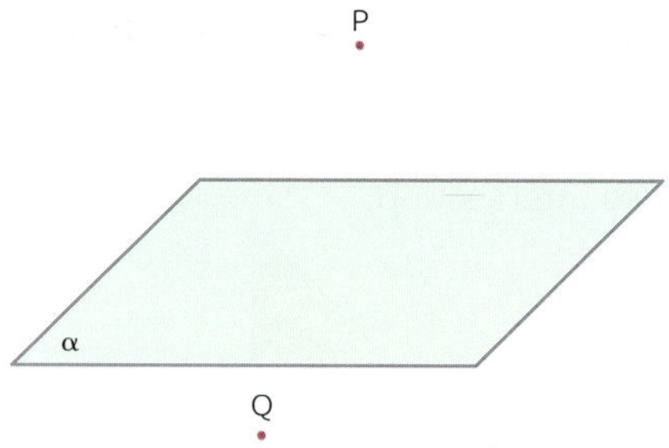

Ronaldo Lucena/ID/BR

Pelo teorema **5**, passa por *P* um único plano β paralelo ao plano α e passa por *Q* um único plano δ paralelo ao plano α. Qual é a posição relativa entre os planos β e δ?

Perpendicularidade

A perpendicularidade é uma noção fundamental na Geometria. Provavelmente, você já está familiarizado com a noção de retas perpendiculares na Geometria plana. Neste tópico, estudaremos, no espaço, as noções de retas perpendiculares, de reta perpendicular a um plano e de planos perpendiculares. Ao longo deste tópico, enunciaremos alguns teoremas referentes a esses conceitos. As demonstrações referentes a eles, porém, não serão trabalhadas aqui.

Retas perpendiculares e retas ortogonais

O conceito de retas perpendiculares no espaço é definido de modo análogo ao que é feito na Geometria plana. No espaço, duas retas devem ser concorrentes para ser perpendiculares.

Dizemos que duas retas concorrentes são **perpendiculares** se formarem quatro ângulos congruentes com vértice no ponto de intersecção. Cada um desses ângulos é chamado ângulo reto.

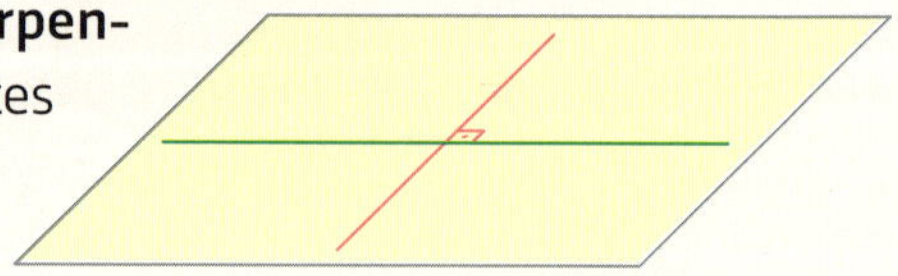

Quando duas retas concorrentes não são perpendiculares, dizemos que são **oblíquas**.

Utilizamos a notação $r \perp s$ para indicar que as retas *r* e *s* são perpendiculares.

Observe como podemos estender o conceito de perpendicularidade para duas retas quaisquer no espaço.

Sejam *r* e *s* retas quaisquer no espaço e *A* um ponto qualquer. Considere a reta *r'* paralela ou coincidente a *r*, que passa por *A*, e a reta *s'* paralela ou coincidente a *s*, que passa por *A*.

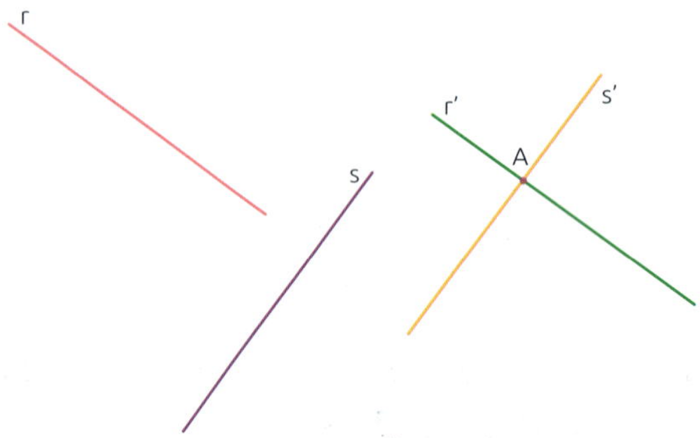

Ronaldo Lucena/ID/BR

Se as retas r' e s' forem perpendiculares, dizemos que r e s são retas **ortogonais**. Se r' e s' forem retas concorrentes oblíquas, dizemos que r e s são retas **oblíquas**.

De acordo com essa definição, retas perpendiculares são também classificadas como ortogonais. Porém, retas ortogonais nem sempre são perpendiculares, pois elas podem ser reversas.

Teorema 6

Se r é uma reta e P é um ponto não pertencente a r, então, existe uma única reta s que passa por P e é perpendicular a r.

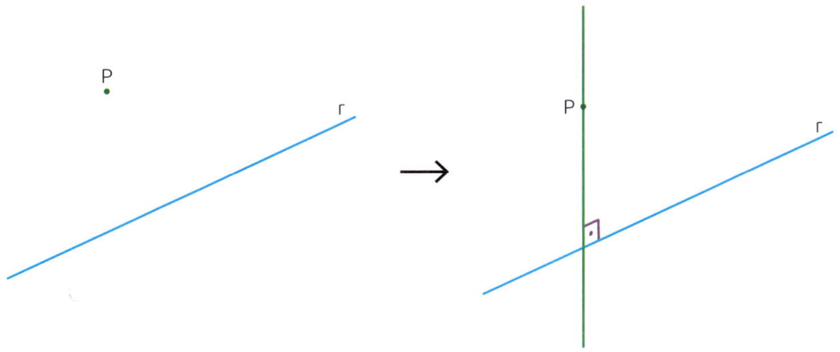

Geralmente, esse teorema é apresentado no estudo de Geometria plana.

Reta perpendicular a um plano

Uma reta perpendicular a um plano é um caso especial de reta secante a um plano. A fotografia abaixo dá a ideia de uma reta (cabo do guarda-sol) perpendicular a um plano (tampo da mesa).

Dizemos que uma reta é **perpendicular** a um plano quando essa reta é ortogonal a todas as retas contidas nesse plano. De modo equivalente, uma reta é perpendicular a um plano se, e somente se, ela for perpendicular a todas as retas do plano que passam pelo seu ponto de intersecção com esse plano.

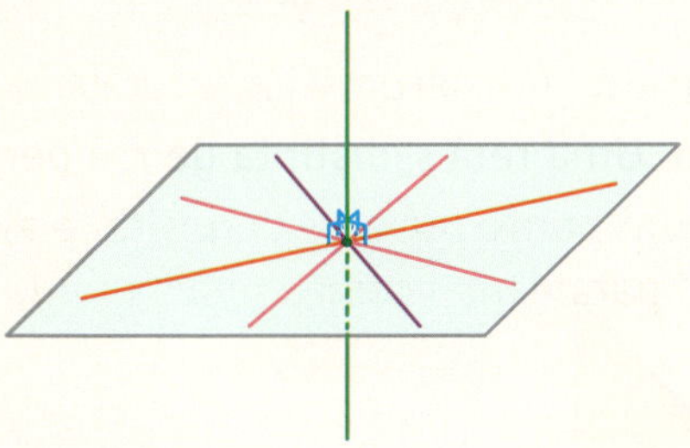

Ilustrações: Ronaldo Lucena/ID/BR

Utilizamos a notação $r \perp \alpha$ para indicar que a reta r é perpendicular ao plano α

Valentyna Chukhlyebova/ Shutterstock.com/ID/BR

guarda-sol e mesa com bancos

Quando uma reta secante a um plano não é perpendicular a esse plano, dizemos que essa reta é **oblíqua** ao plano.

Dada uma reta *r* contida em um plano α, é possível que uma reta *s*, secante a α, seja perpendicular à reta *r*, mas não seja perpendicular ao plano α. Ilustra bem esse caso a situação de uma pessoa utilizando um rodo em uma superfície plana.

Mike Cassese/Reuters/Latinstock

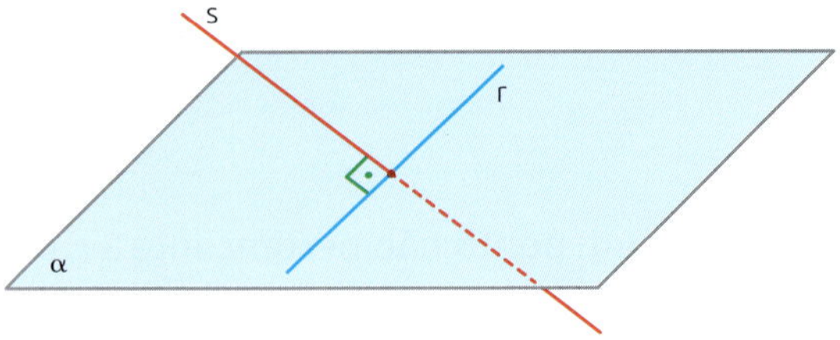

Pessoa utilizando um rodo.

O cabo do rodo é perpendicular à parte do rodo apoiada a superfície, mas não é perpendicular ao plano do solo.

Logo, o fato de uma reta ser perpendicular a outra reta contida em um plano não garante que a primeira reta seja perpendicular ao plano. Porém, o teorema seguinte, cuja demonstração omitiremos, diz que se essa reta for perpendicular a duas retas concorrentes contidas no plano, ela será perpendicular a esse plano.

Teorema 7

Sejam *r* uma reta e α um plano. Se existirem duas retas concorrentes, s_1 e s_2, perpendiculares a *r* e contidas em α, então *r* é perpendicular ao plano α.

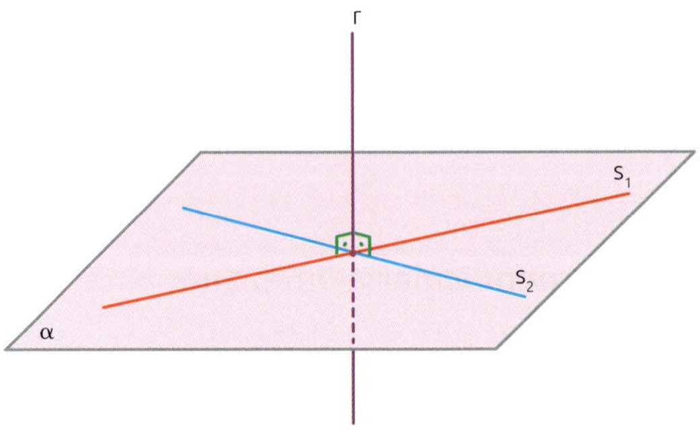

Outros fatos relacionados com perpendicularidade entre reta e plano são dados pelos teoremas enunciados a seguir.

Teorema 8

Seja *r* uma reta perpendicular a um plano α. Uma reta *s*, distinta de *r*, é perpendicular a α se, e somente se, for paralela a *r*.

Dados: $r \perp \alpha$ e $r \neq s$.

Tem-se: $s \perp \alpha \Leftrightarrow s // r$.

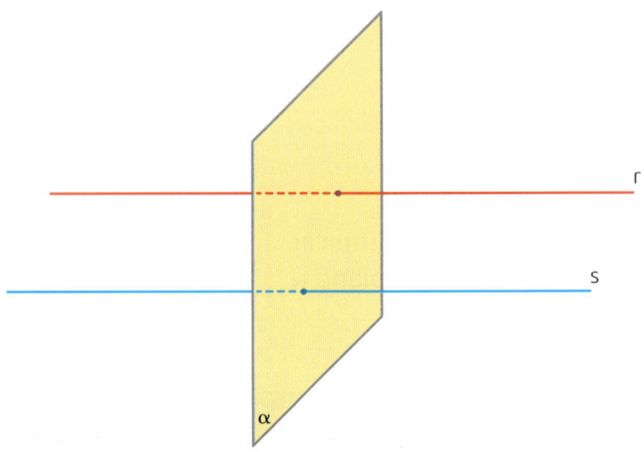

Ilustrações: Ronaldo Lucena/ID/BR

Teorema 9

Sejam α um plano e P um ponto qualquer do espaço. Então, existe uma única reta que passa por P e é perpendicular a α.

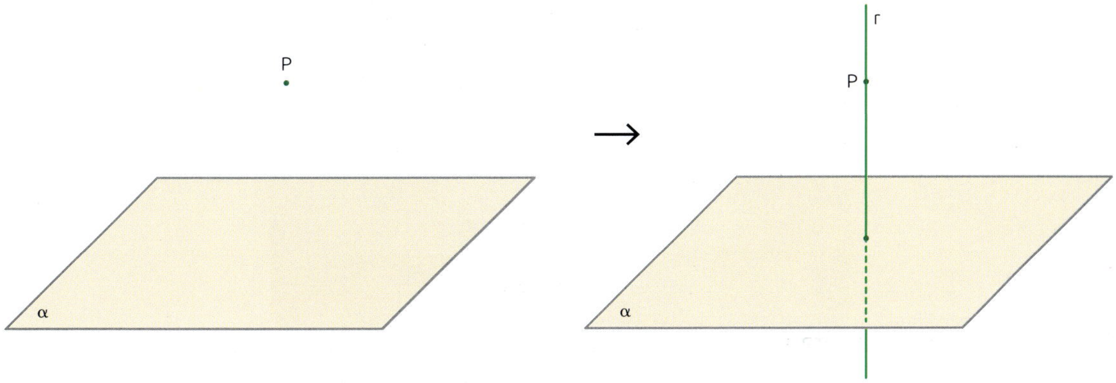

No teorema **9**, faz diferença se o ponto P pertence ou não ao plano α?

Teorema 10

Seja α um plano perpendicular a uma reta r. Um plano β, distinto de α, é perpendicular a r se, e somente se, for paralelo a α.

Dados: $\alpha \perp r$ e $\alpha \neq \beta$.

Tem-se: $\beta \perp r \Leftrightarrow \beta // \alpha$.

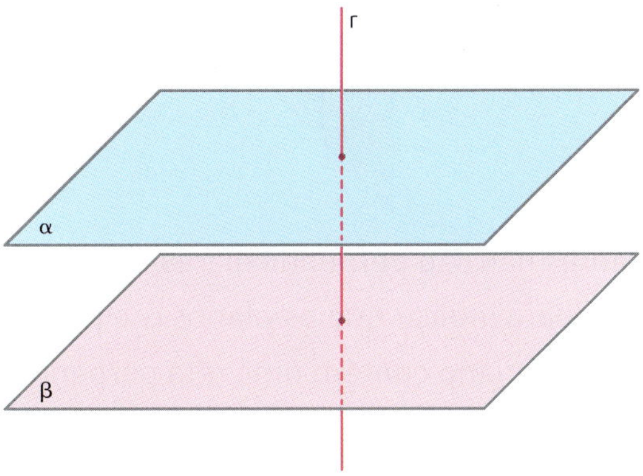

Teorema 11

Sejam r uma reta e P um ponto qualquer do espaço. Então, existe um único plano que passa por P e é perpendicular a r.

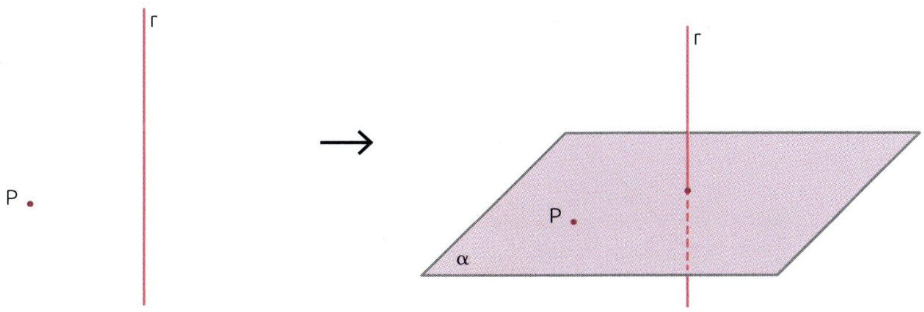

Ilustrações: Ronaldo Lucena/ID/BR

No teorema **11**, faz diferença se o ponto P pertence ou não à reta r?

Planos perpendiculares

A ideia de planos perpendiculares pode ser identificada em edificações. As paredes de uma casa, por exemplo, são construídas para serem perpendiculares ao solo e ao teto. Além disso, muitas vezes, duas paredes que se encontram são também perpendiculares entre si.

zentilia/Shutterstock.com/ID/BR

canto de um cômodo

Dois planos são perpendiculares quando um deles contém uma reta perpendicular ao outro plano.

Na figura abaixo, a reta *r* está contida em β e é perpendicular a α, ou seja, os planos α e β são perpendiculares.

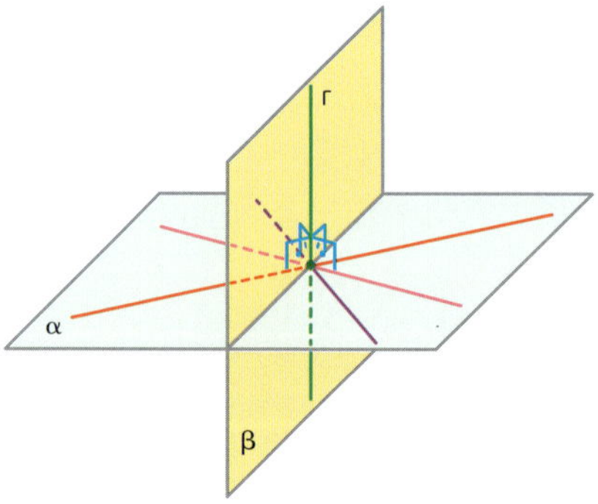

Quando dois planos secantes não são perpendiculares, dizemos que eles são **oblíquos**.

Utilizamos a notação $\alpha \perp \beta$ para indicar que os planos α e β são perpendiculares.

É importante notar que se um plano contém uma reta perpendicular a outro plano, então, este último plano também contém uma reta perpendicular ao primeiro plano. Para verificar isso, considere que o plano β contém uma reta *r* perpendicular ao plano α. Nesse caso, os planos α e β certamente são secantes e *r* é perpendicular à reta comum dos dois planos.

Chamemos de *s* essa reta comum e consideremos a reta *t* contida em α, perpendicular a *s* e que passa pela intersecção de *r* e *s*. Essa reta *t* é a reta procurada, pois está contida em α e é perpendicular às retas concorrentes *r* e *s* de β, sendo, portanto, perpendicular a β.

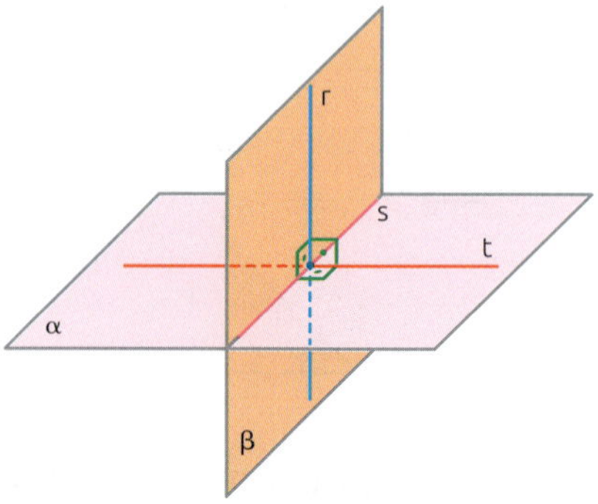

Ilustrações: Ronaldo Lucena/ID/BR

R6. Considere as seguintes afirmações:

- Duas retas *r* e *s* são ortogonais.
- O plano α contém *r*.

Classifique cada item a seguir como verdadeiro ou falso e justifique a resposta.

a) As retas *r* e *s* podem ser perpendiculares.

b) A reta *s* é perpendicular ao plano α.

Resolução

a) Verdadeiro, pois nada impede que *r* e *s* sejam perpendiculares. Vale lembrar que se duas retas são perpendiculares, então, elas são ortogonais. Porém, se duas retas são ortogonais, não se pode afirmar que elas são perpendiculares, mas existe essa possibilidade.

b) Falso. Como as retas *r* e *s* são ortogonais, a reta *s* pode ser perpendicular a *r* de modo que *s* seja oblíqua ao plano α.

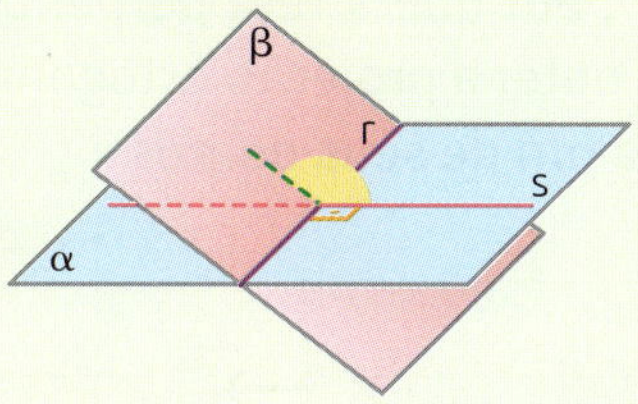

Ronaldo Lucena/ID/BR

Atividades resolvidas

Atividades

26. Classifique as afirmações a seguir como verdadeiras ou falsas. Em seguida, reescreva as que você julgou falsas, corrigindo-as no caderno.

a) Sejam *r* e *s* duas retas paralelas, de modo que *r* é perpendicular a um plano α, então, *s* também é perpendicular a α.

b) Seja uma reta *s* perpendicular a uma reta *r* contida no plano α, então, *s* é perpendicular a α.

c) Por uma reta *r* perpendicular a um plano λ passam infinitos planos perpendiculares a λ.

d) Seja α um plano que contém uma reta *r* que é perpendicular ao plano β, então, existe uma reta *s* contida em β que é perpendicular a α.

27. Considere os planos e as retas que contêm, respectivamente, as faces e arestas da representação do prisma reto de base quadrangular.

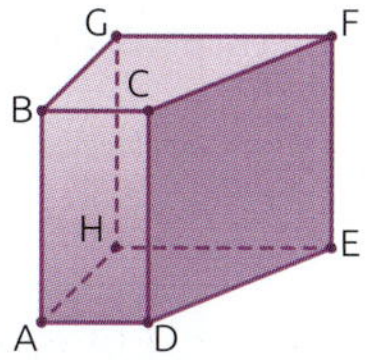

Ronaldo Lucena/ID/BR

> No próximo capítulo, veremos que um prisma reto é um prisma em que as arestas laterais são perpendiculares aos planos das bases.

a) Quais são os planos perpendiculares a $\overleftrightarrow{AB}$?

b) Quais são os planos perpendiculares ao plano que contém a face *HGFE*?

c) $\overleftrightarrow{CF}$ é perpendicular a $\overleftrightarrow{EF}$? Justifique.

28. Considere as afirmações.

I) Todos os pares de retas ortogonais são perpendiculares.

II) Todos os pares de retas perpendiculares são ortogonais.

III) Se dois planos distintos são paralelos e existe uma reta perpendicular a um deles, essa reta é perpendicular ao outro plano também.

IV) Se dois planos são perpendiculares, eles são planos secantes.

As afirmações verdadeiras são:

a) I e II b) I e III c) II e III d) I, II e IV e) II, III e IV

Projeção ortogonal

Suponha uma situação em que os raios solares incidem perpendicularmente em uma superfície plana. Um objeto que, em algum momento, esteja posicionado acima dessa superfície produzirá uma sombra nela. Essa sombra nos dá a ideia de **projeção ortogonal** de um elemento do espaço sobre um plano.

Para definir projeção ortogonal no espaço, lembre-se de que, dados um ponto P qualquer do espaço e um plano α, existe uma única reta perpendicular a α traçada por P.

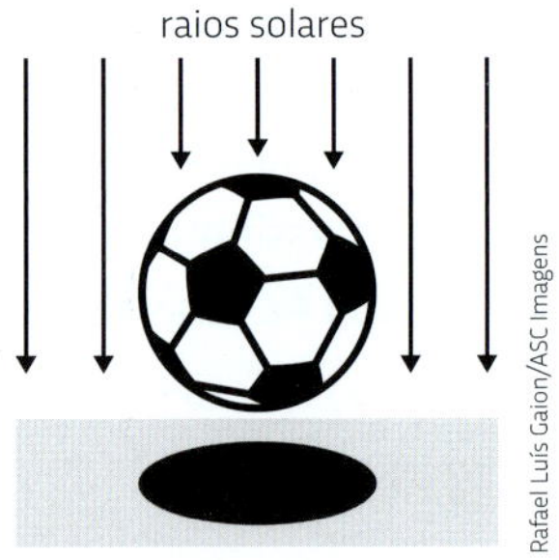

Projeção ortogonal de uma bola sobre um plano.

Sejam P um ponto qualquer do espaço e α um plano. A projeção ortogonal de P sobre α é o ponto P', em que a reta perpendicular a α traçada por P intersecta o plano α. Para obter a projeção ortogonal de uma figura espacial qualquer, projetamos cada um de seus pontos.

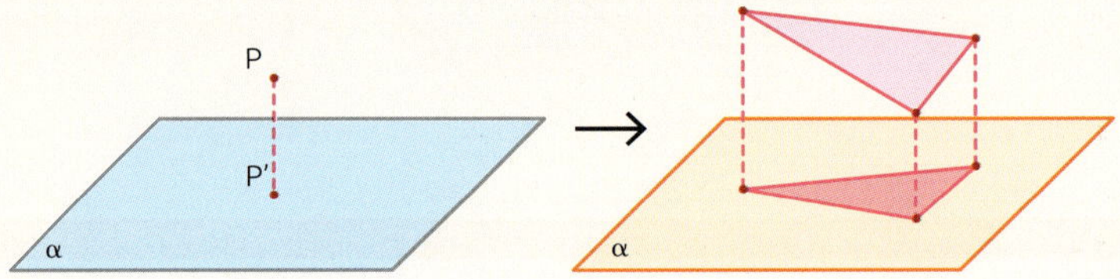

As projeções ortogonais possuem, por exemplo, aplicações no desenho técnico, quando é necessário criar representações de objetos para servir de comunicação entre quem o projeta e quem o fabrica. Para isso, é comum considerar três **vistas ortográficas**: frontal, topo e perfil de um mesmo objeto. Essas vistas são o resultado de projetar um sólido geométrico sobre três planos perpendiculares dois a dois.

Observe o exemplo de um sólido e suas vistas ortográficas.

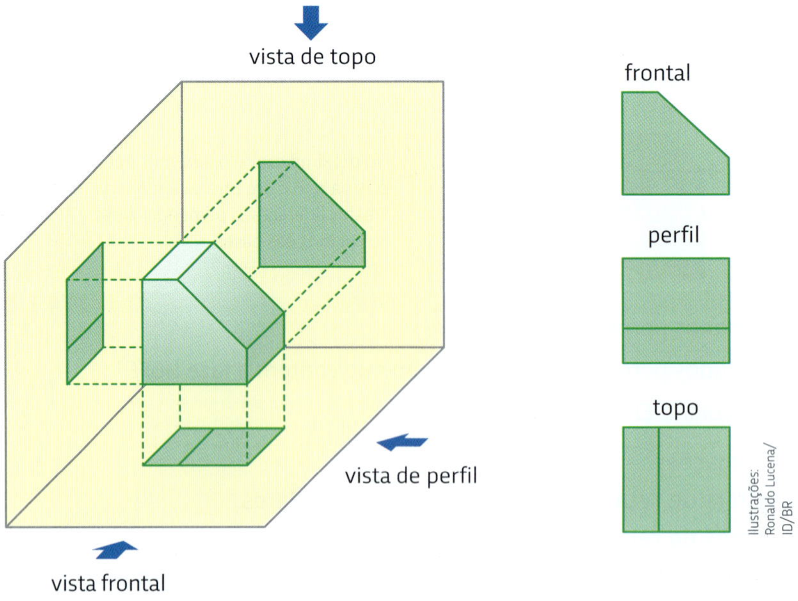

As vistas ortográficas representam como um observador infinitamente distante do objeto o veria de acordo com sua posição em relação ao objeto. Nessas representações também são indicadas as projeções ortogonais das arestas do sólido.

R7. Cada objeto do quadro **A** possui uma ou mais projeções ortogonais correspondentes entre as figuras do quadro **B**. Associe os objetos **S1**, **S2** e **S3** às suas possíveis projeções ortogonais **P1**, **P2**, **P3** ou **P4**.

Quadro A		
Objeto S1	Objeto S2	Objeto S3
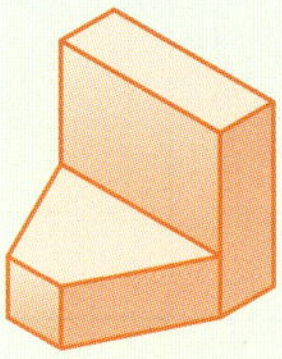	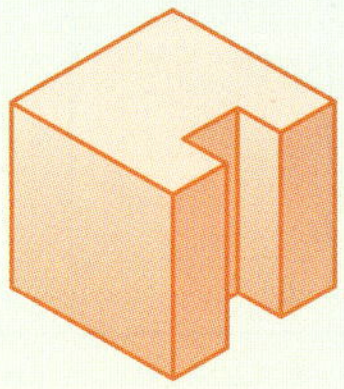	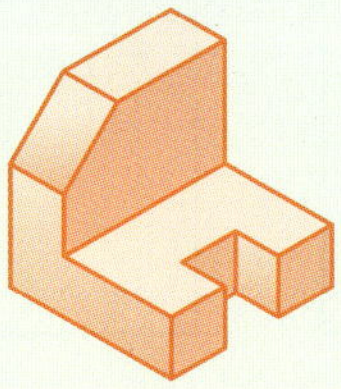

Quadro B			
P1	P2	P3	P4

Resolução

Observe algumas possíveis projeções ortogonais de cada objeto:

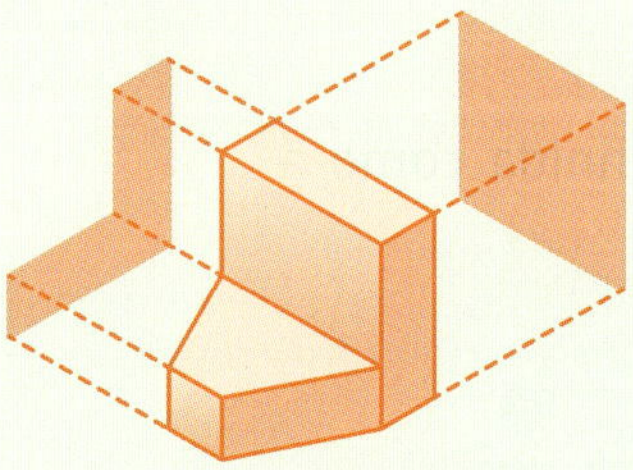

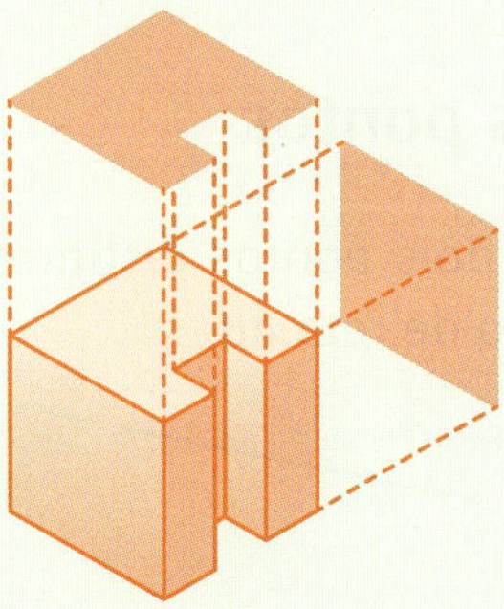

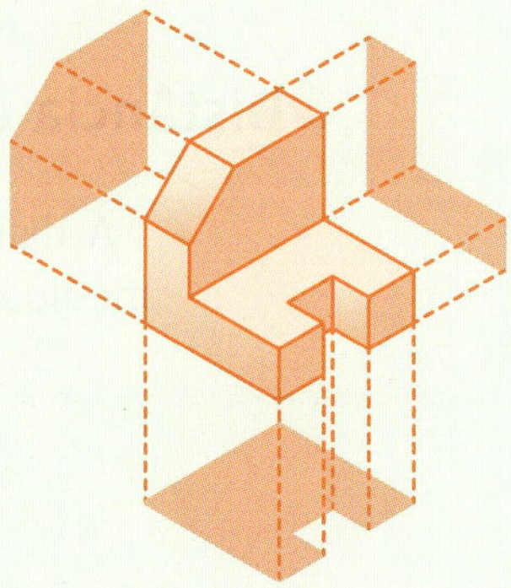

Ilustrações: Ronaldo Lucena/ID/BR

Com isso, temos as seguintes associações:

- **S1** com **P1** e **P3**
- **S2** com **P1** e **P4**
- **S3** com **P2**, **P3** e **P4**

Atividades

29. Considere um quadrilátero *ABDC* contido no plano β, que será projetado ortogonalmente nos planos não coincidentes α, λ e δ.

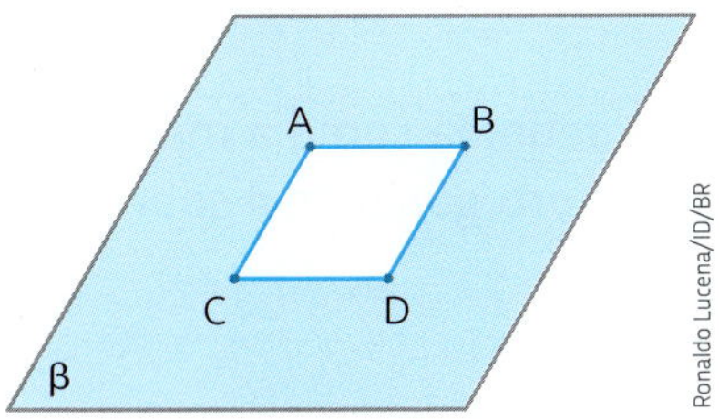

Ronaldo Lucena/ID/BR

a) Que imagem corresponde à projeção do quadrilátero sobre α, sabendo que $\alpha // \beta$?

b) Se $\lambda \perp \beta$, qual será a projeção do quadrilátero sobre λ?

c) Qual será a projeção do segmento de reta *AC* sobre δ, sabendo que $\delta \perp \beta$?

30. Dado o objeto abaixo, represente por meio de figuras as vistas ortográficas: frontal, topo e perfil do objeto.

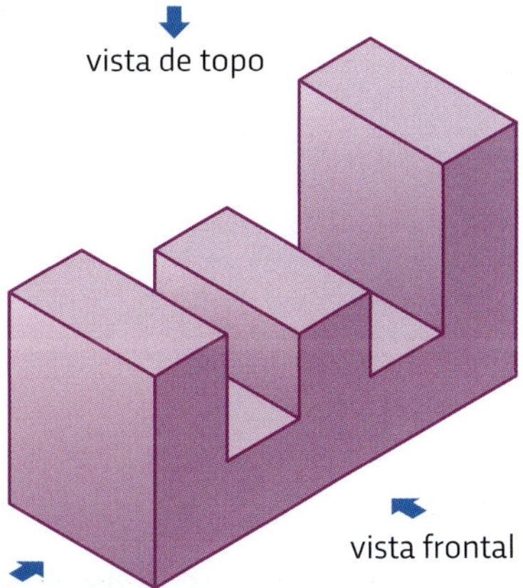

Ronaldo Lucena/ID/BR

31. Cada objeto do quadro **O** possui uma ou mais vistas ortográficas correspondentes entre as figuras do quadro **P**. Associe os objetos **S1** e **S2** com suas possíveis vistas ortográficas **P1**, **P2**, **P3** ou **P4**.

Quadro O	
Objeto S1	Objeto S2
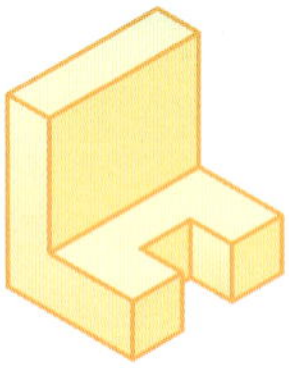	

Quadro P			
P1	P2	P3	P4
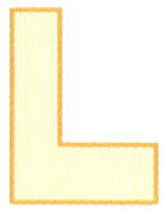	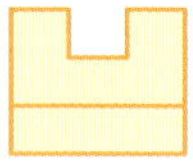	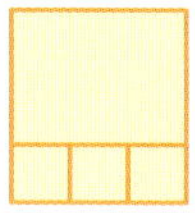	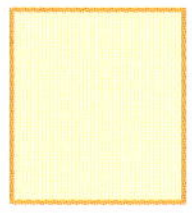

Distâncias

Neste tópico, estudaremos como definir a distância entre alguns elementos do espaço. Para isso, vamos utilizar ideias já vistas neste capítulo, como a projeção ortogonal.

Distância entre dois pontos

A distância entre dois pontos distintos A e B é definida como a medida do segmento de reta AB.

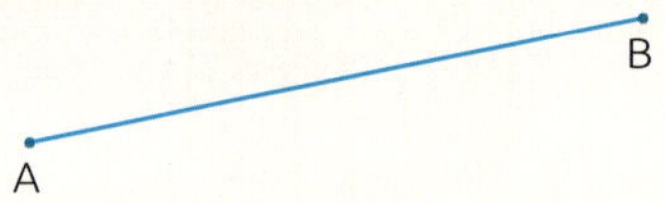

- A distância de A a B é denotada por $d(A, B)$ ou AB.
- A distância de um ponto A a ele mesmo é, por definição, igual a zero, ou seja, $d(A, A) = 0$.

Distância entre um ponto e uma reta

De modo análogo à definição de projeção ortogonal de um ponto sobre um plano, temos também a projeção ortogonal de um ponto A sobre uma reta r, definida como o ponto A', em que a reta perpendicular a r traçada por A intersecta a reta r. Essa projeção ortogonal é utilizada para definir a distância de um ponto a uma reta.

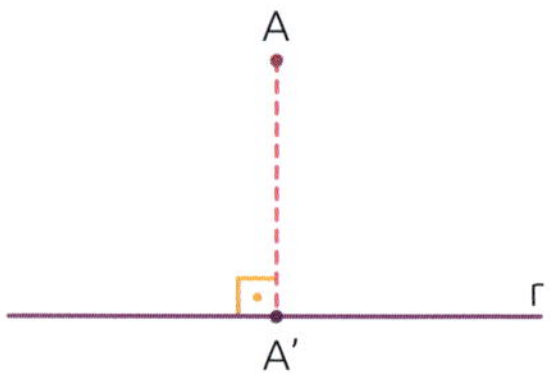

A distância de um ponto A a uma reta r é definida como a medida do segmento de reta AA', sendo A' a projeção ortogonal de A sobre r.

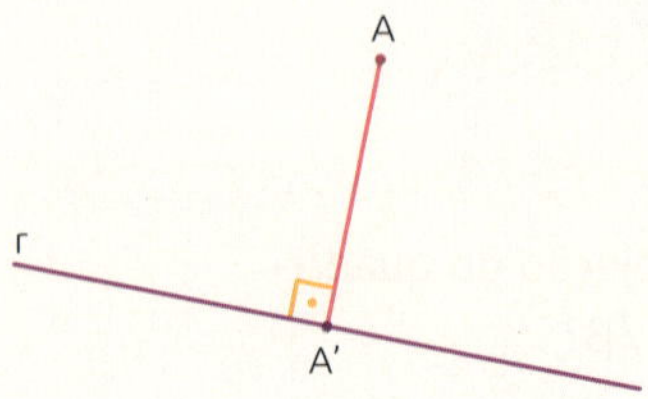

Ilustrações: Ronaldo Lucena/ID/BR

- A distância de A a r é denotada por $d(A, r)$.
- Se A é um ponto de r, a distância de A a r é igual a zero, ou seja, $A \in r \Rightarrow d(A, r) = 0$.

Distância entre duas retas paralelas

Se duas retas, r e s, são paralelas, então, todos os pontos de r estão a uma mesma distância de s. Para verificar isso, considere A e B pontos quaisquer de r e suas respectivas projeções ortogonais sobre s, A' e B'. Então o quadrilátero $ABB'A'$ é um retângulo. Logo, $AA' = BB'$, ou seja, $d(A, s) = d(B, s)$. Essa observação permite chegar à seguinte definição:

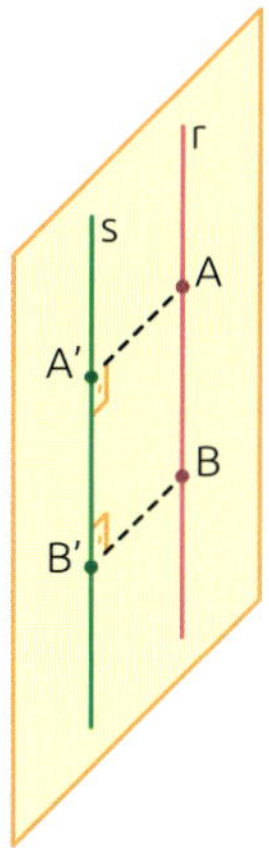

A distância entre duas retas paralelas r e s é dada pela distância de um ponto de uma das retas à outra reta.

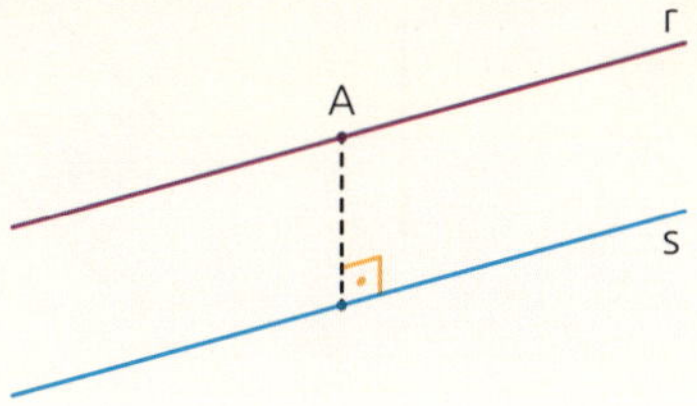

- A distância entre duas retas paralelas r e s é denotada por $d(r, s)$.
- A distância de uma reta r a ela mesma é, por definição, igual a zero, ou seja, $d(r, r) = 0$.

Distância entre um ponto e um plano

A distância de um ponto A a um plano α é definida como a medida do segmento de reta AA', sendo A' a projeção ortogonal de A sobre α.

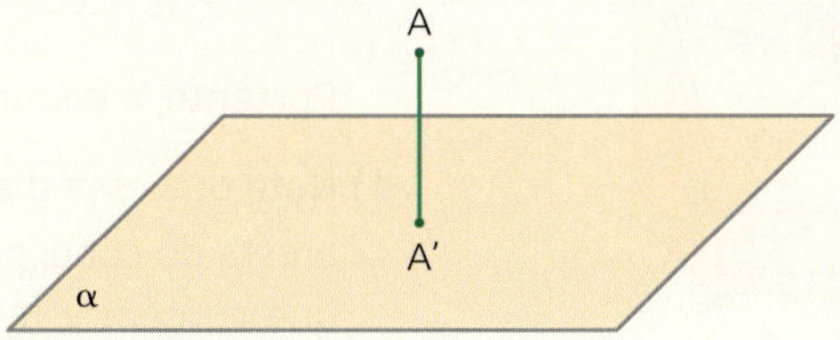

- A distância de A a α é denotada por $d(A, \alpha)$.
- Se A é um ponto de α, a distância de A a α é igual a zero, ou seja, $A \in \alpha \Rightarrow d(A, \alpha) = 0$.

Distância entre uma reta e um plano paralelos

De modo semelhante ao que ocorre com duas retas paralelas, pode-se mostrar que, se uma reta é paralela a um plano, todos os pontos da reta estão a uma mesma distância do plano. Assim, definimos:

A distância entre uma reta r e um plano α paralelos é dada pela distância de um ponto qualquer de r ao plano α.

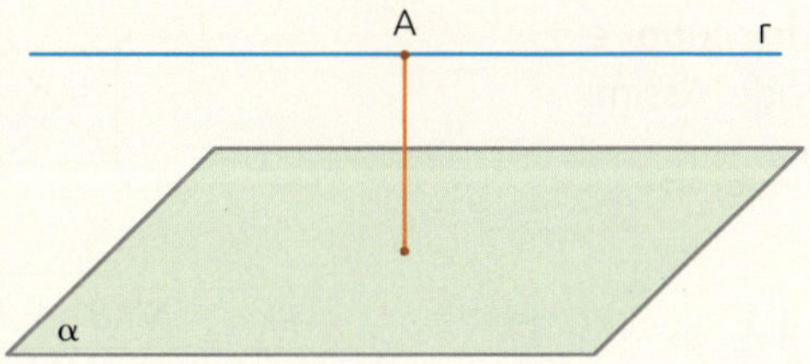

Ilustrações: Ronaldo Lucena/ID/BR

- A distância entre uma reta r e um plano α paralelos é denotada por $d(r, \alpha)$.
- Se r está contida em α, a distância de r a α é igual a zero, ou seja, $r \subset \alpha \Rightarrow d(r, \alpha) = 0$.

Distância entre dois planos paralelos

Se α e β são planos paralelos, pode-se mostrar que todo ponto de α está a uma mesma distância de β. Assim, definimos:

A distância entre dois planos paralelos α e β é dada pela distância de um ponto de um dos planos ao outro plano.

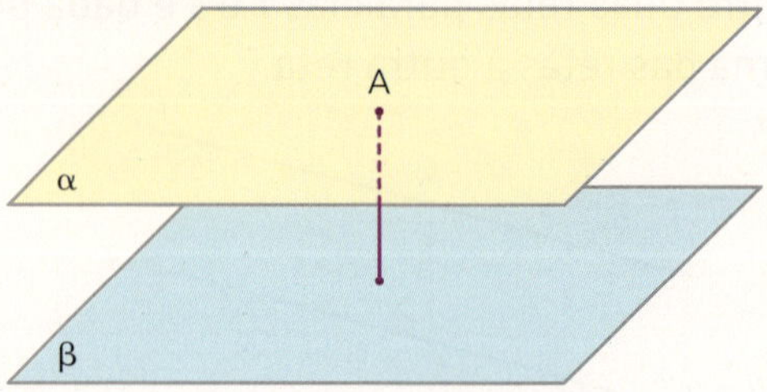

Ronaldo Lucena/ID/BR

- A distância entre dois planos paralelos α e β é denotada por $d(\alpha, \beta)$.
- A distância de um plano α a ele mesmo é, por definição, igual a zero, ou seja, $d(\alpha, \alpha) = 0$.

Atividades resolvidas

R8. A figura abaixo representa um objeto em formato de cubo com aresta de medida 6 cm que foi seccionado a partir do ponto médio de três de suas arestas.

Baseando-se nessa figura, calcule a distância d entre:

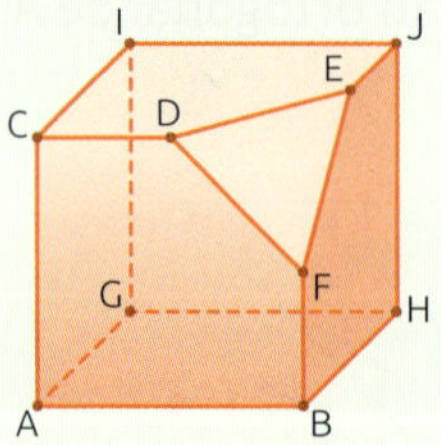

a) os pontos B e F;

b) os pontos A e J;

c) $\overleftrightarrow{CD}$ e o ponto G;

d) $\overleftrightarrow{DF}$ e o plano que contém a face $GHJI$;

e) $\overleftrightarrow{EF}$ e o ponto B.

> No próximo capítulo, veremos que o cubo é um prisma reto e que suas seis faces são quadrados congruentes.

Resolução

a) Como F é o ponto médio da aresta que contém o segmento BF, temos:

$$d = BF = \frac{6}{2} = 3$$

Portanto, a distância entre B e F é 3 cm.

b) Observe que os triângulos ABH e AHJ são retângulos, pois cada aresta do cubo é perpendicular às faces em que incide. Assim:

$$(AH)^2 = (AB)^2 + (BH)^2 \Rightarrow (AH)^2 = 6^2 + 6^2 \Rightarrow$$
$$\Rightarrow (AH)^2 = 72 \Rightarrow AH = \sqrt{72} = 6\sqrt{2}$$
$$(AJ)^2 = (AH)^2 + (HJ)^2 \Rightarrow (AJ)^2 = 72 + 6^2 \Rightarrow$$
$$\Rightarrow (AJ)^2 = 108 \Rightarrow AJ = \sqrt{108} \Rightarrow AJ = 6\sqrt{3}$$

Portanto, a distância entre A e J é $6\sqrt{3}$ cm.

c) Note que essa distância equivale à medida do segmento CG, pois $\overleftrightarrow{CD}$ é perpendicular ao plano que contém a face $ACIG$ e, logo, $\overleftrightarrow{CG}$ é perpendicular a $\overleftrightarrow{CD}$.

$$d = CG = AH = 6\sqrt{2}$$

Portanto, a distância entre $\overleftrightarrow{CD}$ e G é $6\sqrt{2}$ cm.

d) Note que essa distância equivale à medida da aresta do cubo, pois $\overleftrightarrow{DF}$ está contida no plano que contém a face $ABFDC$, que é paralelo ao plano que contém a face $GHJI$.

$$d = AG = BH = CI = 6$$

Portanto, a distância entre $\overleftrightarrow{DF}$ e $GHJI$ é 6 cm.

e) Note que essa distância equivale à metade da medida da diagonal do quadrado $KBFL$ indicado na figura abaixo, pois a distância do ponto B à $\overleftrightarrow{EF}$ por definição é a medida do segmento de reta BB', sendo B' a projeção ortogonal de B sobre $\overleftrightarrow{EF}$.

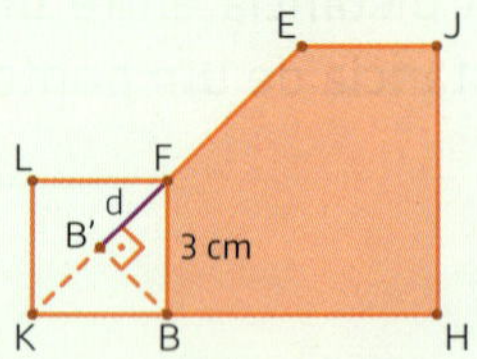

Ilustrações: Ronaldo Lucena/ID/BR

$$d = \frac{FK}{2} = \frac{\sqrt{KB^2 + BF^2}}{2} = \frac{\sqrt{3^2 + 3^2}}{2} = \frac{3\sqrt{2}}{2}$$

Portanto, a distância entre $\overleftrightarrow{EF}$ e B é $\dfrac{3\sqrt{2}}{2}$ cm.

R9. (Fatec) O ponto A pertence à reta r, contida no plano α. A reta s, perpendicular a α, o intersecta no ponto B. O ponto C pertence a s e dista $2\sqrt{5}$ cm de B. Se a projeção ortogonal de $\overline{AB}$ em r mede 5 cm e o ponto B dista 6 cm de r, então, a distância de A a C, em centímetros, é igual a:

a) $9\sqrt{5}$ b) 9 c) 7 d) 4 e) $3\sqrt{5}$

Resolução

Observando a representação seguinte, notamos que o triângulo ABC é retângulo em B, pois s é perpendicular à α.

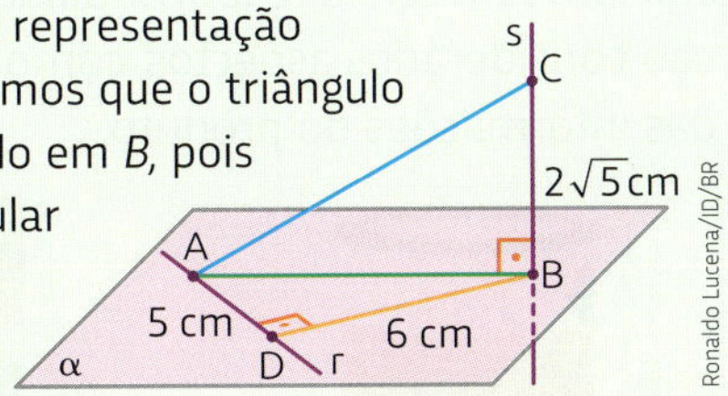

Para determinarmos a medida do segmento AC, precisamos calcular a medida do cateto $\overline{AB}$ desse mesmo triângulo retângulo.

Note que o segmento AB é a hipotenusa de outro triângulo retângulo ADB retângulo em D.

$$(AB)^2 = 5^2 + 6^2 \Rightarrow (AB)^2 = 61$$

Com isso, podemos determinar AC:

$$(AC)^2 = (AB)^2 + (BC)^2 = 61 + \left(2\sqrt{5}\right)^2 = 81 \Rightarrow AC = 9$$

Portanto, o segmento AC mede 9 cm e a alternativa correta é **b**.

Atividades

32. De acordo com a imagem abaixo, determine a distância entre:

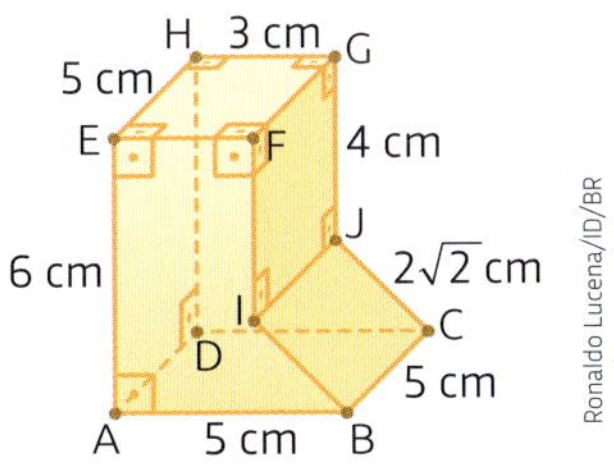

a) o ponto B e o ponto D;

b) $\overleftrightarrow{AB}$ e $\overleftrightarrow{GH}$;

c) o plano que contém a face $ABCD$ e o plano que contém a face $EFGH$;

d) o ponto I e o plano que contém a face $ABCD$.

33. Classifique como verdadeira ou falsa cada uma das afirmações. Em seguida, reescreva as afirmações que você julgou falsas de maneira a torná-las verdadeiras.

a) Se uma reta r está contida num plano α, então, a distância entre eles é nula.

b) Seja um plano α e um ponto P fora do plano, definimos a distância entre eles como a distância entre o ponto P e qualquer outro ponto pertencente ao plano α.

c) A distância entre duas retas paralelas é a distância de um ponto qualquer de uma das retas à outra reta.

d) Sejam A e A' pontos pertencentes aos planos paralelos α e β, respectivamente, em que A' é projeção ortogonal de A sobre β. A distância entre os planos α e β corresponde à medida do segmento de reta AA'.

34. A figura representa o plano α, as retas r, s e t e os pontos A, B, C e P.

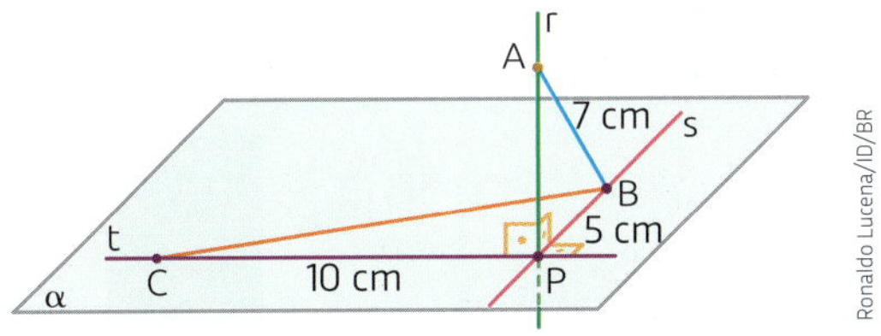

Qual é a distância entre o ponto:

a) A e o plano α?

b) C e o ponto B?

c) A e o ponto C?

35. Considere a representação do bloco retangular ao lado. Determine o(s) segmento(s) que representa(m) a distância entre:

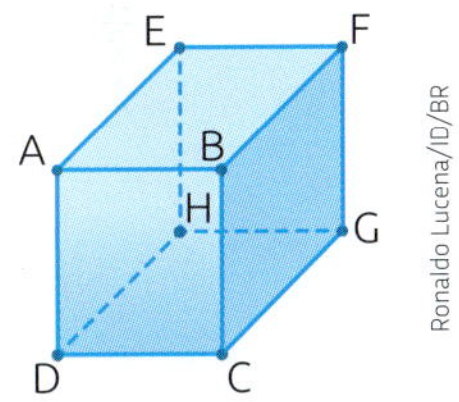

a) o ponto A e o ponto B;

b) o plano que contém a face $ADHE$ e o plano que contém a face $BCGF$;

c) $\overleftrightarrow{HG}$ e $\overleftrightarrow{DC}$;

d) o ponto E e $\overleftrightarrow{AB}$.

36. Observe as medidas indicadas na representação geométrica. Determine a distância entre:

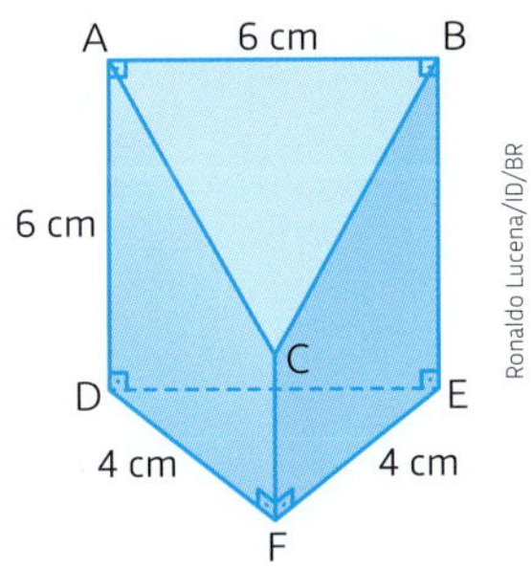

a) o ponto D e o ponto E;

b) o ponto A e o ponto E;

c) $\overleftrightarrow{DE}$ e o ponto F.

capítulo 2 Poliedros

Introdução

Entre as principais funções das embalagens, estão a de proteger o produto, apresentar seu prazo de validade e informar ao consumidor suas características mais relevantes. Porém, com a competitividade do mercado, as embalagens também têm a responsabilidade de atrair o consumidor, promovendo o produto. Com isso, são considerados aspectos, como sua praticidade, suas cores e formatos e a facilidade na leitura das informações do produto.

verbaska/Shutterstock.com/ID/BR

caixa de creme dental

Wim Lanclus/Alamy Stock Photo/Latinstock

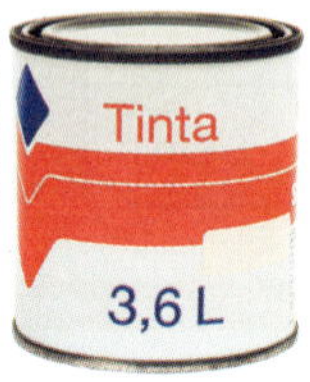

lata de tinta

skodonnell/iStock/Getty Images

caixa de sabão em pó

Este ícone indica que as imagens não estão em proporção de tamanho entre si.

kyoshino/iStock/Getty Images

embalagem de lenço de papel

dem10/iStock/Getty Images

embalagem de amaciante de roupas

Kotema/Shutterstock.com/ID/BR

tubo de cola em bastão

De acordo com o formato das embalagens apresentadas, podemos organizá-las em dois grupos: um com as embalagens que lembram figuras geométricas espaciais com superfícies planas, como é o caso da embalagem de creme dental, dos lenços de papel e do sabão em pó; e outro com as embalagens que lembram figuras geométricas espaciais com superfícies não planas, caso da embalagem de tinta, do amaciante de roupas e da cola em bastão.

Neste capítulo, estudaremos algumas figuras geométricas espaciais com superfícies planas, chamadas **poliedros**, assunto estudado desde os primeiros anos de escolaridade. Observe alguns exemplos de poliedros.

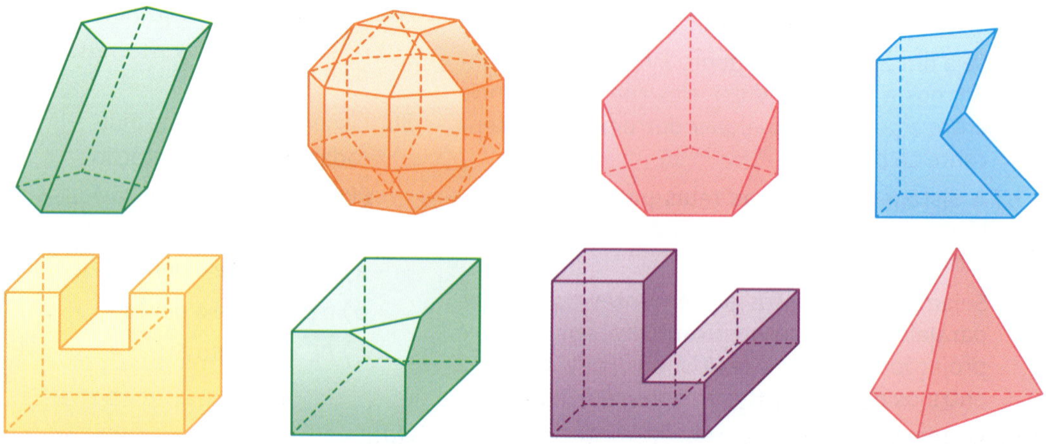

Ilustrações: Ronaldo Lucena/ID/BR

Considere uma quantidade finita de polígonos planos tais que a intersecção de dois quaisquer deles seja um lado comum, um vértice comum ou vazia e, além disso, cada lado seja comum a exatamente dois dos polígonos. Nessas condições, os polígonos delimitam uma região do espaço. A reunião dos polígonos com essa região é chamada poliedro. Cada um dos polígonos é uma face do poliedro, cada lado comum a dois polígonos é uma aresta e cada vértice de um desses polígonos é um vértice do poliedro.

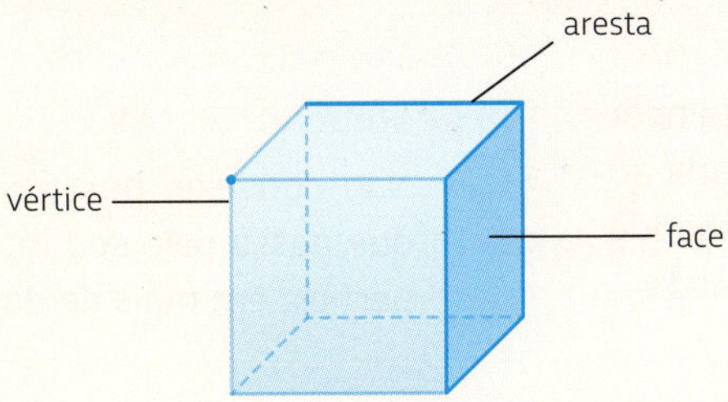

A reunião das faces corresponde à superfície do poliedro.

Poliedro convexo e poliedro não convexo

Antes de definirmos poliedros convexos e poliedros não convexos, vamos lembrar o que são polígonos convexos e polígonos não convexos.

Um polígono é convexo se qualquer reta que passe pelo seu interior intersectar a linha poligonal em apenas dois pontos.

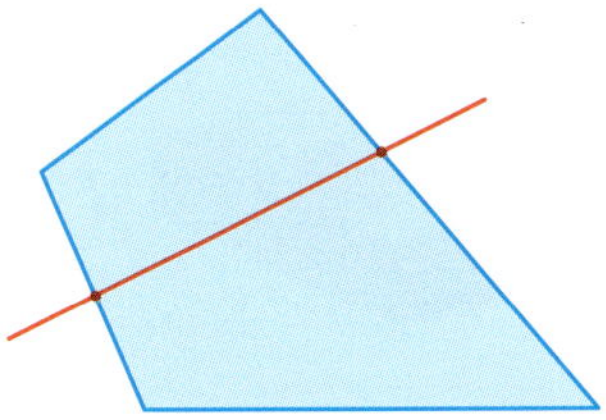

Um polígono é não convexo se existir ao menos uma reta que passa pelo seu interior e intersecta a linha poligonal em mais de dois pontos.

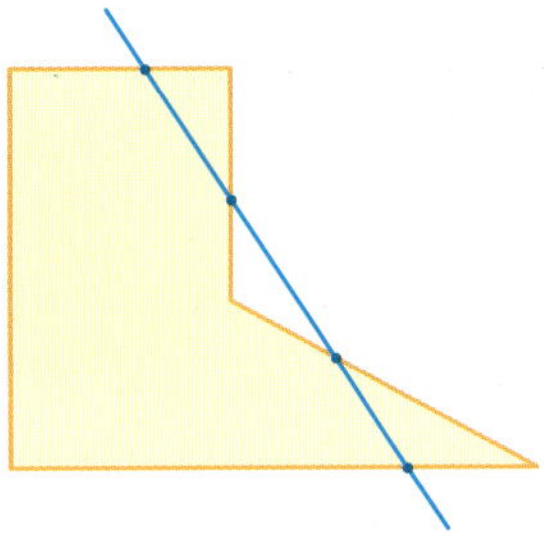

Estendendo a noção de polígono convexo e polígono não convexo para os poliedros, temos:

Um poliedro é convexo se qualquer reta que passe pelo seu interior intersectar sua superfície em apenas dois pontos.

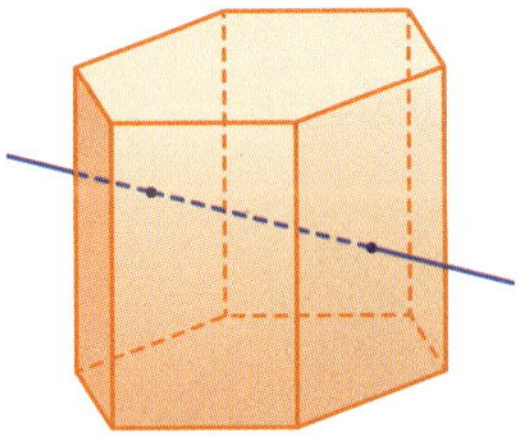

Um poliedro é não convexo se existir ao menos uma reta que passe pelo seu interior e intersecte sua superfície em mais de dois pontos.

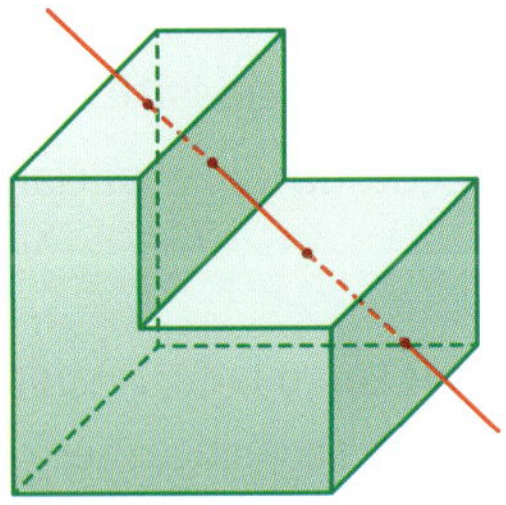

Ilustrações: Ronaldo Lucena/ID/BR

Uma característica das figuras geométricas convexas é que um segmento definido por dois de seus pontos sempre está contido na própria figura.

Atividades resolvidas

R1. A figura geométrica espacial apresentada a seguir é um poliedro? Justifique.

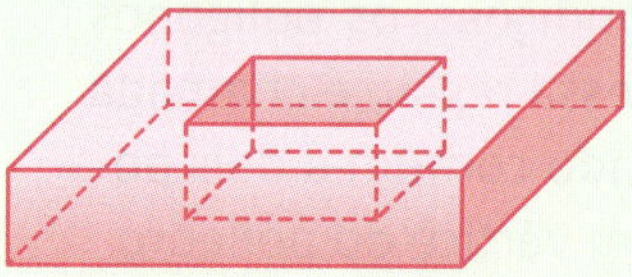

Resolução

Não, pois nem todas as faces são compostas por polígonos. Observe que a face representada ao lado não é um polígono, porque não corresponde a uma linha poligonal plana, simples e fechada.

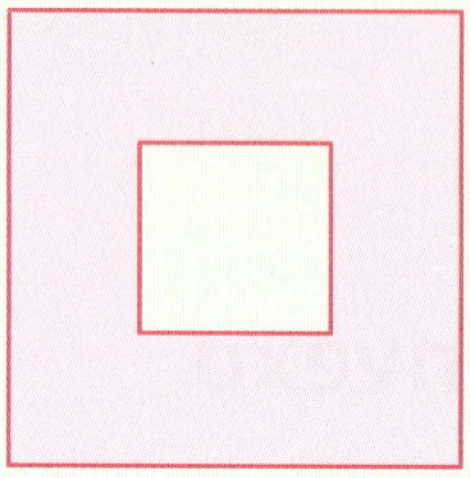

Ilustrações: Ronaldo Lucena/ID/BR

R2. O poliedro apresentado abaixo é convexo ou não convexo? Justifique.

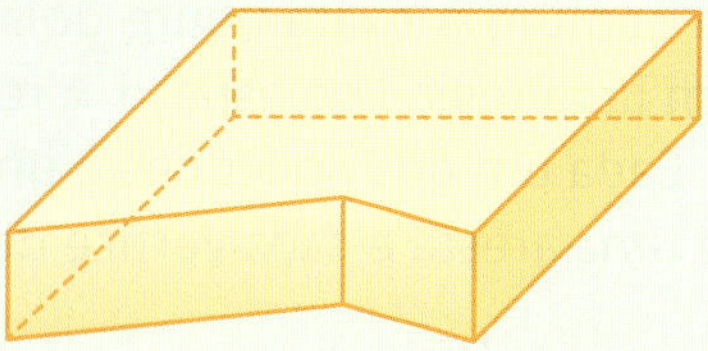

Resolução

Não convexo, pois existe ao menos uma reta que passa pelo seu interior e intersecta sua superfície em mais de dois pontos.

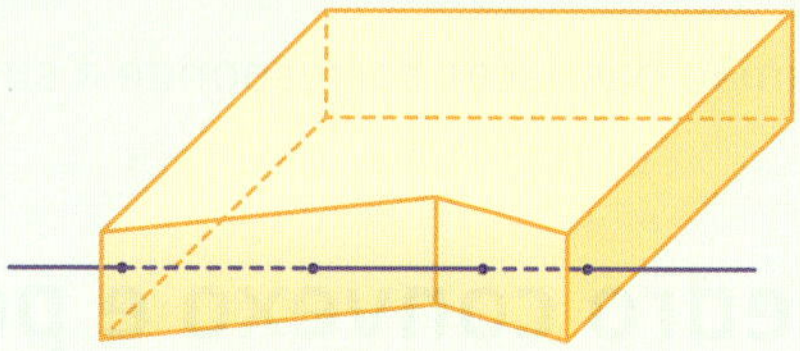

Ilustrações: Ronaldo Lucena/ID/BR

Atividades

1. Quais dos objetos lembram poliedros?

A

Elena Noeva/Shutterstock.com/ID/BR

B

José Vitor Elorza/ASC Imagens

C

ignasof/Shutterstock.com/ID/BR

D

NY Studio/Shutterstock.com/ID/BR

E

Anatoly Vartanov/Shutterstock.com/ID/BR

F

Alhovik/Shutterstock.com/ID/BR

2. Observe as figuras geométricas espaciais.

I

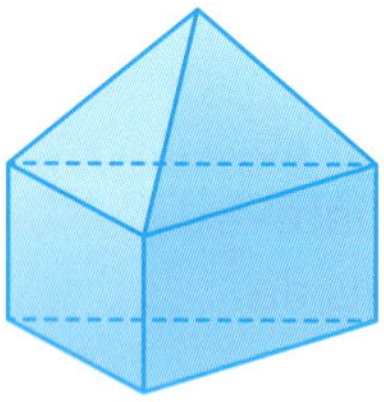

II

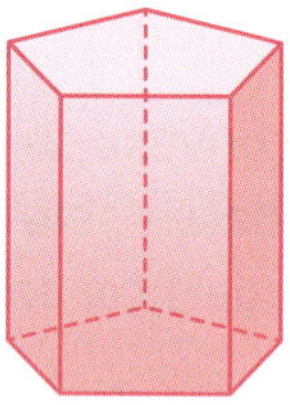

III

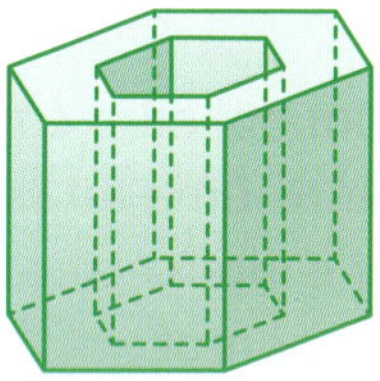

IV

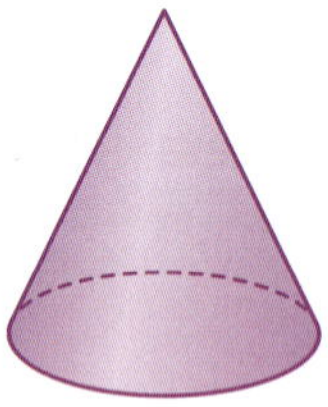

V

VI

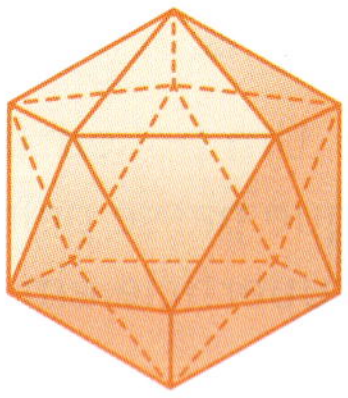

Ilustrações: Ronaldo Lucena/ID/BR

a) Quais delas podem ser classificadas como poliedros?

b) Entre as figuras geométricas espaciais que você classificou como poliedros, quais são:

- convexos?
- não convexos?

3. Dado o poliedro convexo ao lado, responda.

a) Quantas faces, arestas e vértices tem esse poliedro?

b) Cada vértice desse poliedro é comum a quantas arestas?

c) Que polígono corresponde ao formato de cada face desse poliedro?

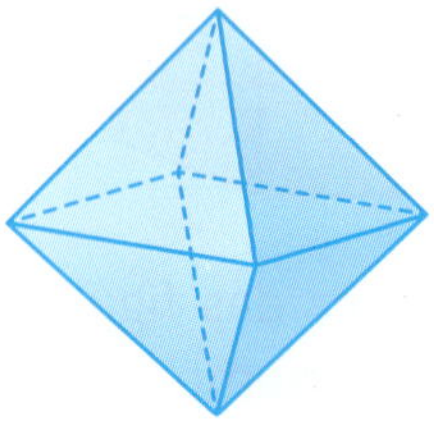

Ronaldo Lucena/ID/BR

Relação de Euler

Existem algumas relações envolvendo os elementos dos poliedros convexos, entre as quais podemos destacar a **relação de Euler**, que relaciona a quantidade de vértices, arestas e faces.

O nome dessa relação é uma homenagem a Leonhard Euler, que, com seus trabalhos, influenciou diferentes ramos da Matemática. Considerado um verdadeiro erudito, Euler se interessava também por outras ciências, como Física, Química, Astronomia, Botânica e Teologia. Uma curiosidade a seu respeito é que, apesar de ter ficado cego aos 59 anos, ele continuou a produzir ativamente seus materiais com o auxílio de um assistente.

Fonte de pesquisa: EVES, Howard. *Introdução à história da matemática*. Trad. Hygino H. Domingues. Campinas: Ed. da Unicamp, 2004.

Coleção particular. Fotografia: Georgios Kollidas/Shutterstock.com/ID/BR

Matemático suíço Leonhard Euler (1707-1783).

Não apresentaremos a demonstração desta propriedade, apenas vamos verificá-la em alguns exemplos. Observe a quantidade de vértices (V), arestas (A) e faces (F) de alguns poliedros convexos.

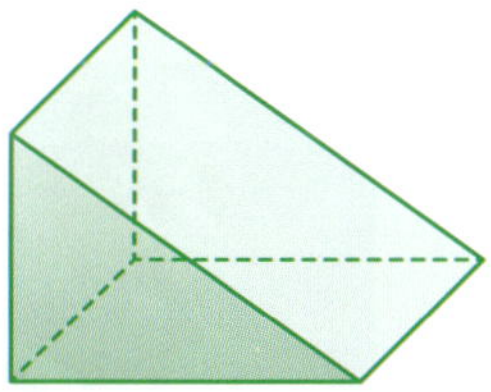

$V = 6$
$A = 9$
$F = 5$

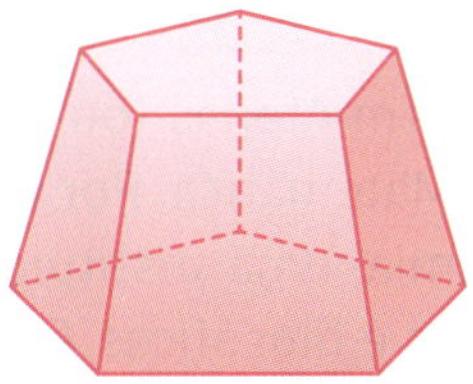

$V = 10$
$A = 15$
$F = 7$

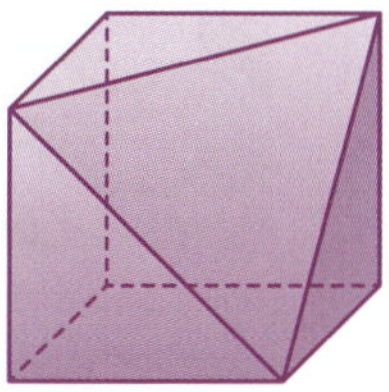

$V = 7$
$A = 12$
$F = 7$

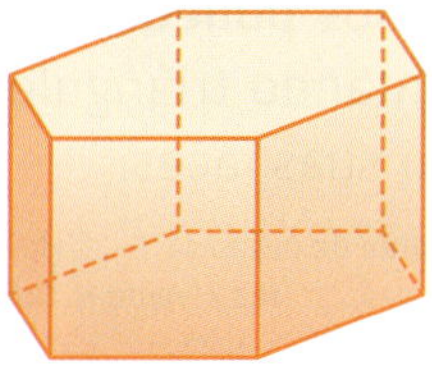

$V = 12$
$A = 18$
$F = 8$

Ao adicionar a quantidade de vértices (V) à quantidade de faces (F) de cada um desses poliedros convexos, verificamos que essa soma corresponde exatamente a 2 unidades a mais que a quantidade de arestas (A).

Em todo poliedro convexo com A arestas, V vértices e F faces, vale a relação:

$$V + F = A + 2 \Rightarrow V - A + F = 2$$

Exemplos

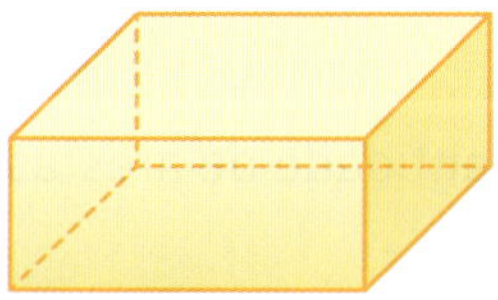

$V = 8;\ A = 12;\ F = 6$

$$\underbrace{8}_{V} - \underbrace{12}_{A} + \underbrace{6}_{F} = 2 \Rightarrow 2 = 2$$

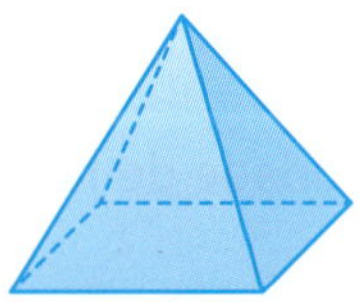

Ilustrações: Ronaldo Lucena/ID/BR

$V = 5;\ A = 8;\ F = 5$

$$\underbrace{5}_{V} - \underbrace{8}_{A} + \underbrace{5}_{F} = 2 \Rightarrow 2 = 2$$

Todo poliedro convexo satisfaz a relação de Euler, mas nem todos os poliedros não convexos satisfazem essa relação. Por exemplo:

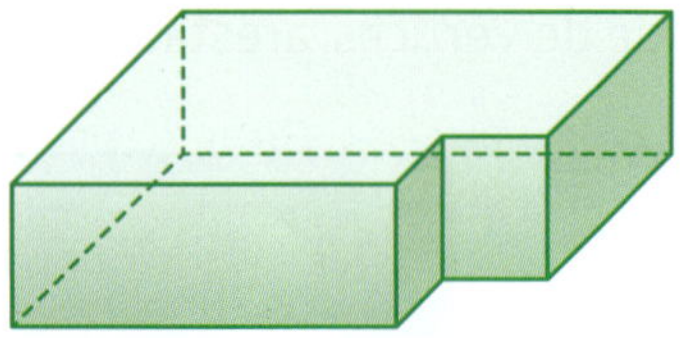

Poliedro não convexo que satisfaz a relação de Euler.

$V = 12; A = 18; F = 8$

$$\underbrace{12}_{V} - \underbrace{18}_{A} + \underbrace{8}_{F} = 2 \Rightarrow 2 = 2$$

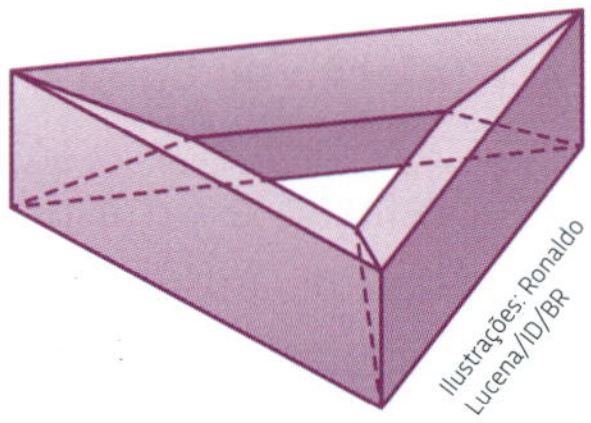

Poliedro não convexo que não satisfaz a relação de Euler.

$V = 9; A = 18; F = 9$

$$\underbrace{9}_{V} - \underbrace{18}_{A} + \underbrace{9}_{F} = 0 \Rightarrow 0 \neq 2$$

Não podemos afirmar que se três números $V, A, F \in \mathbb{N}^*$ satisfazem a relação de Euler, então, existirá um poliedro com V vértices, A arestas e F faces.

Por exemplo, se $V = 1$, $A = 2$ e $F = 3$, temos $V - A + F = 2$, mas não existe um poliedro com essa quantidade de vértices, faces e arestas.

Poliedros regulares

Platão nasceu em Atenas (ou nas proximidades) e estudou Filosofia e Matemática. Por volta de 387 a.C., fundou e dirigiu a Academia, uma instituição voltada para investigações científicas e filosóficas. Grande parte dos trabalhos matemáticos importantes do século IV a.C. foi realizada por amigos ou discípulos de Platão, que também apresentou uma descrição dos **poliedros regulares** e mostrou como construí-los juntando triângulos, quadrados ou pentágonos para formar suas faces.

Fonte de pesquisa: Eves, Howard. *Introdução à história da matemática*. Trad. Hygino H. Domingues. Campinas: Ed. da Unicamp, 2004.

Academia de Atenas (Grécia). Fotografia: Nick Pavlakis/Shutterstock.com/ID/BR

Filósofo e matemático grego Platão (427 a.C. - 347 a.C.).

Mas, afinal, o que é um poliedro regular?

Um poliedro convexo é regular quando todas as suas faces são polígonos regulares iguais e em todos os vértices concorrem a mesma quantidade de arestas.

Assim como os teoremas apresentados no capítulo anterior, também temos um teorema para os poliedros regulares.

Teorema 1

Existem apenas cinco poliedros regulares convexos.

Demonstração

Considere n a quantidade de lados de cada face e m a quantidade de arestas que concorrem em cada vértice.

- Toda face F possui a mesma quantidade de lados (n), com $n \in \mathbb{N}$ e $n \geqslant 3$. Como cada lado é comum a duas faces, temos:

$$n \cdot F = 2A \Rightarrow F = \frac{2A}{n}$$

- Em todo vértice V concorre a mesma quantidade de aresta (m), com $m \in \mathbb{N}$ e $m \geqslant 3$. Como cada aresta contém dois vértices, temos:

$$m \cdot V = 2A \Rightarrow V = \frac{2A}{m}$$

- Como estamos tratando de poliedros convexos, a relação de Euler é válida. Substituindo F por $\frac{2A}{n}$ e V por $\frac{2A}{m}$ na relação de Euler, segue que:

$$V - A + F = 2 \Rightarrow \frac{2A}{m} - A + \frac{2A}{n} = 2$$

Dividindo ambos os membros da igualdade por $2A$, obtemos:

$$\frac{\cancel{2A}}{\cancel{2A} \cdot m} - \frac{\cancel{A}}{2\cancel{A}} + \frac{\cancel{2A}}{\cancel{2A} \cdot n} = \frac{\cancel{2}}{\cancel{2}A} \Rightarrow \frac{1}{m} - \frac{1}{2} + \frac{1}{n} = \frac{1}{A}$$

Como $\frac{1}{A}$ é positivo, pois A representa a quantidade de arestas, então $\frac{1}{m} - \frac{1}{2} + \frac{1}{n}$ também é positivo.

- Supondo que as faces do poliedro regular sejam triangulares, temos $n = 3$ e, nesse caso:

$$\frac{1}{m} - \frac{1}{2} + \frac{1}{3} > 0 \Rightarrow \frac{1}{m} > \frac{1}{6} \Rightarrow m < 6$$

Assim, m pode ser 3, 4 ou 5, pois $m \geqslant 3$ e $m < 6$.

n	3	3	3
m	3	4	5
Poliedro	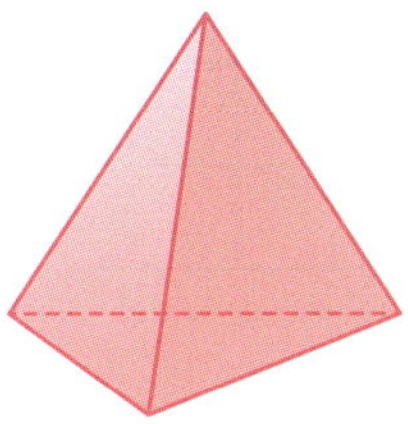 tetraedro regular	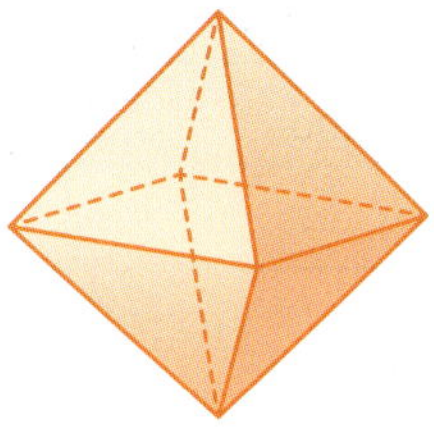 octaedro regular	 icosaedro regular

- Supondo que as faces do poliedro regular sejam quadrangulares, temos $n = 4$. Assim:

$$\frac{1}{m} - \frac{1}{2} + \frac{1}{4} > 0 \Rightarrow \frac{1}{m} > \frac{2}{8} \Rightarrow m < 4$$

Desse modo, m deve ser 3, pois $m \geqslant 3$ e $m < 4$.

n	4
m	3
Poliedro	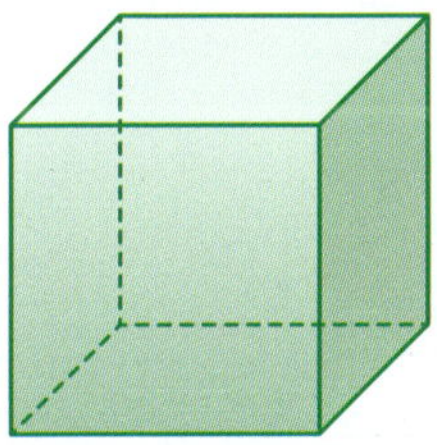 hexaedro regular ou cubo

Ilustrações: Ronaldo Lucena/ID/BR

- Supondo que as faces sejam pentagonais, temos $n = 5$. Então:

$$\frac{1}{m} - \frac{1}{2} + \frac{1}{5} > 0 \Rightarrow \frac{1}{m} > \frac{3}{10} \Rightarrow m < \frac{10}{3} = 3,\bar{3}$$

Assim, m deve ser 3, pois $m \geqslant 3$ e $m < 3,\bar{3}$.

n	5
m	3
Poliedro	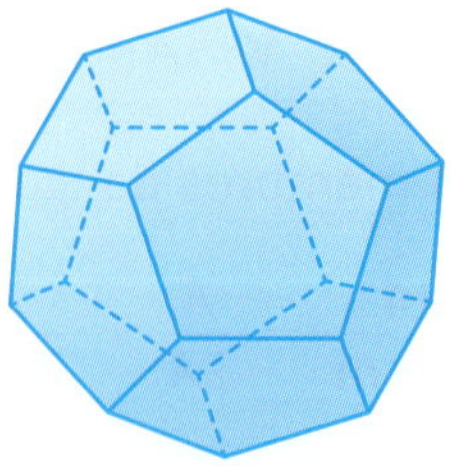 dodecaedro regular

- Para $n \geqslant 6$, obteremos $m < 3$, o que não é possível, pois devemos ter $m \geqslant 3$.

Portanto, existem apenas cinco poliedros regulares que são o tetraedro regular, octaedro regular, icosaedro regular, hexaedro regular ou cubo e o dodecaedro regular.

Utilizando as relações apresentadas anteriormente, podemos organizar o seguinte quadro.

Poliedro	n	m	V	F	A
Tetraedro regular	3	3	4	4	6
Octaedro regular	3	4	6	8	12
Icosaedro regular	3	5	12	20	30
Hexaedro regular ou cubo	4	3	8	6	12
Dodecaedro regular	5	3	20	12	30

Poliedros de Platão

Apesar de Platão apresentar uma descrição dos poliedros regulares, outros poliedros não regulares também são conhecidos como Poliedros de Platão. Para ser caracterizado como um poliedro de Platão, ele precisa satisfazer simultaneamente as seguintes condições:

I) todas as faces devem possuir a mesma quantidade de lados;

II) de todos os vértices deve concorrer a mesma quantidade de arestas;

III) a relação de Euler deve ser válida $(V - A + F = 2)$.

Como vimos anteriormente, há apenas cinco classes de poliedros satisfazendo as condições acima, ou seja, existe apenas cinco classes de poliedros de Platão: tetraedros, hexaedros, octaedros, dodecaedros e icosaedros.

Veja três poliedros de Platão da classe dos tetraedros:

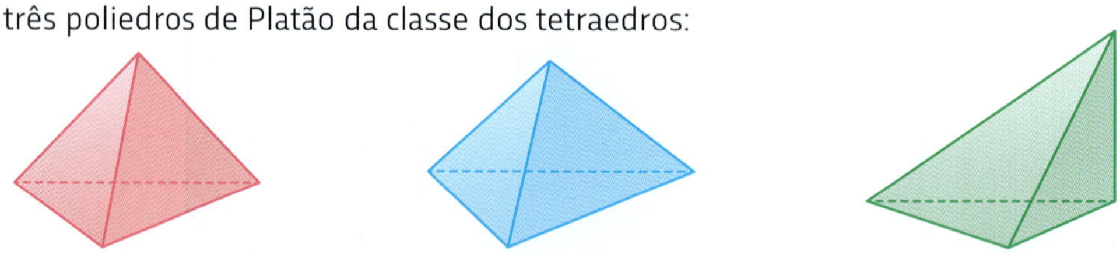

Ilustrações: Ronaldo Lucena/ID/BR

Todos os poliedros regulares convexos são poliedros de Platão e todos os poliedros de Platão são poliedros regulares? Justifique.

R3. Em cada item são apresentados elementos de poliedros convexos. Determine a quantidade desconhecida de faces, vértices ou arestas e depois faça um esboço de um poliedro que corresponda à descrição dada.

a) 5 faces e 6 vértices.

b) 6 faces octogonais e 8 faces triangulares.

Resolução

a) Podemos determinar a quantidade de arestas desse poliedro utilizando a relação de Euler.

$$V - A + F = 2 \Rightarrow 6 - A + 5 = 2 \Rightarrow A = 9$$

Portanto, esse poliedro possui 9 arestas.

Observe abaixo um poliedro convexo que satisfaz essas condições.

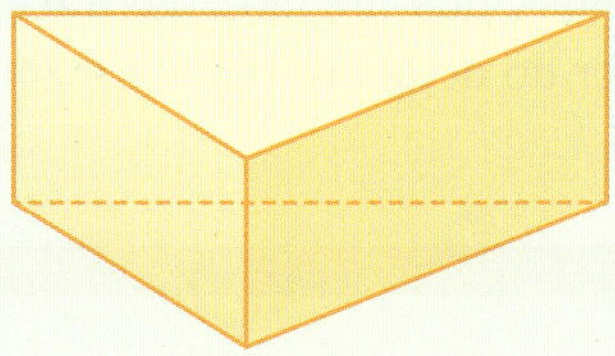

Para determinar outros poliedros convexos que satisfazem essas condições, podemos deformar este poliedro de maneira que ele continue convexo e com a mesma quantidade de faces, vértices e arestas. Observe algumas possíveis deformações.

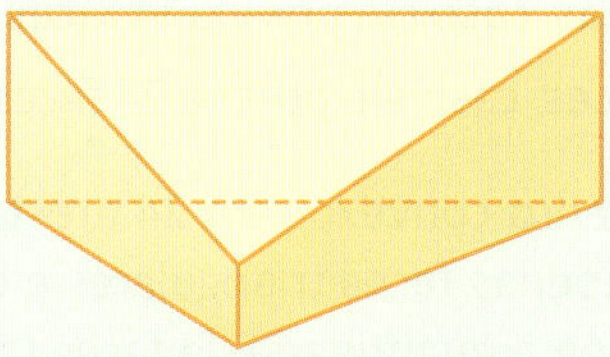

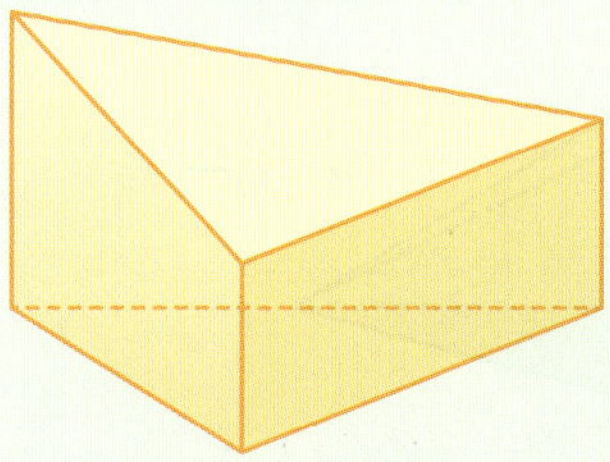

b) Como o poliedro possui 6 faces octogonais (8 lados) e 8 faces triangulares (3 lados), possui 14 faces no total, pois $6 + 8 = 14$. Podemos determinar a quantidade de arestas fazendo:

$A_1 = 6 \cdot 8 = 48$

$A_2 = 8 \cdot 3 = 24$

Como cada lado é comum a duas faces, temos:

$$A = \frac{A_1 + A_2}{2} = 36$$

Logo, esse poliedro possui 36 arestas.

Para determinar a quantidade de vértices, podemos utilizar a relação de Euler.

$$V - A + F = 2 \Rightarrow V - 36 + 14 = 2 \Rightarrow V = 24$$

Portanto, esse poliedro possui 24 vértices.

Observe um poliedro convexo que satisfaz essas condições.

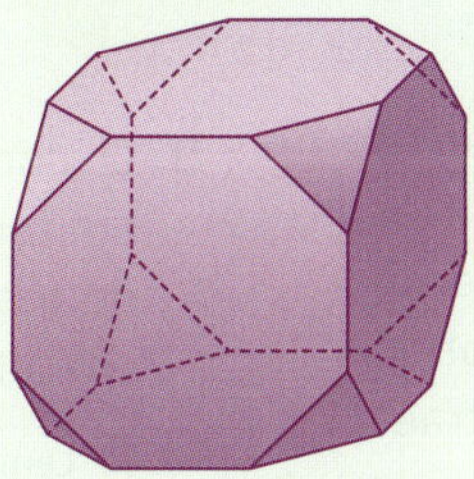

Ilustrações: Ronaldo Lucena/ID/BR

O poliedro acima é conhecido como **cubo truncado**.

Atividades resolvidas

R4. O octaedro regular possui quatro triângulos em torno de cada um de seus vértices. Determine a soma das medidas dos ângulos das faces em torno de cada vértice.

Resolução

Como as faces de um poliedro regular qualquer são polígonos regulares e as faces do octaedro são triângulos, esses triângulos são equiláteros, isto é, triângulos que possuem os três ângulos internos medindo 60°.

Observe na figura que, em um vértice qualquer do octaedro regular, a soma das medidas dos ângulos das faces em torno desse vértice equivale ao produto de 60° por 4.

$$60 \cdot 4 = 240$$

Portanto, a soma das medidas dos ângulos das faces em torno de um vértice qualquer do octaedro regular é 240°.

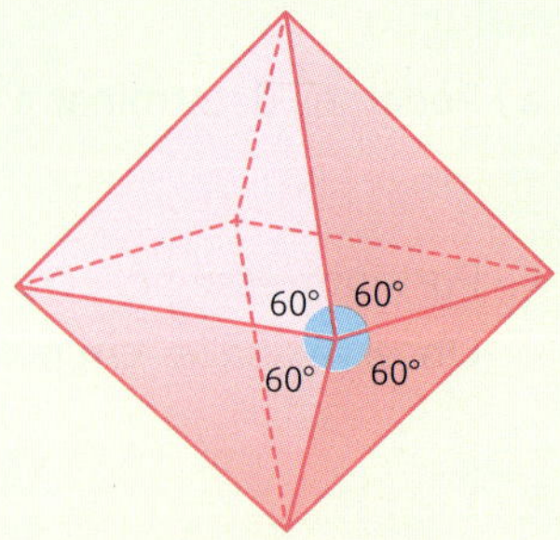

Ronaldo Lucena/ID/BR

Atividades

4. Observe o poliedro convexo e depois responda no caderno.

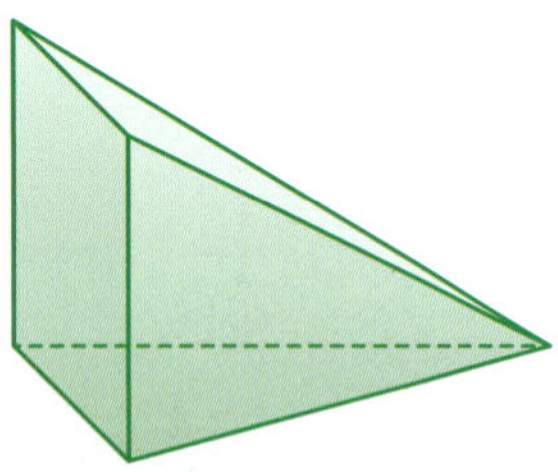

Ronaldo Lucena/ID/BR

a) Qual é a quantidade de vértices, faces e arestas desse poliedro?

b) A relação de Euler é válida para esse poliedro? Justifique.

5. (Insper-SP) De cada vértice de um prisma hexagonal regular foi retirado um tetraedro, como exemplificado para um dos vértices do prisma desenhado a seguir.

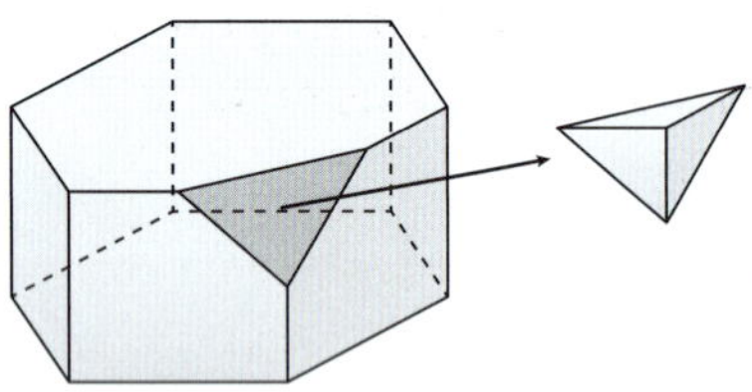

Insper/Ronaldo Lucena/ID/BR/Fac-símile: ID/BR

O plano que definiu cada secção para retirar os tetraedros passa pelos pontos médios das três arestas que concorrem a um mesmo vértice do prisma. A quantidade de faces do poliedro obtido depois de terem sido retirados todos os tetraedros é:

a) 24 b) 20 c) 18 d) 16 e) 12

6. Dado um poliedro convexo, determine a quantidade de:

a) faces, caso ele possua 26 vértices e 48 arestas;

b) arestas, caso ele possua 14 faces e 24 vértices;

c) vértices, caso ele possua 24 faces e 36 arestas.

7. Um poliedro convexo tem 24 arestas, 12 vértices e possui apenas faces triangulares e quadrangulares. Determine a quantidade de faces triangulares.

8. Quais dos poliedros abaixo são poliedros de Platão? Justifique.

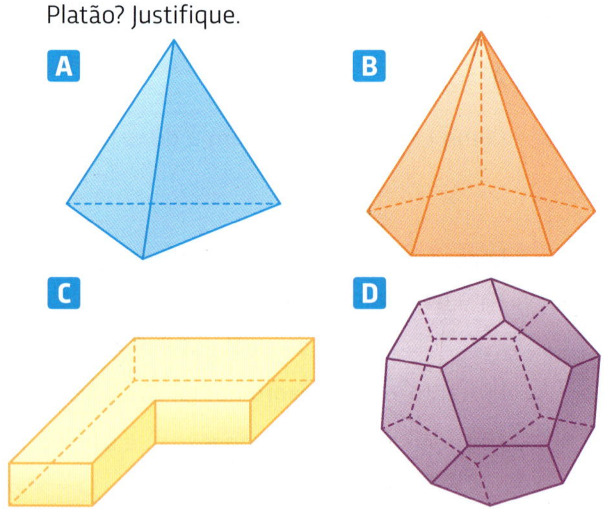

Ilustrações: Ronaldo Lucena/ID/BR

9. O dodecaedro regular possui três pentágonos em torno de cada um de seus vértices. Determine a soma das medidas dos ângulos das faces em torno de cada vértice.

> Lembre-se de que a soma dos ângulos internos de um polígono convexo de n lados, com $n > 2$, é $S = n(n-2) \cdot 180°$.

Prisma

Vimos que existem os poliedros convexos e os não convexos, e entre os poliedros convexos, existem os poliedros regulares. Agora, veremos que entre os convexos também existem os prismas, os quais estão entre os poliedros mais conhecidos. Observe alguns objetos que lembram prismas.

HomeStudio/Shutterstock.com/ID/BR

prisma óptico

Fedorov Oleksiy/Shutterstock.com/ID/BR

caixa de presente

Shawn Hempel/Shutterstock.com/ID/BR

caixa de som

Prisma óptico: objeto transparente geralmente utilizado para refratar e dispersar a luz branca em outras cores.

Observe o modelo matemático desses objetos.

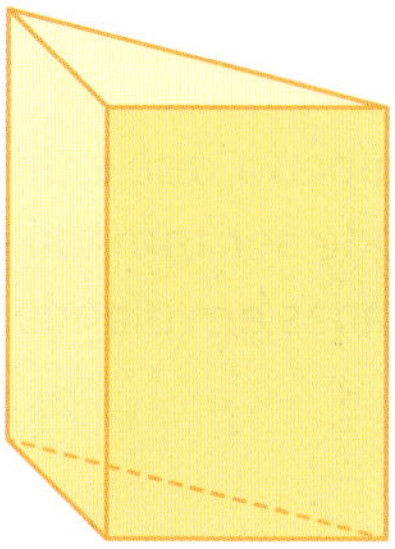

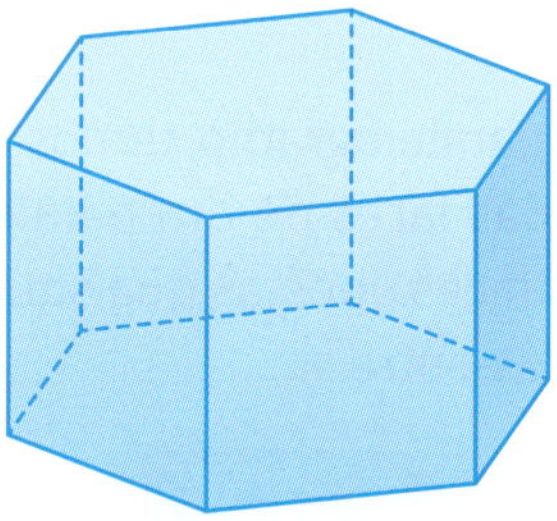

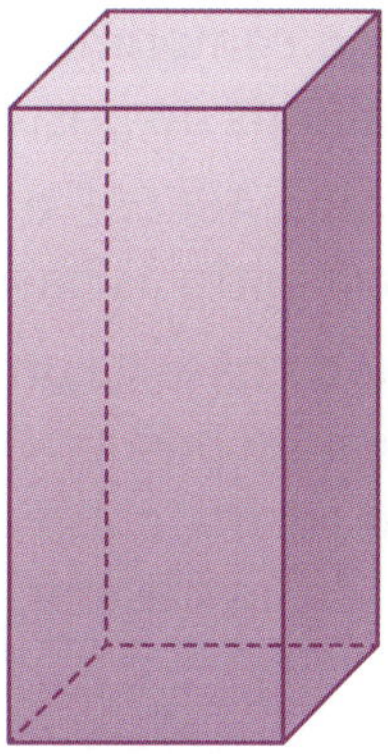

Que características comuns há entre os modelos matemáticos desses objetos?

Veja como podemos construir um prisma.

Considere um polígono contido em um plano, por exemplo, um hexágono de vértices *ABCDEF*. Vamos escolher um ponto qualquer A_1 não pertencente a α e por ele traçar o plano β paralelo a α. Pelos demais vértices *B*, *C*, *D*, *E* e *F*, traçamos retas paralelas a $\overline{AA_1}$ que intersecta β nos pontos B_1, C_1, D_1, E_1 e F_1. Assim, todas essas retas serão paralelas entre si.

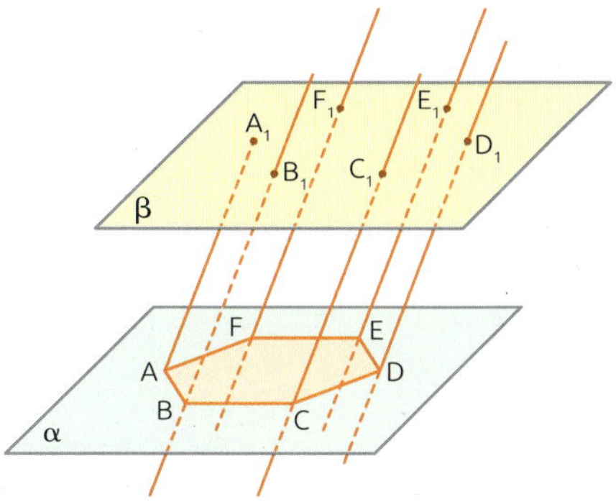

Ilustrações: Ronaldo Lucena/ID/BR

Ao tomar dois segmentos consecutivos assim determinados, $\overline{AA_1}$ e $\overline{BB_1}$, por exemplo, o quadrilátero obtido AA_1B_1B será plano, porque os lados $\overline{AA_1}$ e $\overline{BB_1}$ são paralelos. Os outros dois lados do quadrilátero também serão paralelos, pois estão contidos em retas coplanares que não se intersectam por estarem contidas em planos paralelos (α e β). Logo, o quadrilátero AA_1B_1B é um paralelogramo. Os paralelogramos obtidos dessa maneira, juntamente com os polígonos de vértices $ABCDEF$ e $A_1B_1C_1D_1E_1F_1$, determinam um poliedro chamado de prisma de bases $ABCDEF$ e $A_1B_1C_1D_1E_1F_1$.

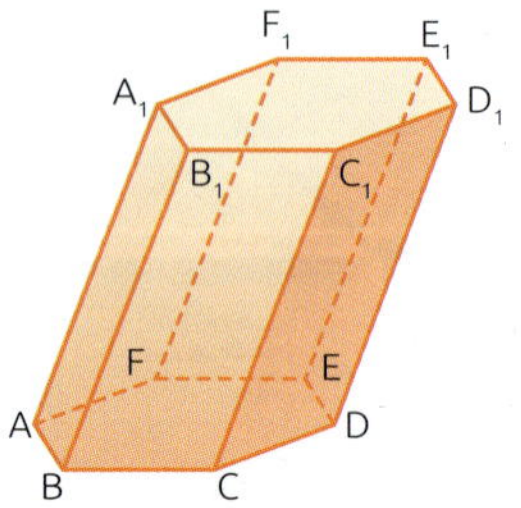

A região do espaço delimitada por um prisma é composta pelos pontos dos segmentos que possuem extremidades nos polígonos bases.

As arestas $\overline{AA_1}$, $\overline{BB_1}$, $\overline{CC_1}$, $\overline{DD_1}$, $\overline{EE_1}$ e $\overline{FF_1}$, chamadas **arestas laterais**, são paralelas e possuem o mesmo comprimento. Arestas laterais consecutivas formam paralelogramos, chamados **faces laterais** do prisma.

As bases $ABCDEF$ e $A_1B_1C_1D_1E_1F_1$ são congruentes e a **altura** do prisma corresponde à distância entre as bases.

Quando a base de um prisma é um paralelogramo, temos um paralelepípedo, que é um caso particular de prisma. Qualquer uma das faces de um paralelepípedo pode ser tomada como base do prisma, pois nesse caso duas faces opostas quaisquer estão situadas em planos paralelos e são ligadas por arestas paralelas entre si.

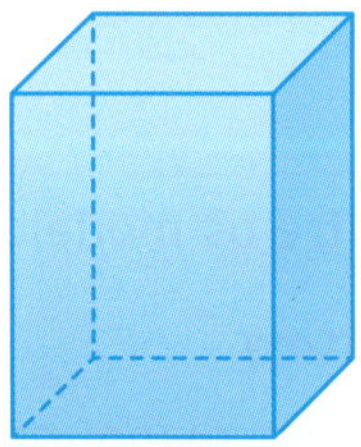

Os prismas podem ser classificados em retos ou oblíquos.

Um prisma é reto quando suas arestas laterais são perpendiculares aos planos que contêm as bases e é oblíquo quando suas arestas laterais são oblíquas aos planos que contêm as bases.

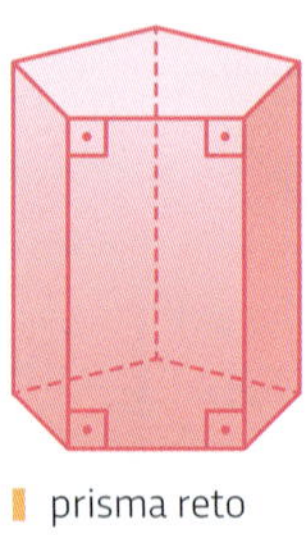

prisma reto

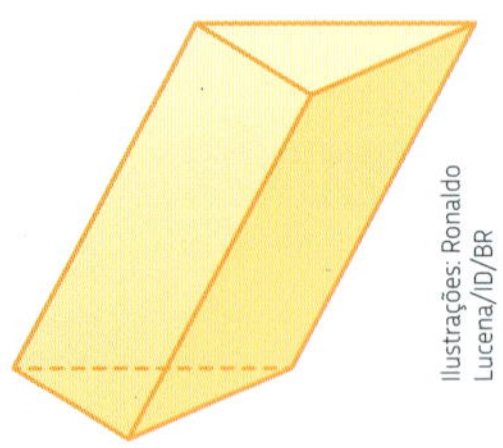

prisma oblíquo

Ilustrações: Ronaldo Lucena/ID/BR

A que tipo de paralelogramo corresponde a face lateral de um prisma reto?

Os prismas podem ser nomeados de acordo com o polígono que compõem suas bases. Observe alguns deles.

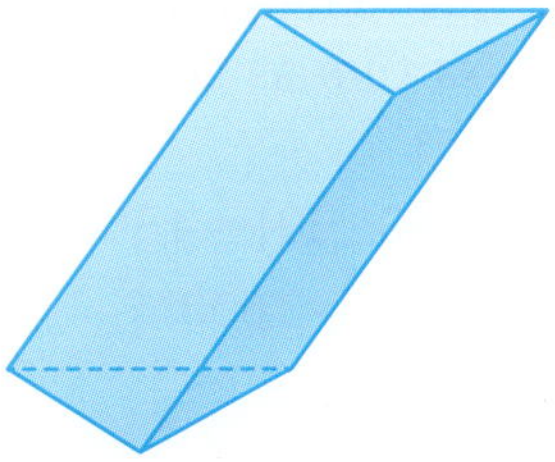

prisma oblíquo de base triangular ou prisma oblíquo triangular

prisma reto de base quadrangular ou prisma reto quadrangular

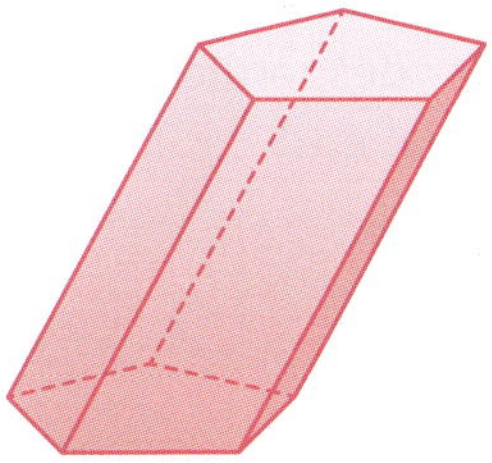

prisma oblíquo de base pentagonal ou prisma oblíquo pentagonal

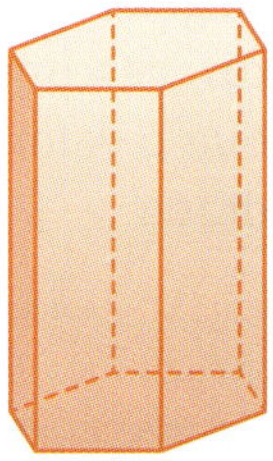

prisma reto de base hexagonal ou prisma reto hexagonal

Um prisma reto de base retangular é denominado **paralelepípedo retângulo** ou **bloco retangular**.

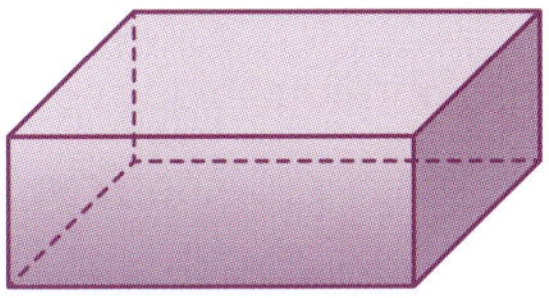

Um caso particular de paralelepípedo retângulo ocorre quando as faces laterais e as bases são quadrados. Neste caso, o prisma é denominado cubo ou hexaedro regular.

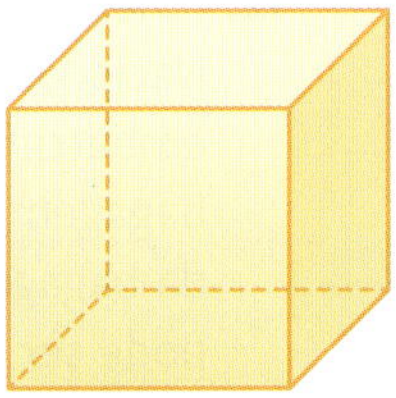

Um prisma reto é regular quando as bases são polígonos regulares.

Ilustrações: Ronaldo Lucena/ID/BR

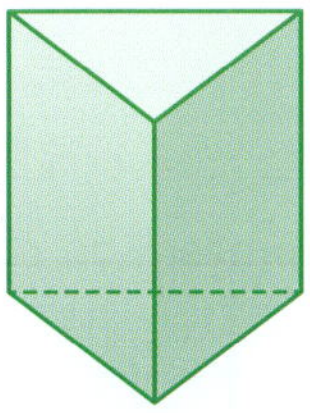

prisma triangular regular

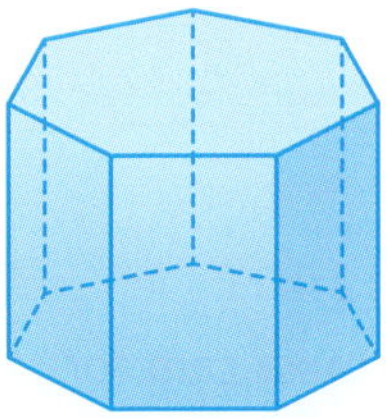

prisma heptagonal regular

Área da superfície de um prisma

Agora que sabemos o que é um prisma, veremos como determinar a área de sua superfície. Em todo prisma a:

- área da base corresponde à área do polígono que compõe sua base (A_b);
- superfície lateral é a reunião das faces laterais (paralelogramos) e a área dessa superfície é chamada área lateral (A_ℓ);
- superfície total é a reunião da superfície lateral com a superfície das bases e a área dessa superfície é chamada área total (A_t).

Logo, a área total da superfície de um prisma pode ser obtida pela adição da área lateral com duas vezes a área da base, isto é:

$$A_t = A_\ell + 2A_b$$

R5. Calcule o custo de material necessário para a confecção de 300 caixas com formato de bloco retangular regular com tampa, conforme modelo abaixo, desconsiderando desperdícios. Considere que o valor do material é R$ 3,60 o metro quadrado.

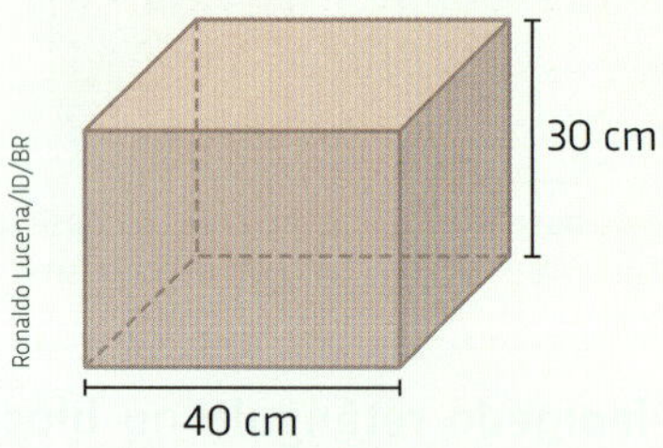

Resolução

Para determinar a quantidade de material necessária para a confecção dessas caixas, calcularemos a área de superfície de cada caixa.

Como essa caixa possui o formato de um bloco retangular regular, calculamos sua área total adicionando as áreas dos quatro retângulos que formam as laterais da caixa com as áreas dos dois quadrados de suas bases.

- Área lateral, em cm²: $A_\ell = 4(40 \cdot 30) = 4\,800$
- Área da base, em cm²: $A_b = 40^2 = 1\,600$
- Área total, em cm²: $A_t = A_\ell + 2A_b =$ $= 4\,800 + 2 \cdot 1\,600 = 8\,000$

Como o valor de um metro quadrado de material é R$3,60, convertemos os 8 000 cm² para metros quadrados:

$$8\,000 \cdot 0{,}0001 = 0{,}8$$

Para o custo das 300 caixas, calculamos:

$$300 \cdot 0{,}8 \cdot 3{,}60 = 864$$

Logo, o custo de material necessário para a confecção das 300 caixas é R$864,00.

Atividades

10. Considerando o paralelepípedo retângulo abaixo, determine:

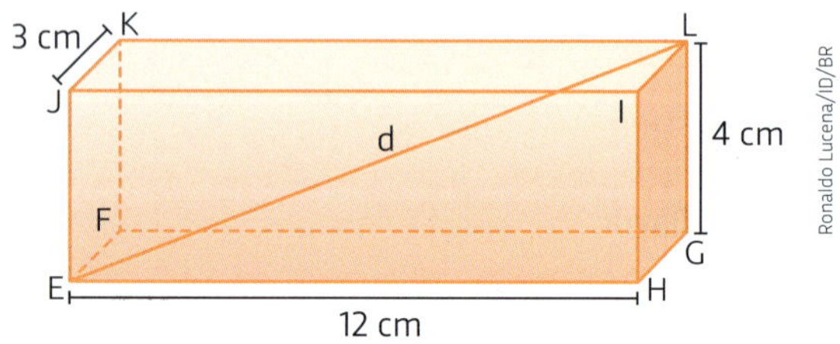

a) a medida *d* da sua diagonal;

b) a área da sua superfície.

11. Uma empresa deseja produzir uma caixa com formato de prisma regular de base hexagonal com tampa, que deve ser colorida da seguinte maneira:

I) 12% da superfície na cor verde;

II) 40% da superfície na cor vermelha;

III) 48% da superfície na cor azul.

Observe as dimensões da caixa.

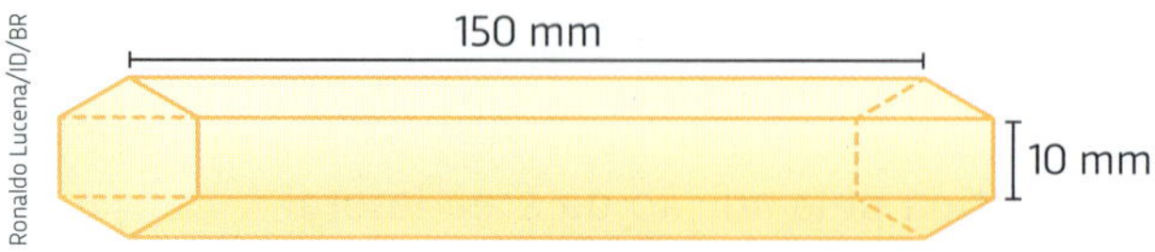

Calcule a área aproximada da superfície destinada a cada cor. Utilize $\sqrt{3} \simeq 1{,}7$.

12. (Enem/Inep) Conforme regulamento da Agência Nacional de Aviação Civil (Anac), o passageiro que embarcar em voo doméstico poderá transportar bagagem de mão, contudo a soma das dimensões da bagagem (altura + comprimento + largura) não pode ser superior a 115 cm.

A figura mostra a planificação de uma caixa que tem a forma de um paralelepípedo retângulo.

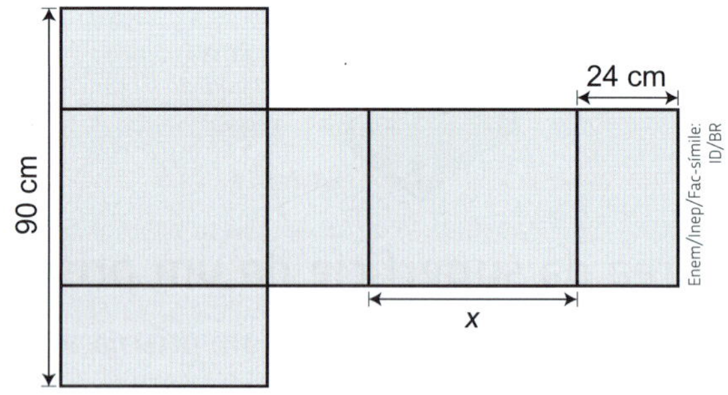

O maior valor possível para *x*, em centímetros, para que a caixa permaneça dentro dos padrões permitidos pela Anac é

a) 25 b) 33 c) 42 d) 45 e) 49

13. Sabendo que a altura de um prisma quadrangular regular corresponde à quarta parte da medida da aresta de sua base e que a área de sua superfície lateral é 196 cm², determine a altura desse prisma.

Volume de um prisma

Vimos anteriormente como obter a área da superfície de um prisma, agora veremos como obter o volume de um prisma.

Intuitivamente o volume de um prisma corresponde à quantidade de espaço ocupado por ele. Mas para determinar essa "quantidade de espaço" por meio de um número, é necessário compará-la a uma unidade, e o resultado dessa comparação corresponderá ao volume.

As unidades de medida de volume mais utilizadas são o centímetro cúbico (cm^3), que corresponde a um cubo com 1 cm de aresta, o decímetro cúbico (dm^3), que corresponde a um cubo com 1 dm de aresta e o metro cúbico (m^3) que corresponde a um cubo com 1 m de aresta.

Volume de um paralelepípedo retângulo

Considere o paralelepípedo abaixo, formado por cubos com 1 cm de aresta. Contando a quantidade de cubos ao longo das três dimensões, verificamos que as medidas das arestas do paralelepípedo são 5 cm de comprimento, 4 cm de largura e 3 cm de altura, formando assim três camadas com 20 cubos cada.

O volume desse paralelepípedo corresponde à quantidade de cubos que o compõe. Para determinar essa quantidade, basta multiplicar a quantidade de cubos de cada camada pela quantidade de camadas. Considerando V o volume do paralelepípedo, temos:

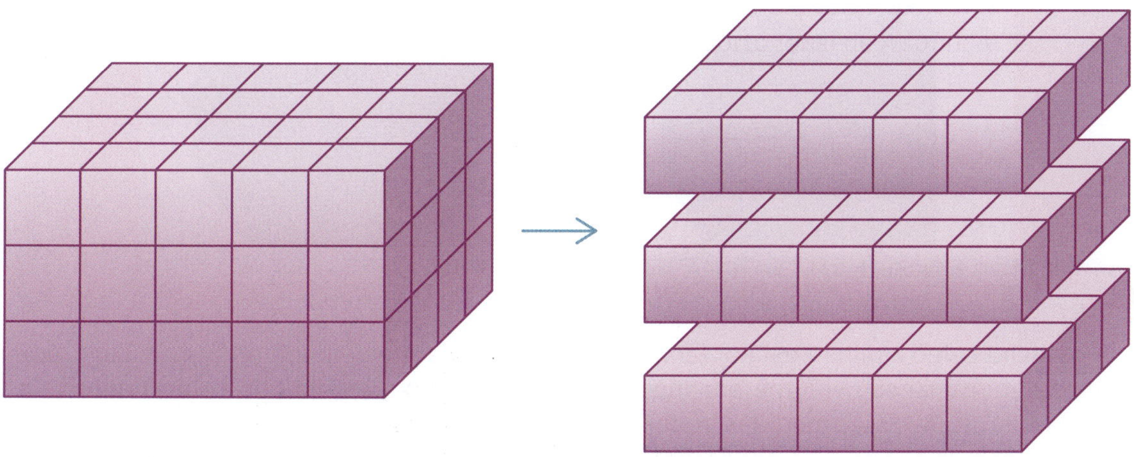

$$V = \underbrace{\overline{5 \cdot 4}}_{\text{quantidade de cubos de cada camada}} \cdot \underbrace{\overline{3}}_{\text{quantidade de camadas}} = 60$$

Portanto, o volume desse cubo é 60 cm^3.

O volume de um paralelepípedo retângulo de comprimento a, largura b e altura h é dado por:

$$V = a \cdot b \cdot h$$

Também podemos dizer que o volume de um paralelepípedo retângulo é dado pela multiplicação da área da base (A_b) pela altura (h).

$$V = A_b \cdot h$$

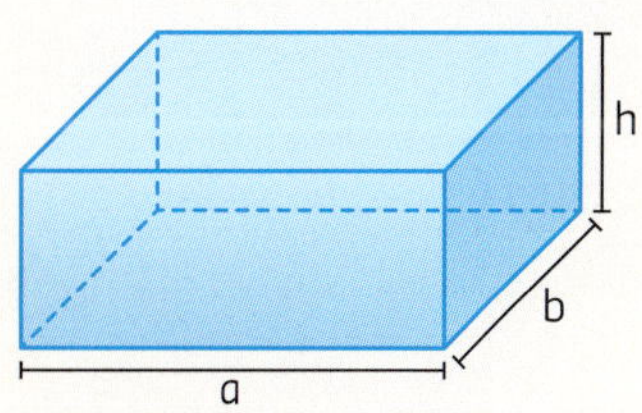

Ilustrações: Ronaldo Lucena/ID/BR

Como o cubo é um caso particular de paralelepípedo retângulo que possui todas as arestas com medidas iguais, seu volume é dado por:

$$V = a \cdot a \cdot a \text{ ou } V = a^3$$

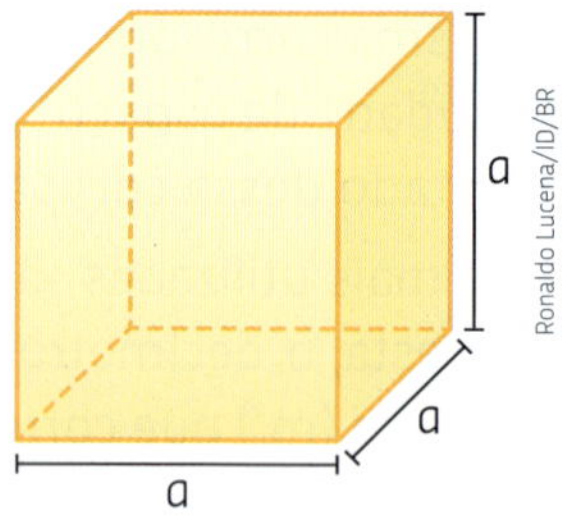

É possível demonstrar que o volume de um paralelepípedo retângulo de comprimento a, largura b e altura h é dado por $V = a \cdot b \cdot h$ para quaisquer valores reais positivos de a, b e h.

Princípio de Cavalieri

Considere duas pilhas com a mesma quantidade de um mesmo tipo de carta, organizadas de maneiras distintas.

pilha **1**　　pilha **2**

A maneira como a pilha **1** está organizada lembra um paralelepípedo retângulo. Logo, podemos determinar seu volume por meio do produto entre a medida do comprimento, da largura e da altura. Essas medidas podem ser obtidas com o auxílio de uma régua. Intuitivamente, sabemos que as duas pilhas têm volumes iguais, por isso, basta determinar o volume de uma delas para conhecer o volume da outra.

Considere dois sólidos S_A e S_B apoiados em um mesmo plano horizontal α e tais que qualquer outro plano β, também horizontal, seccione ambos os sólidos determinando regiões planas de áreas iguais. De acordo com o Princípio de Cavalieri o volume de S_A é igual ao volume de S_B.

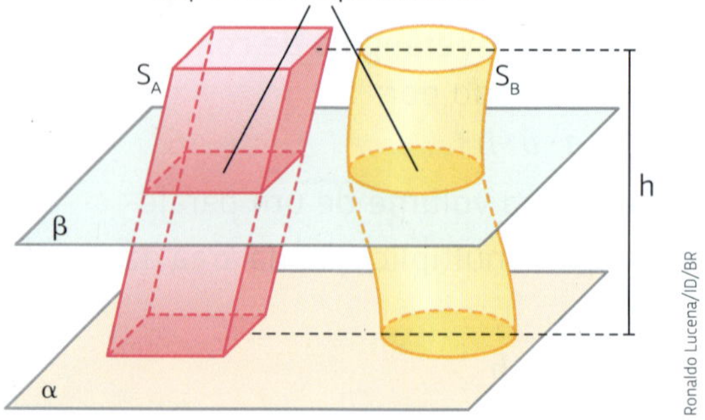

Bonaventura Cavalieri nasceu em Milão, na Itália, foi aluno de Galileu e lecionou Matemática na Universidade de Bolonha.

Seus trabalhos foram de grande importância para a Óptica e Astronomia, mas sua grande contribuição foi para a Matemática com o tratado *Geometria indivisibilibus*, que envolve o cálculo de áreas e volumes.

Fonte de pesquisa: Eves, Howard. *Introdução à história da matemática*. Trad. Hygino H. Domingues. Campinas: Ed. da Unicamp, 2004.

Coleção particular. Fotografia: DEA PICTURE LIBRARY/Getty Images

Matemático italiano Bonaventura Francesco Cavalieri (1598-1647). Técnica: Gravação. Século XVII.

Dados dois sólidos e um plano, se todo plano paralelo ao plano dado secciona os dois sólidos, produzindo figuras de mesma área, então, esses sólidos têm o mesmo volume.

O princípio de Cavalieri pode ser demonstrado, mas neste momento tomaremos essa afirmação como um axioma.

Volume de um prisma qualquer

Com o princípio de Cavalieri, podemos determinar o volume de um prisma qualquer.

Considere um paralelepípedo retângulo P_1 e um prisma qualquer P_2, por exemplo, um prisma pentagonal, apoiados em um mesmo plano horizontal α, ambos com altura h e bases com áreas iguais. Nessas condições, as regiões planas dos dois sólidos, determinadas pela secção do plano β paralelo a α, possuem áreas iguais.

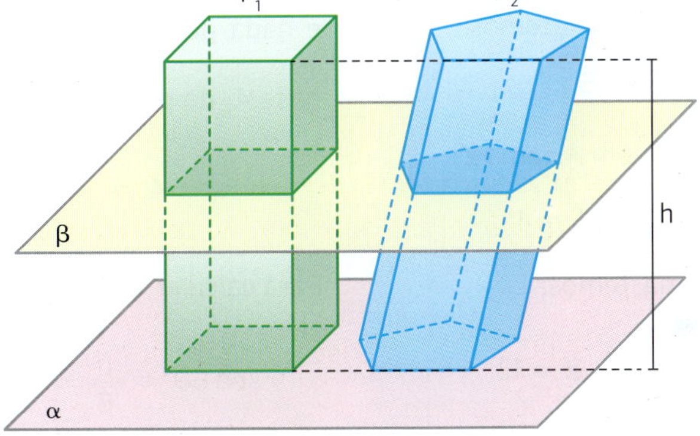

Ronaldo Lucena/ID/BR

Pelo princípio de Cavalieri, o volume dos dois sólidos é igual, ou seja, $V_{P_1} = V_{P_2}$. Como o volume do paralelepípedo retângulo é obtido por $V_{P_1} = A_b \cdot h$, o volume do prisma pentagonal também será $V_{P_2} = A_b \cdot h$.

Portanto, o volume de um prisma qualquer é dado pelo produto entre a área da base e a altura.

Atividades resolvidas

R6. (ESPM-RJ) No sólido representado abaixo, sabe-se que as faces *ABCD* e *BCFE* são retângulos de áreas 6 cm² e 10 cm², respectivamente.

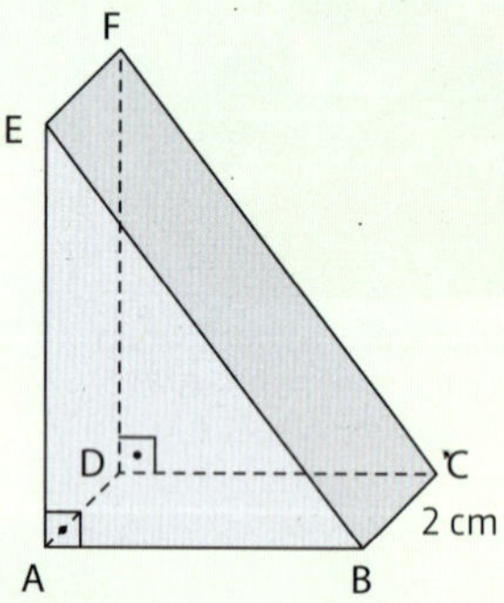

ESPM-RJ/Fac-símile: ID/BR

O volume desse sólido é de:

a) 8 cm³ c) 12 cm³ e) 24 cm³

b) 10 cm³ d) 16 cm³

Resolução

O sólido da figura corresponde a um prisma de base *ABE* e altura *EF*.

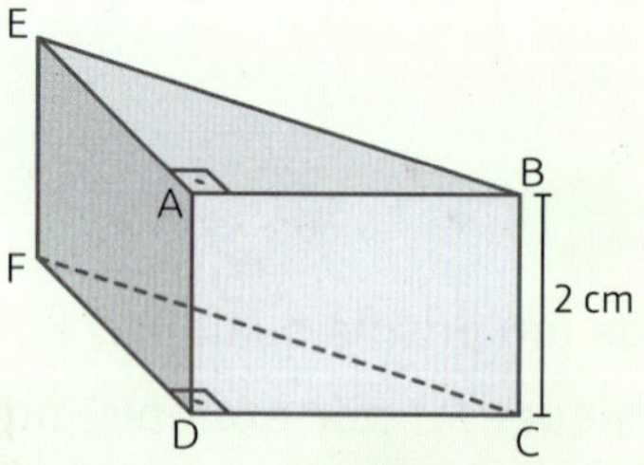

Ronaldo Lucena/ID/BR

Como a área A_1 da face *ABCD* é igual a 6 cm² e $\overline{BC}$ mede 2 cm, temos:

$$A_1 = 6 \Rightarrow BC \cdot AB = 6 \Rightarrow 2 \cdot AB = 6 \Rightarrow AB = 3$$

Analogamente, para a área A_2 da face *BCFE*, temos:

$$A_2 = 10 \Rightarrow BE \cdot 2 = 10 \Rightarrow BE = 5$$

Como *ABE* é um triângulo retângulo em *A*, temos:

$$BE^2 = AB^2 + AE^2 \Rightarrow 5^2 = 3^2 + AE^2 \Rightarrow AE = 4$$

Calculando o volume desse prisma, temos:

$$V = A_b \cdot h = \left(\frac{AE \cdot AB}{2}\right) \cdot EF = \frac{4 \cdot 3}{\not{2}} \cdot \not{2} = 12$$

Logo o volume desse prisma é 12 cm³.

Portanto, a alternativa correta é **c**.

R7. Calcule o volume de um prisma de altura 5 cm, cuja base é um quadrado de diagonal medindo $2\sqrt{2}$ cm. Em seguida, esboce alguns exemplos de poliedros para este caso.

Resolução

Seja ℓ a medida do lado do quadrado. Como a sua diagonal mede $2\sqrt{2}$ cm, temos:

$$\left(2\sqrt{2}\right)^2 = \ell^2 + \ell^2 \Rightarrow \ell = 2$$

Calculando o volume desse prisma, obtemos:

$$V = A_b \cdot h = 2^2 \cdot 5 = 20$$

Logo, o volume do prisma é 20 cm³.

Observe dois exemplos de prismas para esse caso.

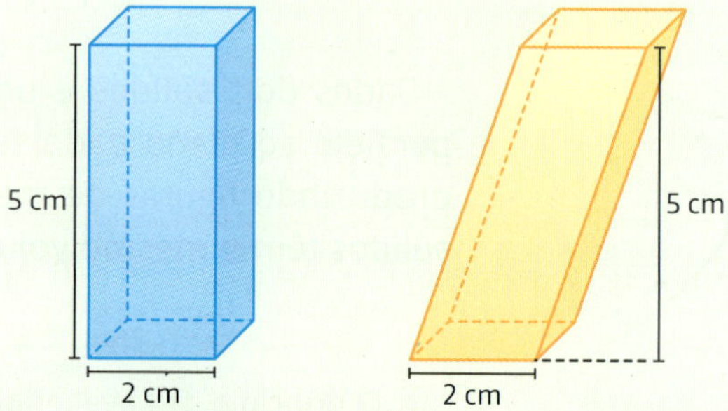

R8. Calcule o volume do prisma oblíquo abaixo.

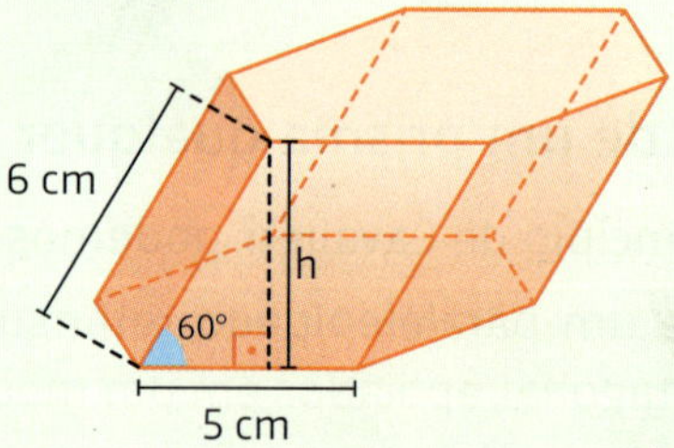

Ilustrações: Ronaldo Lucena/ID/BR

Resolução

Provavelmente, em anos anteriores, você estudou que a área de um hexágono regular de lado ℓ é dada por $A = \frac{3\sqrt{3}\ell^2}{2}$. Nesse caso, a área da base A_b do prisma, em cm², é:

$$A_b = \frac{3\sqrt{3} \cdot 5^2}{2} = \frac{75}{2}\sqrt{3}$$

Para calcular a altura *h* desse prisma, fazemos:

$$\text{sen } 60° = \frac{h}{6} \Rightarrow \frac{\sqrt{3}}{2} = \frac{h}{6} \Rightarrow h = 3\sqrt{3}$$

Calculando o volume desse prisma, temos:

$$V = A_b \cdot h = \frac{75}{2}\sqrt{3} \cdot 3\sqrt{3} = \frac{675}{2}$$

Logo, o volume desse prisma é $\frac{675}{2}$ cm³.

Atividades

14. Calcule o volume de cada prisma reto representado abaixo.

a)

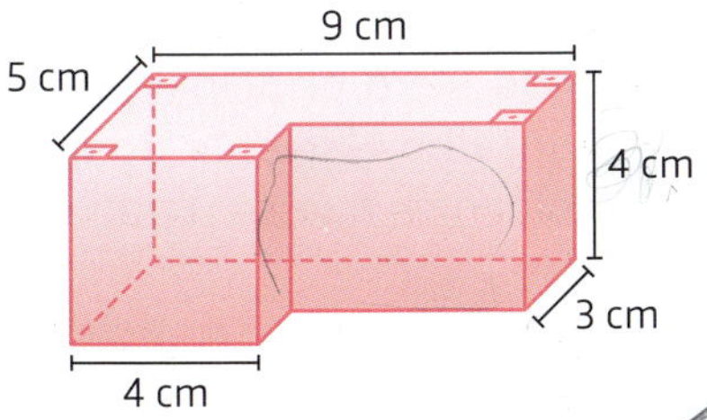

b)

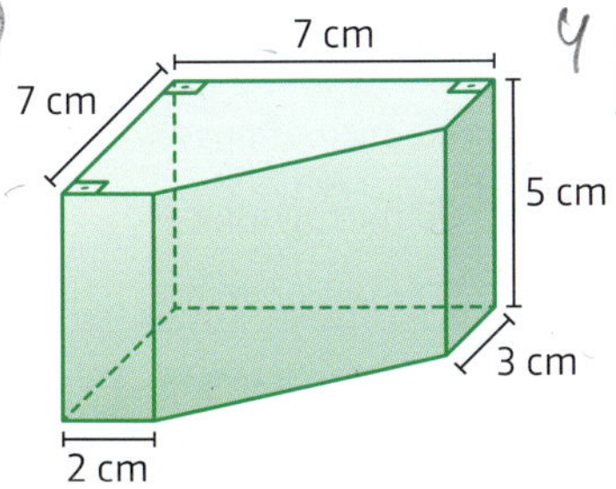

c)

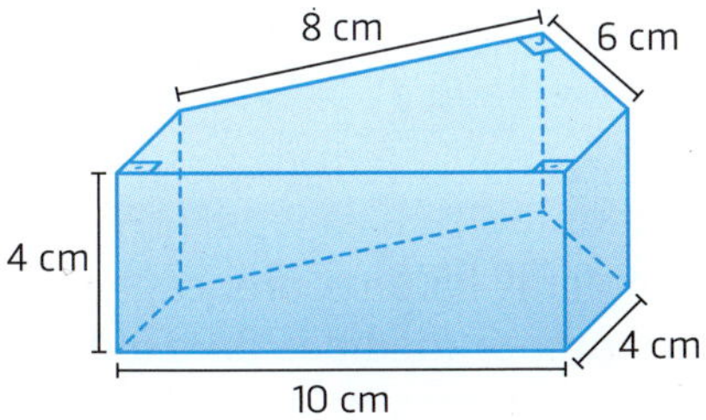

Ilustrações: Ronaldo Lucena/ID/BR

15. Sabendo que uma caixa-d'água tem o formato de um paralelepípedo e suas dimensões são 1,22 m por 1 m por 0,7 m, quantos litros de água são necessários para encher essa caixa?

> $1\ m^3$ corresponde a 1 000 L.

16. Calcule o volume aproximado dos prismas oblíquos abaixo que possuem bases regulares.

a)

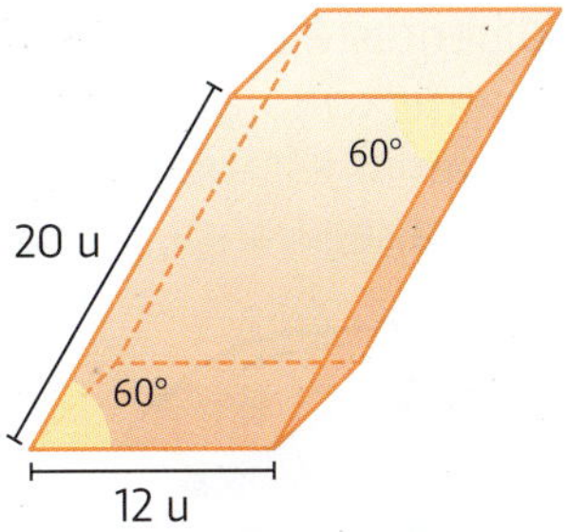

b)

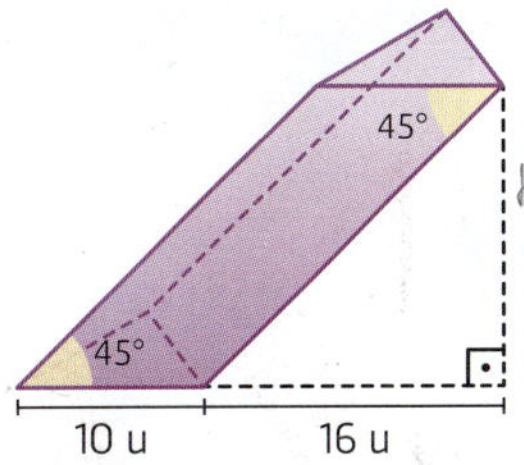

Ilustrações: Ronaldo Lucena/ID/BR

17. Uma indústria deseja fabricar um recipiente no formato de um cubo com 1,2 dm de aresta interna. Quantos litros caberão nesse recipiente, sabendo que $1\ dm^3$ corresponde a 1 litro?

18. Desafio (EsPCEx-SP) Considere um prisma regular reto de base hexagonal tal que a razão entre a aresta da base e a aresta lateral é $\frac{\sqrt{3}}{3}$. Aumentando-se a aresta da base em 2 cm e mantendo-se a aresta lateral, o volume do prisma ficará aumentado de $108\ cm^3$. O volume do prisma original é

a) $18\ cm^3$
b) $36\ cm^3$
c) $18\sqrt{3}\ cm^3$
d) $36\sqrt{3}\ cm^3$
e) $40\ cm^3$

19. Desafio (Enem/Inep) Alguns objetos, durante a sua fabricação, necessitam passar por um processo de resfriamento. Para que isso ocorra, uma fábrica utiliza um tanque de resfriamento, como mostrado na figura.
O que aconteceria com o nível da água se colocássemos no tanque um objeto cujo volume fosse de $2\,400\ cm^3$?

a) O nível subiria 0,2 cm, fazendo a água ficar com 20,2 cm de altura.
b) O nível subiria 1 cm, fazendo a água ficar com 21 cm de altura.
c) O nível subiria 2 cm, fazendo a água ficar com 22 cm de altura.
d) O nível subiria 8 cm, fazendo a água transbordar.
e) O nível subiria 20 cm, fazendo a água transbordar.

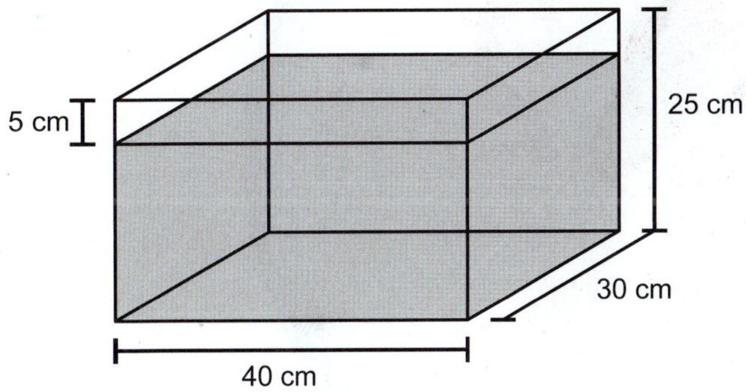

EsPCEx/Fac-símile: ID/BR

Qualidade do ar

A poluição do ar é um problema que enfrentamos todos os dias. As principais causas, segundo o Instituto Brasileiro de Geografia e Estatística (IBGE), são a fumaça, produzida por exemplo por um veículo automotor, e a fuligem de queimadas. Grande parte da emissão de poluentes é causada pela ação do homem, mesmo sendo ele o principal prejudicado. Para garantir condições mínimas de qualidade do ar, o Conselho Nacional do Meio Ambiente (Conama) estabeleceu padrões de concentração de poluentes que, se ultrapassados, podem afetar a segurança, o bem-estar e a saúde das pessoas.

Padrões de qualidade do ar no Brasil, a partir de 1990

Poluentes	Padrões de qualidade por m^3 de ar
partículas totais	80 microgramas[(I)]
fumaça	60 microgramas[(II)]
partículas inaláveis	50 microgramas[(II)]
dióxido de enxofre	80 microgramas[(II)]
monóxido de carbono	10 000 microgramas[(III)]
ozônio	160 microgramas[(IV)]
dióxido de nitrogênio	100 microgramas

(I) Média geométrica anual.
(II) Médias aritmética anual.
(III) Média de 8 h.
(IV) Média de 1 h.

Fonte de pesquisa: CONAMA. Disponível em: <www.mma.gov.br/port/conama/legiabre.cfm?codlegi=100>. Acesso em: 6 abr. 2016.

Uma das soluções para melhorar a qualidade do ar nas cidades é o uso da bicicleta. Além de ser um hábito saudável, a opção por esse meio de transporte proporciona uma menor utilização de veículos automotores para o deslocamento da população, diminuindo, dessa maneira, os congestionamentos e a emissão de gases poluentes.

Ljupco Smokovski/Shutterstock.com/ID/BR

De modo geral, há uma preocupação de governantes em propor medidas para a diminuição da emissão de poluentes na atmosfera. Em algumas cidades do Brasil, há exemplos interessantes de medidas que buscam melhorar a qualidade do ar.

A Você considera que a cidade onde mora oferece boa qualidade de ar? Se não, indique quais são, em sua opinião, os principais emissores de poluentes.

B Além do exemplo citado na legenda, quais atitudes podem ser adotadas para que se polua menos o ar?

C Imagine uma sala com formato de paralelepípedo cujas medidas internas são 4 m de comprimento, 3 m de largura e 3 m de altura. Calcule a quantidade máxima de microgramas de fumaça e de monóxido de carbono que poderá estar presente no ar dessa sala, se ela estiver totalmente fechada, para que esteja no padrão de qualidade, em um determinado instante.

Pirâmide

Já vimos que os prismas são poliedros convexos. Agora, veremos que entre os poliedros convexos também existem as pirâmides. O brinquedo e a construção abaixo lembram pirâmides. Observe-os.

José Vitor Elorza/ASC Imagens

brinquedo em forma de pirâmide

Elena Dijour/Shutterstock.com/ID/BR

Museu do Louvre, em Paris, na França. Imagem obtida em julho de 2013.

Veja o modelo matemático desse brinquedo e dessa construção.

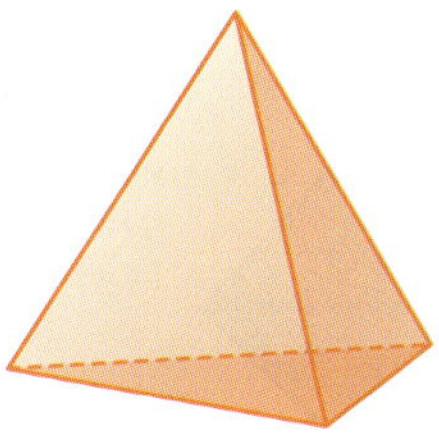

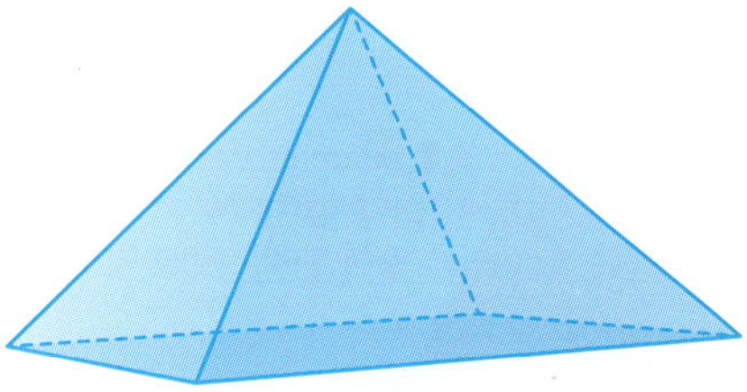

O que há em comum nesses modelos matemáticos? E o que há de diferente neles?

Veja como podemos construir uma pirâmide.

Considere um polígono contido em um plano α, como um pentágono de vértices *ABCDE*, por exemplo, e um ponto qualquer *V* não pertencente a α. Traçamos os segmentos de retas *VA*, *VB*, *VC*, *VD* e *VE*. Cada dois vértices consecutivos do polígono da base determinam com *V* um triângulo. Os triângulos obtidos dessa maneira, juntamente com o polígono de vértice *ABCDE*, determinam um poliedro chamado pirâmide de base *ABCDE*.

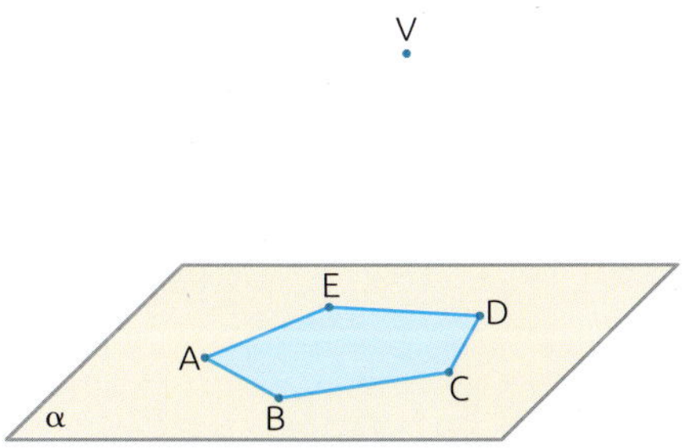

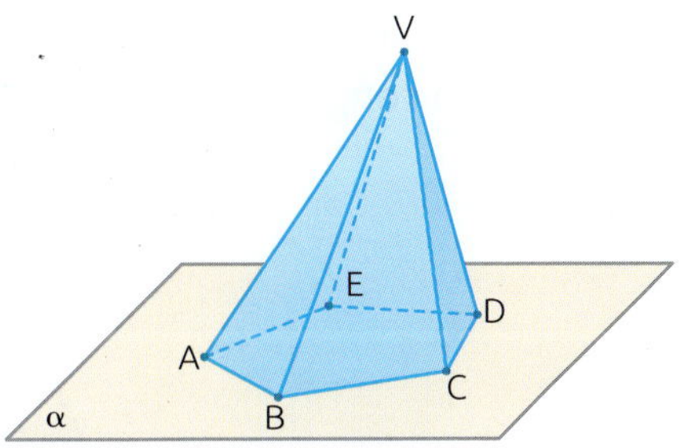

Ilustrações: Ronaldo Lucena/ID/BR

A região do espaço delimitada por uma pirâmide é composta pelos pontos dos segmentos que ligam o vértice *V* aos pontos do polígono base.

As arestas $\overline{VA}$, $\overline{VB}$, $\overline{VC}$, $\overline{VD}$ e $\overline{VE}$ são chamadas **arestas laterais** e os triângulos *VAB*, *VBC*, *VCD*, *VDE* e *VEA* são chamados **faces laterais** da pirâmide. A **altura** da pirâmide corresponde à distância entre o vértice *V* e o plano da base.

> Quando a base de uma pirâmide é triangular, temos um caso particular de pirâmide. Isso porque qualquer uma de suas faces pode ser tomada como base da pirâmide.

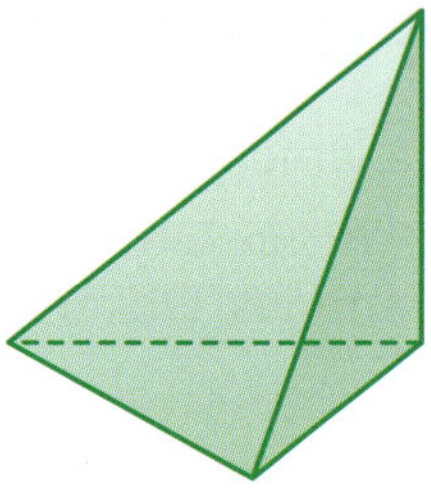

Assim como os prismas, as pirâmides podem ser classificadas como retas ou oblíquas. Uma pirâmide é reta quando suas arestas laterais são congruentes, caso contrário, ela é oblíqua.

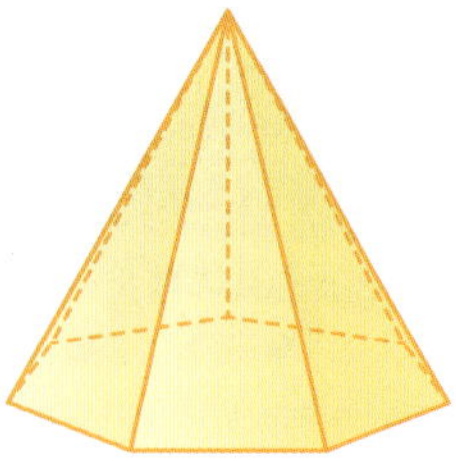

pirâmide reta

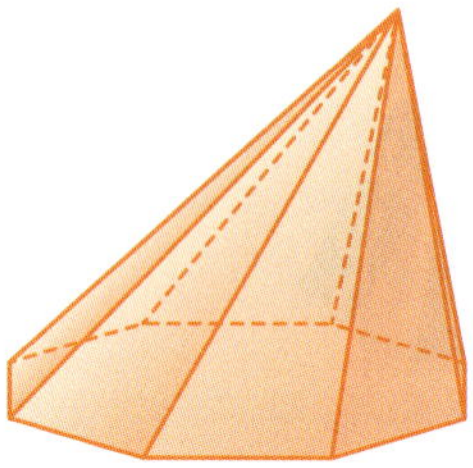

pirâmide oblíqua

As pirâmides podem ser nomeadas de acordo com o polígono que compõe sua base. Observe algumas delas.

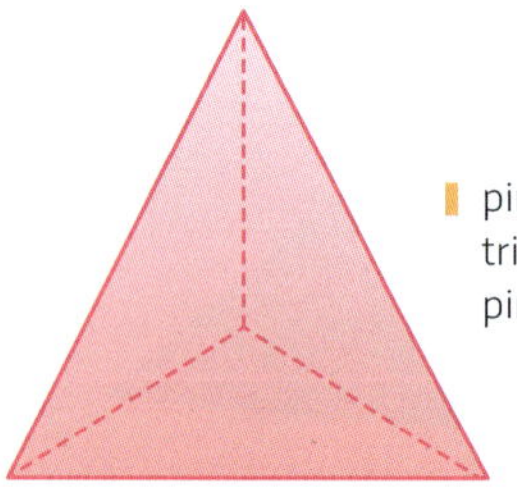

pirâmide de base triangular ou pirâmide triangular

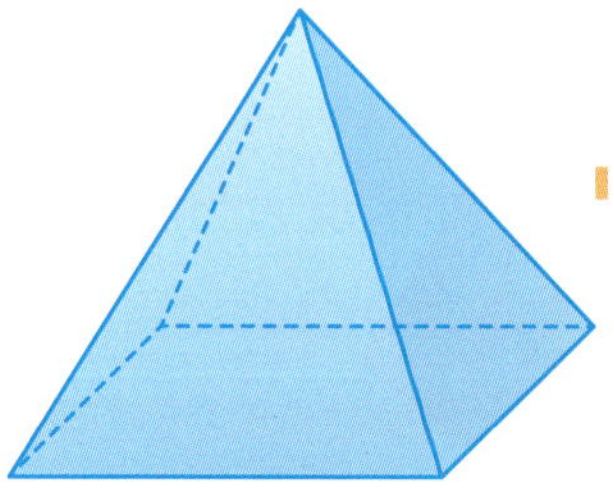

pirâmide de base quadrangular ou pirâmide quadrangular

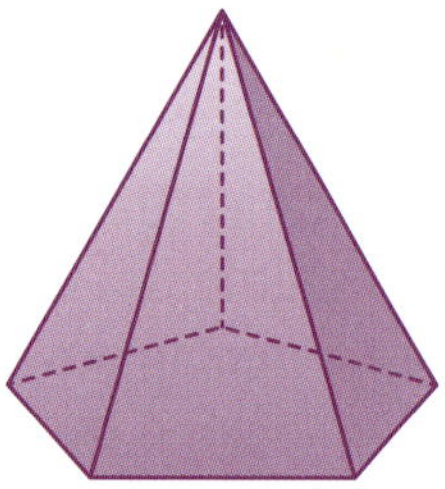

pirâmide de base pentagonal ou pirâmide pentagonal

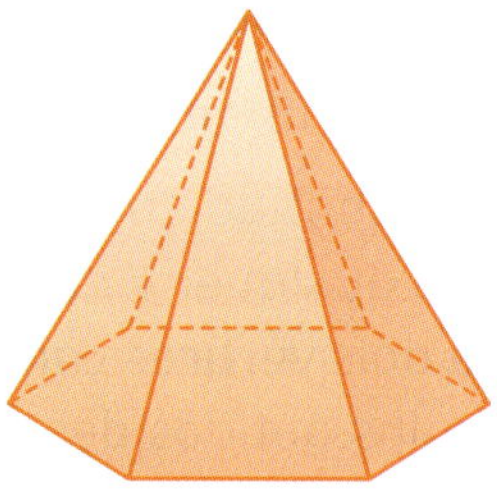

pirâmide de base hexagonal ou pirâmide hexagonal

Chamamos **pirâmide regular** a pirâmide reta cuja base é um polígono regular e a projeção ortogonal do vértice coincide com o centro do polígono que compõe sua base. Além disso, as arestas laterais são congruentes e as faces laterais são triângulos isósceles congruentes.

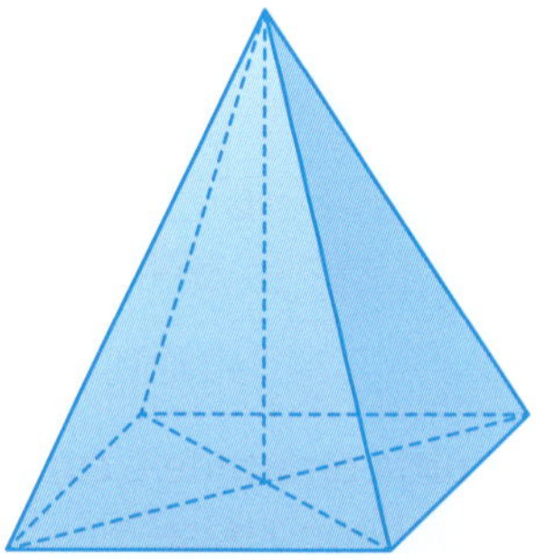

Ilustrações: Ronaldo Lucena/ID/BR

O **apótema** de uma pirâmide regular corresponde à altura, relativa ao lado da base, de uma face lateral. Já o **apótema da base** corresponde ao apótema do polígono que compõe a base da pirâmide.

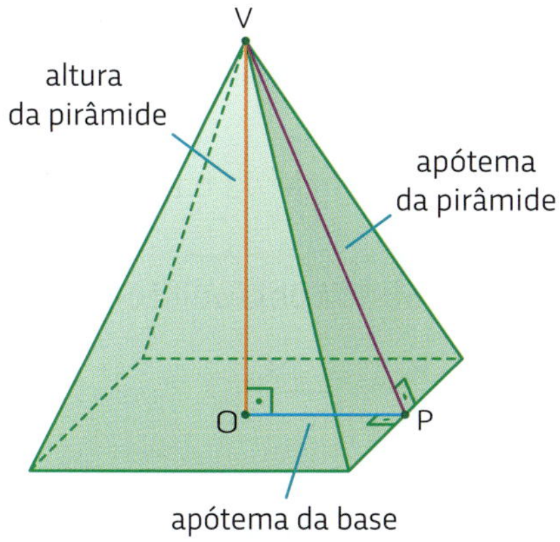

> Na pirâmide regular, o apótema tem a mesma medida em todas as faces laterais, pois os triângulos são isósceles e congruentes.

A partir de uma pirâmide regular qualquer, podemos calcular algumas de suas medidas, utilizando o teorema de Pitágoras.

Considere o $\triangle VOP$

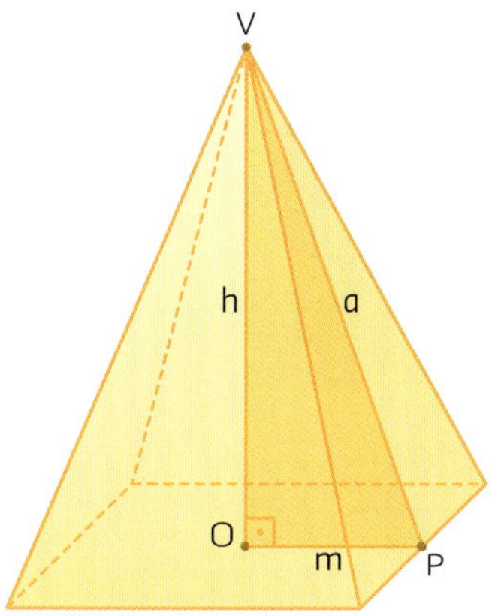

$$a^2 = m^2 + h^2$$

Considere o $\triangle VPQ$

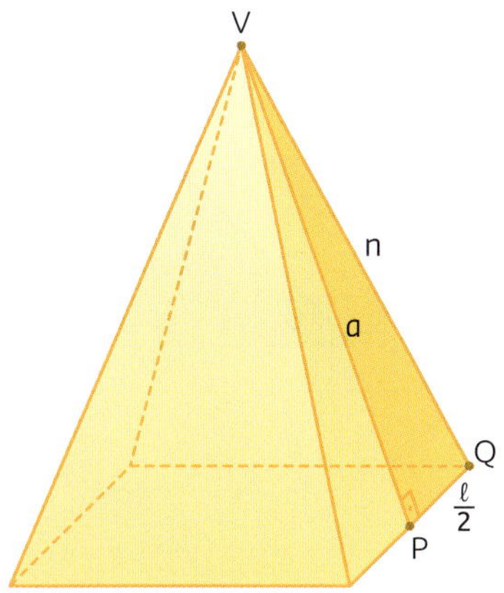

$$n^2 = a^2 + \left(\frac{\ell}{2}\right)^2$$

Considere o $\triangle VOQ$

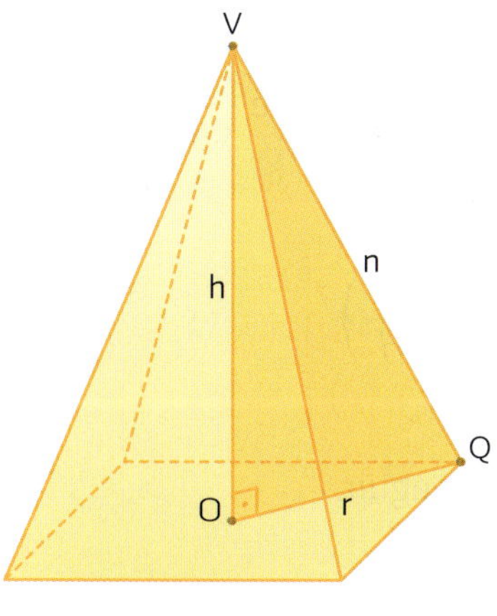

$$n^2 = h^2 + r^2$$

Considere o $\triangle OPQ$

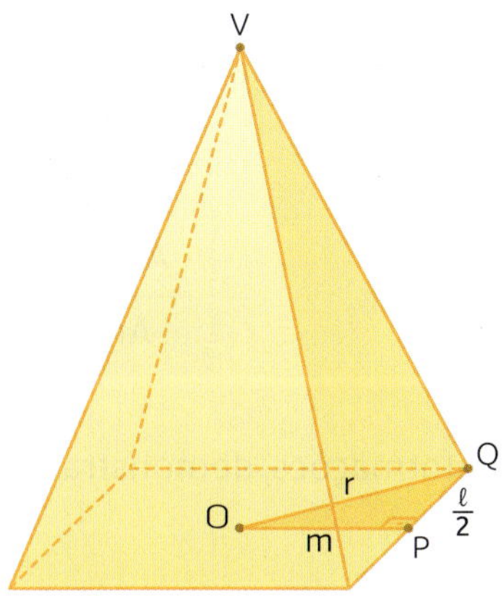

$$r^2 = \left(\frac{\ell}{2}\right)^2 + m^2$$

Ilustrações: Ronaldo Lucena/ID/BR

Área da superfície de uma pirâmide

Já sabemos o que é uma pirâmide, por isso, vamos ver como podemos determinar a área de sua superfície. Em toda pirâmide, a:

- área da base corresponde à área do polígono que compõe sua base (A_b);
- superfície lateral é a reunião das faces laterais (triangulares), e a área dessa superfície é chamada área lateral (A_ℓ);
- superfície total é a reunião da superfície lateral com a superfície da base, e a área dessa superfície é chamada área total (A_t).

Logo, a área total da superfície de uma pirâmide pode ser obtida pela adição da área lateral com a área da base, isto é, $A_t = A_\ell + A_b$.

Volume de uma pirâmide

Considere uma pirâmide de vértice V, altura H e cuja base de vértices $ABCD$ está apoiada no plano α. Um plano β, paralelo a α, distando h unidades do vértice V, determina uma seção $A_1B_1C_1D_1$, como mostra a imagem.

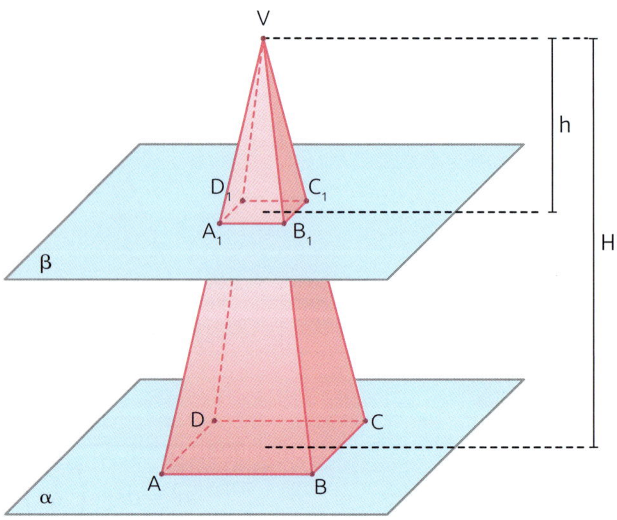

Ronaldo Lucena/ID/BR

É possível demonstrar que $A_1B_1C_1D_1$ e $ABCD$ são figuras semelhantes e a razão de semelhança é $\frac{h}{H}$. Assim, a razão de semelhança entre as áreas dessas figuras é $\left(\frac{h}{H}\right)^2$. Podemos dizer que:

$$\frac{\text{Área de } A_1B_1C_1D_1}{\text{Área de } ABCD} = \frac{A_b}{A_B} = \left(\frac{h}{H}\right)^2$$

Com essas informações, demonstraremos o teorema a seguir.

Teorema

Duas pirâmides de mesma base e mesma altura têm o mesmo volume.

Considere as pirâmides de vértices V e V_1, ambas de altura H e de mesma base apoiada em um plano α. Um plano β, paralelo a α, passa pelas pirâmides produzindo as seções $EFGH$ e $IJKL$. A distância de cada seção ao vértice é a mesma.

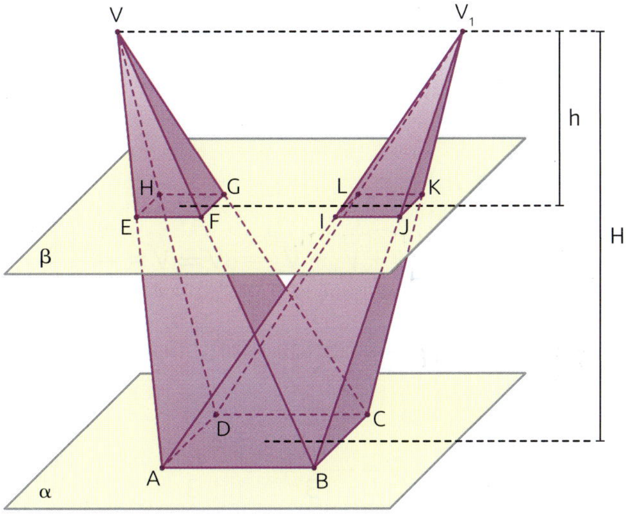

De acordo com os argumentos apresentados anteriormente, temos:

$$\frac{\text{Área de } EFGH}{\text{Área de } ABCD} = \left(\frac{h}{H}\right)^2 = \frac{\text{Área de } IJKL}{\text{Área de } ABCD}$$

e, consequentemente,

$$\frac{\text{Área de } EFGH}{\text{Área de } ABCD} = \frac{\text{Área de } IJKL}{\text{Área de } ABCD}$$

ou, simplesmente,

$$\text{Área de } EFGH = \text{Área de } IJKL$$

Logo, pelo Princípio de Cavalieri, os volumes dessas pirâmides são iguais, pois as duas pirâmides estão apoiadas no plano α e todo plano β, paralelo a α, secciona as duas pirâmides, produzindo figuras de mesma área, então, as pirâmides têm mesmo volume.

Volume de uma pirâmide triangular

Mostraremos como calcular o volume de uma pirâmide triangular decompondo um prisma triangular em três pirâmides de mesmo volume, isto é, três tetraedros, cuja base pode ser qualquer uma das faces.

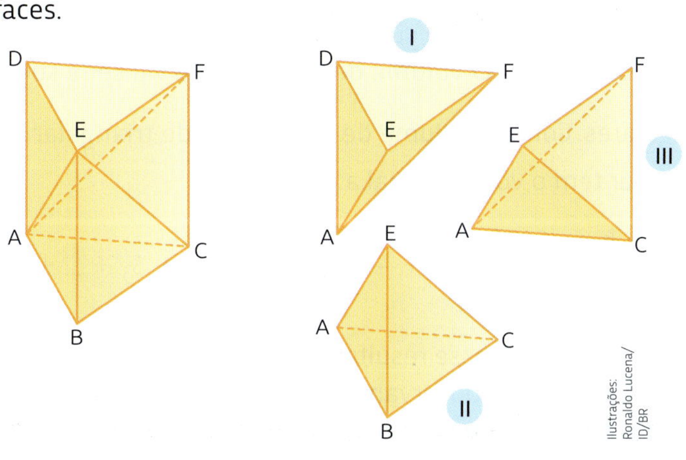

Ilustrações: Ronaldo Lucena/ID/BR

- Analisando as pirâmides **I** e **II**, de acordo com o teorema anterior, ambas possuem o mesmo volume, pois as bases são congruentes e a altura é a mesma.
- As pirâmides **I** e **III** têm o mesmo volume, pois as bases são congruentes (*ADF* e *ACF* correspondem à metade do paralelogramo *ADFC*) e a altura de ambas corresponde à distância de *E* ao plano que contém a face *ADFC*.

Dessa maneira, $V_I = V_{II}$ e $V_I = V_{III}$, logo, o volume é o mesmo para as pirâmides **I**, **II** e **III**, ou seja, $V_I = V_{II} = V_{III}$.

Sendo $V = V_I = V_{II} = V_{III}$, temos:

$$V_{prisma} = V_I + V_{II} + V_{III} = 3V \Rightarrow V = \frac{V_{prisma}}{3}$$

Já vimos que o volume de um prisma é obtido multiplicando-se a área da base (A_b) pela altura (h). Assim:

$$V = \frac{V_{prisma}}{3} = \frac{A_b \cdot h}{3}$$

Portanto, o volume de uma **pirâmide triangular** é $\frac{1}{3}$ do volume de um prisma de mesma base e altura.

Volume de uma pirâmide qualquer

Para determinar o volume de uma pirâmide qualquer, vamos decompor sua base em triângulos justapostos, sendo cada triângulo a base de uma nova pirâmide que possui vértice comum. Por exemplo:

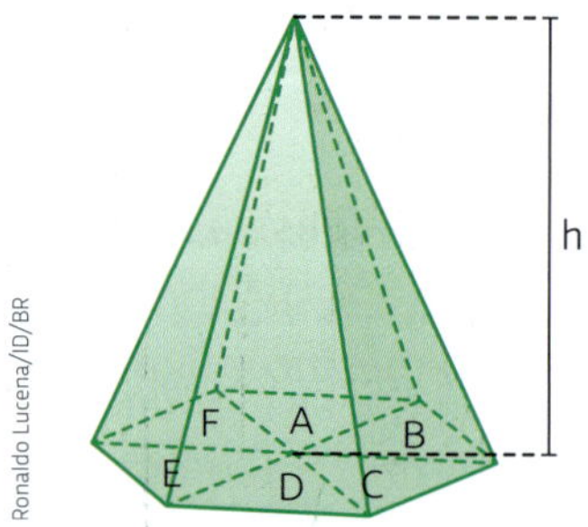

A base da pirâmide hexagonal pode ser decomposta em seis triângulos de áreas *A*, *B*, *C*, *D*, *E* e *F*, sendo cada um desses triângulos a base de uma nova pirâmide de altura *h*.

Assim, o volume dessa pirâmide de base hexagonal vai ser a soma do volume das seis pirâmides triangulares.

Seja uma pirâmide de altura *h* e cujo polígono da base esteja dividido por *n* triângulos de áreas iguais a $S_1, S_2, S_3, \ldots, S_n$. O volume dessa pirâmide vai ser a soma do volume dessas pirâmides triangulares. Como o volume de uma pirâmide triangular é $V = \frac{A_b \cdot h}{3}$, então, uma pirâmide qualquer tem o volume igual a:

$$V = \frac{S_1 \cdot h}{3} + \frac{S_2 \cdot h}{3} + \ldots + \frac{S_n \cdot h}{3} \Rightarrow V = \left(S_1 + S_2 + \ldots + S_n\right)\frac{h}{3} \Rightarrow V = \frac{A_b \cdot h}{3}$$

Outra maneira de verificar esse resultado é utilizando o volume de uma pirâmide triangular e o Princípio de Cavalieri, observando que as secções determinadas em duas pirâmides de mesma base e mesma altura por planos situados à mesma altura das bases são iguais.

R9. Determine a área total da superfície de uma pirâmide reta de altura 8 m, cuja base é um quadrado de lado 4 m.

Resolução

Como a base dessa pirâmide é um quadrado de lado 4 m, temos:

$$A_b = 4 \cdot 4 = 16$$

Observe na figura que a altura a, em metros, dos triângulos das laterais da pirâmide é:

$$a^2 = 8^2 + 2^2 = 68 \Rightarrow a = 2\sqrt{17}$$

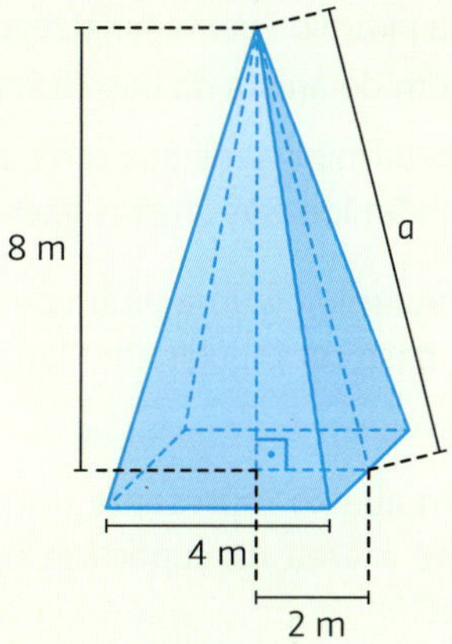

Ronaldo Lucena/ID/BR

A área lateral da pirâmide, em metros quadrados, corresponde ao produto da área de cada triângulo da lateral por 4. Com isso, segue que:

$$A_\ell = \left(\frac{4 \cdot \overbrace{\cancel{2}\sqrt{17}}^{a}}{\cancel{2}}\right) \cdot 4 = 16\sqrt{17}$$

Utilizando a expressão $A_t = A_\ell + A_b$ para calcular a área total da pirâmide, temos:

$$A_t = 16\sqrt{17} + 16 = 16\left(1 + \sqrt{17}\right)$$

Portanto, a área total da superfície dessa pirâmide é $16\left(1 + \sqrt{17}\right)$ m².

R10. (UEPG-PR) Uma pirâmide quadrangular regular tem 36 cm² de área da base. Sabendo que a altura da pirâmide tem $3\sqrt{3}$ cm, assinale o que for correto.

01. A área lateral da pirâmide é o dobro da área da base.
02. A área total da pirâmide é o triplo da área da base.
04. A área de uma face lateral da pirâmide é a sexta parte de sua área total.
08. A razão das áreas total e lateral dessa pirâmide é um número fracionário.
16. O volume dessa pirâmide é $108\sqrt{3}$ cm³.

Resolução

Como a base dessa pirâmide é quadrangular e tem área de 36 cm², essa base é um quadrado de lado 6 cm, pois $6^2 = 36$.

Observe abaixo uma representação para essa pirâmide, em que

$$a^2 = 3^2 + \left(3\sqrt{3}\right)^2 \Rightarrow a = 6$$

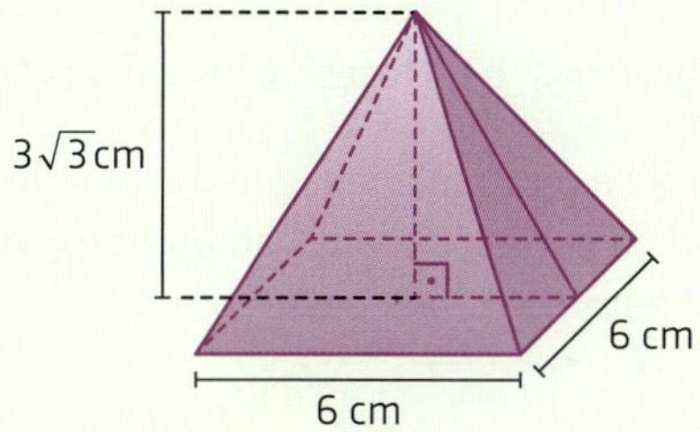

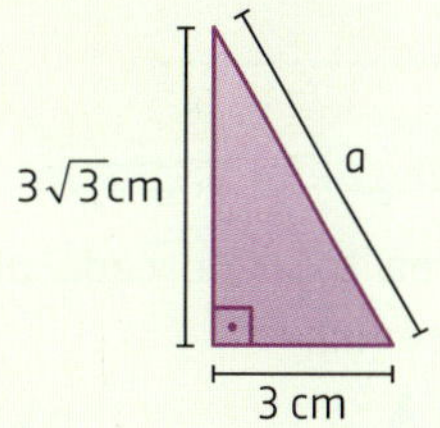

Ilustrações: Ronaldo Lucena/ID/BR

01. Verdadeiro. Sendo A_ℓ a área lateral e A_b a área da base, temos:

$$A_\ell = 4 \cdot \left(\frac{6 \cdot \overset{6}{\widehat{a}}}{2}\right) = 2 \cdot 6^2 = 2 \cdot A_b$$

02. Verdadeiro, pois:

$$A_\ell + A_b = 72 + 36 = 108 = 3 \cdot 6^2 = 3 \cdot A_b$$

04. Verdadeiro, pois:

$$\frac{6 \cdot \overset{6}{\widehat{a}}}{2} = 18 = \frac{1}{6} \cdot 108 = \frac{1}{6} \cdot \left(A_\ell + A_b\right)$$

08. Verdadeiro, pois:

$$\frac{A_\ell + A_b}{A_\ell} = \frac{108}{72} = \frac{3}{2}$$

16. Falso, pois:

$$V = \frac{A_b \cdot h}{3} = \frac{6^2 \cdot \cancel{3}\sqrt{3}}{\cancel{3}} = 36\sqrt{3}$$

R11. Calcule o volume de uma pirâmide que possui 4 cm de altura, cuja base é um triângulo equilátero de lado 3 cm.

Resolução

Como a área de um triângulo equilátero de lado ℓ é $A = \dfrac{\ell^2\sqrt{3}}{4}$, a área da base desta pirâmide, em cm², é:

$$A_b = \frac{3^2\sqrt{3}}{4} = \frac{9\sqrt{3}}{4}$$

Utilizando a fórmula $V = \dfrac{A_b \cdot h}{3}$ para calcular o volume dessa pirâmide, em cm³, temos:

$$V = \frac{\frac{9\sqrt{3}}{\cancel{4}} \cdot \cancel{4}}{3} = \frac{9\sqrt{3}}{3} = 3\sqrt{3}$$

Portanto, o volume dessa pirâmide é $3\sqrt{3}$ cm³.

Atividades

20. Que polígono corresponde à base de uma pirâmide com:

a) 8 vértices? b) 8 faces? c) 6 arestas? d) 12 faces?

21. Observe a pirâmide hexagonal regular e determine a medida correspondente ao apótema da pirâmide e ao apótema de sua base.

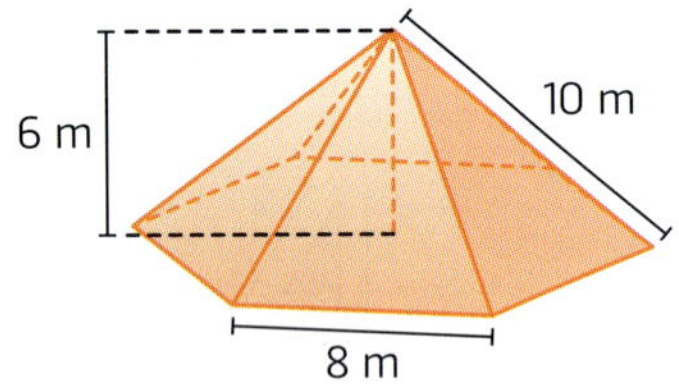

Ronaldo Lucena/ID/BR

22. Calcule a área total de cada uma das pirâmides regulares a seguir.

a)

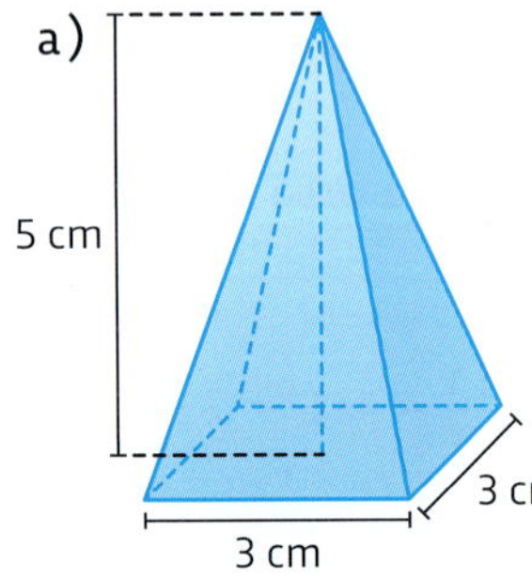

b)

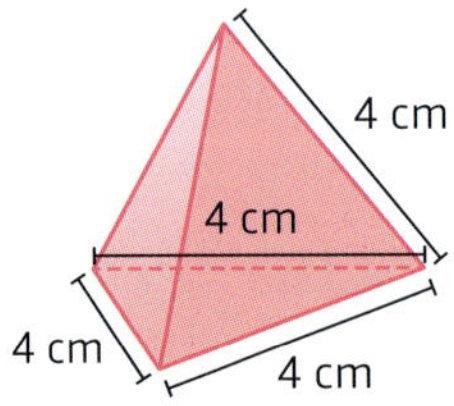

Ilustrações: Ronaldo Lucena/ID/BR

23. Considere o plano α paralelo ao plano que contém a base da pirâmide quadrangular regular.

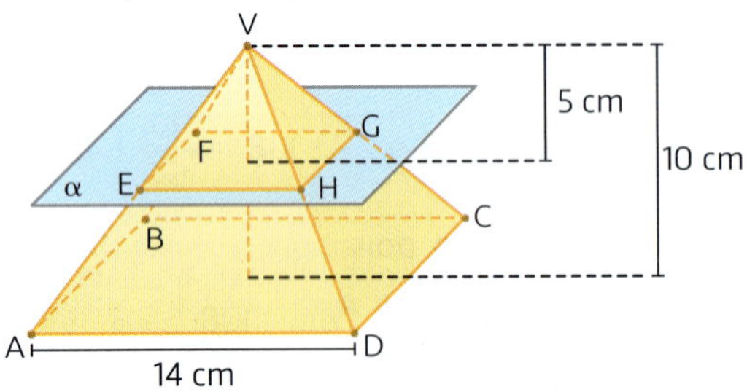

Ronaldo Lucena/ID/BR

Determine o volume da pirâmide apoiada no plano α, sabendo que sua aresta da base tem a metade do comprimento da aresta da base da pirâmide que foi seccionada.

24. Dada uma pirâmide pentagonal regular com 12 dm de altura, 6 dm de aresta da base e área da base igual a 60 dm², determine a medida correspondente ao apótema da pirâmide e às arestas laterais.

25. Qual é o volume de uma pirâmide oblíqua de altura 7,4 dm e base retangular com lados medindo 5 dm e 9 dm?

26. A imagem abaixo representa um octaedro regular. Determine a área da superfície e o volume desse octaedro.

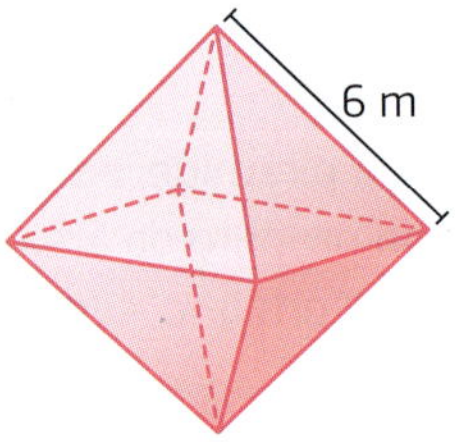

Ronaldo Lucena/ID/BR

27. (Fuvest-SP) O sólido da figura é formado pela pirâmide *SABCD* sobre o paralelepípedo reto *ABCDEFGH*. Sabe-se que *S* pertence à reta determinada por *A* e *E* e que $AE = 2$ cm, $AD = 4$ cm e $AB = 5$ cm. A medida do segmento *SA* que faz com que o volume do sólido seja igual a $\dfrac{4}{3}$ do volume da pirâmide *SEFGH* é:

a) 2 cm

b) 4 cm

c) 6 cm

d) 8 cm

e) 10 cm

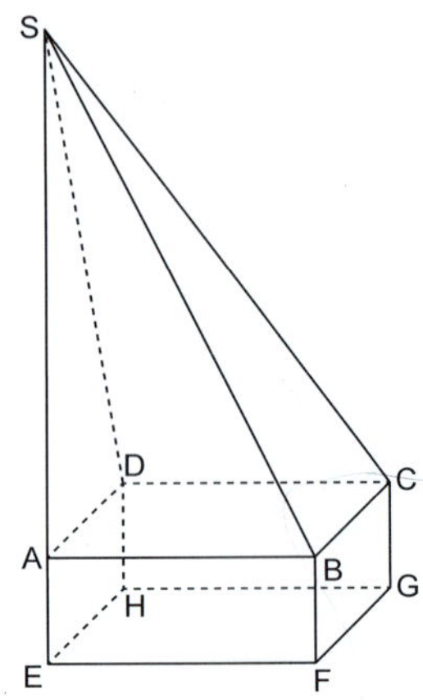

Fuvest/Fac-símile: ID/BR

Tronco de pirâmide de bases paralelas

Para definirmos um tronco de pirâmide de bases paralelas, considere uma pirâmide de vértice V, altura H e cuja base está contida no plano α. Um plano β paralelo ao plano α, que secciona a pirâmide, determina uma pirâmide menor e outro poliedro que chamamos **tronco da pirâmide de bases paralelas**.

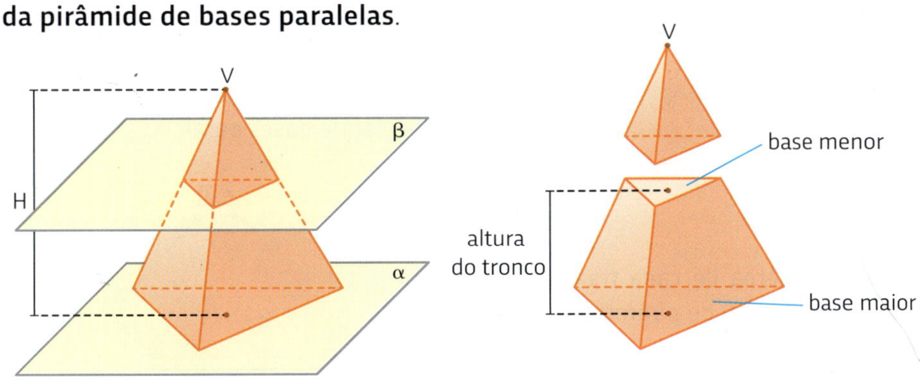

Assim como a altura do prisma, a altura de um tronco de pirâmide de bases paralelas corresponde à distância entre suas bases.

Dizemos que o tronco de pirâmide é regular quando for obtido de uma pirâmide regular. Neste caso, temos:

- as faces laterais são trapézios isósceles congruentes;
- as bases são polígonos regulares semelhantes;
- em toda face lateral existe o **apótema do tronco**, que corresponde à altura da face.

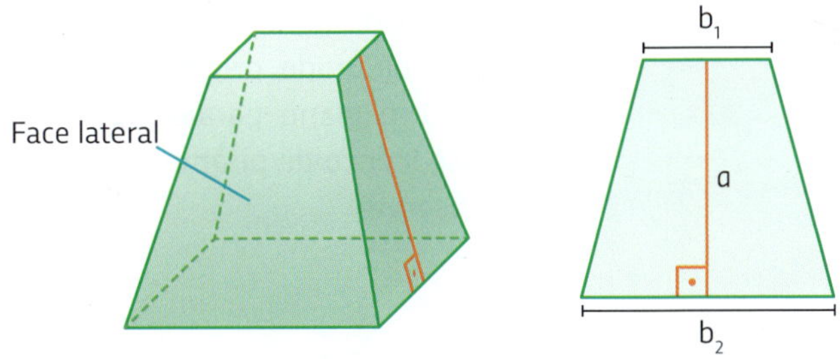

b_1: aresta da base menor

b_2: aresta da base maior

a: apótema do tronco de pirâmide

Ilustrações: Ronaldo Lucena/ID/BR

Área da superfície de um tronco de pirâmide de bases paralelas

A área total da superfície de um tronco de pirâmide de bases paralelas pode ser obtida pela adição da área lateral com a área das bases, isto é, $A_t = A_\ell + A_B + A_b$.

Volume de um tronco de pirâmide de bases paralelas

O volume de um tronco de pirâmide de bases paralelas pode ser obtido por meio da diferença entre o volume da pirâmide original $\left(V_o\right)$ e o volume da pirâmide menor, obtida após a secção $\left(V_m\right)$, isto é, $V_t = V_o - V_m$.

A razão entre o volume da pirâmide obtida após a secção paralela à base e o volume da pirâmide original é igual ao cubo da razão entre as alturas.

De fato, pois a razão de semelhança entre as figuras que compõem as bases dessas pirâmides é $\frac{h}{H}$. Além disso, $\left(\frac{h}{H}\right)^2 = \frac{A_b}{A_B}$, logo, a razão entre esses volumes é:

$$\frac{V_m}{V_o} = \frac{\frac{A_b \cdot h}{3}}{\frac{A_B \cdot H}{3}} = \frac{A_b \cdot h}{A_B \cdot H} = \frac{A_b}{A_B} \cdot \frac{h}{H} = \left(\frac{h}{H}\right)^2 \cdot \frac{h}{H} = \left(\frac{h}{H}\right)^3 \Rightarrow \frac{V_m}{V_o} = \left(\frac{h}{H}\right)^3$$

R12. Calcule a área total da superfície do tronco de pirâmide hexagonal regular de bases paralelas.

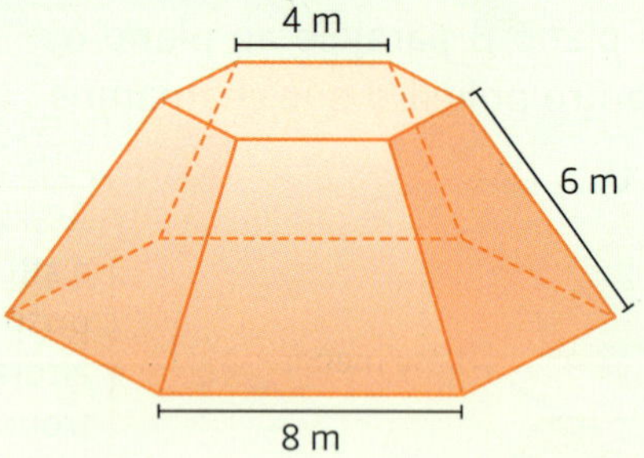

Resolução

Inicialmente, para calcular a área de cada trapézio formado na lateral do tronco de pirâmide, observe na figura abaixo que:

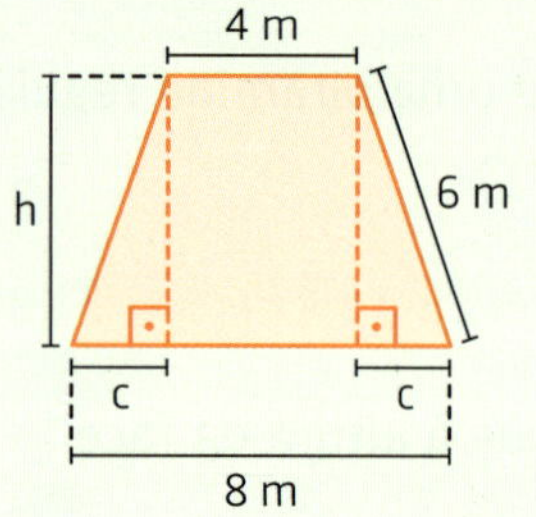

Ilustrações: Ronaldo Lucena/ID/BR

- $c = \dfrac{8 - 4}{2} = 2$
- $6^2 = c^2 + h^2 \Rightarrow h^2 = 6^2 - 2^2 \Rightarrow$

  $\Rightarrow h^2 = 32 \Rightarrow h = 4\sqrt{2}$

Utilizando a fórmula $A = \dfrac{(B + b)h}{2}$ para calcular a área de cada trapézio, temos:

$$A_1 = \frac{(8 + 4)4\sqrt{2}}{2} = \frac{12 \cdot 4\sqrt{2}}{2} = 24\sqrt{2}$$

Com isso, a área total da superfície lateral, em m^2, é:

$$A_\ell = 6 \cdot A_1 = 6 \cdot 24\sqrt{2} = 144\sqrt{2}$$

Para calcular as áreas das bases hexagonais, utilizamos a fórmula $A = \dfrac{3\sqrt{3}\ell^2}{2}$.

- Sendo A_B a área da base maior, temos:

$$A_B = \frac{3\sqrt{3} \cdot 8^2}{2} = 96\sqrt{3}$$

- Sendo A_b a área da base menor, temos:

$$A_b = \frac{3\sqrt{3} \cdot 4^2}{2} = 24\sqrt{3}$$

Para calcular a área total, fazemos:

$$A_t = A_\ell + A_B + A_b = 144\sqrt{2} + 96\sqrt{3} + 24\sqrt{3} =$$
$$= 144\sqrt{2} + 120\sqrt{3} = 24\left(6\sqrt{2} + 5\sqrt{3}\right)$$

Portanto, a área total da superfície desse tronco de pirâmide é $24\left(6\sqrt{2} + 5\sqrt{3}\right)$ m^2.

R13. Determine o volume do tronco de pirâmide quadrangular de bases paralelas.

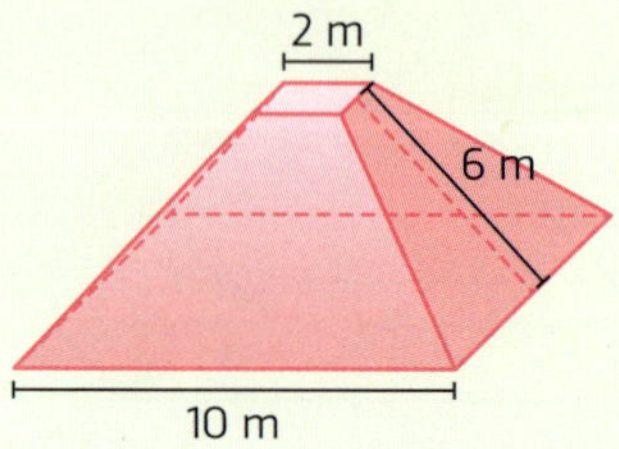

Resolução

O volume desse tronco de pirâmide pode ser obtido pela diferença entre o volume da pirâmide original e o volume da pirâmide menor, após a secção de um plano paralelo a sua base. Mas, nesse caso, não temos a pirâmide original e nem a pirâmide menor, por isso, vamos supor uma pirâmide original que, ao ser seccionada por um plano paralelo a sua base, determina esse tronco de pirâmide e uma pirâmide menor. Observe.

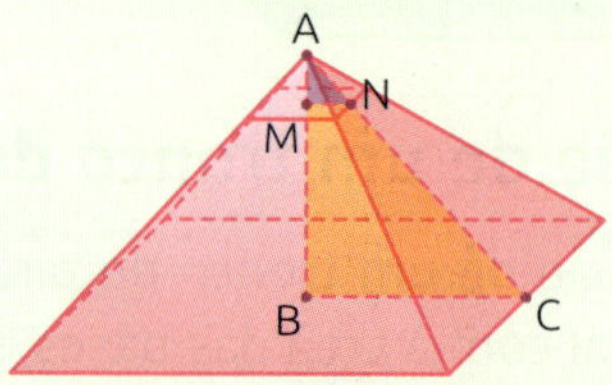

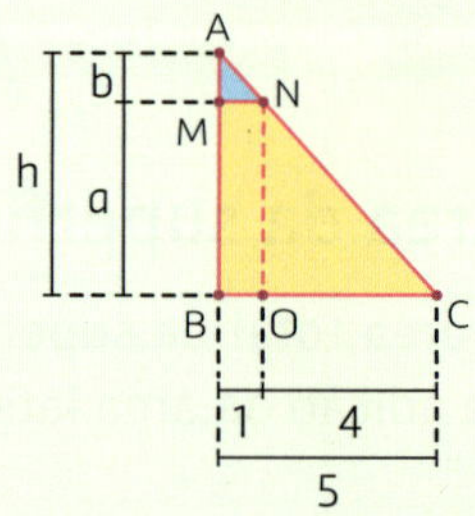

Ilustrações: Ronaldo Lucena/ID/BR

Como os triângulos retângulos *ABC* e *NOC* são semelhantes, pois os ângulos correspondentes são congruentes, temos:

- $6^2 = a^2 + 4^2 \Rightarrow a^2 = 36 - 16 = 20 \Rightarrow a = 2\sqrt{5}$

- $\dfrac{h}{2\sqrt{5}} = \dfrac{5}{4} \Rightarrow h = \dfrac{10\sqrt{5}}{4} = \dfrac{5\sqrt{5}}{2}$

- $h = a + b \Rightarrow \dfrac{5\sqrt{5}}{2} = 2\sqrt{5} + b \Rightarrow$

  $\Rightarrow b = \dfrac{5\sqrt{5}}{2} - 2\sqrt{5} = \dfrac{\sqrt{5}}{2}$

Note que o volume do tronco dessa pirâmide equivale à diferença entre o volume da pirâmide maior, de altura $\frac{5\sqrt{5}}{2}$ m, e o volume da pirâmide menor, de altura $\frac{\sqrt{5}}{2}$ m. Assim:

$$V = \frac{10^2 \cdot \frac{5\sqrt{5}}{2}}{3} - \frac{2^2 \cdot \frac{\sqrt{5}}{2}}{3} = \frac{250\sqrt{5}}{3} - \frac{2\sqrt{5}}{3} = \frac{248\sqrt{5}}{3}$$

Portanto, o volume desse tronco de pirâmide é $\frac{248\sqrt{5}}{3}$ m^3.

Atividades

28. Calcule a área da superfície dos troncos das pirâmides regulares de bases paralelas.

a)

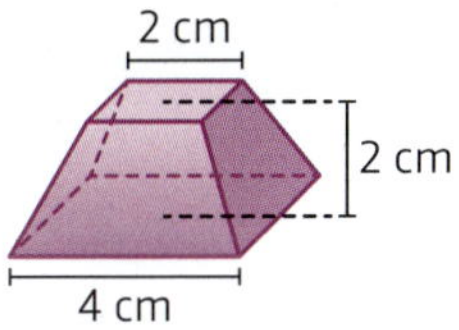

b)

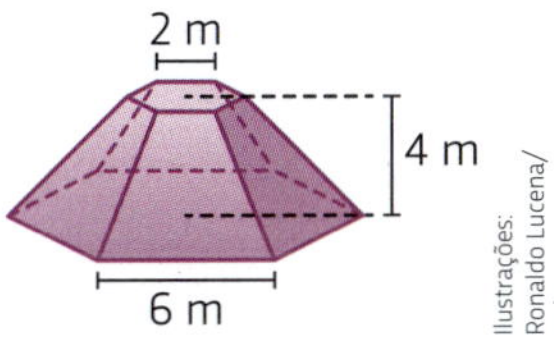

Ilustrações: Ronaldo Lucena/ID/BR

29. Considere a planificação da superfície de um tronco de uma pirâmide regular de bases paralelas com o apótema do tronco medindo 4 cm.

(Use tg36° ≃ 0,727.)

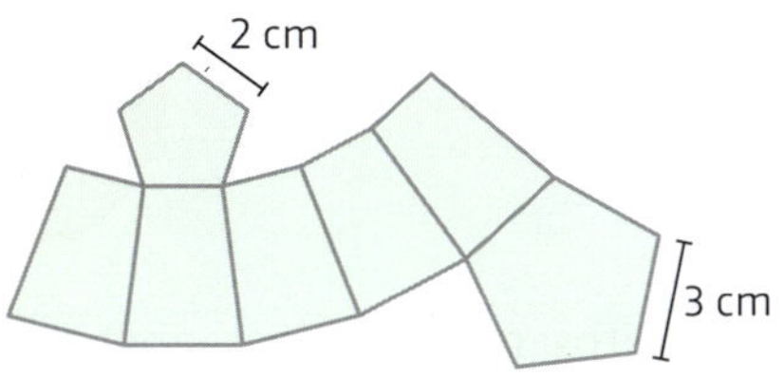

Ronaldo Lucena/ID/BR

Determine a área da superfície desse tronco de pirâmide.

30. Determine a área total da superfície de um tronco de pirâmide triangular regular de bases paralelas, que possui arestas das bases medindo 20 dm e 4 dm e aresta lateral medindo 17 dm.

31. Observe o tronco de pirâmide quadrangular reta de bases paralelas.

Calcule:

a) a altura do tronco;

b) a área da superfície lateral do tronco;

c) a área da superfície total do tronco;

d) o volume do tronco.

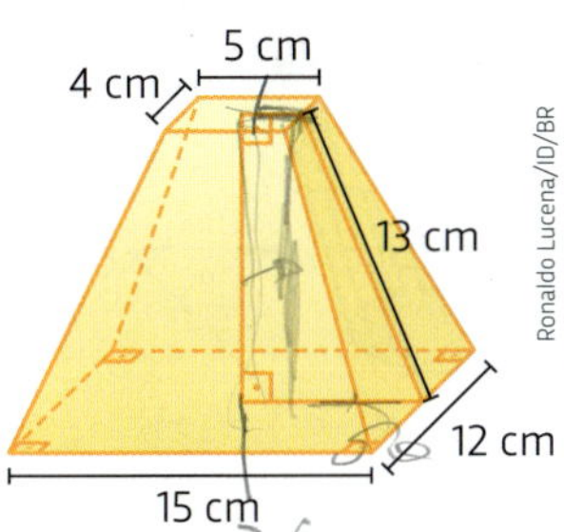

Ronaldo Lucena/ID/BR

32. (UFTM-MG) O perímetro da base *ABCD* de uma pirâmide quadrangular é 36 cm. Seccionando-se essa pirâmide por um plano paralelo à base, obtém-se outra pirâmide quadrangular de base *A'B'C'D'*, cuja altura é igual a $\frac{2}{3}$ da altura da pirâmide inicial, determinando assim um tronco de pirâmide de bases quadradas e paralelas.

Determine:

a) a área da secção *A'B'C'D'*.

b) a altura e o volume do tronco de pirâmide, sabendo que o volume da pirâmide inicial é igual a 324 cm^3.

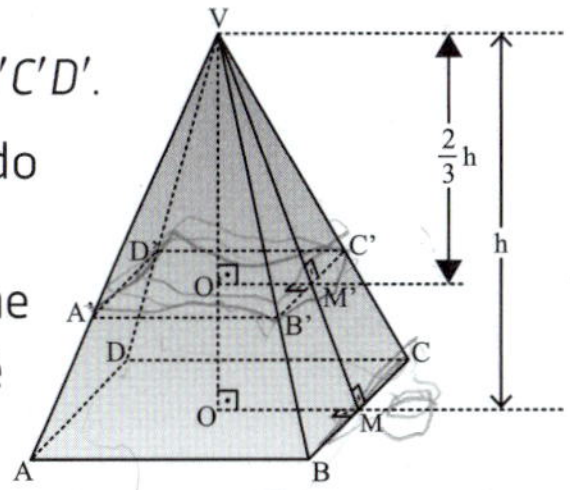

UFTM/Fac-símile: ID/BR

33. Uma peça metálica com formato de tronco de pirâmide quadrangular regular de bases paralelas, com altura 6 cm e arestas das bases medindo 8 cm e 3 cm, foi inserida em um recipiente com água.

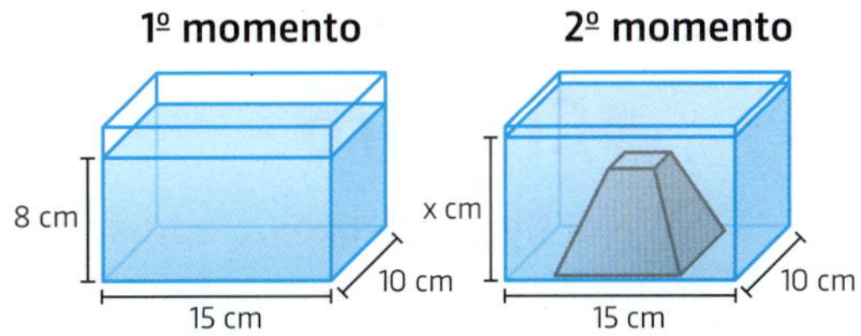

Ronaldo Lucena/ID/BR

Sabendo que o recipiente tem formato de um bloco retangular, determine a altura que a água atingiu após a inserção da peça.

34. **Desafio** Na figura ao lado está representado um cubo de volume igual a 125 cm^3, e uma pirâmide, de base *BEF* com 9 cm de altura.

Determine o volume comum entre a pirâmide de base *BEF* e o cubo.

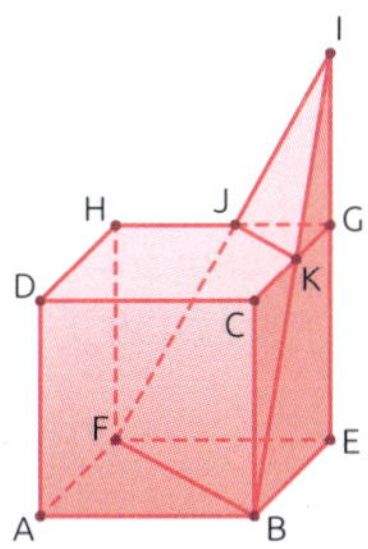

Ronaldo Lucena/ID/BR

capítulo 3 Corpos redondos

Estudando corpos redondos

No capítulo anterior, estudamos os poliedros, figuras geométricas espaciais com superfícies planas, com destaque para os prismas e as pirâmides. Neste capítulo, estudaremos alguns tipos de figuras geométricas espaciais, comumente denominadas "corpos redondos", cuja superfície não é toda plana.

Veja alguns objetos que lembram corpos redondos.

heromen30/Shutterstock.com/ID/BR

lixeira

Pincarel/Shutterstock.com/ID/BR

cone de sinalização

Yurii Vydyborets/Shutterstock.com/ID/BR

bola de tênis

Nomearemos "corpo redondo" apenas os sólidos abaixo.

- Cilindro
- Cone
- Esfera

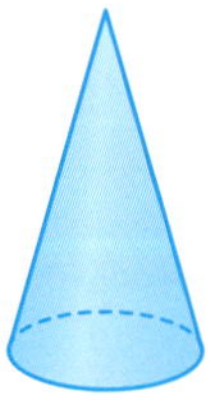

Apesar de corpos redondos constituírem conceitos matemáticos abstratos, é possível enumerar diversos objetos cujas formas lembram o cilindro, o cone e a esfera.

Cilindro

A figura da lixeira, apresentada acima, nos dá uma ideia intuitiva do que é um cilindro.

Sejam α e β planos paralelos, c um círculo contido em α e r uma reta secante a α. A reunião de todos os segmentos de reta paralelos a r que possuem um extremo em c e outro em β é denominado **cilindro circular**.

No decorrer deste livro, a palavra "cilindro" sempre designará cilindro circular.

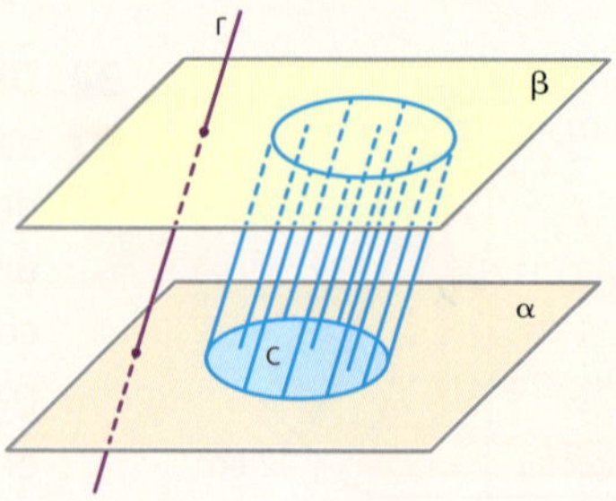

Ilustrações: Ronaldo Lucena/ID/BR

Um cilindro possui os seguintes elementos:

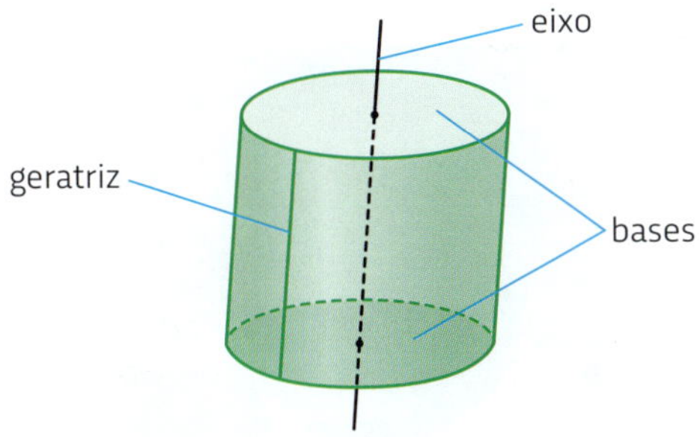

- **bases**: os dois círculos congruentes e paralelos que fazem parte da superfície do cilindro;
- **eixo**: a reta que passa pelos centros das bases;
- **geratriz**: qualquer segmento de reta paralelo ao eixo e com os extremos nas circunferências das bases.

Quando o eixo do cilindro é perpendicular aos planos das bases, o cilindro é **reto**. Nesse caso, cada geratriz é também perpendicular aos planos das bases. Um cilindro que não é reto é denominado **oblíquo**.

A reunião de todas as geratrizes de um cilindro forma a sua **superfície lateral**. As duas bases, juntamente com a área lateral, forma a **superfície total** do cilindro. A figura abaixo ilustra um cilindro reto e a planificação de sua superfície.

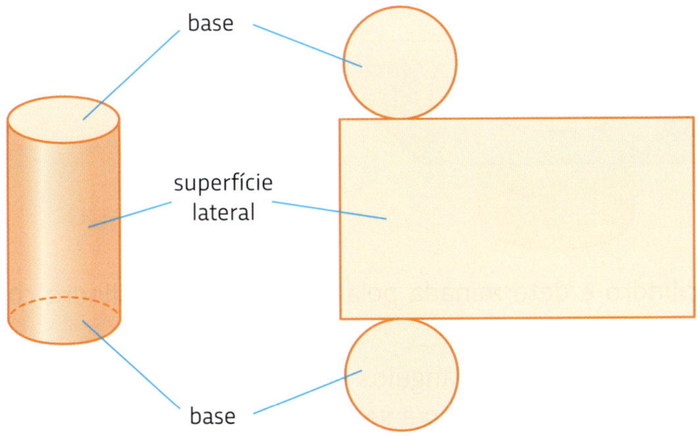

cilindro reto (à esquerda) e a planificação de sua superfície (à direita)

> Não é possível planificar um sólido. Em alguns casos, como no caso do cilindro, podemos planificar sua superfície. Existem sólidos cuja superfície não pode ser planificada.

Os objetos do nosso dia a dia que lembram um cilindro têm, quase sempre, o formato de cilindro reto. O cilindro reto também é denominado **cilindro de revolução**, pois pode ser descrito pela rotação de um retângulo em torno de um eixo que contém um de seus lados.

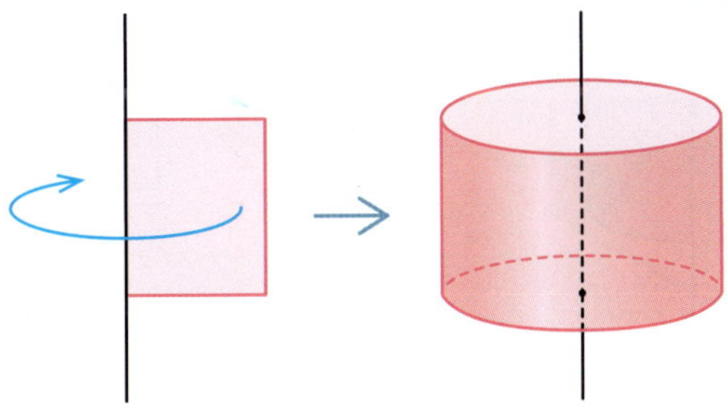

Ilustrações: Ronaldo Lucena/ID/BR

Em um dos mais antigos processos de fabricação de objetos de superfície não plana, tem-se como princípio básico a rotação de uma peça em torno de seu próprio eixo.

CREATISTA/Shutterstock.com/ID/BR

Artesã moldando um vaso de argila em uma roda de oleiro. O objeto resultante lembra uma superfície de revolução.

Secções de um cilindro

Em geral, a **secção** de um sólido é a intersecção do sólido com um plano secante. Em um cilindro, destacam-se as **secções transversais** e as **secções meridianas**.

- Uma secção transversal de um cilindro é determinada pela intersecção do cilindro com um plano paralelo às suas bases.

  As secções transversais de um cilindro reto são círculos congruentes às bases.

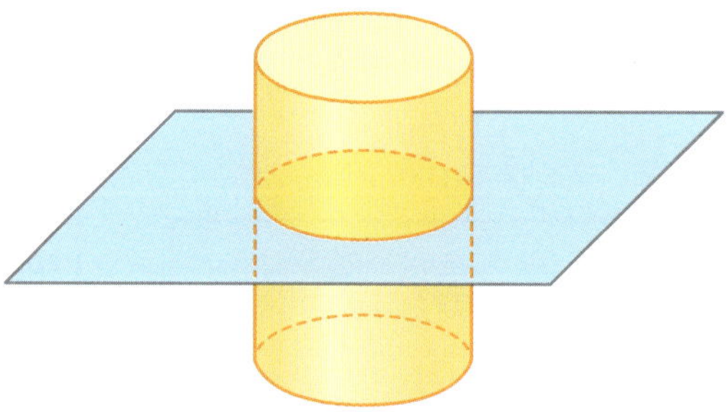

- Uma secção meridiana de um cilindro é determinada pela intersecção do cilindro com um plano que contém o seu eixo.

  As secções meridianas de um cilindro reto são retângulos de lados h e $2r$, sendo h a altura do cilindro e $2r$ o diâmetro de sua base. Quando a secção meridiana de um cilindro reto é um quadrado, dizemos que o cilindro é **equilátero**.

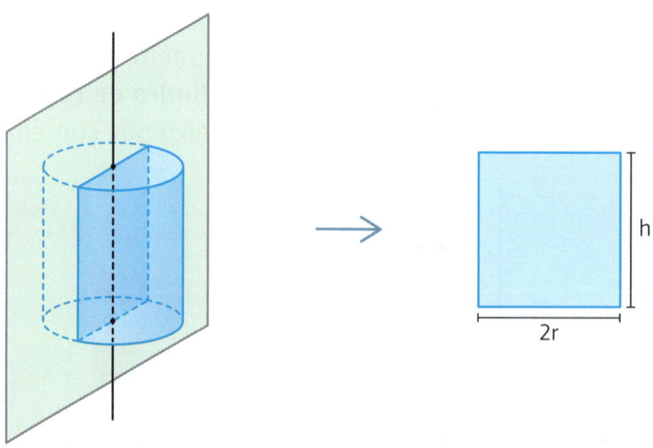

Ilustrações: Ronaldo Lucena/ID/BR

Área da superfície de um cilindro reto

Podemos considerar como medidas fundamentais em um cilindro a medida de sua altura (h) e a medida do raio de sua base (r). Em um cilindro reto, a altura é igual à medida de uma geratriz.

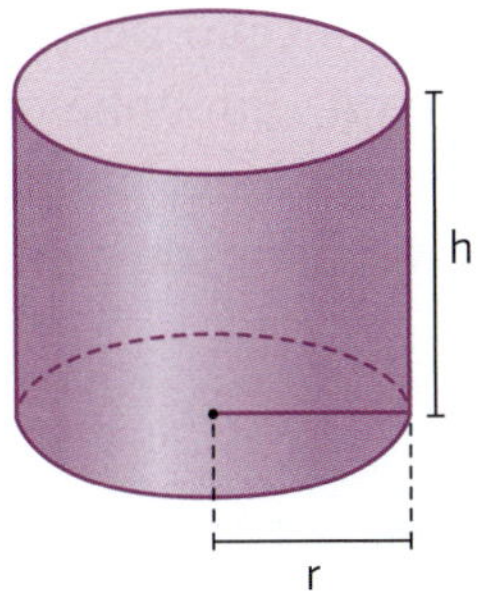

A altura (h) de um cilindro é definida como a distância entre os planos das bases.

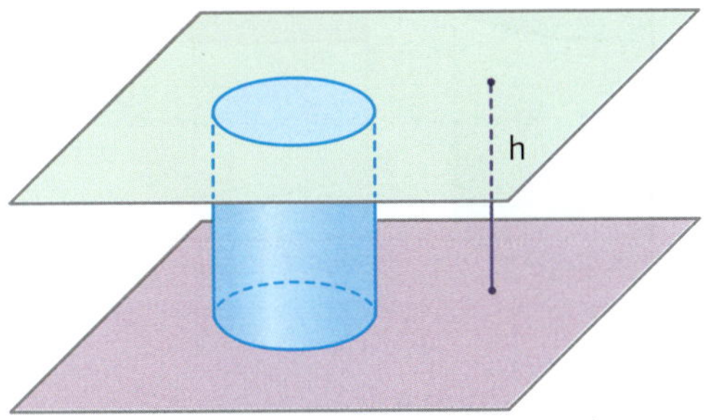

A superfície lateral de um cilindro reto de altura h e raio da base r, ao ser planificada, toma a forma de um retângulo de lados h e $2\pi r$, que correspondem, respectivamente, à altura do cilindro e ao comprimento da circunferência da base.

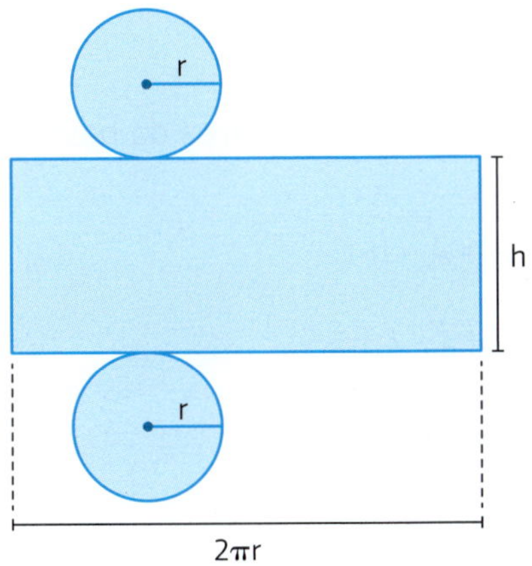

Ilustrações: Ronaldo Lucena/ID/BR

- A área da superfície lateral de um cilindro é denominada área lateral (A_ℓ). Assim:

$$A_\ell = 2\pi rh$$

- As bases do cilindro também fazem parte de sua superfície. A área das bases $(2A_b)$ é igual a duas vezes a área do círculo de raio r, ou seja:

$$2A_b = 2\pi r^2$$

- A soma da área lateral com a área das bases resulta na área total (A_t) da superfície do cilindro. Assim, a área total da sua superfície é dada por:

$$A_t = A_\ell + 2A_b \Rightarrow A_t = 2\pi rh + 2\pi r^2 \Rightarrow \boxed{A_t = 2\pi r(h + r)}$$

Volume de um cilindro

O volume de um cilindro pode ser obtido com a utilização do Princípio de Cavalieri e a fórmula do volume de um prisma, estudados no capítulo anterior.

Considere um cilindro qualquer. Denotemos por h a altura desse cilindro e por A_b a área de uma de suas bases. Para aplicar o Princípio de Cavalieri, consideramos um prisma de altura h e cuja base também tenha área A_b. Suponha que os dois sólidos estejam apoiados no mesmo plano e considere um plano qualquer paralelo às suas bases que secciona esses sólidos em figuras de áreas A_1 e A_2, como indicado na imagem abaixo.

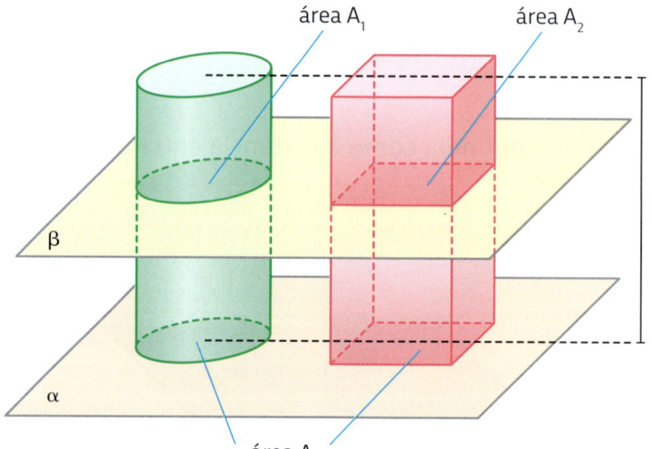

Tanto o cilindro como o prisma possuem a propriedade de que uma secção paralela à base é congruente a essa base. Assim, $A_1 = A_b$ e $A_2 = A_b$, logo, $A_1 = A_2$. Pelo Princípio de Cavalieri, o cilindro e o prisma possuem volumes iguais. Como o volume do prisma é $V = A_b \cdot h$, temos:

O volume de um cilindro de altura h e área da base A_b é dado por:

$$V = A_b \cdot h$$

Se o raio da base for igual a r, então:

$$V = \underbrace{\pi r^2}_{A_b} h$$

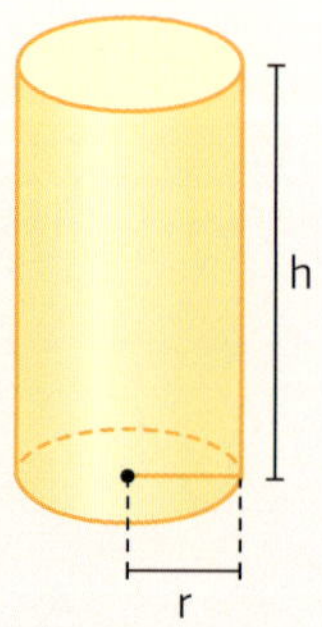

Ilustrações: Ronaldo Lucena/ID/BR

Atividades resolvidas

R1. Seja um cilindro reto cujas medidas do raio da base e da altura são, respectivamente, iguais a r e h. Considerando $\pi \simeq 3{,}14$, calcule:

a) a área total da superfície, sendo $r = 10$ cm e $h = 20$ cm;

b) a altura, sendo $r = 12$ cm e a área total da superfície 768π cm^2;

c) o volume, sendo $r = 7$ cm e $h = 10$ cm;

d) a área total da superfície, sendo $h = 6$ cm e o volume 486π cm^3;

Resolução

a) Como $A_t = 2\pi r(h + r)$, fazemos:

$$A_t = 2 \cdot \pi \cdot 10(20 + 10) = 600\pi \simeq 1884$$

Portanto, a área total da superfície mede aproximadamente 1 884 cm^2.

b) Para calcular a altura, fazemos:

$$A_t = 2\pi r(h + r) \Rightarrow 768\cancel{\pi} = 2\cancel{\pi} \cdot 12(h + 12) \Rightarrow h = \frac{768}{2 \cdot 12} - 12 \Rightarrow h = 20$$

Portanto, a altura é 20 cm.

c) Como $V = \pi r^2 h$, então:

$$V = \pi \cdot 7^2 \cdot 10 = 490\pi \simeq 1538{,}6$$

Portanto, o volume é aproximadamente 1 538,6 cm^3.

d) Utilizando as informações dadas na fórmula $V = \pi r^2 h$, temos:

$$486\cancel{\pi} = \cancel{\pi} \cdot r^2 \cdot 6 \Rightarrow r^2 = 81 \Rightarrow r = 9$$

Como $A = 2\pi r(h + r)$, segue que:

$$A_t = 2\pi \cdot 9(6 + 9) = 270\pi \simeq 847{,}8$$

Portanto, a área total da superfície mede aproximadamente 847,8 cm^2.

R2. Sejam um cilindro com raio r e altura h e um prisma cuja base é um polígono regular de lado $\ell = 1$ cm. Considerando que o cilindro e o prisma possuem o mesmo volume e a mesma altura, e que $\pi \simeq 3{,}14$ e $\sqrt{3} \simeq 1{,}73$, calcule r nos casos em que o polígono regular da base do prisma possui:

a) 3 lados;
b) 4 lados;
c) 6 lados.

Resolução

Como o prisma e o cilindro possuem o mesmo volume e a mesma altura, pelo Princípio de Cavalieri, eles possuem a mesma área da base.

a) O polígono da base do prisma é um triângulo equilátero. Como já vimos, a área A de um triângulo equilátero é dada por $A = \frac{\sqrt{3}\ell^2}{4}$.

$$A_{\text{triângulo}} = A_{\text{círculo}} \Rightarrow \frac{\sqrt{3} \cdot 1^2}{2} = \pi \cdot r^2 \Rightarrow \frac{1{,}73}{2} = \pi \cdot r^2 \Rightarrow r^2 \simeq 0{,}28 \Rightarrow r \simeq 0{,}53$$

Portanto, r é aproximadamente 0,53 cm.

b) O polígono da base do prisma é um quadrado de área $A = \ell^2$.

$$A_{\text{quadrado}} = A_{\text{círculo}} \Rightarrow 1^2 = \pi \cdot r^2 \Rightarrow r^2 \simeq 0{,}32 \Rightarrow r \simeq 0{,}57$$

Portanto, r é aproximadamente 0,57 cm.

c) O polígono da base do prisma é um hexágono regular. Como vimos anteriormente, a área de um hexágono regular é dada por $A = \frac{3\sqrt{3}\ell^2}{2}$.

$$A_{\text{hexágono}} = A_{\text{círculo}} \Rightarrow \frac{3\sqrt{3} \cdot 1^2}{2} = \pi \cdot r^2 \Rightarrow r^2 = \frac{3 \cdot 1{,}73}{2 \cdot \pi} \Rightarrow r^2 \simeq 0{,}83 \Rightarrow r \simeq 0{,}91$$

Portanto, r é aproximadamente 0,91 cm.

Atividades resolvidas

R3. (UEL-PR) No Paraná, a situação do saneamento público é preocupante, já que o índice de tratamento de esgoto é de apenas 53%, ou seja, quase metade das residências no Estado ainda joga esgoto em fossas. José possui, em sua residência, uma fossa sanitária de forma cilíndrica, com raio de 1 metro e profundidade de 3 metros. Supondo que José queira aumentar em 40% o volume de sua fossa, assinale a alternativa que apresenta, corretamente, de quanto o raio deve ser aumentado percentualmente.

Dado: $\sqrt{1,4} = 1,183$

a) 11,8% b) 14,0% c) 18,3% d) 60,0% e) 71,2%

Resolução

Observe a figura abaixo que ilustra essa situação.

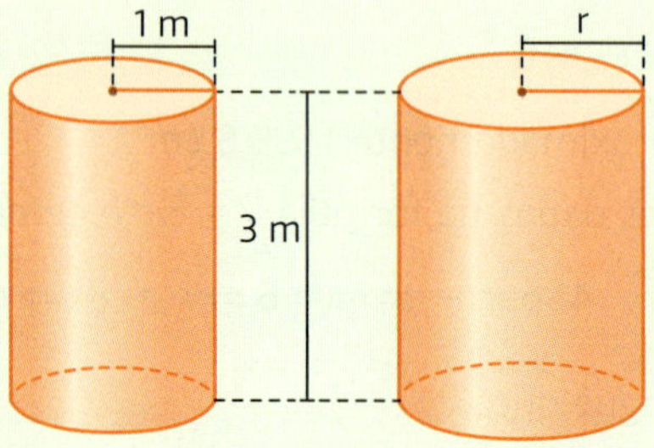

UEL/Fac-símile: ID/BR

Sejam V_1 o volume inicial da fossa e V_2 o volume da fossa após o aumento de 40%.
Para calcular V_1 e V_2, em metros cúbicos, fazemos:

$$V_1 = \pi r^2 h = \pi \cdot 1^2 \cdot 3 = 3\pi$$

$$V_2 = V_1 + 40\% V_1 = V_1 + 0,4 \cdot V_1 = 1,4 \cdot V_1 = 1,4 \cdot 3\pi = 4,2\pi$$

Para determinar a medida do raio da fossa, em metros, após o aumento de tamanho, efetuamos:

$$V_2 = \pi r^2 h \Rightarrow 4,2\cancel{\pi} = \cancel{\pi} \cdot r^2 \cdot 3 \Rightarrow r^2 = 1,4 \Rightarrow r = 1,183$$

Como o raio inicial media 1 m, então o aumento foi de 0,183 m, ou seja, 18,3%. Portanto, a alternativa correta é **c**.

Atividades

Na resolução das atividades das páginas **74** a **76** considere $\pi \simeq 3,14$.

1. Calcule a área total da superfície de cada cilindro reto.

a)

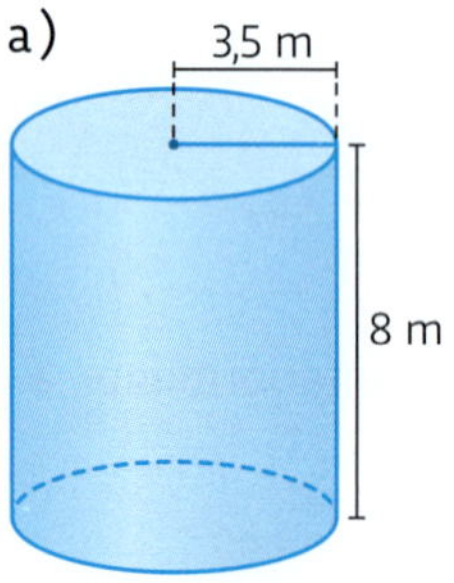

b)

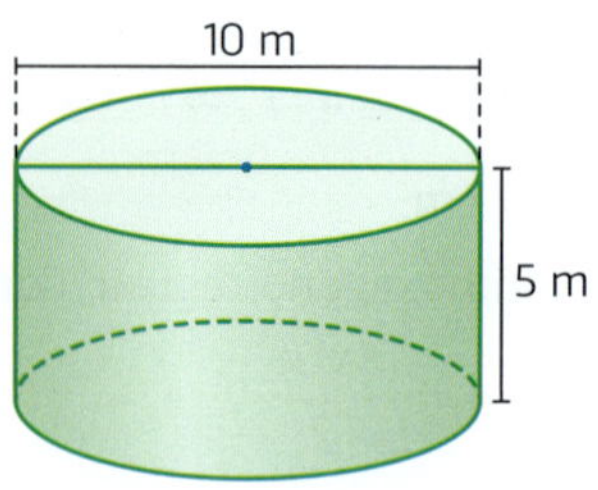

c)

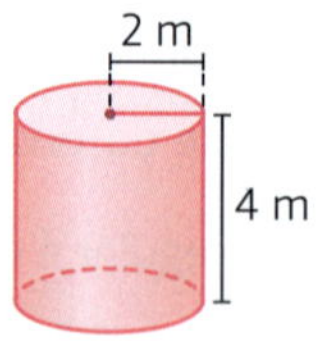

d)

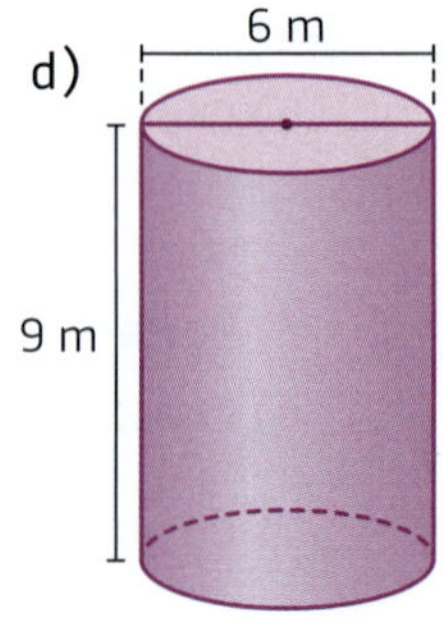

Ilustrações: Ronaldo Lucena/ID/BR

2. Se a área total da superfície de um cilindro reto for:

a) 113,04 cm^2 e sua altura for 7 cm, qual deve ser a medida do raio da base desse cilindro?

b) 967,12 cm^2 e seu raio medir 11 cm, qual deve ser a altura desse cilindro?

3. Observe a planificação da superfície de um cilindro reto e determine:

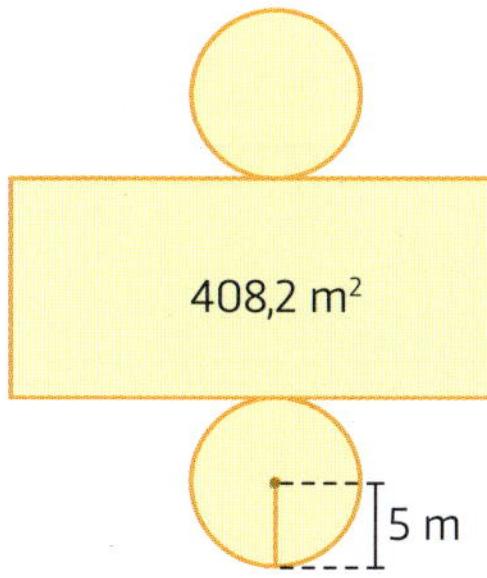

Ronaldo Lucena/ID/BR

a) a altura do cilindro;

b) a área da base do cilindro;

c) a área total da superfície do cilindro.

4. Para a instalação de uma piscina infantil em formato de cilindro reto, foi escavado no solo um buraco também cilíndrico com 3,6 m de diâmetro e 76 cm de profundidade. Antes de instalar a piscina, toda a superfície do buraco será revestida com uma manta impermeabilizante. Calcule a quantidade de manta impermeabilizante, em metros quadrados, que será necessária para realizar esse revestimento.

5. Certa folha de papel retangular, quando enrolada em forma de cilindro reto, tem o diâmetro igual a 4,5 cm e altura de 30 cm. Sabendo que foram dadas exatamente três voltas completas nessa folha, determine a área aproximada de sua superfície.

6. (UEMG-MG) Uma empresa de produtos de limpeza deseja fabricar uma embalagem com tampa para seu produto. Foram apresentados dois tipos de embalagens com volumes iguais. A primeira é um cilindro de raio da base igual a 2 cm e altura igual a 10 cm; e a segunda, um paralelepípedo de dimensões iguais a 4 cm, 5 cm e 6 cm. O metro quadrado do material utilizado na fabricação das embalagens custa R$ 25,00.

Considerando-se $\pi = 3$, o valor da embalagem que terá o menor custo será

a) R$ 0,36.

b) R$ 0,27.

c) R$ 0,54.

d) R$ 0,41.

7. Observe o sólido obtido com a secção meridiana de um cilindro equilátero.

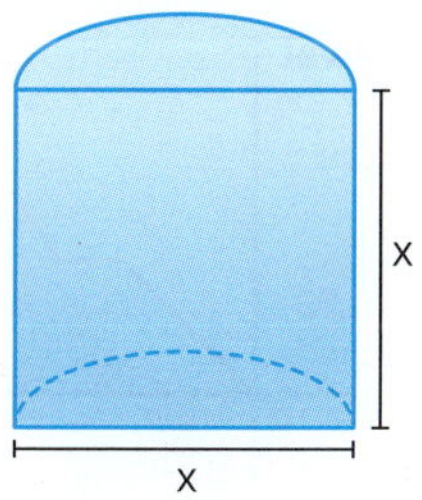

Ronaldo Lucena/ID/BR

a) Determine uma expressão que represente a área total da superfície desse sólido em função de *x*.

b) Se $x = 10$ cm, qual deve ser a área total da sua superfície?

8. Um confeiteiro precisa revestir 3 bolos cilíndricos retos com certo tipo de pasta. Para revestir 100 cm² são necessários, aproximadamente, 100 g de pasta. De acordo com a representação dos bolos abaixo, determine a quantidade, em quilogramas, de pasta necessária para revestir os três bolos.

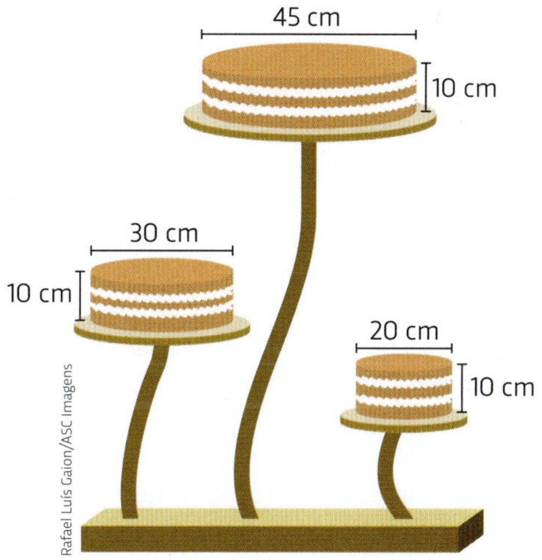

Rafael Luís Gaion/ASC Imagens

9. Calcule o volume de cada cilindro reto a seguir.

a)

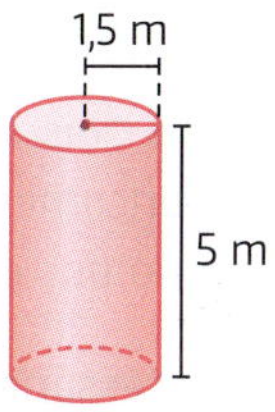

b)

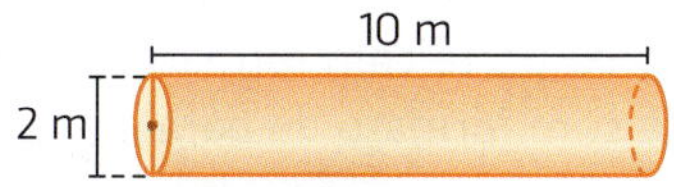

c)

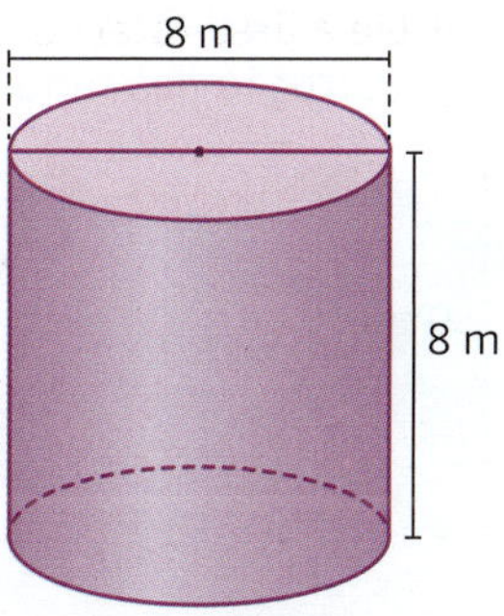

d)

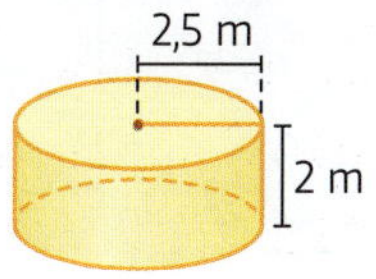

Ilustrações: Ronaldo Lucena/ID/BR

10. Artur organizou 5 moedas de R$ 0,50 e 7 moedas de R$ 1,00, de uma mesma família do real, em duas pilhas formadas por moedas de mesmo valor. Calcule o volume aproximado de cada pilha de moedas dadas suas medidas a seguir.

moeda	diâmetro	espessura
R$ 0,50	23 mm	2,85 mm
R$ 1,00	27 mm	1,95 mm

11. Em uma jarra com formato de cilindro reto, com medidas internas de diâmetro e altura iguais a 1 dm e 2 dm, respectivamente, despeja-se 1,5 L de água. Determine a altura do nível da água na jarra.

Lembre-se de que 1 litro equivale a 1 dm^3.

12. Em um recipiente com formato de cilindro oblíquo com diâmetro interno de 8 cm, contendo água ao nível de 6 cm de sua altura, submergiu-se um objeto e o nível da água elevou-se para 8,3 cm. Qual é o volume desse objeto?

13. (UFG-GO) Uma indústria armazena um produto em cilindros circulares retos com quatro metros de altura e raio da base medindo R metros. Prevendo-se um aumento na produção, foram encomendados outros cilindros de dois tipos, alguns com o mesmo raio que os originais e a altura aumentada em dois metros e outros com a mesma altura dos originais e o raio aumentado em dois metros. Sabendo-se que todos os cilindros encomendados têm o mesmo volume, calcule o raio dos cilindros originais.

14. Em certa obra serão necessárias 12 fundações que farão parte de seu alicerce. Cada fundação é composta por uma parte com formato cilíndrico reto e outra parte com formato de paralelepípedo retângulo, de acordo com as medidas indicadas abaixo. Calcule, em metros cúbicos, a quantidade de terra retirada para a construção das fundações.

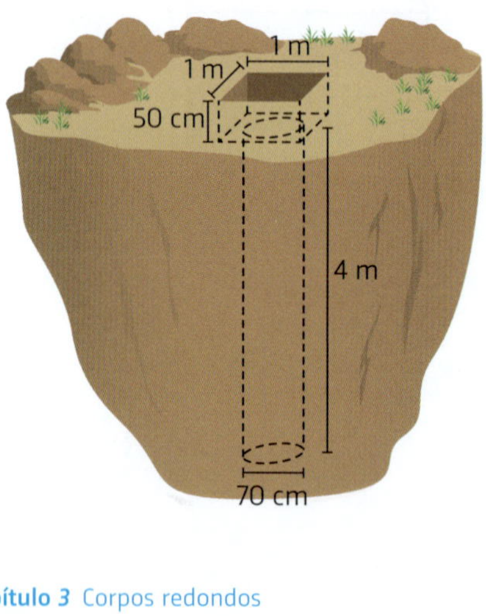

Ronaldo Lucena/ASC Imagens

15. O reservatório cilíndrico reto de um posto de combustível é abastecido com uma mangueira que possui vazão constante.

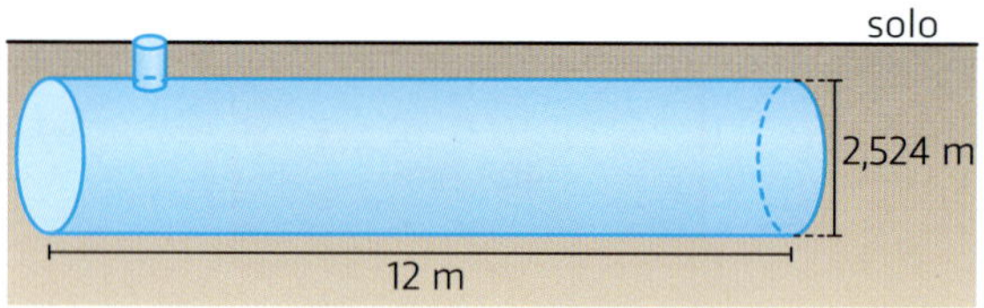

Ronaldo Lucena/ID/BR

a) Considerando o tanque inicialmente vazio e sabendo que a vazão da mangueira que o abastece é de 10 litros por segundo, qual é o tempo necessário para que ele seja completamente cheio?

Lembre-se de que mil litros equivalem a 1 m^3.

b) Determine qual dos gráficos abaixo melhor representa a altura do nível de combustível em relação ao tempo, durante o abastecimento. Justifique.

I)

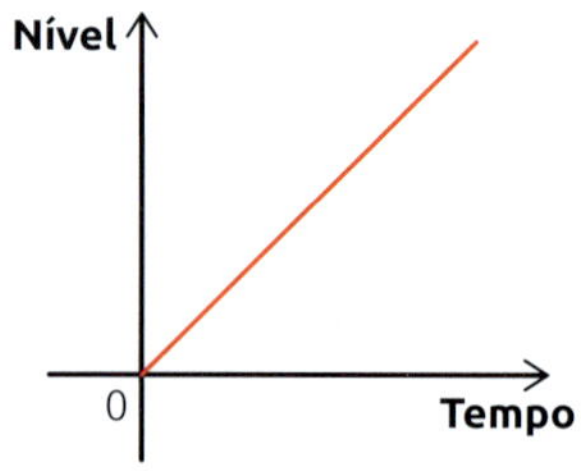

II)

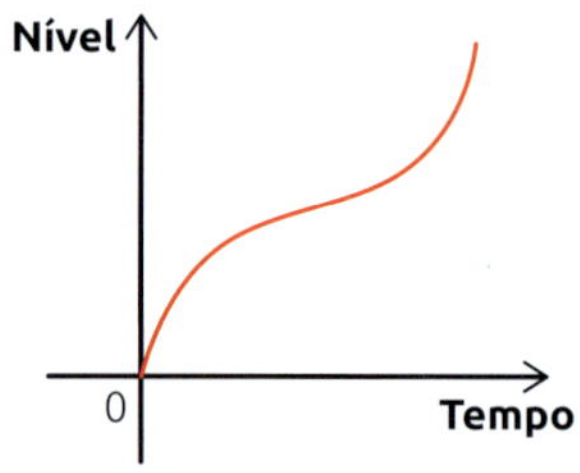

III)

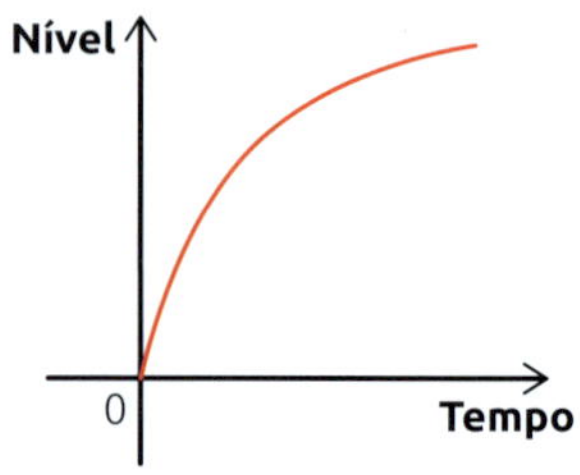

IV)

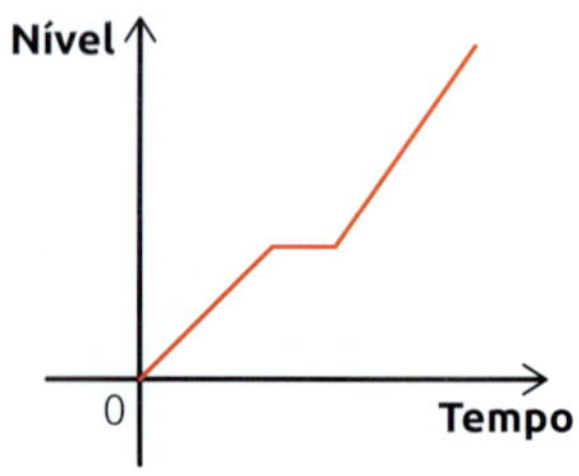

Ilustrações: Ronaldo Lucena/ID/BR

Cone

Vimos anteriormente as principais características dos cilindros. Agora, vamos conhecer um pouco mais dos cones, outro tipo de corpo redondo.

O cone é determinado por uma figura plana fechada e simples (a sua base) e por um ponto (o seu vértice) não pertencente ao plano que contém essa figura.

Seja α um plano, *c* um círculo contido em α e *P* um ponto não pertencente a α. A reunião de todos os segmentos de reta com um extremo em *P* e outro em *c* é denominada **cone circular**. O círculo *c* é a base e o ponto *P* é o vértice desse cone circular.

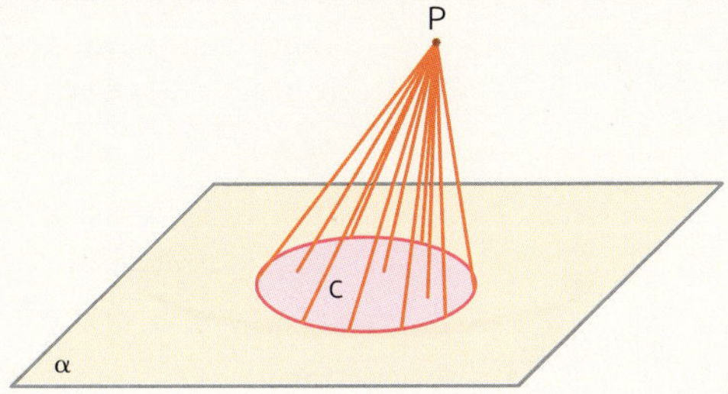

No decorrer deste livro, a palavra "cone" sempre designará cone circular.

Além da base e do vértice, um cone possui os seguintes elementos:

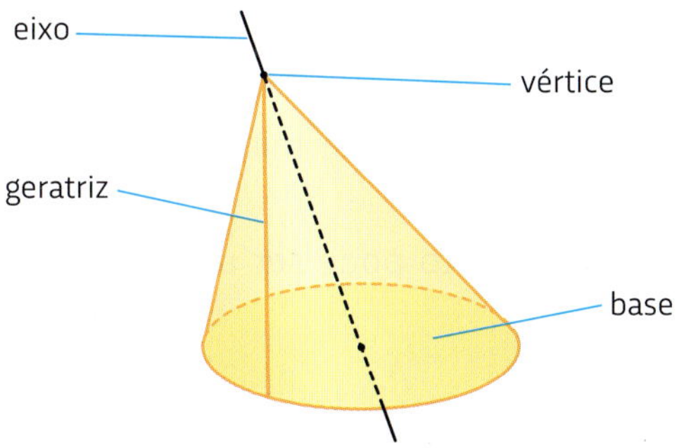

- **eixo**: a reta que passa pelo centro da base e pelo vértice do cone.
- **geratriz**: qualquer segmento de reta com um extremo no vértice e outro na circunferência da base.

Quando o eixo do cone é perpendicular ao plano da base, o cone é **reto**. Nesse caso, todas as geratrizes são congruentes entre si. Um cone que não é reto é denominado **oblíquo**.

A reunião de todas as geratrizes de um cone forma a sua **superfície lateral**. A base do cone é uma superfície plana que, junto com sua superfície lateral, forma a **superfície total** do cone. A figura abaixo ilustra um cone reto e a planificação de sua superfície.

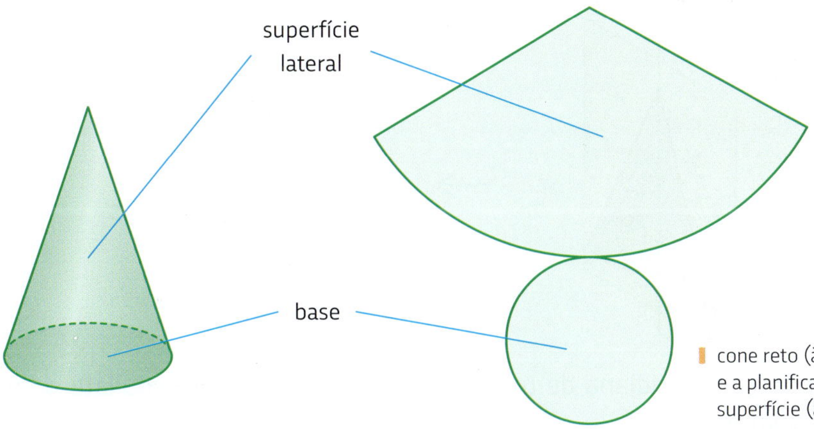

Ilustrações: Ronaldo Lucena/ID/BR

cone reto (à esquerda) e a planificação de sua superfície (à direita)

O cone reto, assim como o cilindro reto, também pode ser denominado **cone de revolução**, pois pode ser descrito pela rotação de um triângulo retângulo em torno de um eixo que contém um dos catetos.

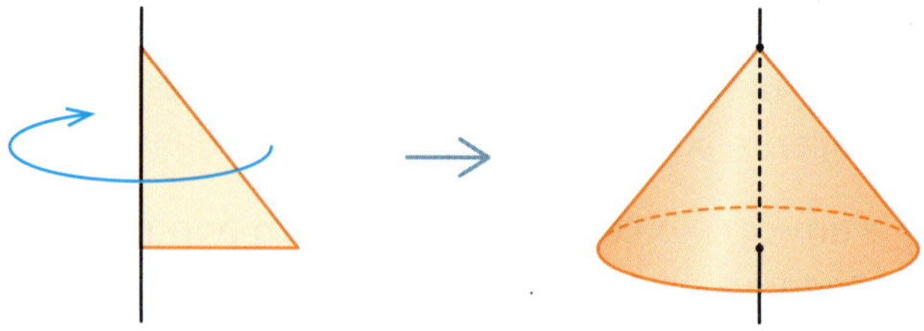

Observe alguns objetos que lembram a superfície lateral de um cone reto.

Mihai Bogdan/Shutterstock.com/ID/BR

funil

Settawat Udom/Shutterstock.com/ID/BR

chapéu vietnamita

Kuzma/Shutterstock.com/ID/BR

chapéu de festa infantil

Secções de um cone

De modo análogo ao cilindro, destacam-se no cone as **secções transversais** e as **secções meridianas**.

- Uma secção transversal de um cone é determinada pela intersecção do cone com um plano paralelo à sua base.

  A secção transversal de um cone reto pode ser um ponto, quando o plano passa pelo vértice, ou um círculo.

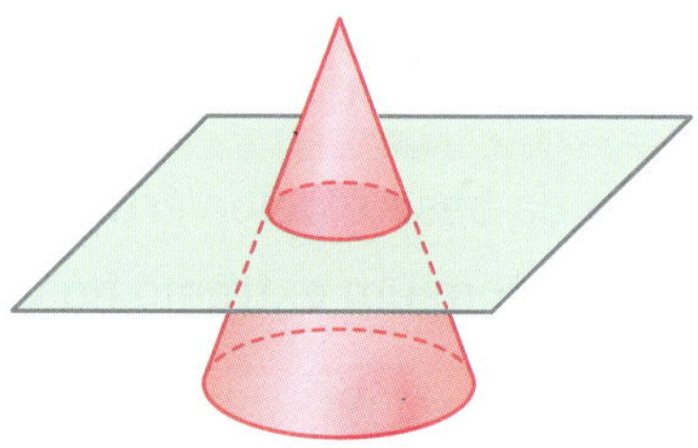

- Uma secção meridiana de um cone é determinada por um plano que contém o seu eixo.

  As secções meridianas de um cone reto são triângulos isósceles de altura h e lados $2r$, g e g, sendo h a altura do cone, $2r$ o diâmetro da base e g a medida de uma geratriz. Tem-se, pelo teorema de Pitágoras, a relação:

$$g^2 = r^2 + h^2$$

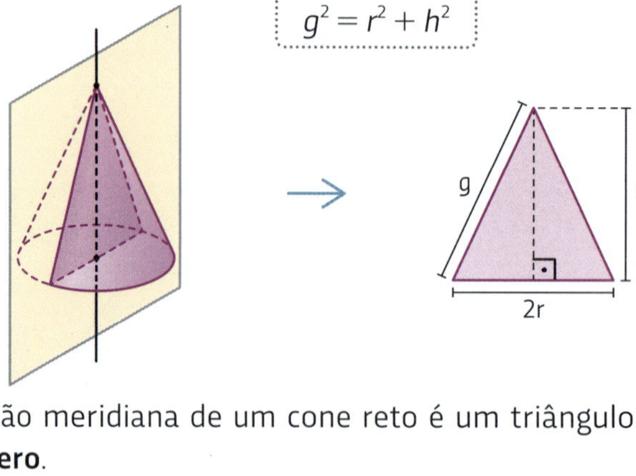

Ilustrações: Ronaldo Lucena/ID/BR

Quando a secção meridiana de um cone reto é um triângulo equilátero, dizemos que o cone é **equilátero**.

Área da superfície de um cone reto

Podemos considerar como medidas fundamentais em um cone sua altura (h) e a medida do raio de sua base (r). Em um cone reto, todas as geratrizes possuem a mesma medida e, denotando por g a medida de uma delas, tem-se $g^2 = r^2 + h^2$.

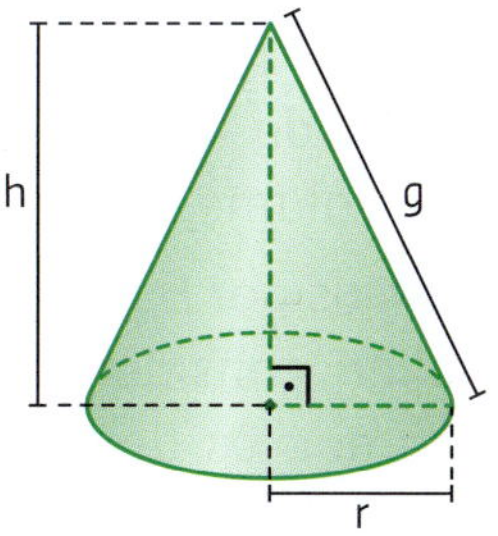

A altura (h) de um cone é definida como a distância do vértice ao plano da base do cone. Em um cone reto, a altura coincide com a distância do vértice ao centro da base.

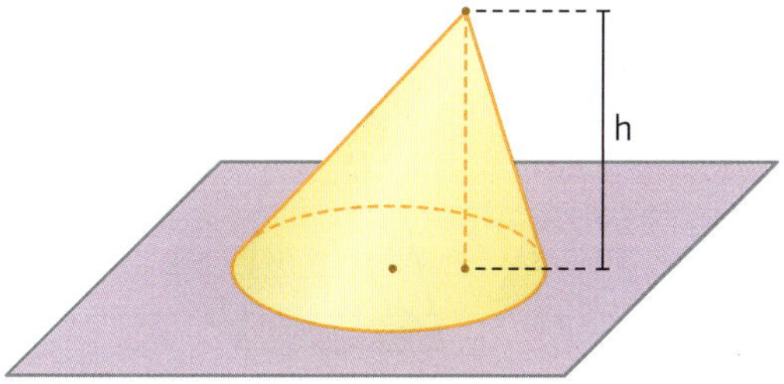

- A superfície lateral de um cone reto é a reunião das geratrizes, segmentos congruentes. A planificação dessa superfície é um setor circular de raio g com comprimento de arco igual ao comprimento da circunferência da base, ou seja, $2\pi r$. A área da superfície lateral de um cone é denominada área lateral $\left(A_\ell\right)$. Como a área de um setor circular é diretamente proporcional ao comprimento de seu arco, podemos obter a área lateral com a seguinte regra de três simples:

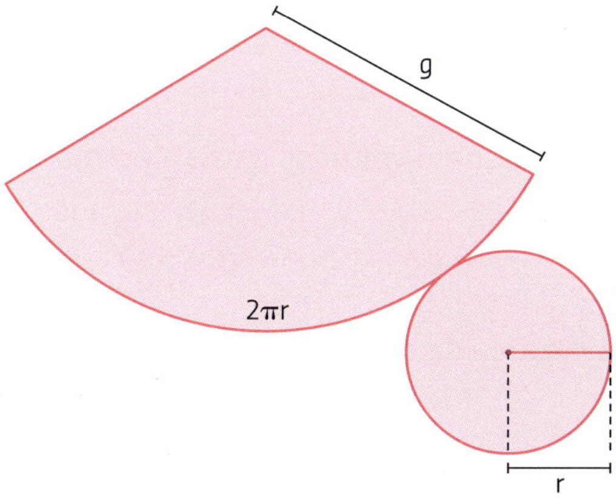

Ilustrações: Ronaldo Lucena/ID/BR

comprimento do arco	área do setor circular
$2\pi r$	A_ℓ
$2\pi g$	πg^2

$$\frac{2\pi r}{2\pi g} = \frac{A_\ell}{\pi g^2} \Rightarrow \frac{r}{g} = \frac{A_\ell}{\pi g^2} \Rightarrow r = \frac{A_\ell}{\pi g} \Rightarrow A_\ell = \pi r g$$

- A base do cone também faz parte de sua superfície. A área da base $\left(A_b\right)$ é igual à área de um círculo de raio r, ou seja:

$$A_b = \pi r^2$$

- A adição da área lateral com a área da base resulta na área total (A_t) da superfície do cone. Assim, a área total da superfície de um cone reto é dada por:

$$A_t = A_\ell + A_b \Rightarrow A_t = \pi rg + \pi r^2 \Rightarrow \boxed{A_t = \pi r(g + r)}$$

Volume de um cone

Anteriormente, relacionamos o volume de um cilindro ao volume de um prisma. Utilizando a mesma ideia, relacionaremos o volume de um cone ao volume de uma pirâmide.

Considere um cone qualquer. Denotemos por H a altura desse cone e por A_b a área de sua base. Para aplicar o Princípio de Cavalieri, consideramos uma pirâmide de altura H e cuja base também tenha área A_b. Suponha que os dois sólidos estejam apoiados no mesmo plano e considere um plano qualquer paralelo às suas bases que secciona esses sólidos em figuras de áreas A_1 e A_2, como indicado na imagem abaixo.

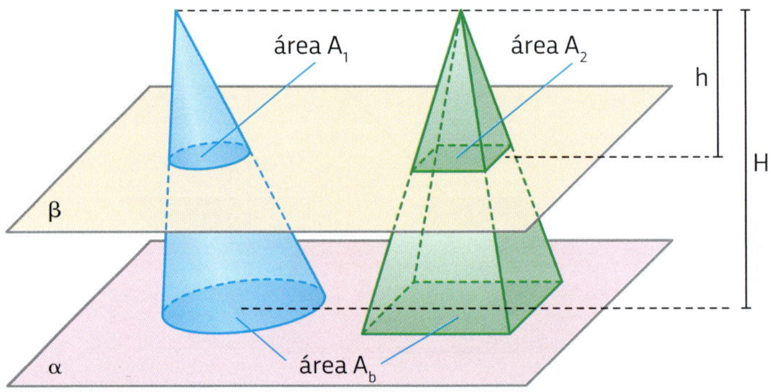

Pode-se demonstrar que tanto o cone como a pirâmide possuem a propriedade de que uma secção paralela à base é semelhante a essa base, com razão de semelhança $\frac{h}{H}$. Assim:

$$\frac{A_1}{A_b} = \left(\frac{h}{H}\right)^2 \text{ e } \frac{A_2}{A_b} = \left(\frac{h}{H}\right)^2$$

Logo:

$$\frac{A_1}{A_b} = \frac{A_2}{A_b} \Rightarrow A_1 = A_2$$

Pelo Princípio de Cavalieri, o cone e a pirâmide possuem volumes iguais. Como o volume da pirâmide é $V = \frac{A_b \cdot h}{3}$, temos:

O volume de um cone de altura h e área da base A_b é dado por:

$$V = \frac{A_b \cdot h}{3}$$

Se o raio da base for igual a r, então:

$$V = \frac{\overbrace{\pi r^2}^{A_b} h}{3}$$

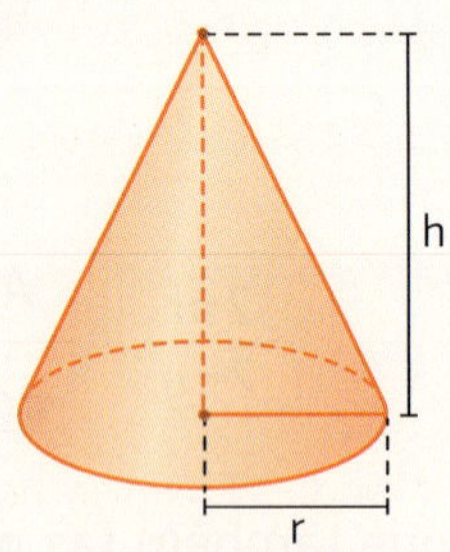

Ilustrações: Ronaldo Lucena/ID/BR

Qual é a relação entre o volume de um cone e o volume de um cilindro que possuem bases com áreas iguais e mesma altura?

Tronco de cone de bases paralelas

De maneira semelhante ao tronco de pirâmide, o tronco de cone também é obtido após ser seccionado por um plano paralelo ao plano que contém sua base.

Para definirmos um tronco de cone de bases paralelas, considere um cone de vértice *V*, altura *H* e cuja base está contida no plano α. Um plano β paralelo ao plano α que secciona o cone determina um cone menor e outro sólido que chamamos de **tronco de cone**.

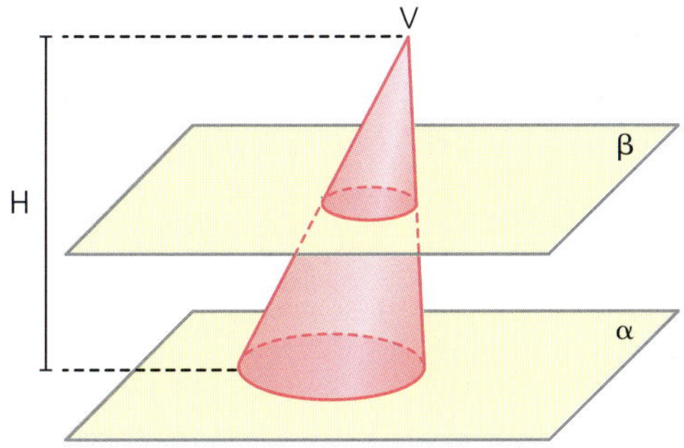

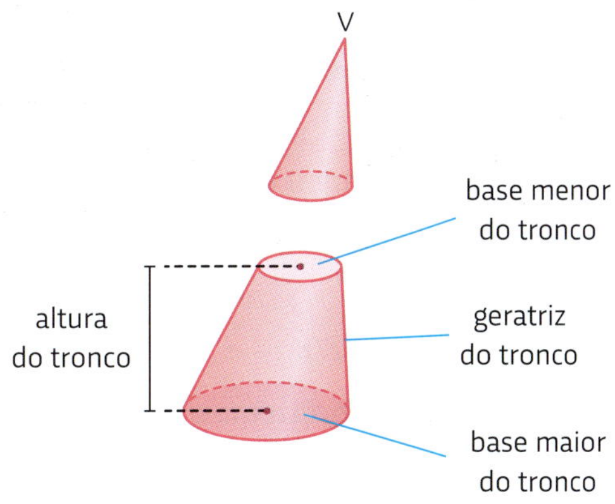

Ilustrações: Ronaldo Lucena/ID/BR

> Assim como a altura dos cilindros, a altura de um tronco de cone de bases paralelas corresponde à distância entre as bases.

Em um tronco de cone de bases paralelas, temos:

- a geratriz que corresponde a qualquer segmento contido na geratriz do cone original e cujas extremidades pertencem às bases do tronco;
- a superfície lateral que corresponde à reunião das geratrizes do tronco de cone;
- as bases que são círculos.

> Em qualquer tronco de cone de bases paralelas, as geratrizes terão a mesma medida? Justifique.

Área da superfície de um tronco de cone de bases paralelas

A área total da superfície de um tronco de cone de bases paralelas pode ser obtida por meio da adição da área lateral com a área das bases, isto é, $A_t = A_\ell + A_B + A_b$.

Volume de um tronco de cone de bases paralelas

O volume de um tronco de cone de bases paralelas pode ser obtido por meio da diferença entre o volume do cone original (V_o) e o volume do cone obtido após a seção (V_m), isto é:

$$V_t = V_o - V_m$$

Assim como nas pirâmides, a razão entre o volume do cone obtido após a secção paralela à base e ao volume do cone original é igual ao cubo da razão entre as alturas, isto é:

$$\frac{V_m}{V_o} = \left(\frac{h}{H}\right)^3$$

Atividades resolvidas

R4. Seja um cone reto cujas medidas do raio da base, da altura e da geratriz são, respectivamente, iguais a *r*, *h* e *g*. Calcule:

a) a área total da superfície do cone, sendo $r = 4$ m e $h = 3$ m;

b) a altura *h*, considerando que a área total da superfície é 27π m^2 e $g = 2r$.

Resolução

a) Como $g^2 = h^2 + r^2$, segue que:

$$g^2 = 3^2 + 4^2 \Rightarrow g = 5$$

Como $A_t = \pi r(g + r)$, então:

$$A = \pi \cdot 4 \cdot (5 + 4) = 36\pi$$

Portanto, a área total da superfície é 36π m^2.

b) Como $A_t = \pi r(g + r)$, temos:

$$27\cancel{\pi} = \cancel{\pi} \cdot r \cdot \overbrace{(2r + r)}^{3r} \Rightarrow 27 = 3 \cdot r^2 \Rightarrow r^2 = 9 \Rightarrow r = 3$$

Para determinar *h*, fazemos:

$$g^2 = h^2 + r^2 \Rightarrow (2r)^2 = h^2 + r^2 \Rightarrow h^2 = 3r^2 = 3 \cdot 3^2 \Rightarrow h = 3\sqrt{3}$$

Portanto, a altura é $3\sqrt{3}$ m.

R5. Um sólido será gerado pela revolução completa do triângulo *ABC*, em torno do eixo que contém o segmento *AB*, conforme representado ao lado. Calcule a área lateral e o volume aproximado desse sólido utilizando $\pi \simeq 3{,}14$.

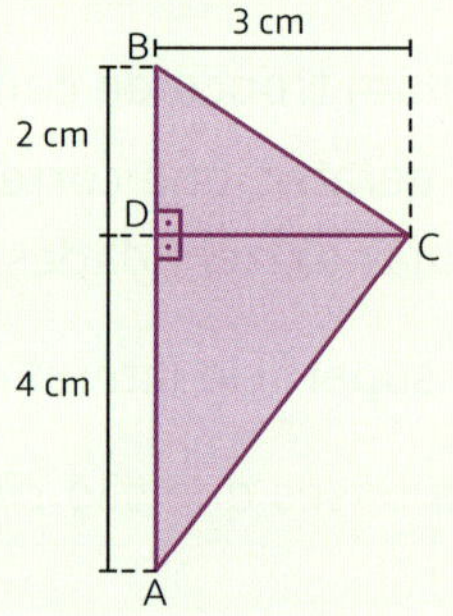

Resolução

Observe que o sólido gerado por esta revolução corresponde à união de dois cones de mesmo raio $DC = 3$ cm. Calculando as medidas das geratrizes e $\overline{AC}$ e $\overline{BC}$ dos cones, obtemos:

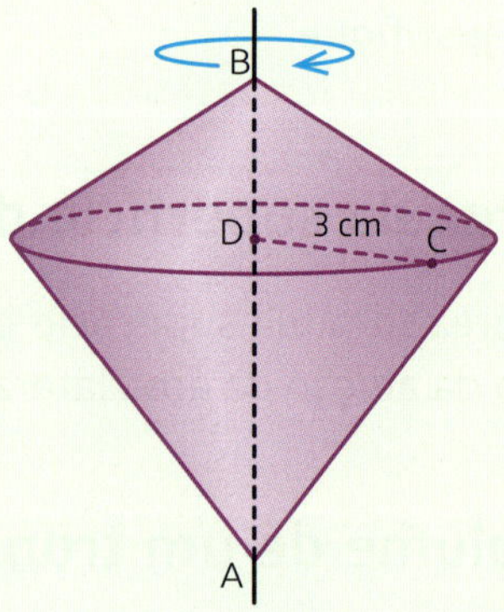

Ilustrações: Ronaldo Lucena/ID/BR

$$(AC)^2 = 4^2 + 3^2 = 25 \Rightarrow AC = 5$$

$$(BC)^2 = 2^2 + 3^2 = 13 \Rightarrow BC \simeq 3{,}6$$

Sendo A_1 e A_2 as áreas das superfícies laterais dos cones de geratrizes $\overline{AC}$ e $\overline{BC}$, respectivamente, a área total da superfície desse sólido é dada por $A_1 + A_2$. Assim:

$$A_t = \pi r_1 g_1 + \pi r_2 g_2$$

$$A_t = \pi \cdot 3 \cdot AC + \pi \cdot 3 \cdot BC$$

$$A_t = \pi \cdot 3 \cdot 5 + \pi \cdot 3 \cdot 3{,}6$$

$$A_t \simeq 81{,}01$$

Portanto, a área total da superfície desse sólido é aproximadamente 81,01 cm^2.

Sendo V_1 e V_2 os volumes dos cones de geratrizes $\overline{AC}$ e $\overline{BC}$, respectivamente, o volume desse sólido é dado por $V_1 + V_2$. Assim:

$$V = \frac{\pi r_1^2 h_1}{3} + \frac{\pi r_2^2 h_2}{3} = \frac{\pi \cdot 3^2 \cdot 4}{3} + \frac{\pi \cdot 3^2 \cdot 2}{3} \simeq 56{,}52$$

Portanto, o volume desse sólido é aproximadamente 56,52 cm³.

R6. Calcule a área lateral da superfície do seguinte tronco de cone reto de bases paralelas.

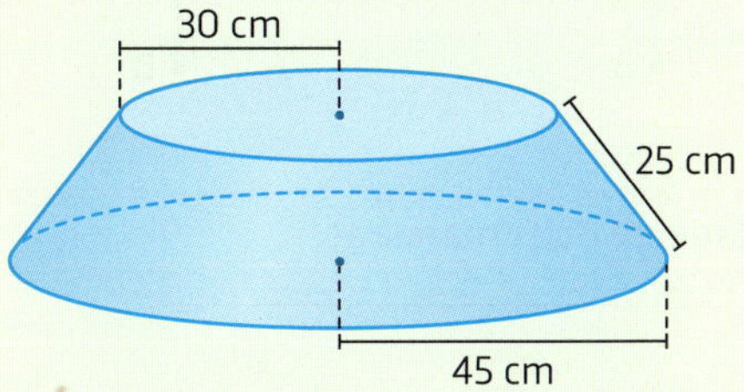

Resolução

Podemos obter a área lateral desse tronco de cone por meio da diferença entre a área lateral do cone original e do cone menor obtido após a secção. Para isso, considere o triângulo retângulo ABC em que $\overline{AB}$, $\overline{AC}$ e $\overline{BC}$ correspondem, respectivamente, ao raio da base, à geratriz e à altura do cone.

Como os triângulos ABC e DEC são semelhantes, pois possuem ângulos correspondentes congruentes, segue que:

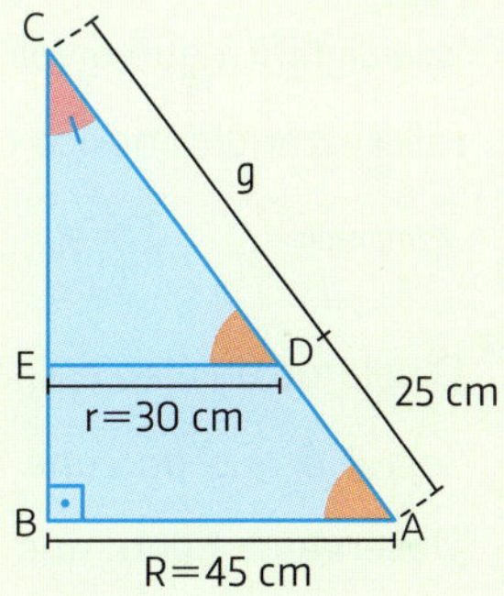

Ilustrações: Ronaldo Lucena/ID/BR

$$\frac{45}{g + 25} = \frac{30}{g} \Rightarrow 45g = 30g + 750 \Rightarrow$$

$$\Rightarrow 15g = 750 \Rightarrow g = 50$$

Assim, a geratriz (G) do cone original mede, em centímetros:

$$G = g + 25 = 50 + 25 = 75$$

Calculando a diferença entre a área lateral do cone original e do cone menor obtido após a secção, temos:

$$A = \pi RG - \pi rg = \pi \cdot 45 \cdot 75 - \pi \cdot 30 \cdot 50 = 1\,875\pi$$

Portanto, a área lateral desse tronco de cone é $1\,875\pi$ cm².

R7. (Uerj) Um funil, com a forma de cone circular reto, é utilizado na passagem de óleo para um recipiente com a forma de cilindro circular reto. O funil e o recipiente possuem a mesma capacidade. De acordo com o esquema, os eixos dos recipientes estão contidos no segmento TQ, perpendicular ao plano horizontal β.

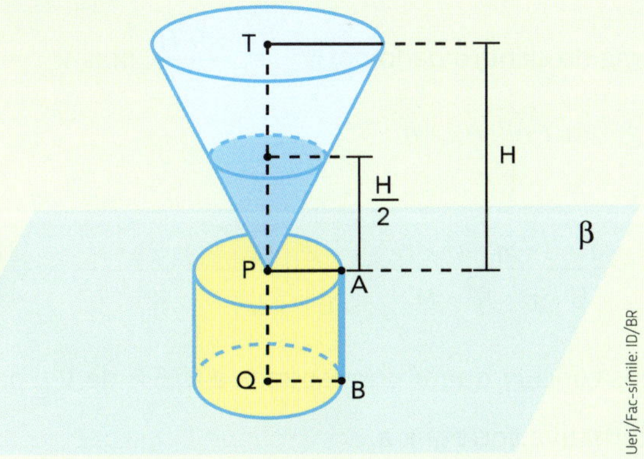

Uerj/Fac-símile: ID/BR

Admita que o funil esteja completamente cheio do óleo a ser escoado para o recipiente cilíndrico vazio. Durante o escoamento, quando o nível do óleo estiver exatamente na metade da altura do funil, $\frac{H}{2}$, o nível do óleo no recipiente cilíndrico corresponderá ao ponto K na geratriz $\overline{AB}$.

A posição de K, nessa geratriz, é mais bem representada por:

a) 

b) 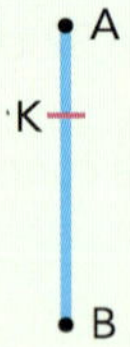

c) 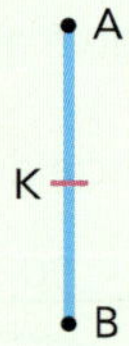

d) 

Ilustrações: Uerj/Fac-símile: ID/BR

Resolução

Vamos resolver essa atividade de duas maneiras.

1ª maneira

Utilizando a relação $\frac{V_m}{V_o} = \left(\frac{h}{H}\right)^3$, temos:

$$\frac{V_m}{V_o} = \left(\frac{\frac{H}{2}}{H}\right)^3 = \left(\frac{1}{2}\right)^3 = \frac{1}{8} \Rightarrow V_m = \frac{1}{8}V_o$$

Isso significa que o volume de óleo restante no funil é $\frac{1}{8}$ de sua capacidade. Logo, o nível no reservatório cilíndrico corresponde a $\frac{7}{8}$ da geratriz. Portanto, a alternativa correta é **a**.

2ª maneira

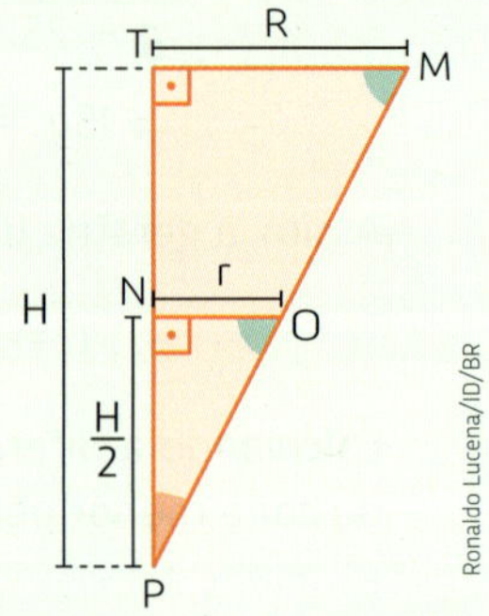

Ronaldo Lucena/ID/BR

O volume do óleo escoado equivale ao volume do tronco desse cone.

Seja R o raio do cone de altura H e r o raio do cone de altura $\frac{H}{2}$. Observe na figura que os triângulos PTM e PNO, formados pelo raio, pela geratriz e pela altura dos cones de altura H e $\frac{H}{2}$, são semelhantes, pois possuem ângulos correspondentes congruentes.

Com isso, temos:

$$\frac{R}{H} = \frac{r}{\frac{H}{2}} \Rightarrow \frac{R}{\cancel{H}} = \frac{2 \cdot r}{\cancel{H}} \Rightarrow R = 2r$$

Para calcular o volume do óleo escoado, que equivale ao volume do tronco de cone, fazemos:

$$V_t = V_o - V_m = \frac{\pi R^2 H}{3} - \frac{\pi r^2 \frac{H}{2}}{3} = \frac{\pi}{3}(2r)^2 H - \frac{\pi r^2}{3} \cdot \frac{H}{2} = \frac{\pi r^2 H}{3} \cdot \left(4 - \frac{1}{2}\right) = \frac{7\pi r^2 H}{6}$$

Seja V_{cil} o volume do cilindro dado por $V_{cil} = \frac{\pi R^2 H}{3}$, pois $V_{cil} = V_o$. A razão $\frac{V_t}{V_{cil}}$ corresponde à razão $\frac{KA}{BK}$ na geratriz $\overline{AB}$. Assim:

$$\frac{V_t}{V_{cil}} = \frac{\frac{7\pi r^2 H}{6}}{\frac{\pi R^2 H}{3}} = \frac{7 \cdot 3 \cdot \cancel{\pi} \cdot r^2 \cancel{H}}{6 \cdot \cancel{\pi} \cdot R^2 \cdot \cancel{H}} = \frac{21 \cdot r^2}{6 \cdot (2r)^2} = \frac{21 \cdot r^2}{24 \cdot r^2} = \frac{21}{24} \Rightarrow \frac{V_t}{V_{cil}} = \frac{7}{8} \Rightarrow V_t = \frac{7}{8}V_{cil}$$

Assim, podemos concluir que V_t corresponde a 87,5% de V_{cil}, pois $V_t = \frac{7}{8}V_{cil} = 87{,}5\%V_{cil}$.

Portanto, a alternativa correta é **a**.

Atividades

Na resolução das atividades das páginas **85** e **86** considere $\pi \simeq 3{,}14$.

16. Determine a área total da superfície de cada cone reto representado a seguir. Arredonde os resultados para o inteiro mais próximo, quando necessário.

a)

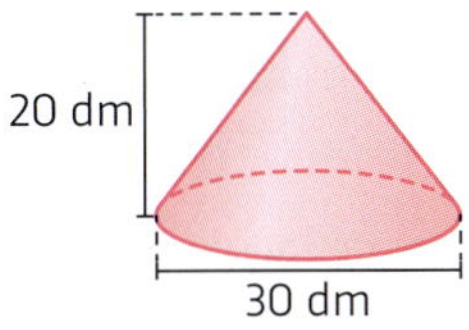

c)

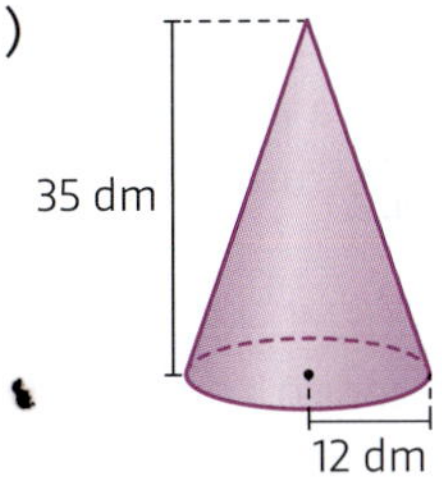

b)

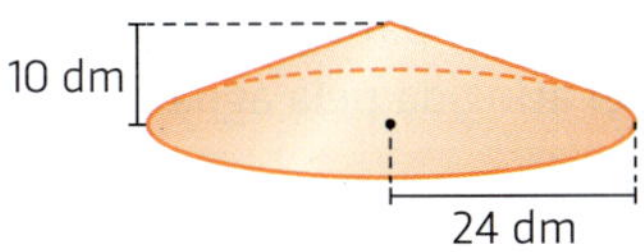

d)

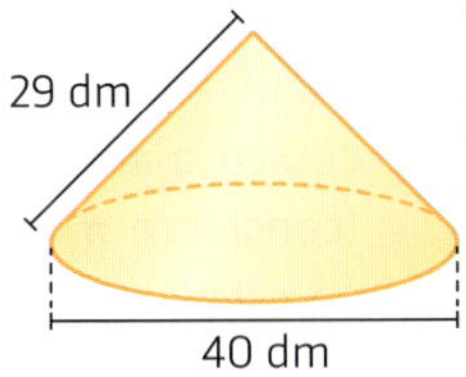

Ilustrações: Ronaldo Lucena/ID/BR

17. (Enem/Inep) Um sinalizador de trânsito tem o formato de um cone circular reto. O sinalizador precisa ser revestido externamente com adesivo fluorescente, desde sua base (base do cone) até a metade de sua altura, para sinalização noturna. O responsável pela colocação do adesivo precisa fazer o corte do material de maneira que a forma do adesivo corresponda exatamente à parte da superfície lateral a ser revestida.

Qual deverá ser a forma do adesivo?

a)

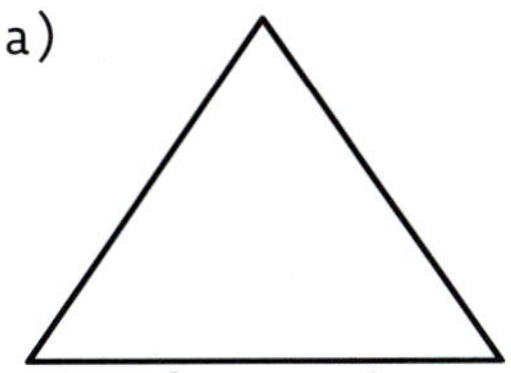

d)

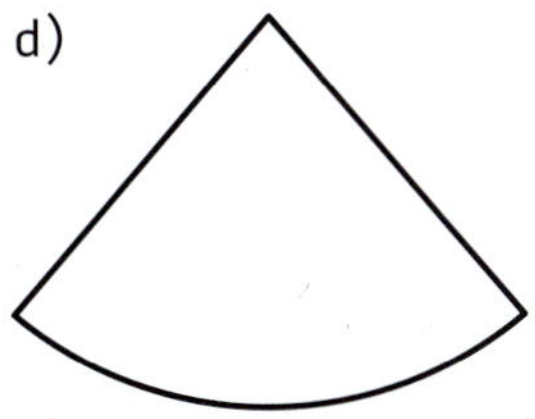

b)

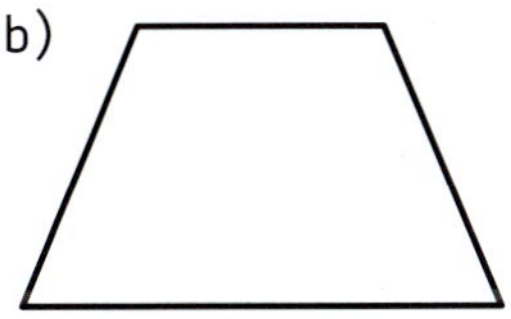

e)

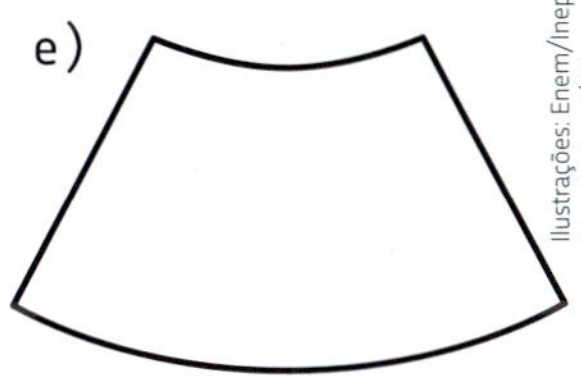

c)

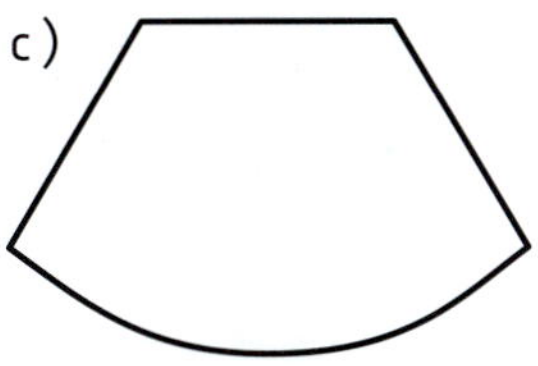

Ilustrações: Enem/Inep/ Fac-símile: ID/BR

18. Observe os triângulos retângulos.

I)

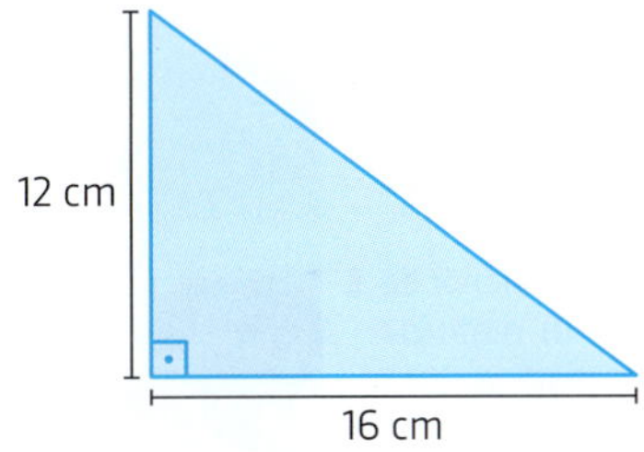

II)

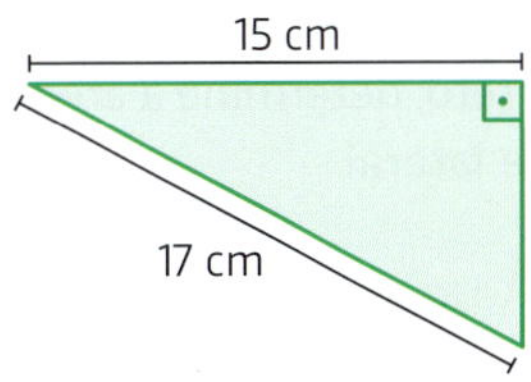

Ilustrações: Ronaldo Lucena/ID/BR

Calcule a área lateral da superfície dos cones obtidos pela rotação dos triângulos em torno do cateto:

a) maior;

b) menor.

19. Uma empresa pretende confeccionar um modelo de chapéu de aniversário com formato de cone reto, conforme indicado abaixo.

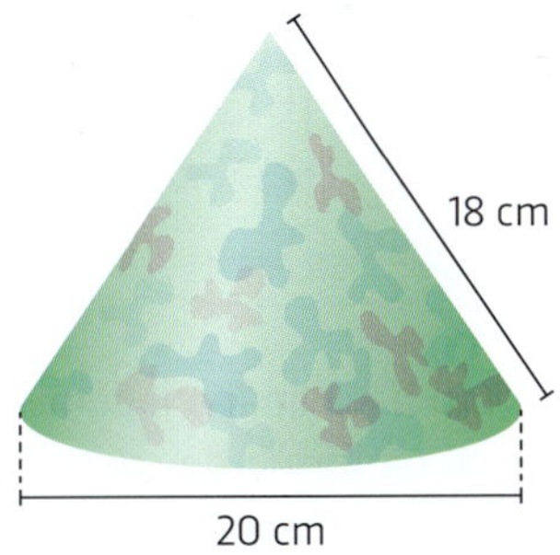

Ronaldo Lucena/ID/BR

Quantos centímetros quadrados de papel serão gastos na produção de 12 desses chapéus, desconsiderando o desperdício e a sobreposição das emendas?

20. Determine o volume de cada cone reto.

a)

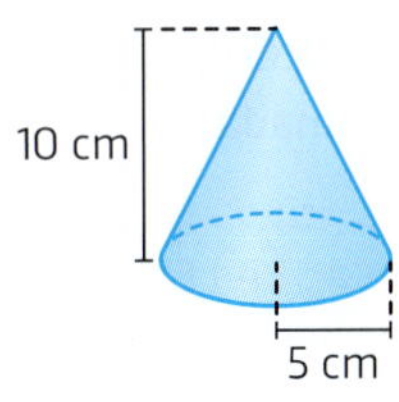

b)

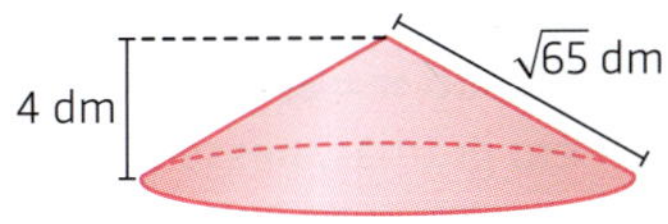

Ilustrações: Ronaldo Lucena/ID/BR

21. A Catedral Basílica Menor de Maringá (PR) tem formato cônico com 50 m de diâmetro e 124 m de altura, dos quais 10 m são de uma cruz fixada no topo.

Basílica Menor de Maringá (PR), retratada em maio de 2014. Essa catedral é considerada a mais alta da América Latina.

Vinicius Tupinamba/Shutterstock.com/ID/BR

Considerando que essa catedral tenha formato de um cone reto, determine a área aproximada de sua superfície lateral.

22. **Desafio** Uma taça com bojo em forma de cone reto contém 180 mL de líquido que atinge $\frac{3}{4}$ de sua altura. Qual é a capacidade máxima aproximada dessa taça?

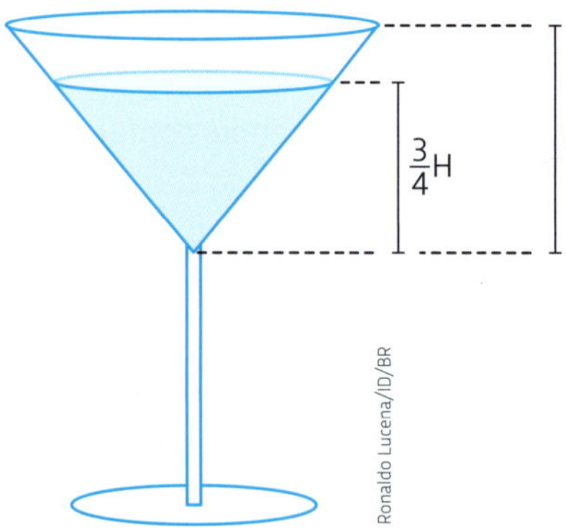

Ronaldo Lucena/ID/BR

23. (Unesp) Prato da culinária japonesa, o *temaki* é um tipo de sushi na forma de cone, enrolado externamente com *nori*, uma espécie de folha feita a partir de algas marinhas, e recheado com arroz, peixe cru, ovas de peixe, vegetais e uma pasta de maionese e cebolinha.

Um *temaki* típico pode ser representado matematicamente por um cone circular reto em que o diâmetro da base mede 8 cm e a altura 10 cm. Sabendo-se que, em um *temaki* típico de salmão, o peixe corresponde a 90% da massa do seu recheio, que a densidade do salmão é de 0,35 g/cm^3, e tomando $\pi \simeq 3$, a quantidade aproximada de salmão, em gramas, nesse *temaki*, é de

a) 46
b) 58
c) 54
d) 50
e) 62

24. Considere o instrumento musical de percussão com formato de tronco de cone reto de bases paralelas.

Para personalizar esse instrumento, um percursionista pretende revestir toda a sua superfície lateral com adesivo. Quantos metros quadrados de adesivo serão necessários para personalizar esse instrumento?

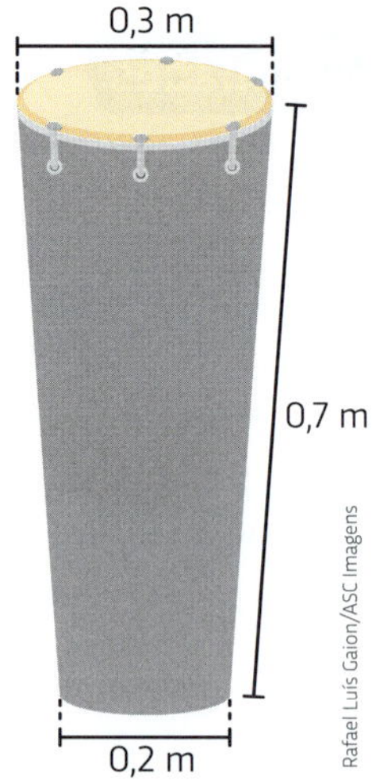

Rafael Luís Gaion/ASC Imagens

25. (UEMG-MG) Um reservatório de água, de formato cônico, com raio da tampa circular igual a 8 metros e altura igual a 9 metros, será substituído por outro de forma cúbica, de aresta igual a 10 metros.

Estando o reservatório cônico completamente cheio, ao se transferir a água para o reservatório cúbico, a altura do nível atingida pela água será de (considere $\pi \simeq 3$)

a) 5,76 m.
b) 4,43 m.
c) 6,38 m.
d) 8,74 m.

26. Determine o volume de cada tronco de cone de bases paralelas.

a) Tronco de cone oblíquo.

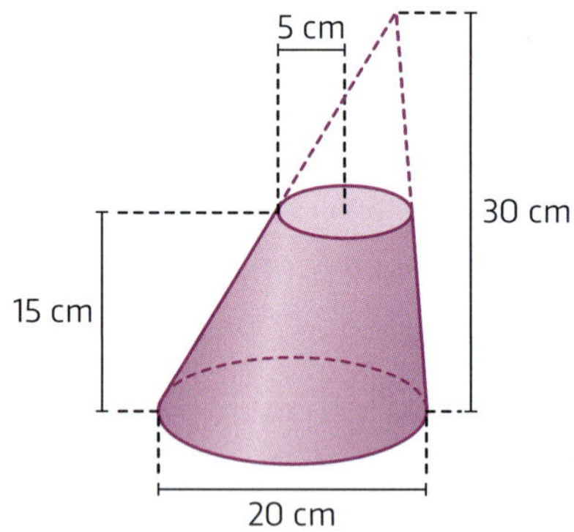

b) Tronco de cone reto.

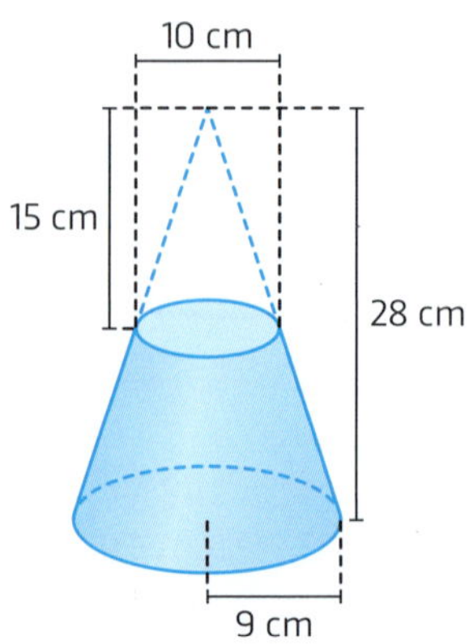

c) Tronco de cone reto.

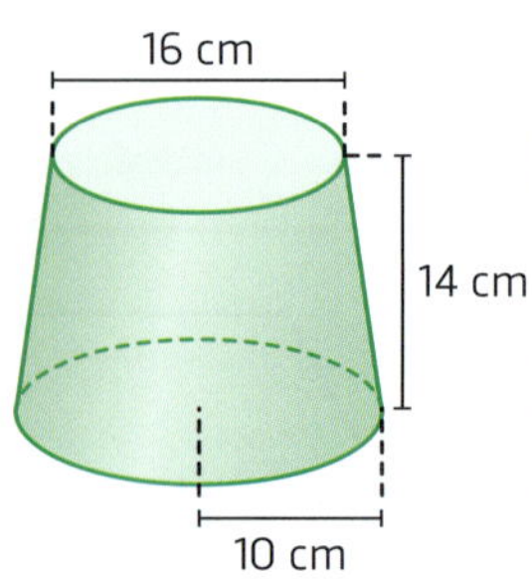

Ilustrações: Ronaldo Lucena/ID/BR

Esfera

Assim como fizemos com o cilindro e o cone, vamos apresentar nesta seção as principais características da esfera e também um meio para calcular seu volume e a área de sua superfície.

A forma esférica pode ser identificada em diversas situações do nosso cotidiano, mas é em alguns esportes que talvez ela receba mais atenção. Na maior parte dos esportes realizada com uma bola, essa bola lembra a forma esférica.

Africa Studio/Shutterstock.com/ID/BR

Bolas esportivas de diversos modelos.

Seja O um ponto no espaço e r um número real positivo. O conjunto de todos os pontos cuja distância até O é menor do que ou igual a r é denominado **esfera** de centro O e raio r.

A **superfície esférica** de centro O e raio r é o conjunto dos pontos cuja distância ao ponto O é igual a r.

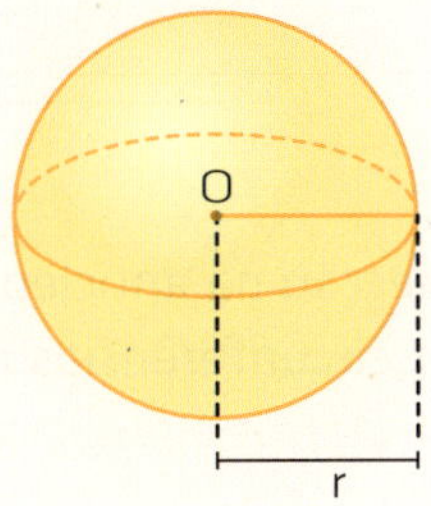

Nessa definição, podemos imaginar uma superfície esférica como se fosse a "casca" de uma esfera, porém uma casca sem espessura. Uma esfera é dada por uma superfície esférica e por todos os pontos de seu interior.

Volume da esfera

Seja r um número real positivo. De um cilindro equilátero de altura $2r$ e raio da base r, removemos dois cones de altura r e bases congruentes às bases do cilindro, como representado na imagem.

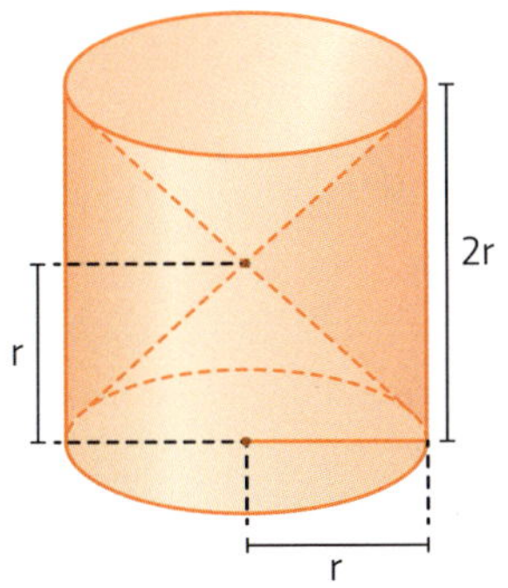

Ilustrações: Ronaldo Lucena/ID/BR

O sólido resultante é denominado **anticlepsidra** e seu volume V é dado por:

$$V = \underbrace{\pi r^2 \cdot 2r}_{\text{volume do cilindro}} - 2 \cdot \underbrace{\frac{\pi r^2 \cdot r}{3}}_{\text{volume de um dos cones}} \Rightarrow V = \frac{6\pi r^3 - 2\pi r^3}{3} \Rightarrow \boxed{V = \frac{4}{3}\pi r^3}$$

Um fato notável a respeito desse sólido, como veremos a seguir, é que suas secções transversais têm a mesma área de secções de uma esfera de raio r, e isso nos permitirá concluir, pelo Princípio de Cavalieri, que o volume da esfera é igual ao volume da anticlepsidra.

Suponha que os dois sólidos, a anticlepsidra obtida de um cilindro equilátero de altura $2r$ e raio da base r e a esfera de raio r, estejam apoiados no mesmo plano e considere um plano paralelo a ele, distando d do centro da esfera.

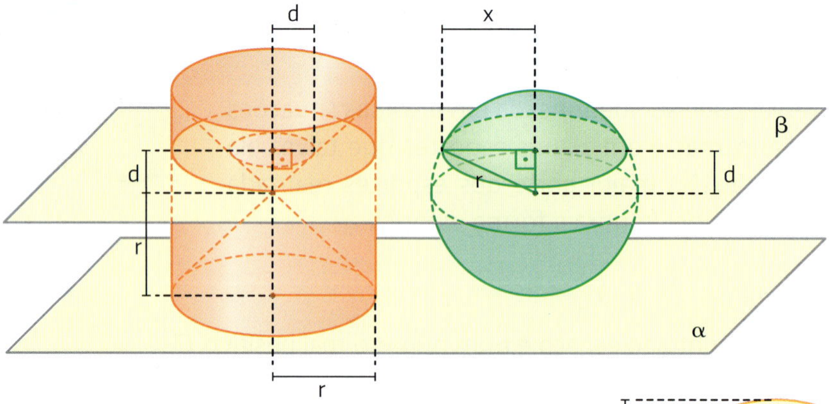

- A secção na anticlepsidra é uma coroa circular limitada por circunferências de raios r e d, logo, sua área é:

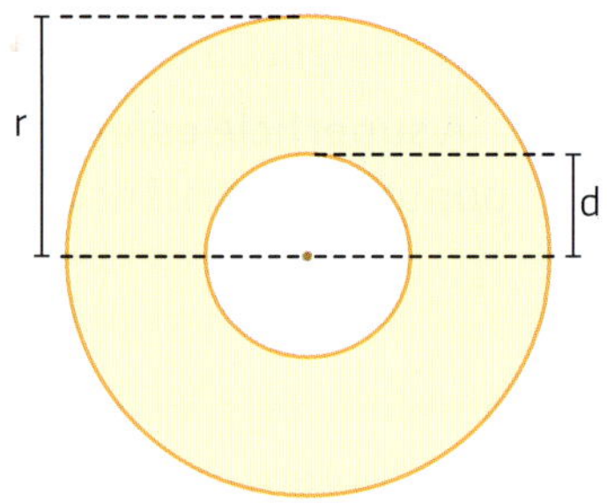

$$A_1 = \pi r^2 - \pi d^2 \Rightarrow A_1 = \pi\left(r^2 - d^2\right)$$

A circunferência menor da coroa circular tem raio d, pois o triângulo ABC, com A um ponto da circunferência, B o centro da circunferência e C o vértice dos cones, é retângulo e isósceles para qualquer plano que dista d do centro da esfera, e é paralelo ao plano no qual a esfera e a anticlepsidra estão apoiadas.

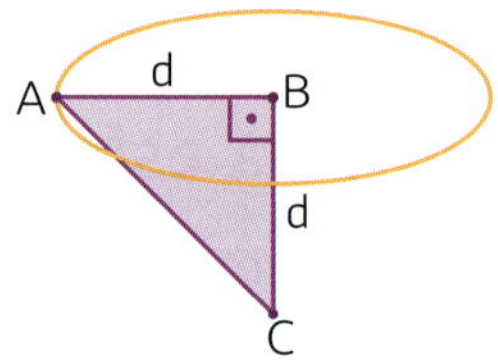

- A secção na esfera é um círculo de raio x em que, pelo teorema de Pitágoras:

$$r^2 = x^2 + d^2 \Rightarrow x^2 = r^2 - d^2$$

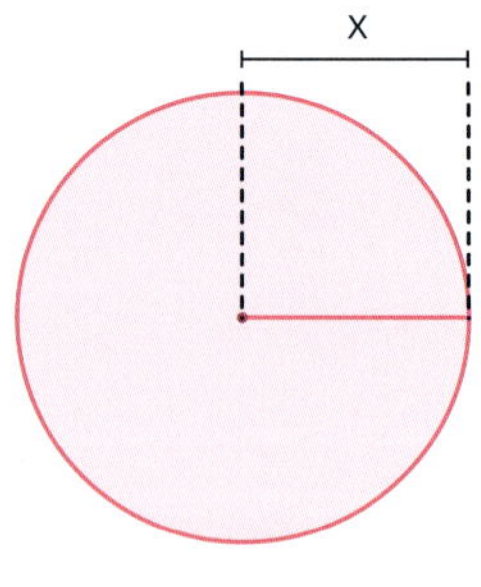

Assim, a área desse círculo é:

$$A_2 = \pi x^2 \Rightarrow A_2 = \pi\left(r^2 - d^2\right)$$

Pelo Princípio de Cavalieri, os dois sólidos possuem volumes iguais. Logo:

O volume de uma esfera de raio r é dado por:

$$V = \frac{4}{3}\pi r^3$$

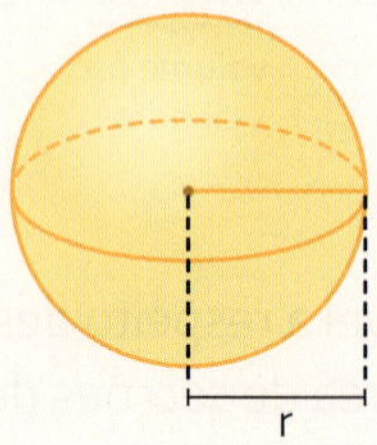

Ilustrações: Ronaldo Lucena/ID/BR

Área da superfície da esfera

A superfície esférica não pode ser planificada, por isso, a determinação de sua área requer argumentos diferentes dos utilizados até o momento.

Suponha que a superfície de uma esfera foi dividida em uma quantidade n muito grande de superfícies menores. Quando essas superfícies são muito pequenas, elas são aproximadamente planas, de modo que a esfera pode ser dividida em n sólidos parecidos com pirâmides com vértices no centro da esfera e altura igual ao raio r.

Se $A_1, A_2, A_3, \ldots, A_n$ são as áreas das n superfícies menores, então $A = A_1 + A_2 + A_3 + \ldots + A_n$ é a área da superfície da esfera.

Considerando que o volume da esfera é igual à soma dos volumes das pirâmides com áreas da base $A_1, A_2, A_3, \ldots, A_n$ e altura r, temos:

$$\underbrace{\frac{4}{3}\pi r^3}_{\text{volume da esfera}} = \underbrace{\frac{A_1 \cdot r}{3} + \frac{A_2 \cdot r}{3} + \frac{A_3 \cdot r}{3} + \ldots + \frac{A_n \cdot r}{3}}_{\text{soma dos volumes das pirâmides}} \Rightarrow$$

$$\Rightarrow \frac{4}{3}\pi r^3 = \underbrace{\left(A_1 + A_2 + A_3 + \ldots + A_n\right)}_{A} \cdot \frac{r}{3} \Rightarrow \frac{4}{3}\pi r^3 = A \cdot \frac{r}{3} \Rightarrow \boxed{A = 4\pi r^2}$$

A argumentação acima, embora informal, pode ser tornada precisa utilizando ferramentas matemáticas que não são apresentadas no Ensino Médio.

Cunha esférica e fuso esférico

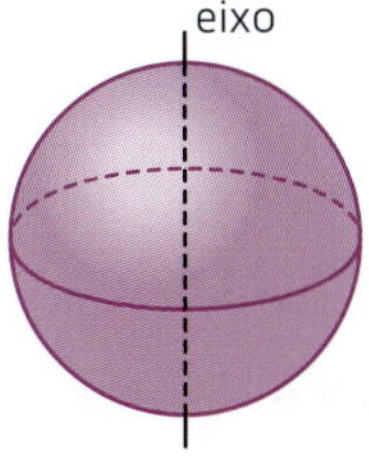

Um eixo de uma esfera é qualquer reta que passe pelo seu centro.

Assim como o cilindro reto e o cone reto, a esfera também pode ser denominada **esfera de revolução**, pois é descrita pela rotação de 360° (ou 2π rad) de um semicírculo em torno de um eixo, como sugere a figura abaixo.

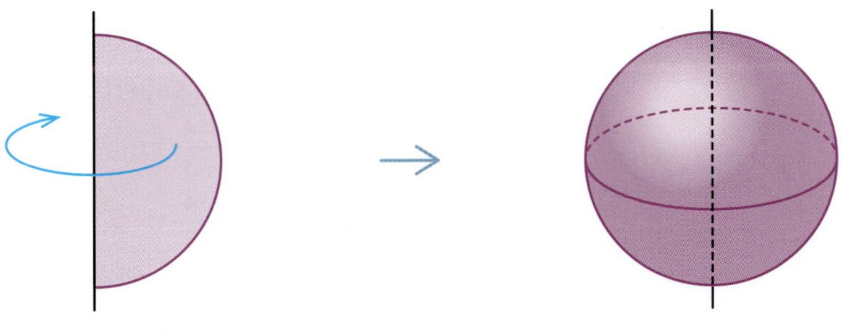

Ilustrações: Ronaldo Lucena/ID/BR

- O sólido determinado por uma rotação do semicírculo em um ângulo α, com $0° < \alpha < 360°$ (ou $0 < \alpha < 2\pi$), é denominado **cunha esférica**.

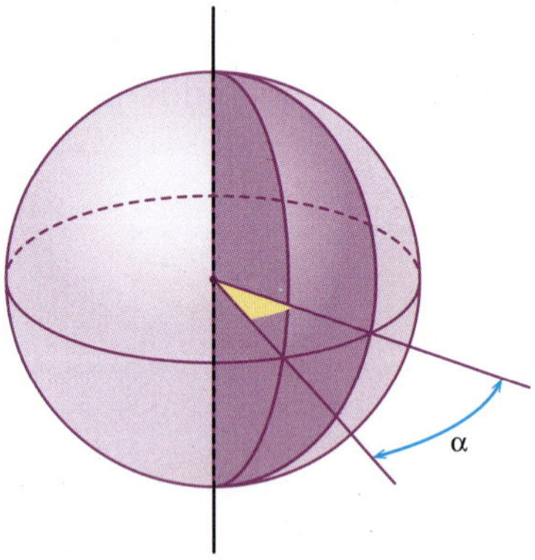

Esse sólido está contido em uma esfera e seu volume é diretamente proporcional à medida do ângulo α.

- A rotação apenas da semicircunferência em torno do eixo em um ângulo α, com $0° < \alpha < 360°$ (ou $0 < \alpha < 2\pi$), determina uma superfície denominada **fuso esférico**.

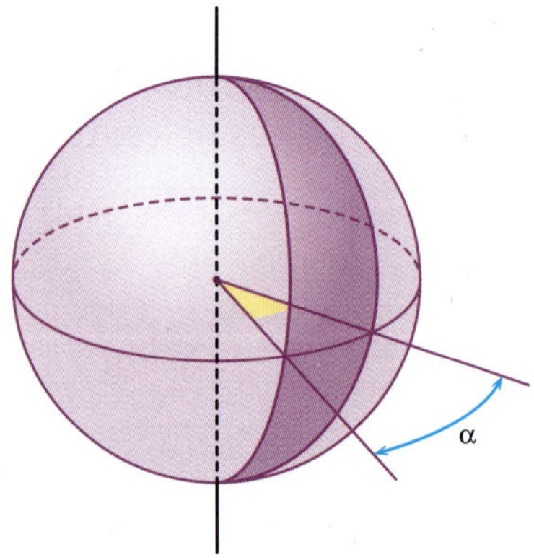

Ilustrações: Ronaldo Lucena/ID/BR

Essa superfície está contida na superfície de uma esfera e sua área é diretamente proporcional à medida do ângulo α.

Atividades resolvidas

R8. Seja uma esfera de raio r. Considerando $\pi \simeq 3{,}14$, determine:

a) o volume para o caso em que $r = 3$ m;

b) a área da superfície para o caso em que $r = 2$ m;

c) a área da superfície se o seu volume for $2\,304\pi$ m³.

Resolução

a) Sabemos que $V = \frac{4}{3}\pi r^3$. Então:

$$V = \frac{4}{3} \cdot \pi \cdot 3^3 \simeq 113{,}04$$

Portanto, o volume é aproximadamente 113,04 m³.

b) Como $A = 4\pi r^2$, temos:

$$A = 4 \cdot \pi \cdot 2^2 \simeq 50{,}24$$

Portanto, a área da superfície é aproximadamente 50,24 m².

c) Sendo $V = \frac{4}{3}\pi r^3$, calculamos:

$$2\,304\not{\pi} = \frac{4}{3}\not{\pi} r^3 \Rightarrow r^3 = \frac{2\,304 \cdot 3}{4} \Rightarrow r = 12$$

Como $A = 4\pi r^2$, então:

$$A = 4 \cdot \pi \cdot 12^2 \simeq 1\,808{,}64$$

Portanto, a área da superfície é aproximadamente 1 808,64 m².

R9. Uma esfera de raio r será obtida a partir da revolução de um semicírculo limitado por uma semicircunferência de medida $c = 6\pi$, como mostra a figura abaixo. Calcule a área da superfície e o volume dessa esfera.

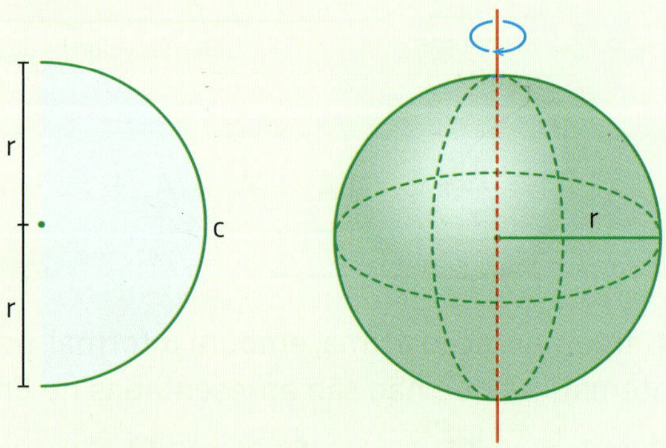

Ilustrações: Ronaldo Lucena/ID/BR

Resolução

A medida c equivale à metade do comprimento de uma circunferência de raio r. Assim:

$$c = \frac{\not{2}\pi r}{\not{2}} \Rightarrow 6\not{\pi} = \not{\pi} r \Rightarrow r = 6$$

Para calcular a área da superfície, fazemos:

$$A = 4\pi r^2 = 4\pi \cdot 6^2 = 144\pi$$

Portanto, a área da superfície é 144π u².

Sabendo que $V = \frac{4}{3}\pi r^3$, fazemos:

$$V = \frac{4}{3}\pi \cdot 6^3 = 288\pi$$

Portanto, o volume dessa esfera é 288π u³.

R10. Determine o volume da cunha esférica e a área do fuso esférico destacados na figura abaixo.

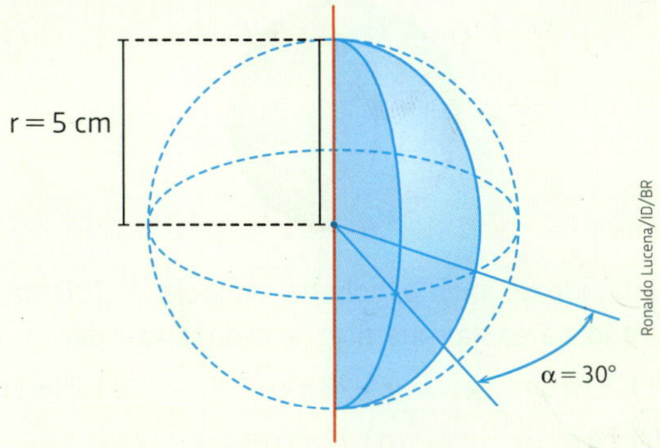

Ronaldo Lucena/ID/BR

Resolução

Como o volume da cunha esférica e a área do fuso esférico são diretamente proporcionais à medida do ângulo que os determinam, podemos obtê-los utilizando uma regra de três simples. Assim, para calcular o volume da cunha esférica, fazemos:

volume	ângulo em graus
V_{cunha}	α
$\frac{4}{3}\pi r^3$	360

$$\frac{V_{cunha}}{\frac{4}{3}\pi r^3} = \frac{\alpha}{360} \Rightarrow \boxed{V_{cunha} = \frac{\alpha \pi r^3}{270}}$$

Substituindo α por 30 e r por 5, temos:

$$V_{cunha} = \frac{30 \cdot \pi \cdot 5^3}{270} \simeq 13{,}89\pi$$

Portanto, o volume dessa cunha esférica é aproximadamente $13{,}89\pi$ cm³.

Para calcular a área do fuso esférico, fazemos:

área da superfície	ângulo em graus
A_{fuso}	α
$4\pi r^2$	360

$$\frac{A_{fuso}}{4\pi r^2} = \frac{\alpha}{360} \Rightarrow \boxed{A_{fuso} = \frac{\alpha \pi r^2}{90}}$$

Substituindo α por 30 e r por 5, temos:

$$A_{fuso} = \frac{30 \cdot \pi \cdot 5^2}{90} \simeq 8{,}33\pi$$

Portanto, a área desse fuso esférico é aproximadamente $8{,}33\pi$ cm².

Atividades

Na resolução das atividades das páginas **91** e **92** considere $\pi \simeq 3{,}14$.

27. Determine a área da superfície e o volume de cada sólido.

a)

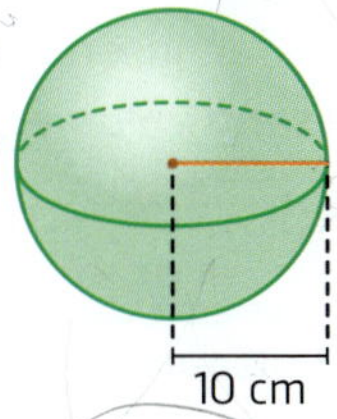

esfera

c)

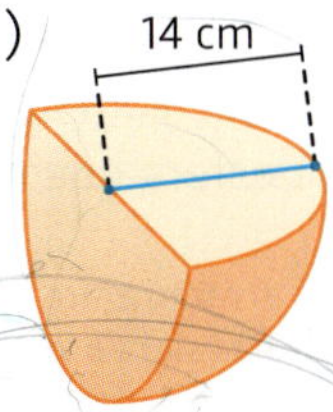

um quarto de esfera

b)

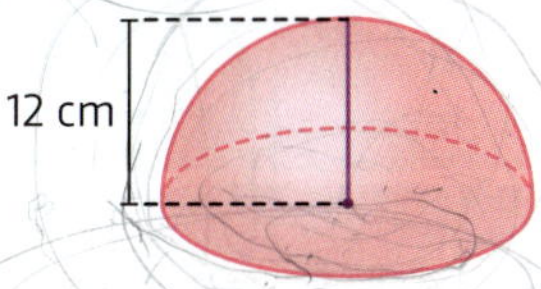

metade de uma esfera

d)

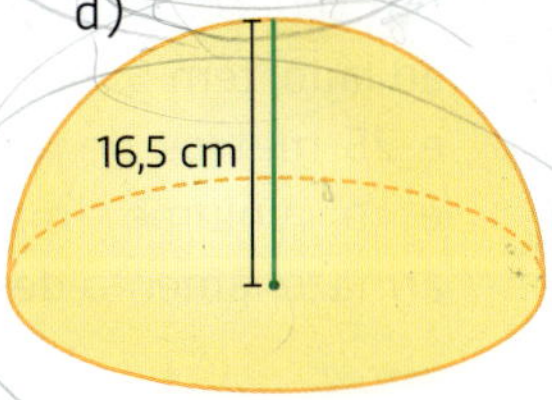

metade de uma esfera

Ilustrações: Ronaldo Lucena/ID/BR

28. Quantas unidades deve ter a medida do raio de uma esfera para que numericamente seu volume seja igual à área de sua superfície?

29. Calcule a área da superfície das esferas obtidas pela rotação dos semicírculos em torno de seus eixos, conforme indicado.

a)

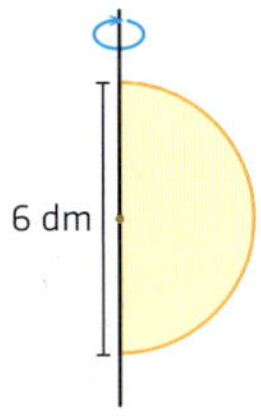

b)

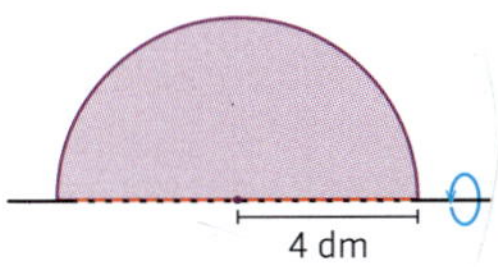

Ilustrações: Ronaldo Lucena/ID/BR

30. Seja uma esfera de centro O seccionada por um plano α, com os segmentos $\overline{OQ}$ e $\overline{PQ}$ medindo 15 u e 8 u, respectivamente.

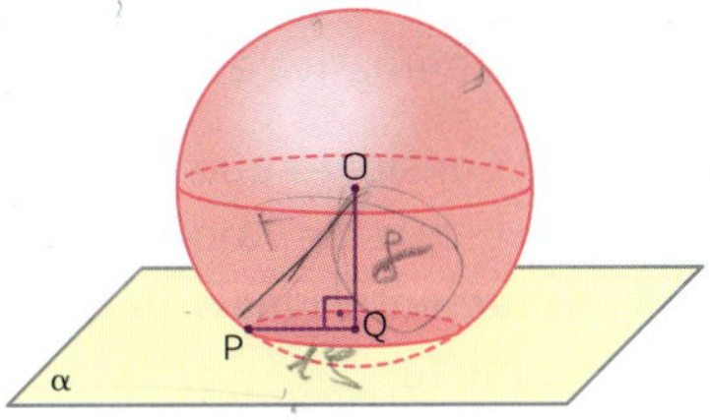

Ronaldo Lucena/ID/BR

a) Qual é a área do círculo obtido com a secção do plano α?

b) Qual é a medida do raio da esfera de centro O?

c) Qual é o volume aproximado dessa esfera?

31. Desafio Analise as sentenças abaixo.

I) A função que relaciona o raio de medida x com a área da superfície da esfera pode ser representada geometricamente por:

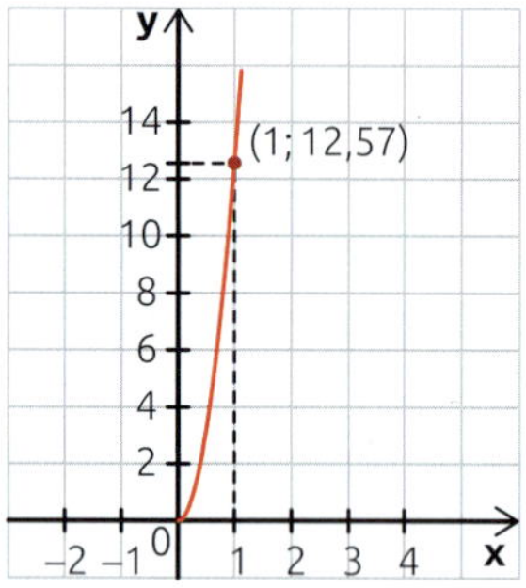

II) A função que relaciona o raio de medida x com o volume da esfera pode ser representada geometricamente por:

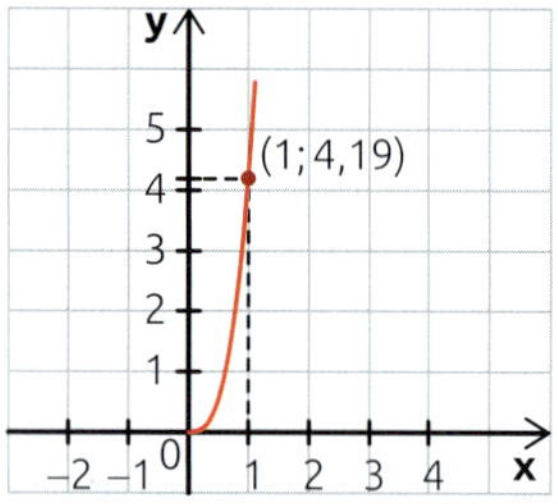

Ilustrações: Ronaldo Lucena/ID/BR

III) Ao rotacionar um semicírculo em torno de um eixo nem sempre obtemos uma esfera.

IV) O volume de um cilindro equilátero de raio da base medindo x é igual à soma dos volumes de um cone de raio medindo x e altura medindo $2x$ e uma esfera de raio medindo x.

Dessas sentenças é correto afirmar que:

a) apenas I e II estão corretas.

b) apenas II e III estão corretas.

c) apenas II e IV estão corretas.

d) todas estão corretas.

e) nenhuma alternativa está correta.

32. (EsPCEx-SP) Considere que uma laranja tem a forma de uma esfera de raio 4 cm, composta de 12 gomos exatamente iguais. A superfície total de cada gomo mede:

a) $\dfrac{4^3\pi}{3}$ cm^2

b) $\dfrac{4^3\pi}{9}$ cm^2

c) $\dfrac{4^2\pi}{3}$ cm^2

d) $\dfrac{4^2\pi}{9}$ cm^2

e) $4^3\pi$ cm^2

33. (Udesc) Uma bola esférica é composta por 24 faixas iguais, como indica a figura.

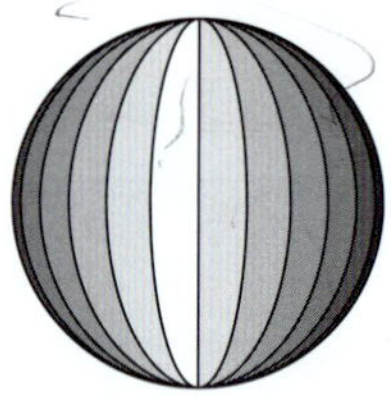

Udesc/Fac-símile: ID/BR

Sabendo-se que o volume da bola é 2304π cm^3, então a área da superfície de cada faixa é de:

a) 20π cm^2

b) 24π cm^2

c) 28π cm^2

d) 27π cm^2

e) 25π cm^2

34. Considere uma esfera dividida em oito cunhas esféricas congruentes.

a) Qual é o ângulo central de cada uma dessas oito cunhas esféricas?

b) Seis dessas cunhas esféricas representam quantos por cento da esfera?

35. Considere duas esferas *A* e *B* em que a área da superfície de *A* corresponde à oitava parte da área da superfície de *B*. Se o diâmetro da esfera *B* mede 4 m, então quanto deve medir o raio da esfera *A*?

36. Um plano α secciona uma esfera gerando um círculo com perímetro igual a 6π dm. Se o raio dessa esfera mede 5 dm, qual é a distância do centro da esfera ao centro do círculo obtido com a secção do plano α?

37. Desafio Uma esfera de madeira, com densidade $d_{madeira} = 0{,}65$ g/cm^3, flutua na água, que tem densidade $d_{água} = 1$ g/cm^3. Se uma esfera desse tipo de madeira, com 15 cm de raio, for inserida em um tanque com água, qual deve ser o volume da parte da esfera que não ficará imersa na água?

> A razão entre o volume imerso da esfera e o volume total da esfera é igual à razão entre a densidade da madeira e a densidade da água.

38. Um silo, como o apresentado ao lado, tem 5 metros de raio e 25 metros de altura. Qual é o volume máximo de armazenamento desse silo?

Silo: reservatório fechado próprio para o armazenamento de materiais, como grãos, cereais, cimento, etc.

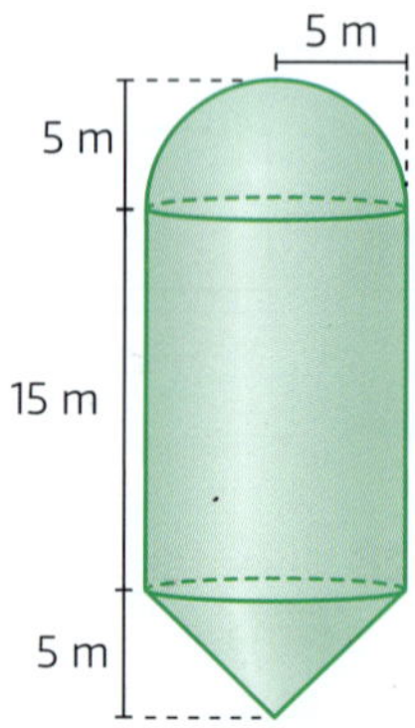

Ronaldo Lucena/ID/BR

Verificando rota

1. O que significa dizer que dois pontos distintos do espaço são sempre colineares?

2. Duas retas coincidentes são paralelas? Por quê?

3. Justifique por que a sombra da bola gerada pelos raios luminosos oblíquos de uma lanterna, representada na imagem ao lado, não caracteriza uma projeção ortogonal.

Ronaldo Lucena/ID/BR

4. Para calcular a distância entre uma reta e um plano paralelo a ela pode-se considerar qualquer ponto pertencente à reta e não necessariamente um ponto específico. Por que é indiferente o ponto que utilizamos para calcular essa distância?

5. Os poliedros podem ser classificados apenas como prismas ou pirâmides? Justifique.

6. Se um poliedro é convexo, então ele satisfaz a relação de Euler? Todo poliedro que satisfaz a relação de Euler é convexo?

7. Quais condições um poliedro deve satisfazer para que seja considerado um poliedro de Platão?

8. Explique com suas palavras o Princípio de Cavalieri.

9. Identifique qual dos sólidos abaixo não pode ser considerado um cilindro. Justifique sua resposta.

I)

II)

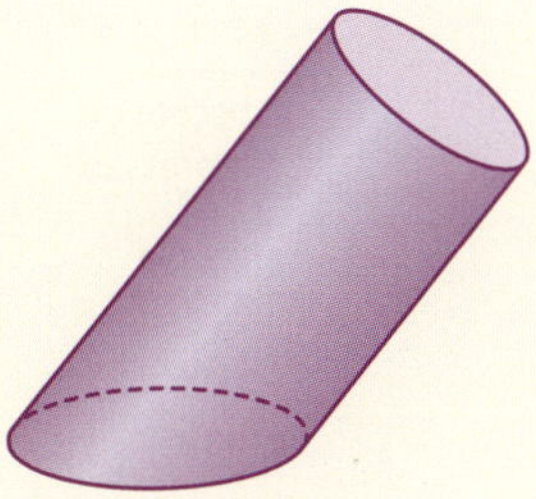

III)

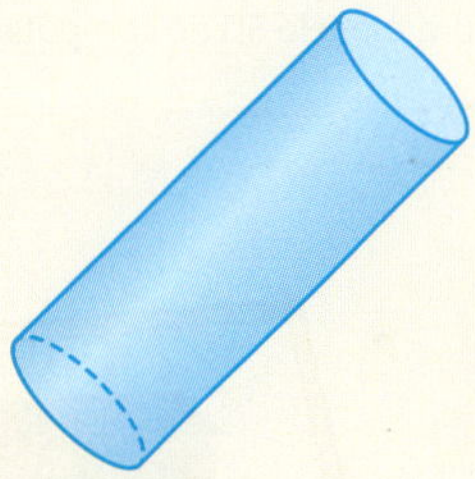

Ilustrações: Ronaldo Lucena/ID/BR

10. Quais devem ser as dimensões de um retângulo para que o cilindro de revolução gerado pela rotação desse retângulo em torno do eixo horizontal gere um cilindro equilátero?

Ronaldo Lucena/ID/BR

11. Por que podemos garantir que os dois cones ao lado possuem volumes iguais?

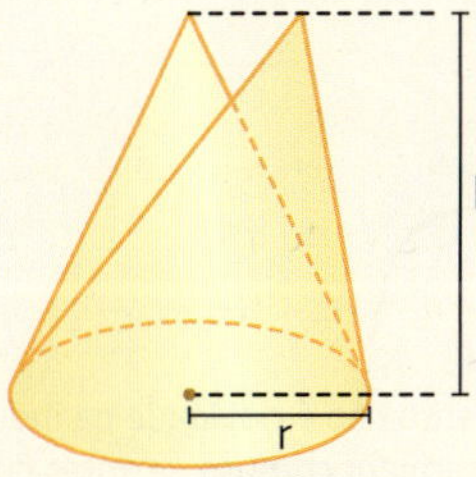

Ronaldo Lucena/ID/BR

12. Qual é a diferença entre cunha esférica e fuso esférico?

13. Qual dos corpos redondos estudados no capítulo **3** possui superfície que não pode ser planificada?

14. A página de abertura da unidade **1** apresentou a Biosfera de Montreal como assunto inicial, informando que essa estrutura lembra um poliedro regular formado por faces triangulares. Qual dos conteúdos trabalhados nesta unidade se relaciona com esse tema?

Ampliando fronteiras

Impressão 3D

Provavelmente, na sua escola há um computador ligado a uma impressora comum. De certo modo, o procedimento de impressão 3D, também conhecida como **prototipagem rápida**, ocorre de maneira semelhante ao da impressão tradicional. No entanto, em vez de aplicar tinta em uma superfície plana de papel, aplicam-se sucessivas camadas de um fio de plástico quente em uma superfície também plana. A peça final é criada quando se aquece e se junta todas as camadas.

Veja como a extensão de sua utilidade é incrível.

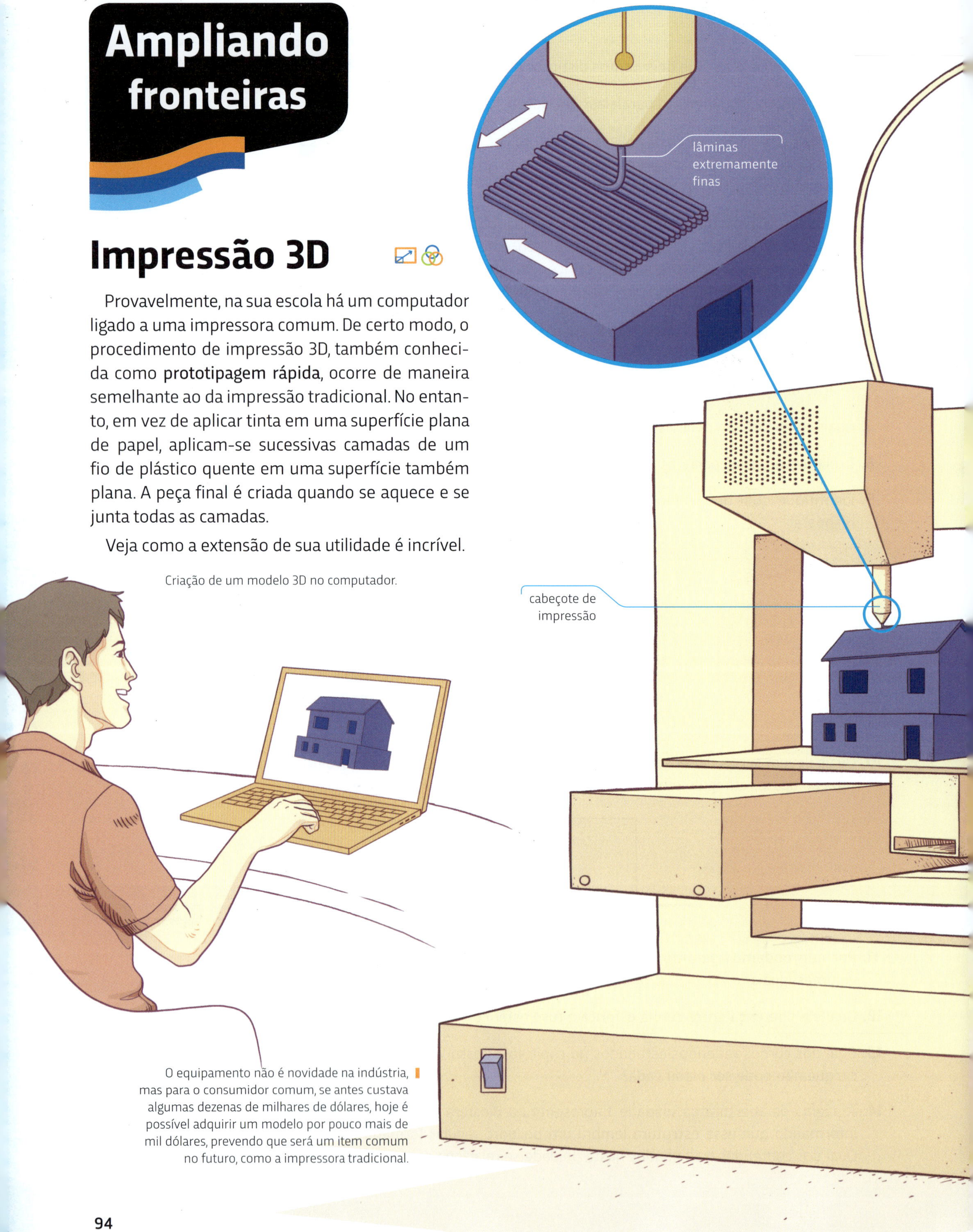

Criação de um modelo 3D no computador.

O equipamento não é novidade na indústria, mas para o consumidor comum, se antes custava algumas dezenas de milhares de dólares, hoje é possível adquirir um modelo por pouco mais de mil dólares, prevendo que será um item comum no futuro, como a impressora tradicional.

Já não é novidade: É possível criar de brinquedos e bonecos a equipamentos industriais.

Está com fome?: Uma empresa criou uma impressora 3D abastecida com massa, molho e outros ingredientes para produzir *pizza*.

Ultrassom é coisa do passado: Empresas oferecem um modelo do bebê para os pais que desejam ter uma noção exata do filho ainda em gestação.

Partes do corpo: Médicos estão construindo ossos e próteses.

Replicável: Você pode imprimir até outra impressora 3D com uma impressora 3D.

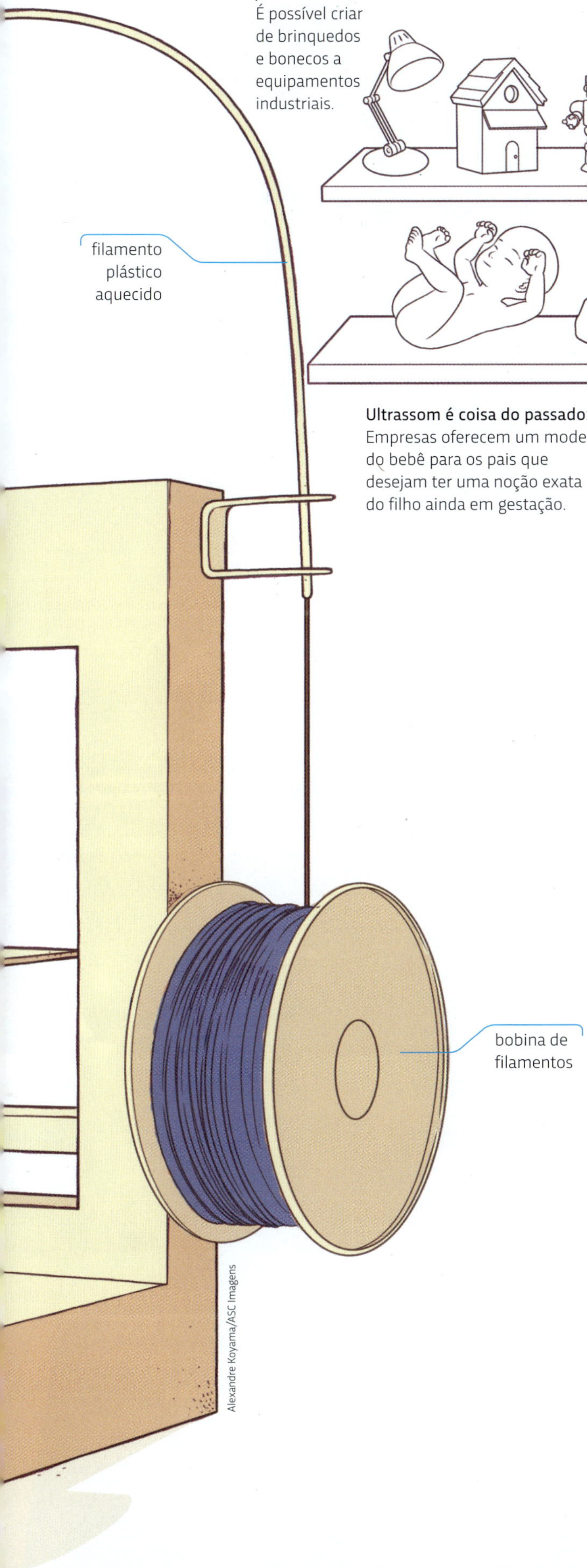

Alexandre Koyama/ASC Imagens

A Agora que você conhece um pouco da impressão 3D, ao observar um objeto ou uma peça você consegue imaginar como seria o processo de impressão 3D dela? Descreva com suas palavras esse processo.

B Cada imagem representa uma sequência de algumas das camadas sucessivas de um sólido obtido por impressão 3D, em forma de uma figura geométrica espacial, apoiado sobre a sua base. Identifique quais são as figuras geométricas espaciais resultantes dessas sobreposições de camadas.

I

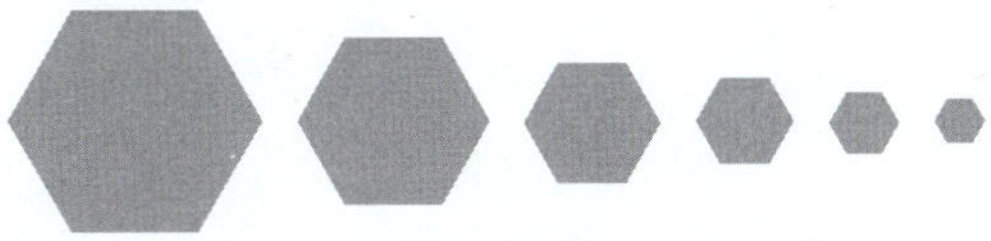

II

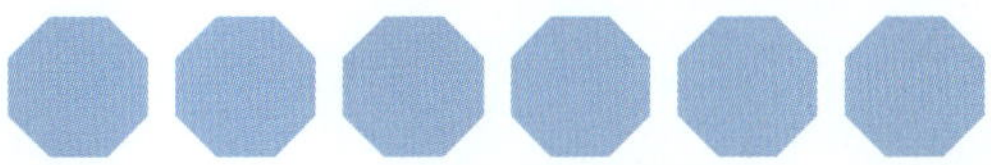

III

IV

Ilustrações: Ronaldo Lucena/ID/BR

unidade 2

A ponte Juscelino Kubitschek, projetada pelo arquiteto Alexandre Chan e inaugurada em 15 de dezembro de 2002, foi construída sobre o lago Paranoá em Brasília. Em 2003, foi considerada a mais bonita do mundo pela Sociedade de Engenharia do Estado da Pennsylvania, Estados Unidos. Com 1 200 m de extensão, os três arcos que possui, construídos com concreto e metal, são seus principais elementos de sustentação. Esses arcos sugerem a trajetória de uma pedra quicando o espelho de água e têm o formato de parábola, uma das secções cônicas que será estudada nesta unidade.

Cro Magnon/Alamy Stock Photo/Fotoarena

Vista noturna da ponte Juscelino Kubitscheck, em Brasília (DF), no ano 2014.

Nesta unidade, você verá como calcular a distância entre dois pontos e as coordenadas do ponto médio de um segmento e do baricentro de um triângulo. Também irá estudar algumas secções cônicas.

capítulo

4 Ponto e reta

A Geometria analítica é uma área da Matemática que possibilita tratar algebricamente conceitos e propriedades geométricas, e interpretar geometricamente relações entre números reais. Nos volumes anteriores desta coleção, foram abordados alguns tópicos relacionados à Geometria analítica, como o sistema cartesiano ortogonal de coordenadas e o estudo da reta no volume **1** e determinantes no volume **2**. Neste capítulo, serão retomados alguns conceitos estudados anteriormente e outros serão apresentados.

Plano cartesiano ortogonal

Você já deve ter visto que a notação (a, b) indica um par ordenado de números reais a e b, que surge como as coordenadas de um ponto P em um plano ao se fixar um par de eixos ortogonais Ox e Oy que se intersectam no ponto O, chamado origem.

Em Geometria analítica, os eixos são obrigatoriamente graduados na mesma unidade.

Na representação abaixo, os números a e b são as coordenadas cartesianas de P, em que a é a abscissa e b é a ordenada. Para obtermos os números a e b, traçamos por P retas perpendiculares aos eixos Ox e Oy, respectivamente.

> Lembre-se de que dois pares ordenados de números reais são iguais se, e somente se, suas respectivas coordenadas forem iguais.

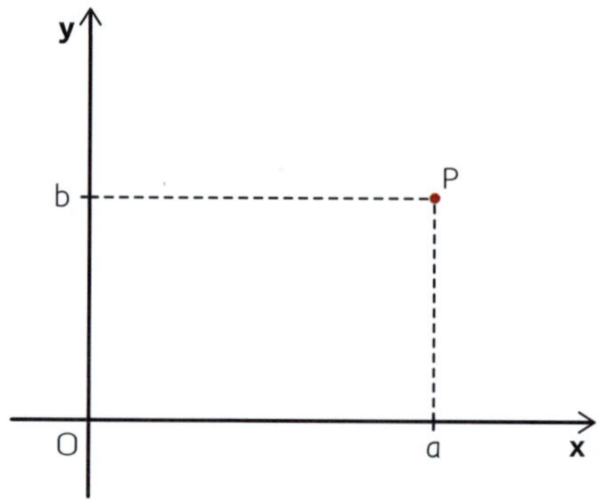

Um ponto no plano cartesiano pode estar localizado em um dos quatro quadrantes, sobre um dos eixos, ou ainda sobre ambos os eixos, quando coincide com a origem do plano cartesiano $O(0, 0)$.

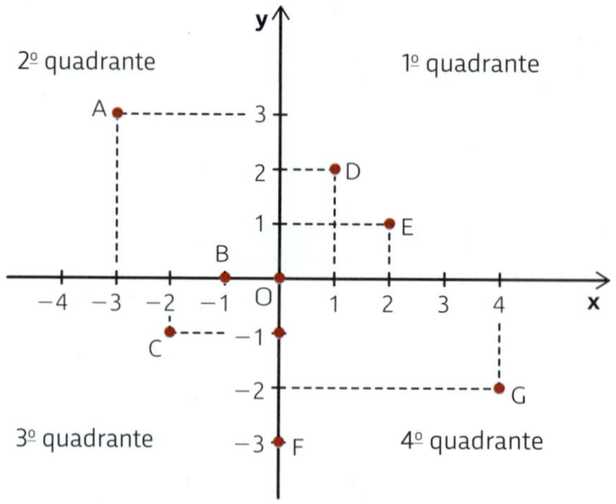

Ilustrações: Ronaldo Lucena/ID/BR

- $A(-3, 3)$ pertence ao segundo quadrante.
- $B(-1, 0)$ pertence ao eixo Ox.
- $C(-2, -1)$ pertence ao terceiro quadrante.
- $D(1, 2)$ pertence ao primeiro quadrante.
- $E(2, 1)$ pertence ao primeiro quadrante.
- $F(0, -3)$ pertence ao eixo Oy.
- $G(4, -2)$ pertence ao quarto quadrante.

> Como as coordenadas do ponto O, origem dos eixos ortogonais, é $(0, 0)$, indicaremos esse ponto com o número zero nas imagens de sistemas de eixos ortogonais seguintes.

Distância entre dois pontos

No capítulo **1** deste volume, a distância entre dois pontos distintos A e B foi definida como a medida do segmento de reta cujas extremidades são os pontos A e B. Essa distância foi denotada por $d(A, B)$ ou AB.

Observe como podemos calcular a distância entre os pontos A e B, em que as ordenadas ou as abscissas são iguais.

- Ordenadas iguais.

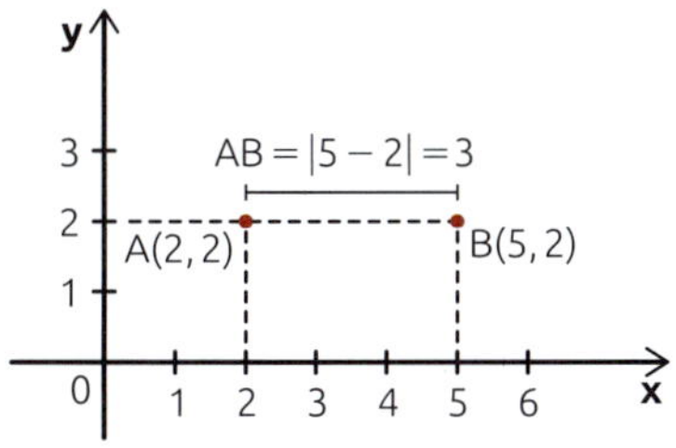

A distância entre dois pontos com mesma ordenada $A(x_A, y)$ e $B(x_B, y)$ é dada por $|x_B - x_A|$.

- Abscissas iguais.

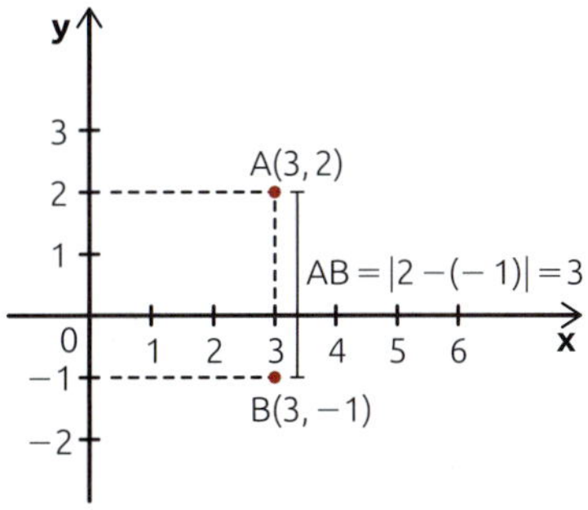

A distância entre dois pontos com mesma abscissa $A(x, y_A)$ e $B(x, y_B)$ é dada por $|y_B - y_A|$.

Neste outro exemplo, os pontos A e B possuem abscissas e ordenadas respectivamente diferentes e para calcular a distância entre eles consideramos um terceiro ponto C, formando o triângulo BCA, retângulo em C.

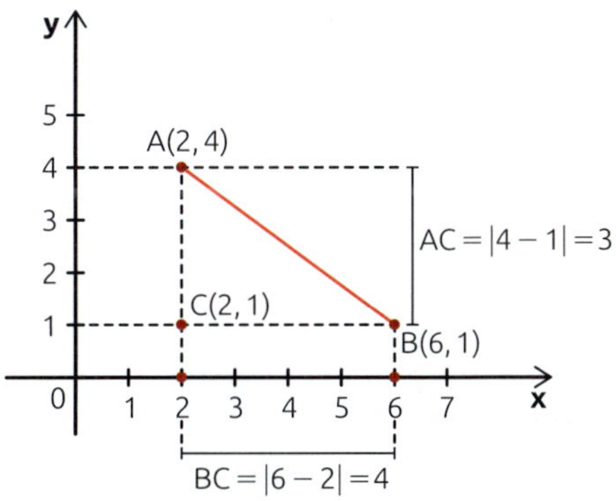

Ilustrações: Ronaldo Lucena/ID/BR

Como a distância entre os pontos *A* e *B* corresponde à medida da hipotenusa do triângulo retângulo *BCA*, calculamos *AB* utilizando o teorema de Pitágoras.

$$(AB)^2 = (AC)^2 + (BC)^2$$
$$(AB)^2 = 3^2 + 4^2$$
$$(AB)^2 = 25$$
$$AB = \sqrt{25} \Rightarrow AB = 5$$

Dados dois pontos arbitrários $A(x_A, y_A)$ e $B(x_B, y_B)$, tem-se:

$$(AB)^2 = |x_B - x_A|^2 + |y_B - y_A|^2$$
$$(AB)^2 = (x_B - x_A)^2 + (y_B - y_A)^2$$
$$AB = \sqrt{(x_B - x_A)^2 + (y_B - y_A)^2}$$

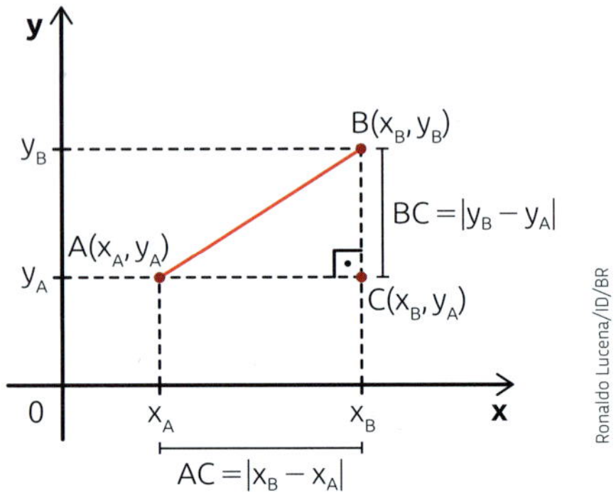

Para qualquer $k \in \mathbb{R}$, tem-se $|k|^2 = k^2$.

Atividades resolvidas

R1. Mostre que os pontos $A\left(\frac{5}{2}, \frac{5\sqrt{3}}{2}\right)$, $B(0,0)$ e $C(5,0)$ são os vértices de um triângulo equilátero.

Resolução

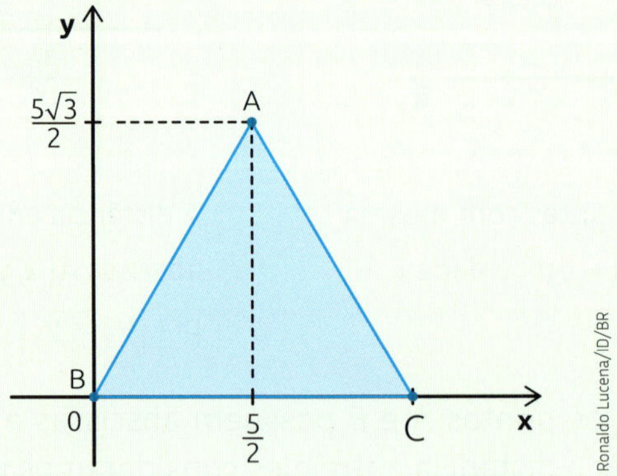

Para mostrar que o triângulo *ABC* é equilátero, devemos concluir que $AB = BC = AC$. Para isso, fazemos:

- $AB = \sqrt{\left(0 - \frac{5}{2}\right)^2 + \left(0 - \frac{5\sqrt{3}}{2}\right)^2} = 5$
- $BC = |5 - 0| = 5$
- $AC = \sqrt{\left(5 - \frac{5}{2}\right)^2 + \left(0 - \frac{5\sqrt{3}}{2}\right)^2} = 5$

Portanto, o triângulo *ABC* é equilátero, pois $AB = BC = AC = 5$.

R2. Considere os pontos $A(x_A, y_A)$ e $B(x_B, y_B)$ pertencentes ao primeiro quadrante e seja d a distância entre eles. Determine o(s) valor(es) de x nos casos seguintes:

a) $A(3, 8)$, $B(3, x)$ e $d = 4$.

b) $A(x, 1)$, $B\left(\frac{1}{2}, 2x\right)$ e $d = 3\sqrt{5}$.

c) $A(x, x - 2)$, $B(3, 4)$ e $d = 3$.

Atividades resolvidas

Resolução

a) Como A e B possuem a mesma abscissa 3, neste caso, a distância d entre eles é dada por $d = |y_B - y_A|$.

Logo:

$$d = 4 \Rightarrow |y_B - y_A| = 4 \Rightarrow |x - 8| = 4 \begin{cases} x - 8 = 4 \Rightarrow x_1 = 12 \\ -(x - 8) = 4 \Rightarrow x_2 = 4 \end{cases}$$

Portanto, concluímos que $x = 4$ ou $x = 12$ e que ambos são solução para este caso, pois $4 > 0$ e $12 > 0$.

b) $$\left(3\sqrt{5}\right)^2 = \left(\frac{1}{2} - x\right)^2 + (2x - 1)^2 \Rightarrow 9 \cdot 5 = \frac{1}{4} - x + x^2 + 4x^2 - 4x + 1 \Rightarrow$$

$$\Rightarrow 45 = 5x^2 - 5x + \frac{5}{4} \Rightarrow x^2 - x - \frac{35}{4} = 0$$

Resolvendo essa última equação, concluímos que $x = \frac{7}{2}$ ou $x = -\frac{5}{2}$. Como A e B estão no primeiro quadrante, isto é, $x > 0$, verificamos que apenas $x = \frac{7}{2}$ é solução para este caso.

c) $$3^2 = (3 - x)^2 + [\overbrace{4 - (x - 2)}^{6 - x}]^2 \Rightarrow \not{9} = \not{9} - 6x + x^2 + 36 - 12x + x^2 \Rightarrow$$

$$\Rightarrow 2x^2 - 18x + 36 = 0 \Rightarrow x^2 - 9x + 18 = 0$$

Resolvendo essa última equação, concluímos que $x = 3$ ou $x = 6$ e que ambos são solução para este caso, pois $6 > 0$ e $3 > 0$.

Atividades

1. Determine a abscissa e a ordenada de cada ponto indicado no plano cartesiano.

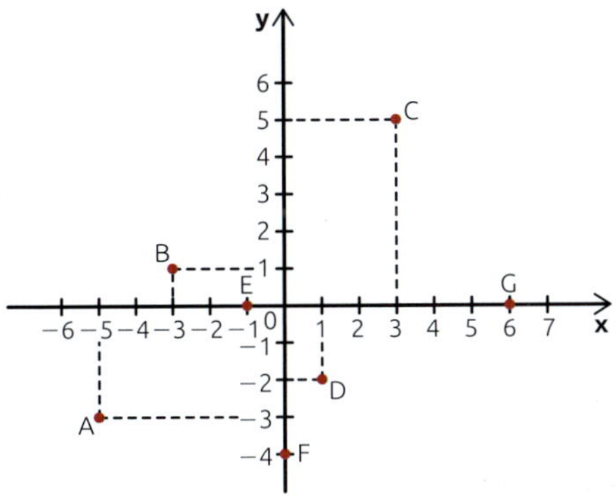

Ronaldo Lucena/ID/BR

2. No caderno, indique em um plano cartesiano ortogonal cada um dos pontos abaixo.

a) $E(7,1)$

b) $F(4,6)$

c) $Q(7,-1)$

d) $M(6,0)$

e) $P(0,6)$

f) $H(-7,1)$

g) $J(-4,-6)$

h) $N(2,-2)$

3. Determine os possíveis valores reais de p sabendo que o ponto $M\left(\frac{5}{3}p - 6{,}8p + 20\right)$ pertence ao:

a) 1º quadrante.

b) 2º quadrante.

c) 3º quadrante.

d) 4º quadrante.

4. O segmento AB tem pontos localizados no 2º e no 3º quadrante, o segmento BC tem pontos no 1º e no 2º quadrante, e o segmento AC, no 1º e no 3º quadrante. A que quadrante pertence cada um dos pontos A, B e C?

5. Na figura abaixo, temos o losango $PQRS$ com $P(3a - 8, 1)$, $Q\left(\frac{2b}{3} - 6, 4\right)$, $R(15c + 12, 1)$ e $S(3d + 34, -2)$. Calcule o produto $abcd$.

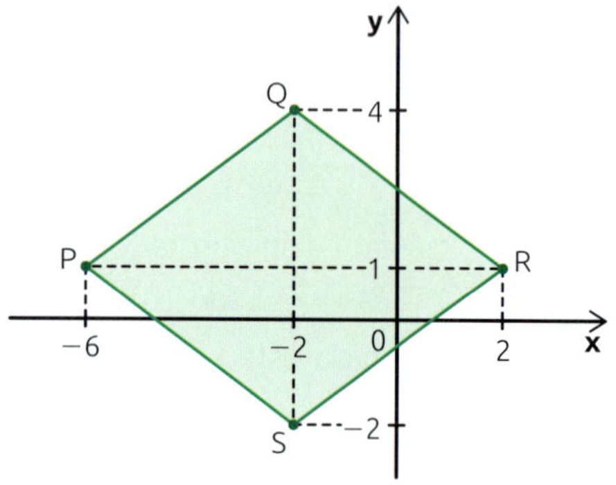

Ronaldo Lucena/ID/BR

6. Dados os pontos $A(-3, 2)$, $B(2, 2)$, $C(-3, -3)$ e $D(2, -3)$, verifique se os segmentos:

a) AB e CD são congruentes;

b) BC e AD são congruentes;

- Podemos dizer que os pontos A, B, C e D são vértices de um paralelogramo? Justifique no caderno.

7. Dados os pontos $P(15, 40)$, $Q(-20, 15)$ e $R(15, -10)$, podemos dizer que eles são vértices de um triângulo isósceles? Por quê?

> Um triângulo isósceles possui pelo menos dois lados com medidas iguais.

8. Nos itens abaixo, são dadas as coordenadas dos vértices de um triângulo ABC. Calcule a distância aproximada de A a B, de B a C e de A a C. Em seguida, determine se o triângulo é escaleno ou não.

a) $A(8, 8)$, $B(2, 1)$ e $C(14, 1)$

b) $A(3, -4)$, $B(-1, 4)$ e $C(4, 12)$

c) $A(2, 0)$, $B(8, 0)$ e $C\left(5, \sqrt{27}\right)$

d) $A(-3, -2)$, $B(-6, 0)$ e $C(2, -2)$

> Um triângulo escaleno tem os três lados com medidas diferentes.

9. Se um ponto A está no eixo Oy e equidista de $B(7, -3)$ e $C(-7, 9)$, então, o ponto A tem coordenadas:

a) $(3, 0)$

b) $(0, 2)$

c) $(0, 3)$

d) $(2, 1)$

e) $(2, 2)$

10. Nos itens abaixo, determinem o valor das incógnitas conhecendo as coordenadas dos pontos e a distância entre eles.

a) $A(3, 6p - 5)$, $B(4, -5)$ e $d(A, B) = 15$

b) $A(2a + 3, 8)$, $B(10, 3)$ e $d(A, B) = \sqrt{74}$

c) $A(42, 3n + 14)$, $B(28, 14)$ e $d(A, B) = 16$

11. **Em grupo** (UFMG) Os pontos $A = (0, 3)$, $B = (4, 0)$ e $C = (a, b)$ são vértices de um triângulo equilátero no plano cartesiano.

Considerando-se essa situação, é **CORRETO** afirmar que

a) $b = \frac{4}{3}a$.

b) $b = \frac{4}{3}a - \frac{7}{6}$.

c) $b = \frac{4}{3}a + 3$.

d) $b = \frac{4}{3}a - \frac{3}{2}$.

12. (Fatec-SP) No plano cartesiano da figura, considere que as escalas nos dois eixos coordenados são iguais e que a unidade de medida linear é 1 cm. Nele, está representada parte de uma linha poligonal que começa no ponto $P(0,3)$ e, mantendo-se o mesmo padrão, termina em um ponto Q.

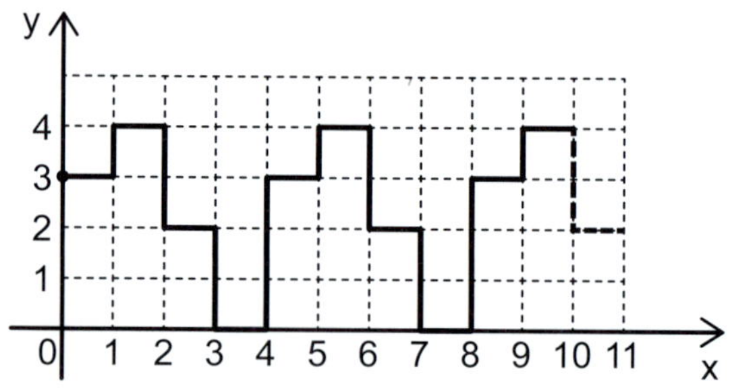

Fatec/Fac-símile: ID/BR

Na figura, a linha poligonal é formada por segmentos de reta

- que são paralelos aos eixos coordenados e
- cujas extremidades têm coordenadas inteiras não negativas.

Sabendo que o comprimento da linha poligonal, do ponto P até o ponto Q, é igual a 94 cm, as coordenadas do ponto Q são

a) $(25, 2)$

b) $(28, 1)$

c) $(32, 1)$

d) $(33, 1)$

e) $(34, 2)$

Coordenadas do ponto médio de um segmento

Para auxiliar na fiscalização de certa rodovia, a administradora de um trecho adotou um sistema de coordenadas cartesianas.

Na tentativa de diminuir a velocidade de tráfego na parte reta, será instalado um radar que registra a velocidade, em um local que esteja à mesma distância do início e do final desse trecho reto da rodovia. Quais as coordenadas do ponto em que o radar deve ser instalado?

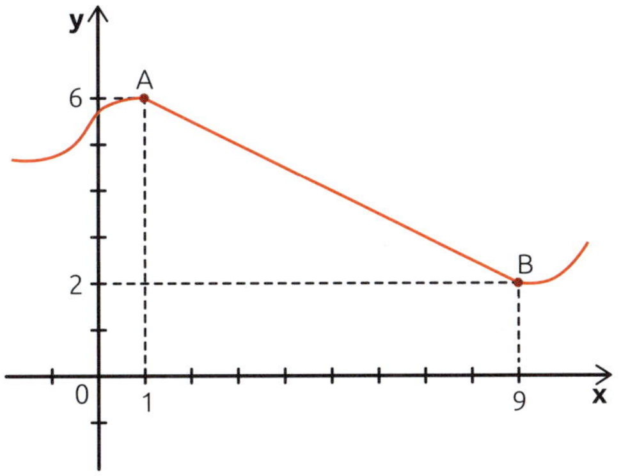

O trecho da rodovia fiscalizado está representado por $\overline{AB}$.

Para responder a essa pergunta, precisamos determinar as coordenadas do ponto médio de $\overline{AB}$. Vamos considerar inicialmente um segmento de reta qualquer com extremidades em A e B, em que $A(x_A, y_A)$ e $B(x_B, y_B)$ são distintos e $M(x_M, y_M)$ é o ponto médio de $\overline{AB}$. Considerando os pontos $P(x_M, y_A)$ e $Q(x_B, y_M)$, temos os triângulos retângulos APM e MQB com hipotenusas $\overline{AM}$ e $\overline{MB}$ de mesma medida, pois M é o ponto médio de $\overline{AB}$, e temos os ângulos agudos $P\hat{A}M$ e $Q\hat{M}B$ congruentes, porque $\overline{AP}$ e $\overline{MQ}$ são paralelos. Logo, pelo caso lado ângulo ângulo oposto (LAA_o), os triângulos APM e MQB são congruentes.

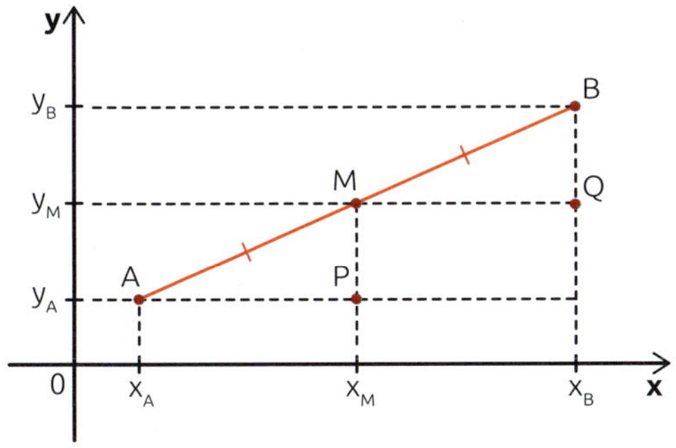

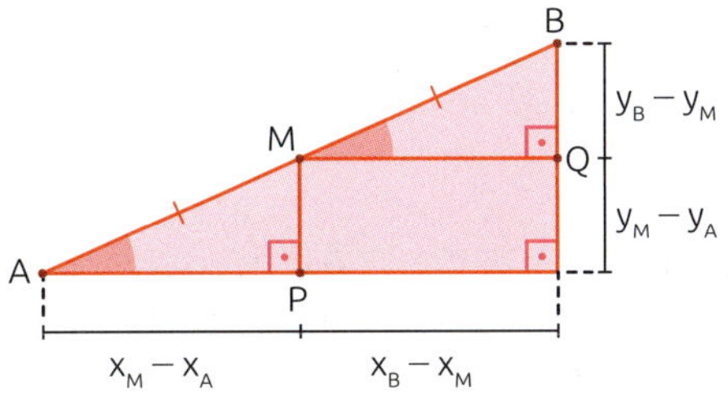

Ilustrações: Ronaldo Lucena/ID/BR

Desse modo, segue que $AP = MQ$ e $PM = QB$.

$$AP = MQ$$
$$x_M - x_A = x_B - x_M$$
$$2x_M = x_A + x_B$$
$$x_M = \frac{x_A + x_B}{2}$$

$$PM = QB$$
$$y_M - y_A = y_B - y_M$$
$$2y_M = y_A + y_B$$
$$y_M = \frac{y_A + y_B}{2}$$

Portanto, o ponto médio de $\overline{AB}$ é $M\left(\frac{x_A + x_B}{2}, \frac{y_A + y_B}{2}\right)$, em que $A(x_A, y_A)$ e $B(x_B, y_B)$.

Retomando a situação da rodovia, as coordenadas do ponto em que o radar deve ser instalado podem ser determinadas fazendo:

- $x_M = \dfrac{x_A + x_B}{2} = \dfrac{1 + 9}{2} = 5$
- $y_M = \dfrac{y_A + y_B}{2} = \dfrac{6 + 2}{2} = 4$

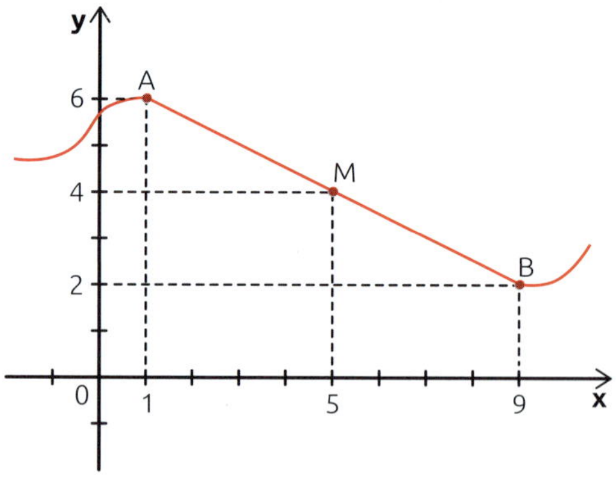

Assim, o radar deve ser instalado no ponto $M(5, 4)$.

Coordenadas do baricentro de um triângulo

Para entendermos o que é o baricentro de um triângulo, precisamos lembrar o que é a mediana de um triângulo.

> Mediana de um triângulo é um segmento de reta cujas extremidades são um dos vértices do triângulo e o ponto médio do lado oposto a ele.

A intersecção das medianas de um triângulo determina um ponto nomeado de baricentro do triângulo. É possível demonstrar que o baricentro divide cada mediana em dois segmentos, cujas medidas estão na razão de 2:1, isto é, o segmento que tem uma extremidade no vértice do triângulo mede o dobro do outro segmento.

Ilustrações: Ronaldo Lucena/ID/BR

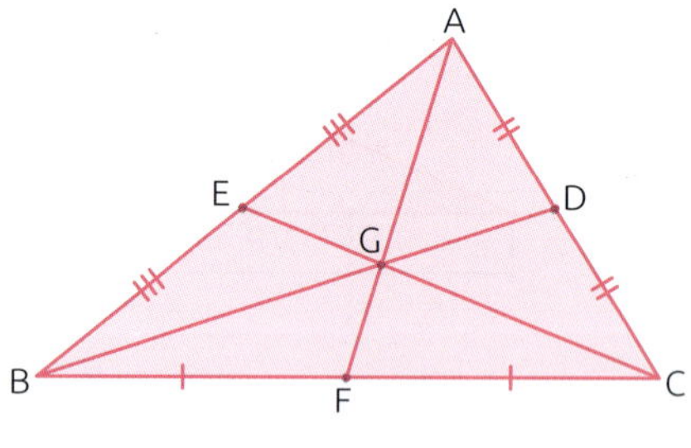

Baricentro: G

Medianas: $\overline{AF}$, $\overline{BD}$ e $\overline{CE}$

$AG = 2 \cdot GF$, $BG = 2 \cdot GD$ e $CG = 2 \cdot GE$

O baricentro corresponde ao ponto de equilíbrio ou centro de gravidade de um triângulo. Ao compor a representação de um triângulo em um papelão, recortar, determinar seu baricentro, passar pelo baricentro um barbante e suspendê-lo, a representação triangular se manterá em equilíbrio.

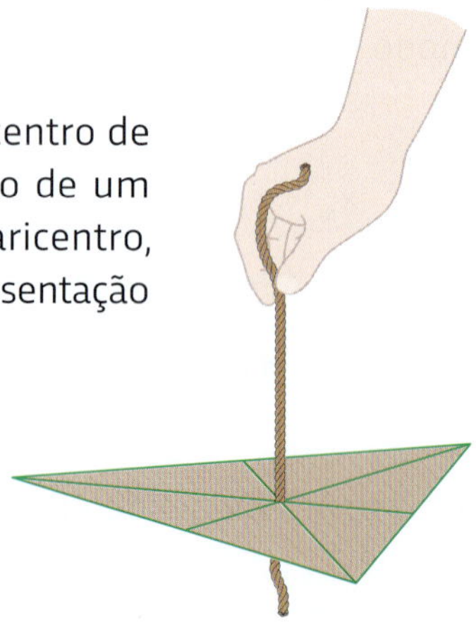

Eduardo dos Santos/ASC Imagens

Dados três pontos $A(x_A, y_A)$, $B(x_B, y_B)$ e $C(x_C, y_C)$ não alinhados no plano cartesiano, vamos determinar as coordenadas do baricentro G, do triângulo ABC.

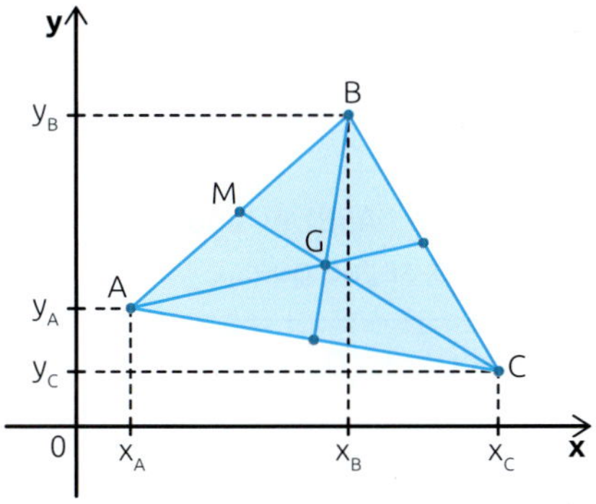

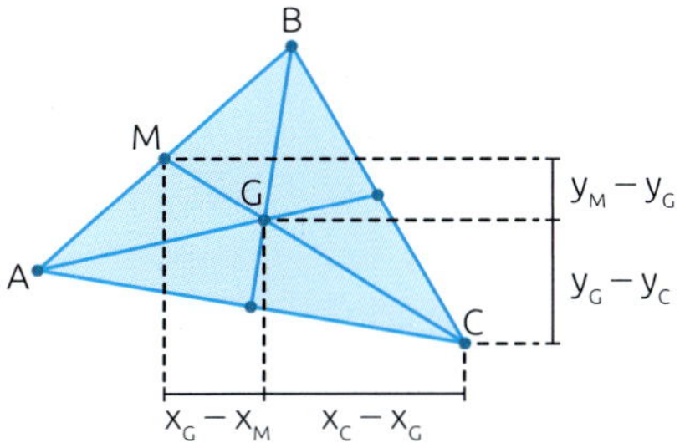

Ilustrações: Ronaldo Lucena/ID/BR

Como M é o ponto médio do segmento AB, temos $M\left(\dfrac{x_A + x_B}{2}, \dfrac{y_A + y_B}{2}\right)$, isto é, $x_M = \dfrac{x_A + x_B}{2}$ e $y_M = \dfrac{y_A + y_B}{2}$. Da mediana $\overline{CM}$ temos $CG = 2 \cdot GM$ e, a partir dessa igualdade, podemos obter as relações $x_C - x_G = 2(x_G - x_M)$ e $y_G - y_C = 2(y_M - y_G)$.

Desse modo, segue que:

- $x_C - x_G = 2(x_G - x_M)$

$$x_C - x_G = 2x_G - 2x_M$$
$$-3x_G = -2\left(\frac{x_A + x_B}{2}\right) - x_C$$
$$3x_G = x_A + x_B + x_C$$
$$x_G = \frac{x_A + x_B + x_C}{3}$$

- $y_G - y_C = 2(y_M - y_G)$

$$y_G - y_C = 2y_M - 2y_G$$
$$3y_G = 2\left(\frac{y_A + y_B}{2}\right) + y_C$$
$$3y_G = y_A + y_B + y_C$$
$$y_G = \frac{y_A + y_B + y_C}{3}$$

Portanto, as coordenadas do baricentro $G(x_G, y_G)$ de um triângulo ABC, em que $A(x_A, y_A)$, $B(x_B, y_B)$ e $C(x_C, y_C)$, é dada por $G\left(\dfrac{x_A + x_B + x_C}{3}, \dfrac{y_A + y_B + y_C}{3}\right)$.

Atividades resolvidas

R3. Sejam $A(x_A, y_A)$ e $B(x_B, y_B)$. Calcule as coordenadas do ponto médio M do segmento AB nos casos abaixo:

a) $A(5, 2)$ e $B(7, 9)$

b) $A(a, b)$ e $B(-a, -b)$

Resolução

Seja $M(x_M, y_M)$. Para calcular x_M e y_M, em cada caso, fazemos:

a) $x_M = \dfrac{5 + 7}{2} = 6$ e $y_M = \dfrac{2 + 9}{2} = \dfrac{11}{2}$

Portanto, $M\left(6, \dfrac{11}{2}\right)$.

b) $x_M = \dfrac{a - a}{2} = 0$ e $y_M = \dfrac{b - b}{2} = 0$

Portanto, $M(0, 0)$.

R4. Considere o triângulo equilátero ABC no plano cartesiano, com $A(a, 0)$, $C(c, 0)$, em que $a < 0$ e $c > 0$ e $G\left(0, \sqrt{3}\right)$ é o seu baricentro. Determine as coordenadas dos pontos A, B e C.

Resolução

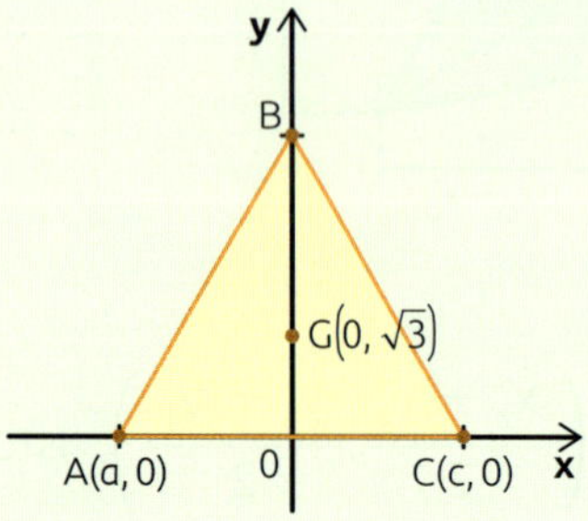

Ronaldo Lucena/ID/BR

Observe que $B\left(0, y_B\right)$. De acordo com o baricentro, temos:

$$\frac{\overbrace{x_A}^{a} + \cancel{\overbrace{x_B}^{0}} + \overbrace{x_C}^{c}}{3} = 0 \Rightarrow a + c = 0 \Rightarrow a = -c$$

$$\frac{\cancel{\overbrace{y_A}^{0}} + \overbrace{y_B}^{b} + \cancel{\overbrace{y_C}^{0}}}{3} = \sqrt{3}$$

$$\frac{b}{3} = \sqrt{3}$$

$$b = 3\sqrt{3}$$

Como o triângulo ABC é equilátero, temos $AC = BC$. Com isso, segue que:

$$|c - a| = \sqrt{(c - 0)^2 + (0 - b)^2} \Rightarrow$$

$$\Rightarrow |c - (-c)| = \sqrt{c^2 + b^2} \Rightarrow$$

$$\Rightarrow |2c|^2 = c^2 + \overbrace{b^2}^{\left(3\sqrt{3}\right)^2} \Rightarrow$$

$$\Rightarrow 4c^2 = c^2 + 27 \Rightarrow 3c^2 = 27 \Rightarrow$$

$$\Rightarrow c^2 = 9 \Rightarrow c = 3$$

Como $a = -\overbrace{c}^{3}$, temos ainda que $a = -3$.

Logo, $A(-3, 0)$, $B\left(0, 3\sqrt{3}\right)$ e $C(3, 0)$.

R5. Sejam $\overline{AB}$, $\overline{BC}$ e $\overline{AC}$ os lados de um triângulo ABC cujos pontos médios são, respectivamente, M_1, M_2 e M_3. Mostre que os triângulos ABC e $M_1M_2M_3$ possuem o mesmo baricentro.

Resolução

Sendo $A\left(x_A, y_A\right)$, $B\left(x_B, y_B\right)$ e $C\left(x_C, y_C\right)$, os pontos médios M_1, M_2 e M_3 são:

$$M_1 = \left(\frac{x_A + x_B}{2}, \frac{y_A + y_B}{2}\right) \qquad M_2 = \left(\frac{x_B + x_C}{2}, \frac{y_B + y_C}{2}\right) \qquad M_3 = \left(\frac{x_A + x_C}{2}, \frac{y_A + y_C}{2}\right)$$

Considere G e H os baricentros dos triângulos ABC e $M_1M_2M_3$, respectivamente. Para mostrar que $H = G$, fazemos:

$$H = \left(\frac{x_{M_1} + x_{M_2} + x_{M_3}}{3}, \frac{y_{M_1} + y_{M_2} + y_{M_3}}{3}\right) =$$

$$= \left(\frac{\frac{x_A + x_B}{2} + \frac{x_B + x_C}{2} + \frac{x_A + x_C}{2}}{3}, \frac{\frac{y_A + y_B}{2} + \frac{y_B + y_C}{2} + \frac{y_A + y_C}{2}}{3}\right) =$$

$$= \left(\frac{\frac{\cancel{2}\left(x_A + x_B + x_C\right)}{\cancel{2}}}{3}, \frac{\frac{\cancel{2}\left(y_A + y_B + y_C\right)}{\cancel{2}}}{3}\right) = \left(\frac{x_A + x_B + x_C}{3}, \frac{y_A + y_B + y_C}{3}\right) = G$$

Atividades

13. Determine no caderno as coordenadas do ponto médio do segmento de reta cujas extremidades são os dois pontos dados em cada item.

a) $A(-6, 7)$ e $B(-6, 1)$

b) $C(5, -12)$ e $D(9, -2)$

c) $E\left(0, \frac{9}{2}\right)$ e $F\left(4, \frac{3}{2}\right)$

14. Para cada triângulo, determine no caderno o comprimento da mediana em relação ao lado destacado em vermelho.

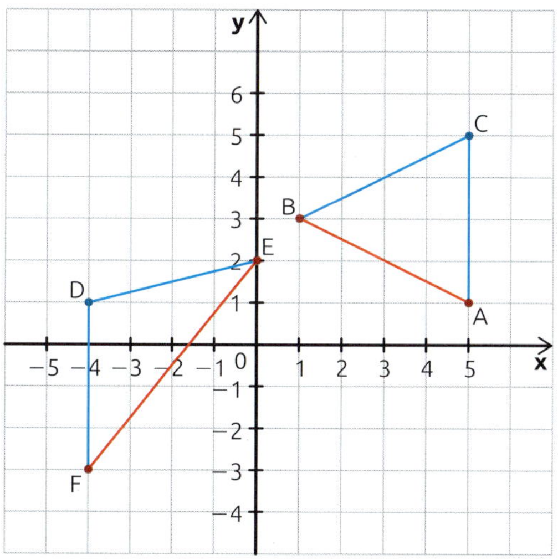

Ronaldo Lucena/ID/BR

15. Dados os vértices de um triângulo ABC, determine no caderno as coordenadas do seu baricentro.

a) $A(0, -3)$, $B(-7, -1)$ e $C(-2, 2)$

b) $A(-2, 5)$, $B(1, 8)$ e $C(1, 5)$

c) $A\left(6, \frac{1}{2}\right)$, $B\left(8, -\frac{5}{2}\right)$ e $C(1, -4)$

16. (UEA-AM) Sejam $A(3, 1)$ e $B(5, 1)$ dois pontos do plano cartesiano. Nesse plano, o segmento AC é obtido do segmento AB por rotação de 90° no sentido anti-horário. As coordenadas do ponto médio de $\overline{BC}$ são

a) $(4, 3)$
b) $(4, 1)$
c) $(4, 2)$
d) $(3, 3)$
e) $(3, 2)$

17. Em um triângulo ABC, é dado que $N(-1, -2)$ é o ponto médio do lado $\overline{AC}$, $C(-2, 0)$ é um dos vértices e $G(-2, -2)$ é o baricentro. Determine as coordenadas dos vértices A e B.

18. Dada uma circunferência no plano cartesiano e os pontos A e B, determine as coordenadas do centro da circunferência sabendo que o segmento AB é um diâmetro.

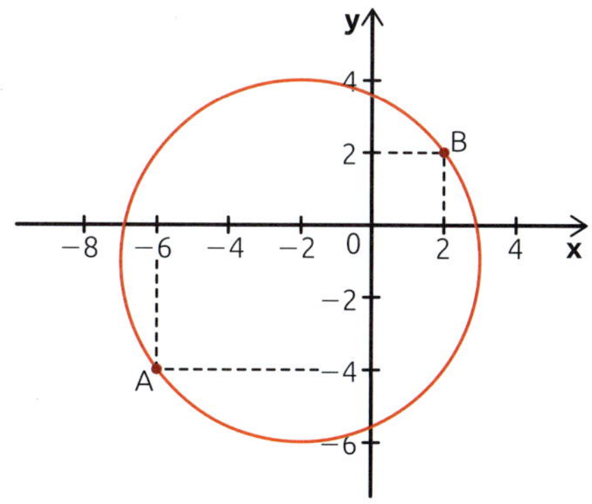

Ronaldo Lucena/ID/BR

19. Observe a representação do triângulo ABC no plano cartesiano em que P, Q e R são os pontos médios dos lados $\overline{BC}$, $\overline{AC}$ e $\overline{AB}$, respectivamente, do triângulo.

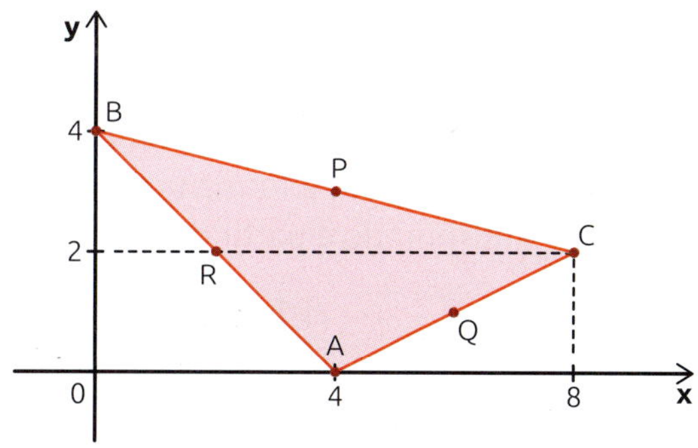

Ronaldo Lucena/ID/BR

a) Determine o comprimento da mediana $\overline{AP}$.

b) Seja G o baricentro do triângulo. Quais as coordenadas desse ponto?

c) Considerando as distâncias do baricentro ao vértice A e ao ponto P, calcule as razões entre cada uma dessas medidas e o comprimento da mediana $\overline{AP}$, ou seja, $\frac{AG}{AP}$ e $\frac{GP}{AP}$.

d) Realize os mesmos procedimentos dos itens **a** e **c** para obter as medidas das outras medianas e calcular as razões em relação a elas, isto é, $\frac{BG}{BQ}$, $\frac{GQ}{BQ}$, $\frac{CG}{CR}$ e $\frac{GR}{CR}$.

20. Seja um triângulo ABC. Sabendo que o lado $\overline{BC}$ mede 7 cm, seu baricentro é $G(-2, -2)$ e o vértice A tem coordenadas $(-6, 1)$, determine:

a) as coordenadas do ponto médio do lado $\overline{BC}$;

b) o comprimento da mediana com uma das extremidades no vértice A;

c) as coordenadas dos vértices B e C, sabendo que B pertence ao eixo Ox.

Reta

No estudo da função afim, vimos que sua representação gráfica no plano cartesiano corresponde a uma reta não perpendicular ao eixo das abscissas, isto é, não vertical.

Conhecendo as coordenadas de dois pontos distintos de uma reta, é possível representá-la no plano cartesiano, porque dois pontos distintos determinam uma única reta. Por exemplo, dados os pontos $A(-2, 5)$ e $B(4, 1)$, podemos obter sua representação no plano cartesiano indicando os pontos A e B e a reta r que passa por eles.

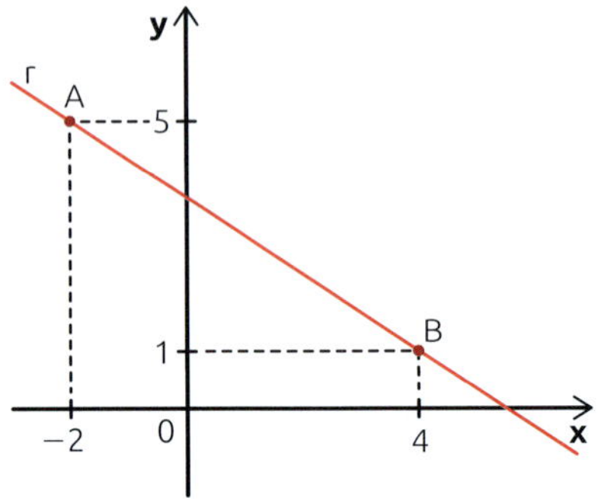

A representação gráfica de toda função afim corresponde a uma reta, mas toda reta corresponde à representação gráfica de uma função afim? Justifique.

Existem outros meios para determinar uma reta no plano cartesiano, conhecendo um de seus pontos e o ângulo formado com um dos eixos ortogonais. Por exemplo, a reta s passa pelo ponto $C(2, 0)$ e forma um ângulo de medida 30° com o eixo das abscissas, medido no sentido anti-horário a partir de um ponto do eixo das abscissas à direita de C.

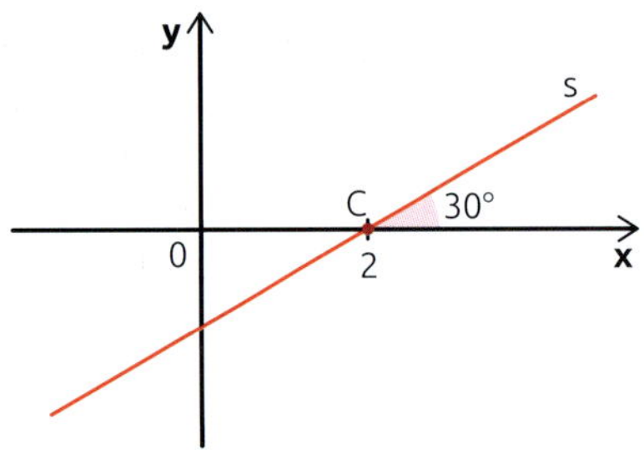

No gráfico de funções, os eixos não precisam ser necessariamente graduados com a mesma unidade, pois geralmente as funções relacionam grandezas de naturezas diferentes.

Considere no plano cartesiano uma reta r, que intersecta o eixo das abscissas em um ponto P e forma com esse eixo um ângulo de medida α, medido no sentido anti-horário a partir de um ponto do eixo das abscissas à direita de P. A medida α é nomeada **inclinação** da reta r.

O número real m que expressa a tangente trigonométrica do ângulo de inclinação α de uma reta r, $m = \text{tg}\,\alpha$, é chamado **coeficiente angular** ou **declividade** dessa reta.

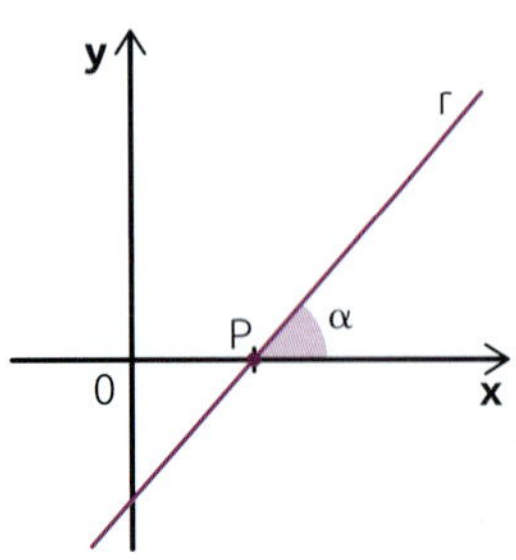

Se $0° < \alpha < 90°$, então, $m = \text{tg}\,\alpha > 0$.

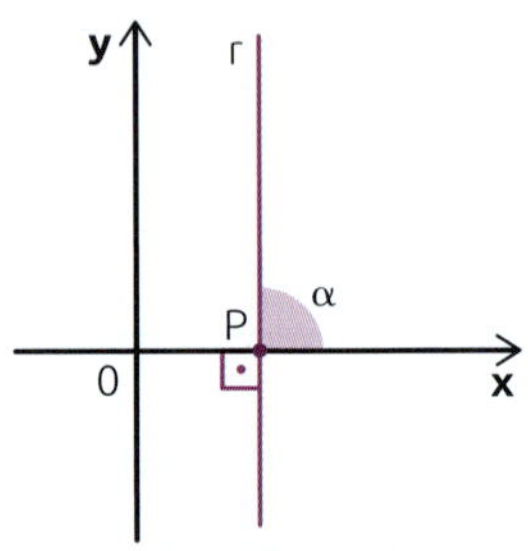

Se $\alpha = 90°$, a tangente não está definida. Nesse caso, dizemos que r não tem coeficiente angular.

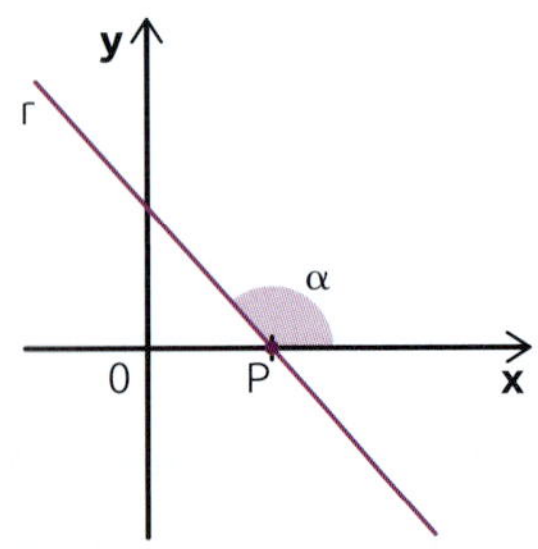

Se $90° < \alpha < 180°$, então, $m = \text{tg}\,\alpha < 0$.

Ilustrações: Ronaldo Lucena/ID/BR

Para o caso em que a reta *r* é horizontal, dizemos que sua inclinação é zero.

Se $\alpha = 0°$, então $m = \text{tg}\,\alpha = \text{tg}\,0° = 0$.

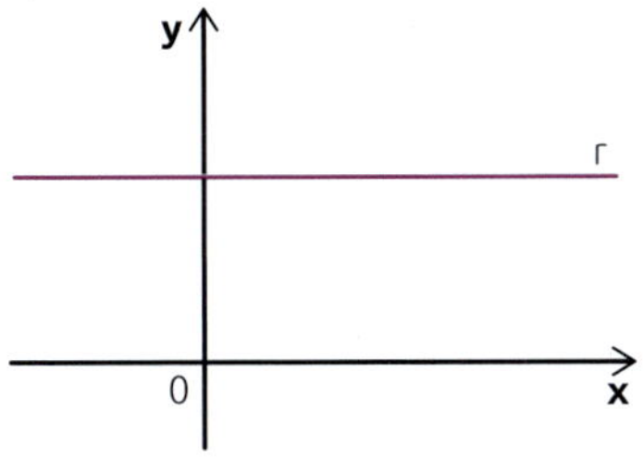

Logo, uma reta *r* representada no plano cartesiano tem inclinação de medida α, tal que $0° \leqslant \alpha < 180°$.

Lembre-se de que a tangente de arcos com extremidades no 1º ou no 3º quadrante é positiva. Já a tangente de arcos com extremidades no 2º ou no 4º quadrante é negativa.

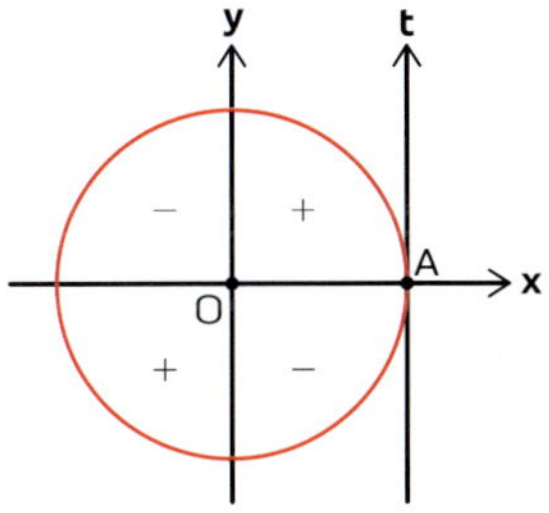

Também podemos determinar o coeficiente angular de uma reta a partir das coordenadas de dois de seus pontos. Mas, como para $\alpha = 0°$ o coeficiente angular é zero e para $\alpha = 90°$ não há coeficiente angular, vamos analisar os casos em que $0° < \alpha < 90°$ e $90° < \alpha < 180°$. Para isso, considere uma reta *r* determinada por dois pontos distintos $A(x_A, y_A)$ e $B(x_B, y_B)$ e o ponto $C(x_B, y_A)$. Em relação ao triângulo *ACB*, retângulo em *C*, temos as seguintes possibilidades:

- $0° < \alpha < 90°$

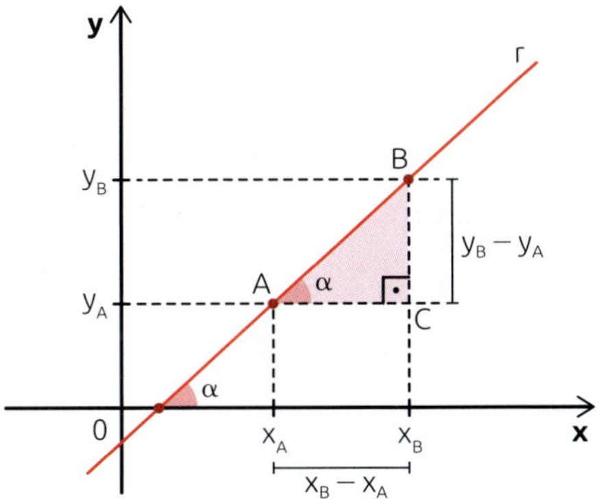

Ilustrações: Ronaldo Lucena/ID/BR

$$\text{tg}\,\alpha = \frac{BC}{AC}$$

$$\text{tg}\,\alpha = \frac{y_B - y_A}{x_B - x_A}$$

Note que a tangente foi determinada como sendo a razão entre o cateto oposto e o cateto adjacente ao ângulo α do triângulo retângulo *ACB*.

• $90° < \alpha < 180°$

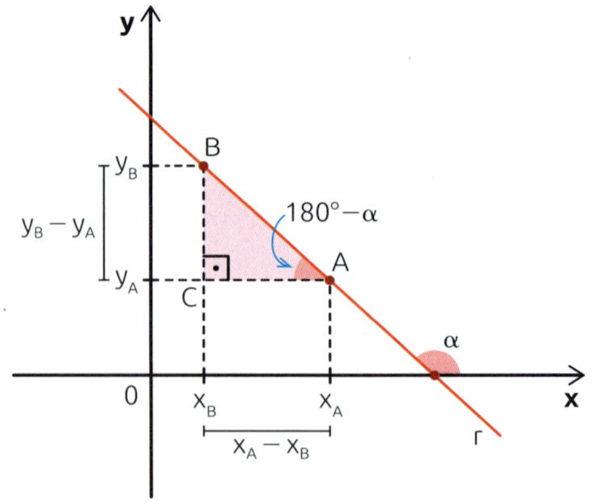

$$\text{tg}\,(180° - \alpha) = \frac{BC}{AC}$$

$$-\text{tg}\,\alpha = \frac{y_B - y_A}{x_A - x_B}$$

$$\text{tg}\,\alpha = \frac{y_B - y_A}{x_B - x_A}$$

Observe que

$$-\text{tg}\,\alpha = \frac{y_B - y_A}{x_A - x_B} \Rightarrow$$

$$\Rightarrow \text{tg}\,\alpha = \frac{y_B - y_A}{-(x_A - x_B)} \Rightarrow$$

$$\Rightarrow \text{tg}\,\alpha = \frac{y_B - y_A}{x_B - x_A}.$$

Se uma reta r não vertical contém dois pontos distintos $A(x_A, y_A)$ e $B(x_B, y_B)$, seu coeficiente angular é dado por $m = \frac{y_B - y_A}{x_B - x_A}$.

Equações da reta

Uma reta representada no plano cartesiano pode ser descrita algebricamente por uma equação. A equação de uma curva qualquer corresponde a uma igualdade envolvendo as variáveis x e y, que é satisfeita se, e somente se, o ponto $P(x, y)$ pertencer a tal curva. Vejamos a seguir alguns modos de se determinar a equação de uma reta.

Equação da reta conhecidos um ponto e o coeficiente angular

Dado um ponto $P_0(x_0, y_0)$ no plano cartesiano e um número real m, podemos determinar a equação da reta r que passa por $P_0(x_0, y_0)$ e tem coeficiente angular m. Para isso, vamos considerar um ponto $P(x, y)$ pertencente à reta r e distinto de $P_0(x_0, y_0)$, e o ponto $C(x, y_0)$.

Em relação ao triângulo P_0CP, retângulo em C, temos:

$$\text{tg}\,\alpha = \frac{PC}{P_0C}$$

$$m = \frac{y - y_0}{x - x_0}$$

$$y - y_0 = m(x - x_0)$$

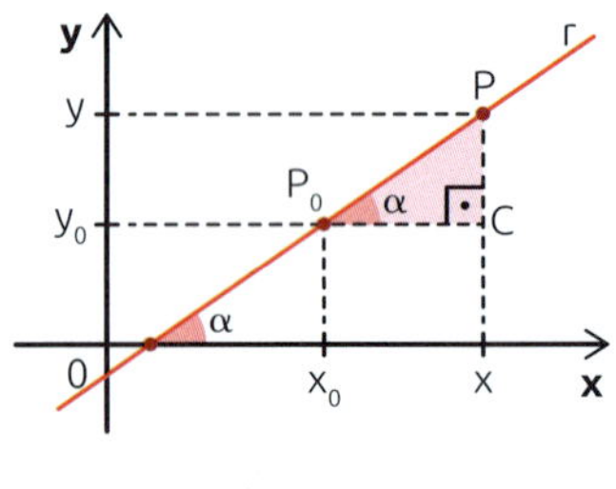

Ilustrações: Ronaldo Lucena/ID/BR

Portanto a equação da reta r é dada por $y - y_0 = m(x - x_0)$, que também é chamada **equação fundamental da reta** r.

Assim, se uma reta t for horizontal, teremos $m = 0$ e sua equação será dada por $y = y_0$.

Se uma reta u for vertical, todos os pontos de u terão a mesma abscissa x_0. Nesse caso, qual será a equação da reta u?

Equação da reta na forma reduzida

Sabemos que a equação da reta r que passa pelo ponto $P_0(x_0, y_0)$ e tem coeficiente angular igual a m é dada por $y - y_0 = m(x - x_0)$. Toda reta não vertical intersecta o eixo das ordenadas em um único ponto, digamos $(0, n)$. Ao escolhermos o ponto P_0 com essas coordenadas, obtemos a equação:

$$y - y_0 = m(x - x_0)$$

$$y - n = m(x - 0)$$

$$\boxed{y = mx + n}$$

Essa expressão é chamada **equação da reta na forma reduzida**. O termo n, correspondente à ordenada do ponto em que a reta intersecta o eixo das ordenadas, recebe o nome de **coeficiente linear** da reta.

$$y = \underbrace{m}_{\text{coeficiente angular}}x + \overbrace{n}^{\text{coeficiente linear}}$$

A reta não vertical $y = mx + n$ é o gráfico da função afim dada por $f(x) = mx + n$, em que m é a taxa de variação e n é o coeficiente linear.

Equação da reta na forma geral

Toda reta representada no plano cartesiano possui uma equação do tipo $ax + by + c = 0$, em que x e y são as incógnitas e a, b e c são os coeficientes reais, com a e b não simultaneamente nulos.

De modo recíproco, toda equação desse tipo representa uma reta no plano cartesiano. Essa equação do 1º grau é chamada **equação da reta na forma geral**.

> Sempre que escrevermos a equação da reta $ax + by + c = 0$, supomos a e b não simultaneamente nulos, mesmo que isso não esteja explícito.

Por exemplo, a equação da reta:

a) $y = 3x + 2$ pode ser escrita na forma geral $3x - y + 2 = 0$.

b) $x = 5$ pode ser escrita na forma geral $x + 0y - 5 = 0$.

Podemos utilizar as coordenadas de dois pontos distintos para determinar a equação da reta na forma geral que passa por eles. Por exemplo, a reta que passa pelos pontos $A(3, -1)$ e $B(4, 2)$ tem a seguinte equação:

$$m = \frac{y_B - y_A}{x_B - x_A} \qquad y - y_0 = m(x - x_0)$$

$$m = \frac{2 - (-1)}{4 - 3} \qquad y - (-1) = 3(x - 3)$$

$$y + 1 = 3x - 9$$

$$m = 3 \qquad 3x - y - 10 = 0$$

Optamos por substituir as coordenadas do ponto A na equação $y - y_0 = m(x - x_0)$, mas poderíamos ter substituído as coordenadas do ponto B.

Vimos anteriormente outra maneira de se obter a equação de uma reta na forma geral utilizando as coordenadas de dois de seus pontos distintos, com o cálculo de determinantes. Nesse caso, dados dois pontos distintos $A(x_A, y_A)$ e $B(x_B, y_B)$, a equação da reta na forma geral que passa por eles é dada por:

$$\begin{vmatrix} x & y & 1 \\ x_A & y_A & 1 \\ x_B & y_B & 1 \end{vmatrix} = 0$$

Atividades resolvidas

R6. Seja r uma reta de inclinação α e coeficiente angular m. Determine:

a) o coeficiente angular m, considerando que r passa pelos pontos $A(2, 3)$ e $B(4, 5)$;

b) a inclinação α, considerando que r passa pelos pontos $A(0, 0)$ e $B(5, 5)$;

c) as coordenadas do ponto $B(x_B, y_B)$, considerando que r passa pelos pontos B e $A(2, 4)$, de modo que $m = 2$ e $d(A, B) = \sqrt{5}$.

Resolução

a) Para determinar o coeficiente angular m, nesse caso, fazemos:

$$m = \frac{5 - 3}{4 - 2} = \frac{2}{2} = 1$$

b) Vamos, primeiro, determinar o coeficiente angular m, fazendo:

$$m = \frac{5 - 0}{5 - 0} = 1$$

Como $tg\,\alpha = m = 1$, temos $\alpha = 45°$.

c) Como $m = 2$, temos:

$$2 = \frac{y_B - 4}{x_B - 2} \Rightarrow 2x_B - 4 = y_B - 4 \Rightarrow y_B = 2x_B \qquad \text{(I)}$$

A partir de $d(A,B) = \sqrt{5}$, fazemos:

$$\sqrt{5} = \sqrt{(2 - x_B)^2 + (4 - y_B)^2} \Rightarrow 5 = 4 - 4x_B + x_B^2 + 16 - 8y_B + y_B^2 \Rightarrow$$

$$\Rightarrow x_B^2 + y_B^2 - 4x_B - 8y_B + 15 = 0 \qquad \text{(II)}$$

Substituindo **I** em **II**, obtemos:

$$x_B^2 + \left(2x_B\right)^2 - 4x_B - 8\left(2x_B\right) + 15 = 0 \Rightarrow 5x_B^2 - 20x_B + 15 = 0 \Rightarrow x_B^2 - 4x_B + 3 = 0$$

Efetuando os cálculos, obtemos $x_B = 1$ ou $x_B = 3$ e, com isso, $y_B = 2$ ou $y_B = 6$, respectivamente. Portanto, B é tal que $B = (1, 2)$ ou $B = (3, 6)$.

R7. Considere a reta r que passa pelo ponto $P\left(x_P, y_P\right)$ e tem coeficiente angular m. Determine a equação dessa reta na forma reduzida e na forma geral nos itens abaixo.

a) 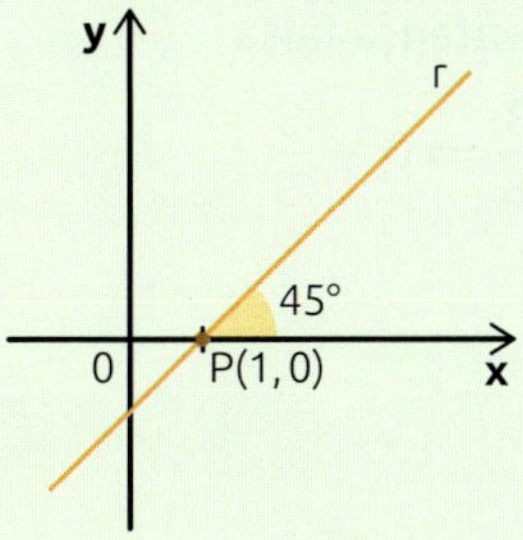

b) 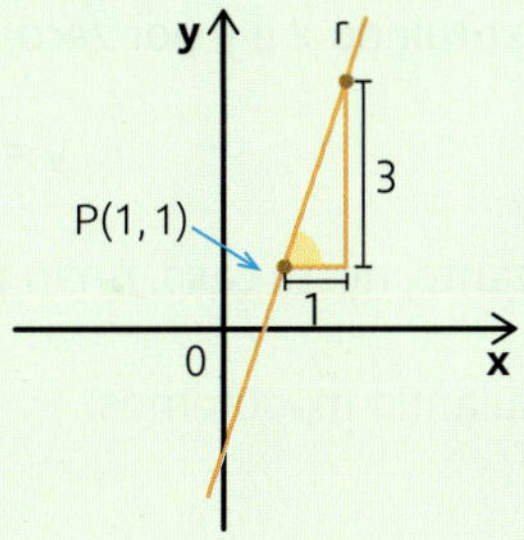

Ilustrações: Ronaldo Lucena/ID/BR

Resolução

a) Como a inclinação da reta r é 45°, seu coeficiente angular é $m = tg\,45° = 1$ e a sua equação da reta na forma reduzida é do tipo $y = 1x + y_0$, em que $y_0 \in \mathbb{R}$.

Para determinar y_0, substituímos as coordenadas do ponto $P(1, 0)$ na equação da reta na forma reduzida, obtendo:

$$0 = 1 \cdot 1 + y_0 \Rightarrow y_0 = -1$$

Assim, a equação da reta r na forma reduzida é:

$$y = x - 1$$

Para determinar a equação da reta r na forma geral, fazemos:

$$y = x - 1 \Rightarrow -x + y + 1 = 0$$

b) Pelo gráfico da reta r, temos:

$$m = tg\,\alpha = \frac{3}{1} \Rightarrow m = 3$$

Com isso, a equação da reta r na forma reduzida é do tipo $y = 3 \cdot x + y_0$, em que $y_0 \in \mathbb{R}$. Analogamente ao item anterior, fazemos:

$$1 = 3 \cdot 1 + y_0 \Rightarrow y_0 = 1 - 3 \Rightarrow y_0 = -2$$

Assim, a equação da reta r na forma reduzida é:

$$y = 3x - 2$$

Para determinar a equação da reta r na forma geral, fazemos:

$$y = 3x - 2 \Rightarrow -3x + y + 2 = 0$$

R8. Seja r a reta que passa pelos pontos $P\left(x_P, y_P\right)$ e $Q\left(x_Q, y_Q\right)$. Verifique se ela passa pela origem nos seguintes casos.

a) $P(2, 1)$ e $Q(7, 2)$.

b) $P(3, \pi)$ e $Q\left(5, \frac{5\pi}{3}\right)$.

Resolução

a) Primeiro, calculamos o coeficiente angular m da reta r:

$$m = \frac{2 - 1}{7 - 2} \Rightarrow m = \frac{1}{5}$$

Com isso, a equação da reta r na forma reduzida é do tipo $y = \frac{1}{5}x + y_0$, em que $y_0 \in \mathbb{R}$.

Atividades resolvidas

Atividades resolvidas

Para determinar y_0, escolhemos um dos pontos P ou Q e substituímos suas coordenadas na equação da reta na forma reduzida. Escolhendo o ponto $P(2, 1)$, fazemos:

$$1 = \frac{1}{5} \cdot 2 + y_0 \Rightarrow y_0 = 1 - \frac{2}{5} \Rightarrow y_0 = \frac{3}{5}$$

Verifique que obtemos o mesmo valor para y_0 escolhendo o ponto $Q(7, 2)$.

Assim, a equação da reta r na forma reduzida é:

$$y = \frac{1}{5}x + \frac{3}{5}$$

Substituindo x e y por zero na equação, obtemos uma sentença falsa:

$$y = \frac{1}{5}x + \frac{3}{5} \Rightarrow 0 = \frac{1}{5} \cdot 0 + \frac{3}{5} \Rightarrow 0 = \frac{3}{5}$$

Portanto, neste caso, r não passa pela origem.

b) Calculando m, obtemos:

$$m = \frac{\frac{5\pi}{3} - \pi}{5 - 3} \Rightarrow m = \frac{\frac{2\pi}{3}}{2} \Rightarrow m = \frac{\pi}{3}$$

Analogamente ao item anterior, a equação da reta r na forma reduzida é:

$$y = \frac{\pi}{3}x$$

Substituindo x e y por zero na equação, obtemos uma sentença verdadeira:

$$y = \frac{\pi}{3}x \Rightarrow 0 = \frac{\pi}{3} \cdot 0 \Rightarrow 0 = 0$$

Portanto, neste caso, r passa pela origem.

R9. Determine a equação da reta r cujas equações paramétricas, com $t \in \mathbb{R}$, são:

$$\begin{cases} x = 4 + 2t \\ y = 6 + t \end{cases}$$

Em seguida, represente a reta r no plano cartesiano.

Resolução

As equações paramétricas exprimem as coordenadas de um ponto genérico da reta em termos de um parâmetro $t \in \mathbb{R}$: a cada valor atribuído a t obtém-se um ponto da reta.

Vamos determinar essa equação da reta de duas maneiras.

1ª maneira

As equações paramétricas nos informam que os pontos da reta r, nesse caso, são da forma:

$$(4 + 2t, 6 + t)$$

Para que a ordenada esteja em função de x, fazemos:

$$x = 4 + 2t \Rightarrow t = \frac{x - 4}{2}$$

Com isso, temos:

$$\left(x, 6 + \frac{x - 4}{2}\right) = \left(x, 6 + \frac{x}{2} - 2\right) = \left(x, \frac{x}{2} + 4\right)$$

Observe que $y = \frac{x}{2} + 4$ corresponde à equação da reta r na forma reduzida.

2ª maneira

Isolamos t em ambas as equações:

$$\begin{cases} x = 4 + 2t \\ y = 6 + t \end{cases} \Rightarrow \begin{cases} t = \dfrac{x - 4}{2} \\ t = y - 6 \end{cases}$$

Com isso, obtemos a equação da reta r na forma geral:

$$\frac{x - 4}{2} = y - 6 \Rightarrow x - 4 = 2y - 12 \Rightarrow$$

$$\Rightarrow x - 2y + 8 = 0$$

Observe ao lado a representação para a reta r.

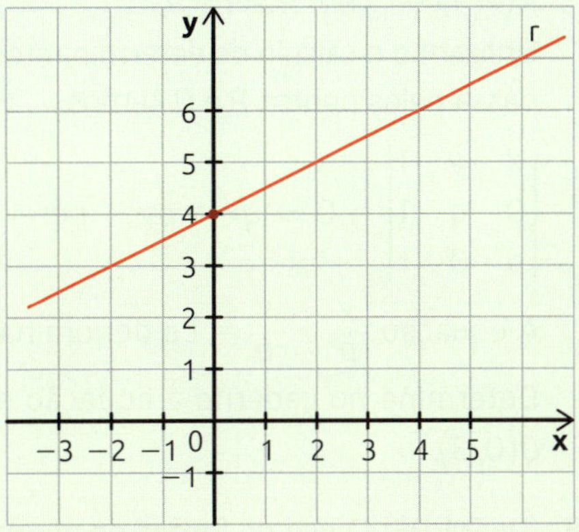

Ronaldo Lucena/ID/BR

Atividades

21. Nos itens abaixo, determine o coeficiente angular da reta que passa pelos pontos:

a) $(0, 2)$ e $(3, 6)$

b) $(5, 7)$ e $(-2, 5)$

c) $(-7, -5)$ e $(2, 1)$

d) $(2, 3)$ e $(-5, 0)$

22. Determine no caderno a equação das retas representadas abaixo na forma geral e na forma reduzida.

a)

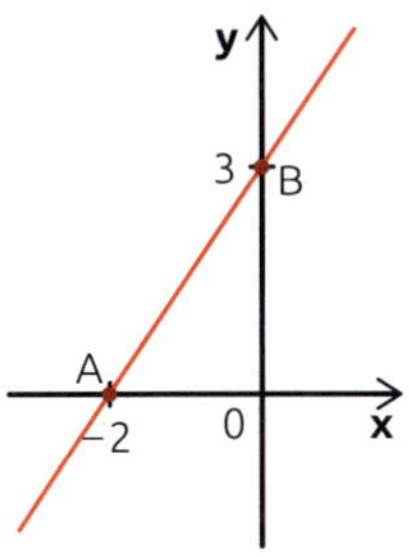

b)

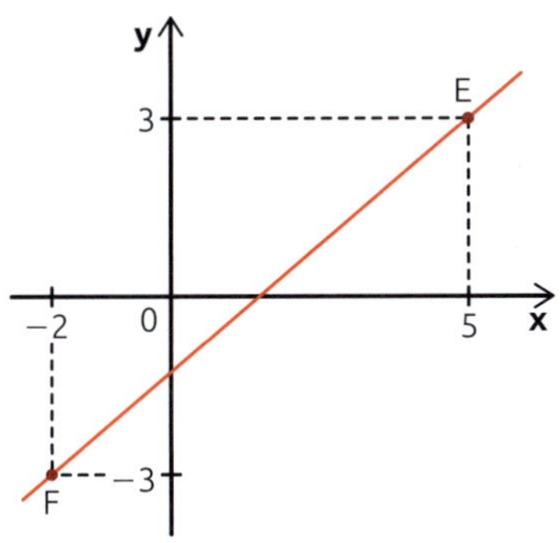

c)

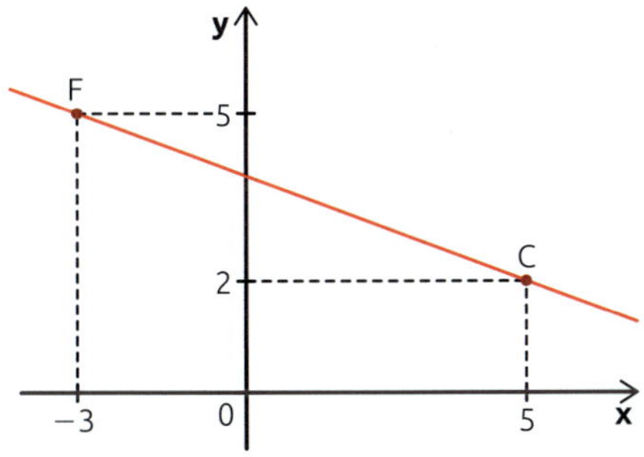

Ilustrações: Ronaldo Lucena/ID/BR

23. Em cada item, determine no caderno a equação da reta na forma geral que passa pelos pontos:

a) $(-2, 1)$ e $(0, 1)$

b) $(5, 7)$ e $(2, 1)$

c) $(1, 10)$ e $(14, 12)$

d) $(2, 10)$ e $(6, 2)$

24. (Uepa) Na figura abaixo, está representado um mosaico do século passado de 16 cm de lado, composto por um conjunto de quadrados cujos vértices dos quadrados inscritos se encontram situados nos pontos médios dos quadrados circunscritos. A reta que passa pelos pontos A e B, vértices do quadro destacado, também passa pelo ponto cujas coordenadas são:

a) $(9, 13)$

b) $(1, 7)$

c) $(0, 6)$

d) $(-4, 2)$

e) $(-8, 0)$

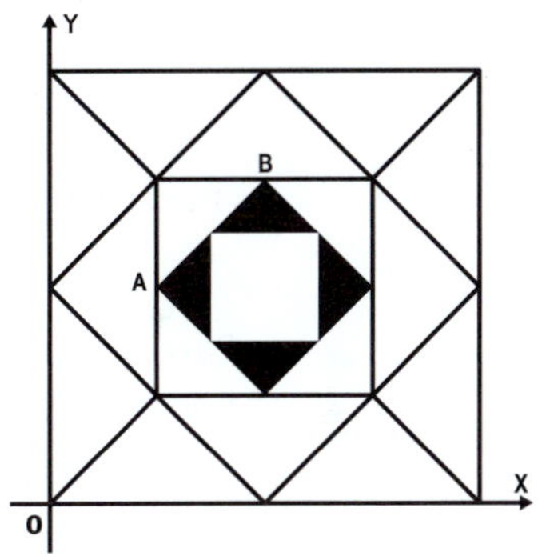

Uepa/Fac-símile: ID/BR

25. Determine se o ponto $Q(-2, 2)$ pertence à reta que passa pelos pontos $A(-4, -4)$ e $B(4, 2)$.

26. Observe o triângulo ABC abaixo, com seus vértices sobre os eixos cartesianos.

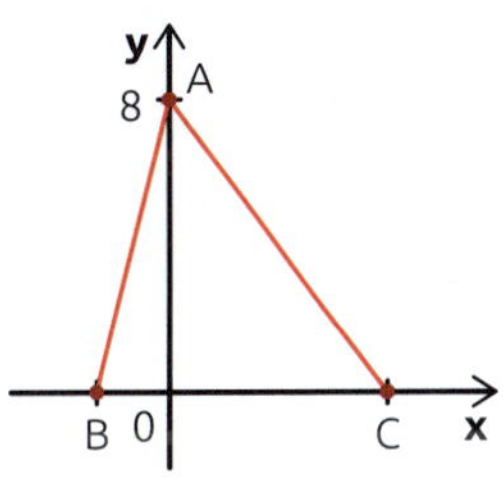

Ronaldo Lucena/ID/BR

Sabendo que a distância entre o ponto A e o ponto C é 10 unidades e que o coeficiente angular da reta que contém o segmento AB é $m = 4$, determine a equação da reta que contém o segmento AC e da reta que contém o segmento AB, ambas na forma reduzida.

27. Considere uma reta r que intersecta o eixo Ox em $P(p, 0)$ e o eixo Oy em $Q(0, q)$, com $p \neq 0$ e $q \neq 0$.

Utilizando o cálculo de determinantes para obter a equação da reta que passa pelos pontos P e Q, temos:

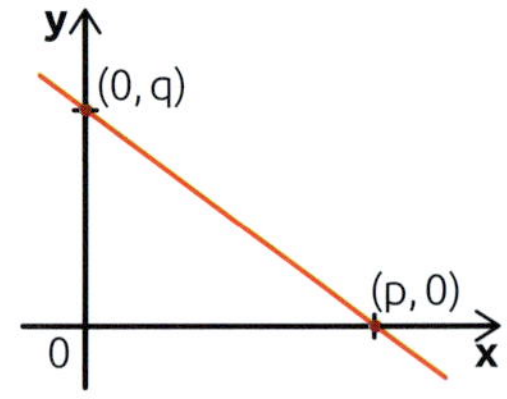

Ronaldo Lucena/ID/BR

$$\begin{vmatrix} x & y & 1 \\ 0 & q & 1 \\ p & 0 & 1 \end{vmatrix} = 0 \Rightarrow qx + py - pq = 0 \Rightarrow qx + py = pq \Rightarrow \frac{x}{p} + \frac{y}{q} = 1$$

A equação $\frac{x}{p} + \frac{y}{q} = 1$ é denominada equação segmentária da reta r.

Determine no caderno a equação segmentária da reta r que intersecta os eixos em $P(4, 0)$ e $Q(0, 3)$.

28. (UFSM-RS) O uso de fontes de energias limpas e renováveis, como a energia eólica, geotérmica e hidráulica, é uma das ações relacionadas com a sustentabilidade que visa a diminuir o consumo de combustíveis fósseis, além de preservar os recursos minerais e diminuir a poluição do ar. Em uma estação de energia eólica, os cata-ventos C_1, C_2 e C_3 estão dispostos conforme o gráfico a seguir.

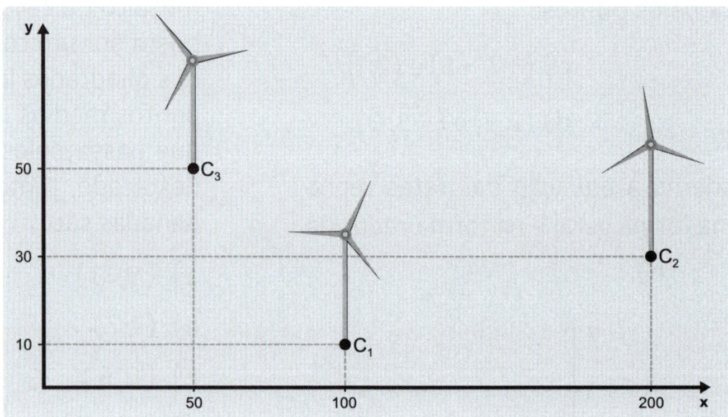

UFSM/Fac-símile: ID/BR

Para que um cata-vento de coordenadas (x, y) esteja alinhado com o cata-vento C_1 e com o ponto médio do segmento C_2C_3, é necessário e suficiente que

a) $2x + 15y = 850$.
b) $5y - x + 50 = 0$.
c) $55y - 26x + 2\,050 = 0$.
d) $4x + 5y = 450$.
e) $5y - 6x + 550 = 0$.

29. Determine no caderno a equação da reta na forma geral, sabendo que suas equações paramétricas são $\begin{cases} x = 3 + t \\ y = 5 + t \end{cases}$.

30. Determine o valor de k e a equação da reta r, sabendo que seu coeficiente angular é $m = 3$ e r passa pelos pontos $A(3 + k, 2k)$ e $B(2, -2k + 1)$.

31. A figura ao lado representa um triângulo ABC.

Determine no caderno as equações na forma reduzida das retas que contém as medianas desse triângulo.

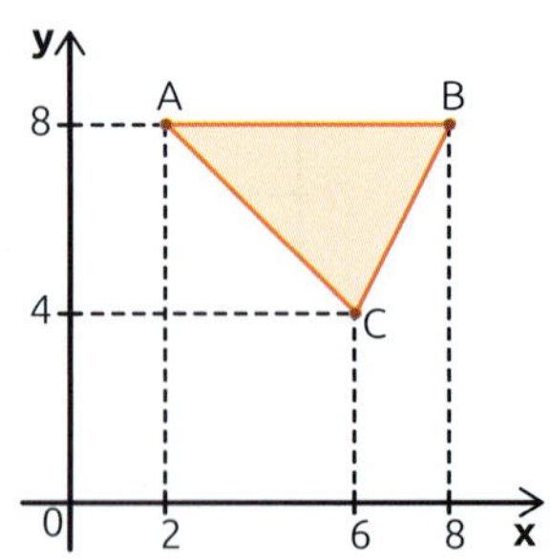

Ronaldo Lucena/ID/BR

32. Os pontos $A(2, 2)$, $B(6, 4)$, $C(8, 8)$ e $D(4, 6)$ formam um paralelogramo. Determine no caderno a equação na forma geral da reta que contém o lado $\overline{AB}$ e a da reta que contém a diagonal $\overline{BD}$.

Posição relativa entre duas retas no plano cartesiano

Duas retas distintas *r* e *s* podem ocupar apenas duas posições relativas no plano cartesiano, isto é, ser paralelas ou ser concorrentes.

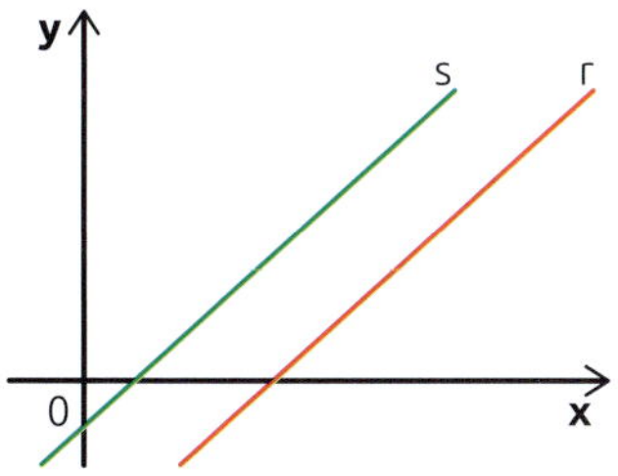

r e *s* são paralelas e não possuem ponto em comum

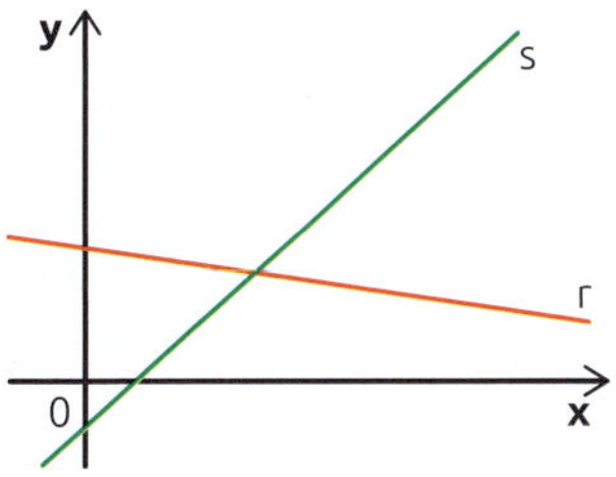

r e *s* são concorrentes e possuem um único ponto em comum

No plano cartesiano, duas retas distintas, *r* e *s*, podem ter no máximo um ponto em comum, pois, se tiverem pelo menos dois pontos distintos em comum, elas serão coincidentes, ou seja, corresponderão à mesma reta.

Retas paralelas

As retas paralelas não possuem pontos em comum, e podemos utilizar equações que representam retas para verificar essa condição. No entanto, se duas retas distintas são verticais, então, elas são paralelas e, analogamente, duas retas distintas horizontais também são paralelas. Desse modo, vamos analisar o caso em que $\alpha \neq 0°$ e $\alpha \neq 90°$.

Duas retas paralelas *r* e *s* formam com o eixo das abscissas ângulos de medida α, sendo $0° < \alpha < 90°$ ou $90° < \alpha < 180°$. Logo, as retas possuem o mesmo coeficiente angular.

- Caso em que $0° < \alpha < 90°$.

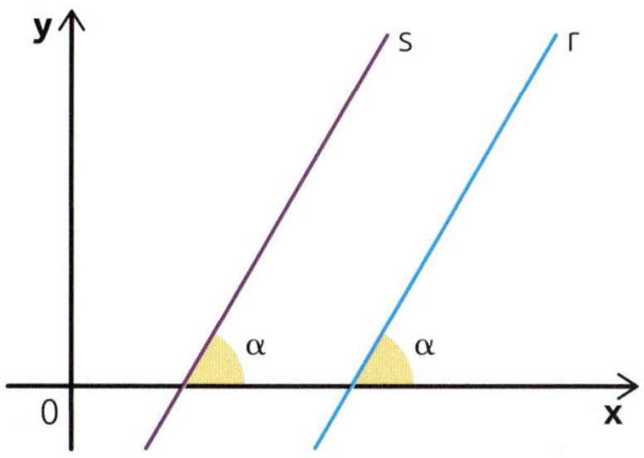

- Caso em que $90° < \alpha < 180°$.

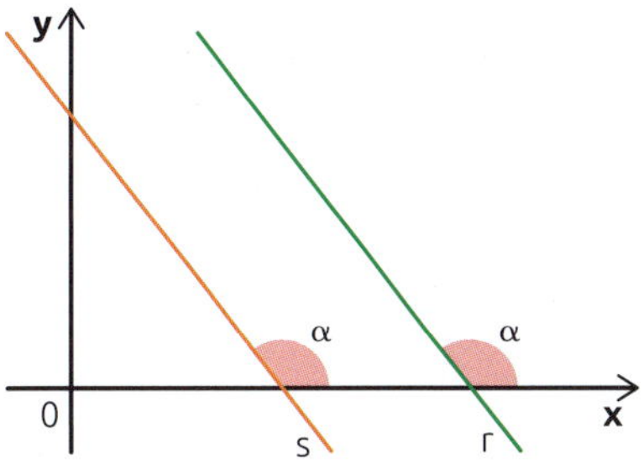

Ilustrações: Ronaldo Lucena/ID/BR

Em ambos os casos, temos $r // s \Leftrightarrow \text{tg}\alpha = m_r = m_s$.

> Assim como no capítulo **1** deste volume, vamos utilizar a notação $r//s$ para indicar que as retas *r* e *s* são paralelas. Denotamos m_r e m_s como o coeficiente angular das retas *r* e *s*, respectivamente.

Por exemplo, para verificar se as retas r: $-4x + 2y - 4 = 0$ e s: $6x - 3y - 1 = 0$ são paralelas, podemos escrever suas equações na forma reduzida e analisar os coeficientes angulares.

- Reta *r*: $-4x + 2y - 4 = 0 \Rightarrow 2y = 4x + 4 \Rightarrow y = 2x + 2$
- Reta *s*: $6x - 3y - 1 = 0 \Rightarrow -3y = -6x + 1 \Rightarrow y = 2x - \dfrac{1}{3}$

Como os coeficientes angulares são iguais, $m_r = m_s = 2$, as retas r e s possuem a mesma inclinação. Além disso, os coeficientes lineares de r e s são distintos, $n_r = 2$ e $n_s = -\frac{1}{3}$, logo essas retas intersectam o eixo das ordenadas em pontos distintos, isto é, as retas r e s são distintas e, portanto, paralelas.

Duas retas não verticais são paralelas se, e somente se, possuem coeficientes angulares iguais e intersectam o eixo das ordenadas em pontos distintos.

Caso duas retas possuam coeficientes angulares iguais e coeficientes lineares iguais, elas serão coincidentes. Além disso, equações diferentes do 1º grau podem representar a mesma reta e, naturalmente, uma pode ser obtida da outra.

Retas concorrentes

Agora, sabemos que duas retas distintas e não verticais são paralelas quando possuem coeficientes angulares iguais e coeficientes lineares diferentes. Logo, se duas retas possuírem coeficientes angulares diferentes, elas não serão paralelas, isto é, serão concorrentes e possuirão um único ponto em comum.

Considere as retas concorrentes r e s no plano cartesiano.

- Caso em que ambas as retas possuem coeficiente angular.

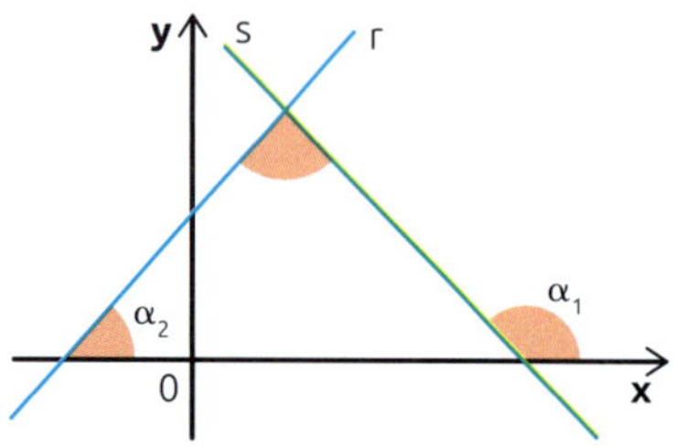

Nesse caso, temos:
$\alpha_1 \neq \alpha_2 \Leftrightarrow \text{tg}\,\alpha_1 \neq \text{tg}\,\alpha_2 \Leftrightarrow m_r \neq m_s$.

- Caso em que apenas uma das retas possui coeficiente angular.

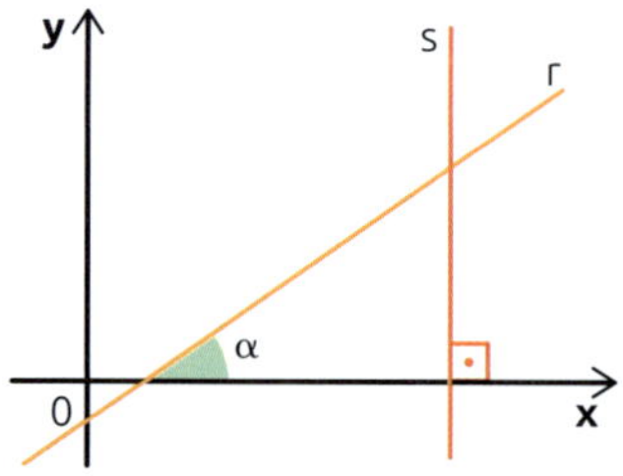

Nesse caso, a reta r possui coeficiente angular e a reta s não possui coeficiente angular.

Ilustrações: Ronaldo Lucena/ID/BR

Para verificar se as retas $r: 3x + y - 5 = 0$ e $s: -8x + 2y = 0$ são concorrentes, por exemplo, podemos proceder da seguinte maneira:

- Reta r: $3x + y - 5 = 0 \Rightarrow y = -3x + 5$
- Reta s: $-8x + 2y = 0 \Rightarrow 2y = 8x \Rightarrow y = 4x$

Como os coeficientes angulares são distintos, $m_r = -3$ e $m_s = 4$, as retas r e s são concorrentes.

Duas retas são concorrentes se, e somente se, possuem coeficientes angulares distintos ou uma delas possui coeficiente angular e a outra não.

O ponto comum de duas retas concorrentes *r* e *s*, ou seja, o ponto de intersecção dessas retas é um ponto $P\left(x_P, y_P\right)$ que satisfaz a equação de ambas as retas. Logo, as coordenadas do ponto $P\left(x_P, y_P\right)$ são a solução do sistema linear composto pela equação dessas duas retas *r* e *s*.

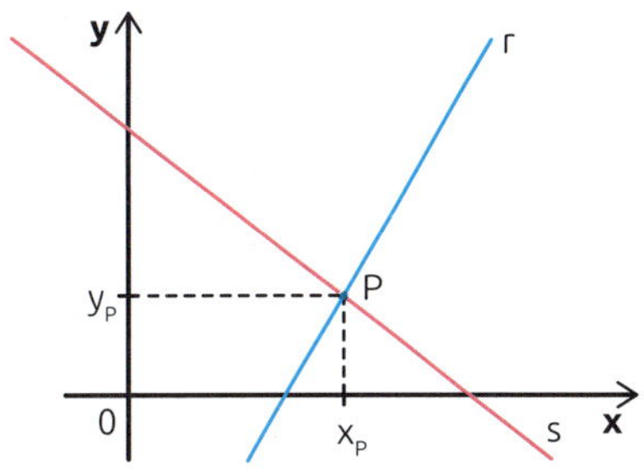

Assim, para determinar a posição relativa entre duas retas no plano cartesiano, podemos resolver o sistema linear formado por suas equações, e se o sistema for:

- determinado, existirá um único ponto em comum e as retas serão concorrentes;
- impossível, não existirá pontos em comum e as retas serão paralelas;
- indeterminado, existirá infinitos pontos em comum e as retas serão coincidentes.

Retas perpendiculares

No plano cartesiano, duas retas concorrentes são perpendiculares quando formam quatro ângulos retos com vértice no ponto de intersecção. Quando duas retas concorrentes não são perpendiculares, dizemos que elas são oblíquas.

Considere as retas perpendiculares *r* e *s* não verticais no plano cartesiano.

Da soma dos ângulos internos do triângulo formado pelas retas *r*, *s* e o eixo das abscissas, temos:

$$\alpha_r + 90° + \left(180° - \alpha_s\right) = 180° \Rightarrow \alpha_s = \alpha_r + 90° \Rightarrow$$

$$\Rightarrow \operatorname{tg}\alpha_s = \operatorname{tg}\left(\alpha_r + 90°\right) = \frac{\operatorname{sen}\left(\alpha_r + 90°\right)}{\cos\left(\alpha_r + 90°\right)} =$$

$$= \frac{\cos\alpha_r}{-\operatorname{sen}\alpha_r} \Rightarrow \operatorname{tg}\alpha_s = -\frac{1}{\operatorname{tg}\alpha_r}$$

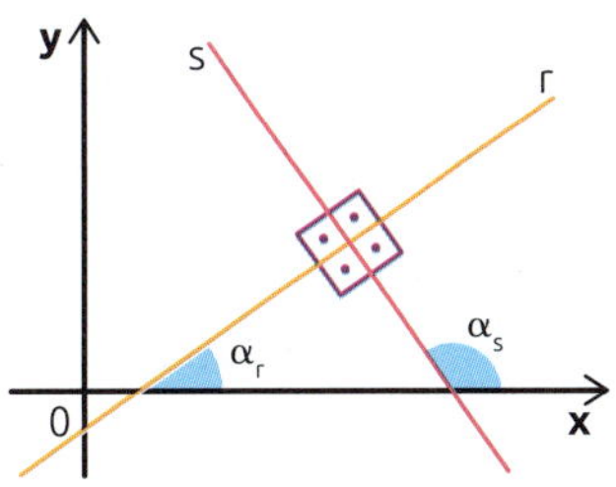

As igualdades $\operatorname{sen}\left(\alpha + 90°\right) = \cos\alpha$ e $\cos\left(\alpha + 90°\right) = -\operatorname{sen}\alpha$ podem ser verificadas com o auxílio de uma circunferência trigonométrica.

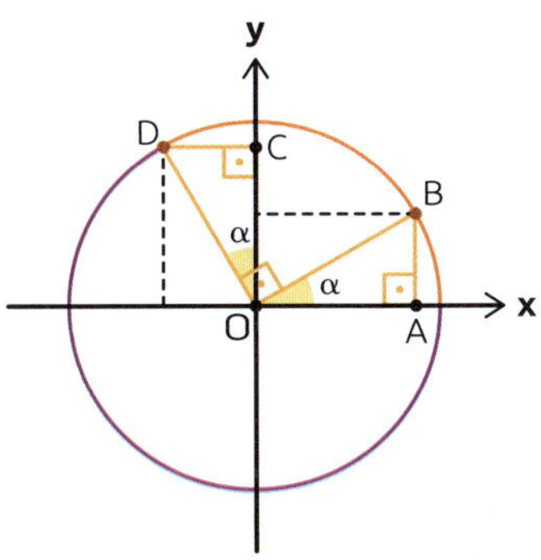

Ilustrações: Ronaldo Lucena/ID/BR

Do $\triangle OAB$ e $\triangle OCD$, temos $\cos\alpha = OA$, $\operatorname{sen}\alpha = AB$, $\operatorname{sen}\left(\alpha + 90°\right) = OC$ e $-\cos\left(\alpha + 90°\right) = CD$. Além disso, $\triangle OAB$ e $\triangle OCD$ possuem um lado, um ângulo adjacente a esse lado e um ângulo oposto a esse lado respectivamente congruentes (lados: $\overline{OB} \equiv \overline{OD}$; ângulo adjacente: $A\hat{O}B \equiv C\hat{O}D$; ângulo oposto: $O\hat{A}B \equiv O\hat{C}D$). Pelo caso lado, ângulo e ângulo oposto $\left(LAA_O\right)$, $\triangle OAB \equiv \triangle OCD$.

Logo, $OC = OA$ e $CD = AB$.

Por conseguinte $\operatorname{sen}\left(\alpha + 90°\right) = \cos\alpha$ e $-\cos\left(\alpha + 90°\right) = \operatorname{sen}\alpha \Rightarrow \cos\left(\alpha + 90°\right) = -\operatorname{sen}\alpha$, respectivamente.

Assim, para que duas retas r e s não verticais e não horizontais sejam perpendiculares, o coeficiente angular de uma delas deve ser igual ao oposto do inverso do coeficiente angular da outra, isto é, $m_s = -\frac{1}{m_r}$, com $m_s \neq 0$ e $m_r \neq 0$. A recíproca também é verdadeira e pode ser demonstrada, ou seja, se os coeficientes angulares não nulos de duas retas r e s forem tais que $m_s = -\frac{1}{m_r}$, as retas r e s são perpendiculares.

É possível notar que a igualdade $m_s = -\frac{1}{m_r}$, com $m_s \neq 0$ e $m_r \neq 0$, equivale a $m_r \cdot m_s = -1$.

Por exemplo, para verificar se as retas $r: -2x + 4y + 12 = 0$ e $s: -2x - y + 7 = 0$ são perpendiculares, podemos proceder da seguinte maneira:

- Reta r: $-2x + 4y + 12 = 0 \Rightarrow 4y = 2x - 12 \Rightarrow y = \frac{1}{2}x - 3$
- Reta s: $-2x - y + 7 = 0 \Rightarrow -y = 2x - 7 \Rightarrow y = -2x + 7$

Como os coeficientes angulares são tais que $m_r \cdot m_s = -1$, pois $\frac{1}{2} \cdot (-2) = -1$, as retas r e s são perpendiculares.

Duas retas não verticais e não horizontais são perpendiculares se, e somente se, o coeficiente angular de uma delas for igual ao oposto do inverso do coeficiente angular da outra.

Indicamos que uma reta r é perpendicular a outra reta s, por $r \perp s$. Assim, afirmamos que:

$r \perp s \Leftrightarrow m_s = -\frac{1}{m_r}$ ou $r \perp s \Leftrightarrow m_r \cdot m_s = -1$,

com $m_s \neq 0$ e $m_r \neq 0$.

No caso particular em que uma reta t é vertical, uma reta u será perpendicular a ela se, e somente se, u for horizontal.

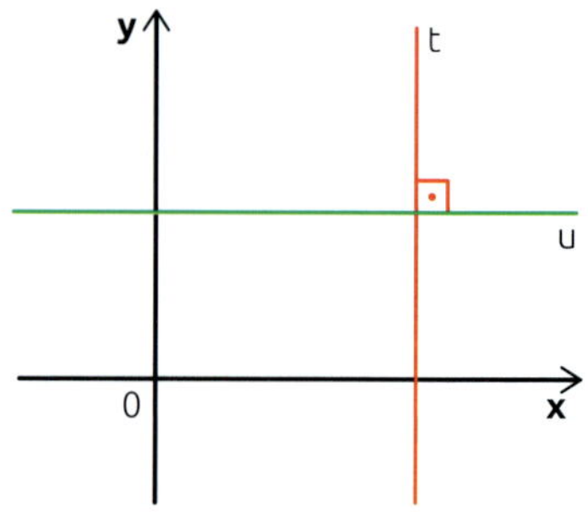

Ronaldo Lucena/ID/BR

Atividades resolvidas

R10. Determine as posições relativas entre as retas r e s e o ponto P de intersecção entre as retas, se existir.

a) $r: y = 3x + 1$
$s: y = 3x - 2$

b) $r: -x + 2y = 2$
$s: x + y = 4$

c) $r: -2x + 3y - 1 = 0$
$s: -4x + 6y - 2 = 0$

Resolução

a) Note que, nesse caso, as retas r e s possuem coeficiente angular $m = 3$. Como os coeficientes lineares de r e s são diferentes, concluímos que elas são paralelas.

Observe a representação das retas r e s.

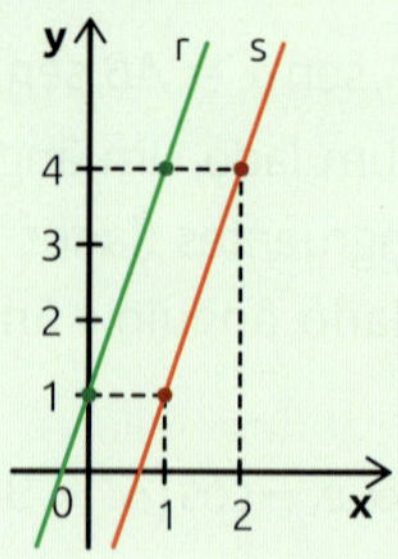

Ronaldo Lucena/ID/BR

b) Sendo m_r e m_s os coeficientes das retas r e s, respectivamente, temos $m_r = \frac{1}{2}$ e $m_s = -1$. Assim, como $m_r \neq m_s$, as retas r e s são concorrentes.

Para determinarmos o ponto P de intersecção entre r e s, resolvemos o sistema:

$$\begin{cases} -x + 2y = 2 \\ x + y = 4 \end{cases} \Rightarrow \begin{cases} y = \dfrac{2 + x}{2} \\ y = 4 - x \end{cases} \Rightarrow$$

$$\Rightarrow \frac{2 + x}{2} = 4 - x \Rightarrow 2 + x = 8 - 2x \Rightarrow$$

$$\Rightarrow 3x = 6 \Rightarrow x = 2$$

Substituindo x por 2 na equação da reta s, obtemos $y = 2$, logo, $P(2, 2)$.

Observe uma representação para as retas r e s.

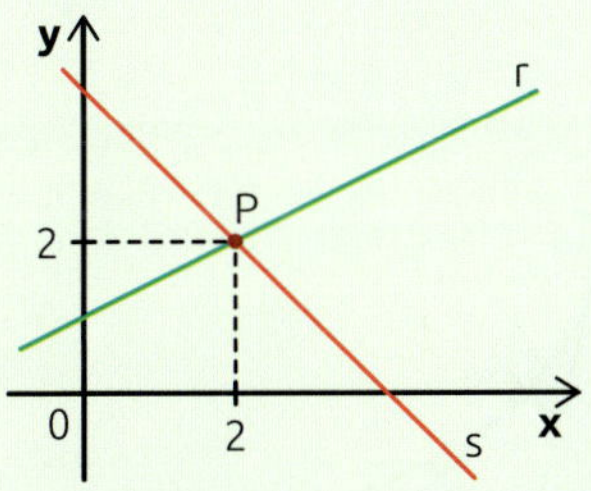

Ronaldo Lucena/ID/BR

c) Para obter a equação das retas r e s na forma reduzida, fazemos:

$$r: 3y = 2x + 1 \Rightarrow y = \frac{2}{3}x + \frac{1}{3}$$

$$s: 6y = 4x + 2 \Rightarrow y = \frac{2}{3}x + \frac{1}{3}$$

Com isso, verificamos que as retas r e s estão associadas a uma mesma equação e, portanto, são coincidentes.

R11. Dado o segmento de reta AB com $A(1, 0)$ e $B(3, 4)$, determine a equação da reta r que é perpendicular ao segmento AB e passa pelo seu ponto médio.

Resolução

Para determinar o coeficiente angular m_s da reta s que passa pelos pontos A e B, fazemos:

$$m_s = \frac{4 - 0}{3 - 1} = \frac{4}{2} = 2$$

Seja m_r o coeficiente angular da reta r. Como r e s são perpendiculares, temos que:

$$m_r = -\frac{1}{m_s} = -\frac{1}{2}$$

Para determinar as coordenadas do ponto médio M do segmento AB, fazemos:

$$M\left(\frac{x_A + x_B}{2}, \frac{y_A + y_B}{2}\right) \Rightarrow$$

$$\Rightarrow M\left(\frac{1 + 3}{2}, \frac{0 + 4}{2}\right) \Rightarrow M(2,2)$$

Utilizando a equação fundamental da reta $y - y_o = m_r(x - x_0)$, obtemos:

$$y - y_M = m_r(x - x_M) \Rightarrow$$

$$\Rightarrow y - 2 = -\frac{1}{2}(x - 2) \Rightarrow$$

$$\Rightarrow y - 2 = -\frac{1}{2}x + 1 \Rightarrow y = -\frac{1}{2}x + 3$$

Portanto, a reta r é dada pela equação $y = -\frac{1}{2}x + 3$.

Atividades

33. Determine no caderno a posição relativa entre os pares de retas de cada item.

a) $-x + 3y = 2$ e $-2x + 6y = -10$

b) $3x - 2y = 0$ e $y = \frac{3}{2}x + 13$

c) $y = \frac{5}{3}x + \frac{8}{3}$ e $53x + 33y + 1060 = 0$

d) $-2x + 7y = 0$ e $-x - \frac{3}{2}y = -5$

34. Determine no caderno a equação da reta que passa pelo ponto $(3, 5)$ e é paralela à reta que passa por $(2, 5)$ e $(3, 1)$, na forma reduzida.

35. Determine no caderno para qual valor de $k \in \mathbb{R}$ a reta r dada por $(k - 2)x + 3y - (k^2 + 1) = 0$:

a) é paralela ao eixo Ox

b) é perpendicular à reta s: $y = \frac{x}{2} + 4$

c) é paralela à reta t: $8x + 12y - 12 = 0$

36. Determine no caderno as coordenadas do ponto de intersecção das retas abaixo.

a) r: $5x + 2y = 30$ e s: $-x + 4y = 16$

b) t: $-2x + y = 4$ e u: $-2x - 5y = -20$

37. Mostre que as retas $r: -x + 6y - 2 = 0$ e $s: -\frac{1}{28}x + \frac{3}{14}y = -20$ são paralelas.

38. Determine no caderno a equação da reta perpendicular à reta $r: 2x + 3y = 12$ e que passa pelo ponto $(1, 1)$ na forma geral.

39. A mediatriz de um segmento é a reta perpendicular ao segmento que passa por seu ponto médio. Determine no caderno a equação da reta mediatriz do segmento AB na forma geral.

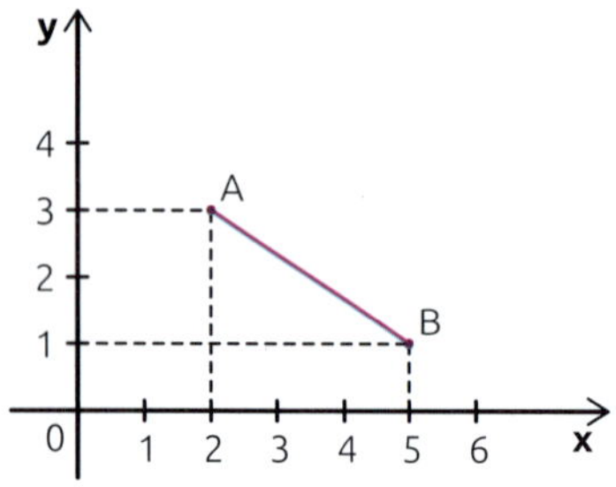

Ronaldo Lucena/ID/BR

40. (Uerj) Uma ferrovia foi planejada para conter um trecho retilíneo cujos pontos são equidistantes dos centros A e B de dois municípios. Em seu projeto de construção, utilizou-se o plano cartesiano, com coordenadas em quilômetros, em que $A = (1, 2)$ e $B = (7, 14)$. Observe o gráfico:

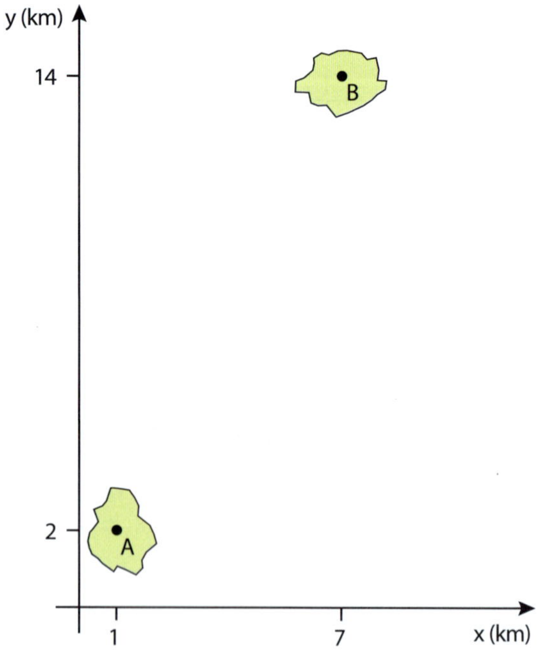

Uerj/Fac-símile: ID/BR

Determine, utilizando esse sistema referencial, a equação da reta suporte desse trecho retilíneo da ferrovia.

Reta suporte: diz-se da reta na qual está contido um segmento ou uma semirreta.

41. Observe o triângulo abaixo.

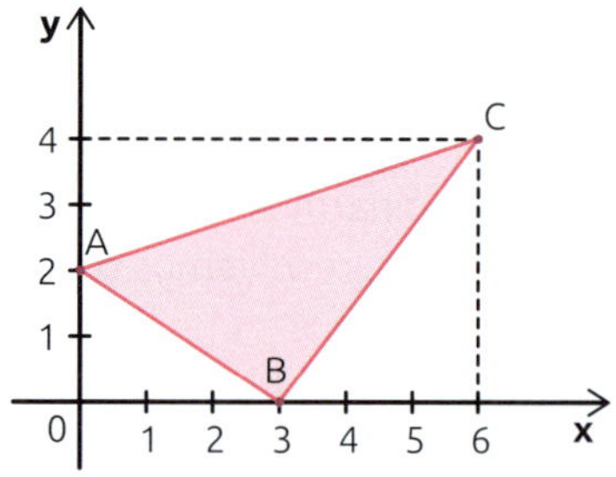

Ronaldo Lucena/ID/BR

Determine a equação da reta que contém a altura relativa ao lado $\overline{AC}$ na forma reduzida.

42. (UFSM-RS) A figura mostra um jogo de videogame, em que aviões disparam projéteis visando a atingir o alvo. Quando o avião está no ponto $(1, 2)$, dispara um projétil e atinge o alvo na posição $(3, 0)$.

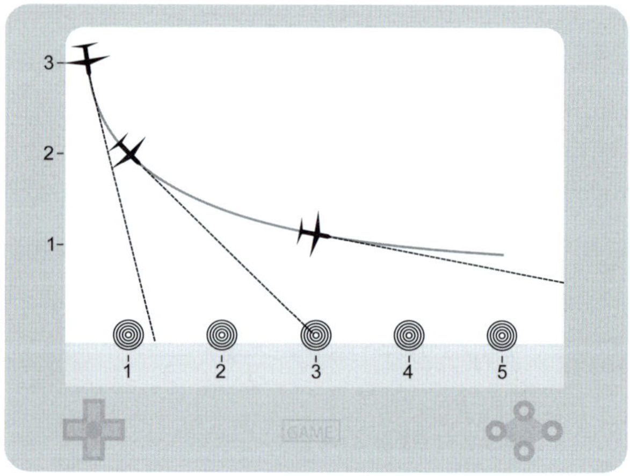

UFSM/Fac-símile: ID/BR

Sendo r a reta determinada pela trajetória do projétil, observe as seguintes afirmativas:

I) O ponto $P\left(\frac{1}{2}, \frac{5}{2}\right)$ pertence a r.

II) A reta r é perpendicular à reta que passa pela origem e pelo ponto médio do segmento AB, onde $A(0, 3)$ e $B(3, 0)$.

III) A reta r é paralela à reta $s: 2x - 2y + 5 = 0$.

Está(ão) correta(s)

a) apenas I.

b) apenas I e II.

c) apenas III.

d) apenas II e III.

e) I, II e III.

Ângulo entre duas retas concorrentes

Quando duas retas são concorrentes, elas determinam quatro ângulos, dois a dois opostos pelo vértice e consequentemente congruentes.

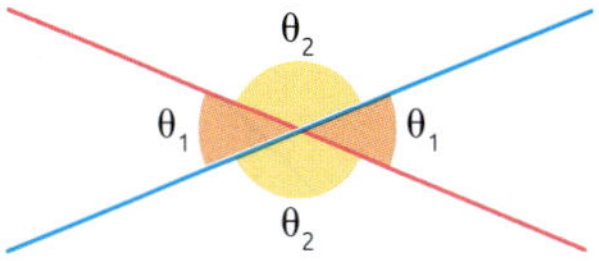

Caso as retas sejam perpendiculares, o ângulo determinado por elas mede 90°, como já sabemos.

No plano cartesiano, considere o ângulo agudo θ formado por duas retas *r* e *s* concorrentes, sem que sejam verticais e nem perpendiculares entre si.

- 1º caso:

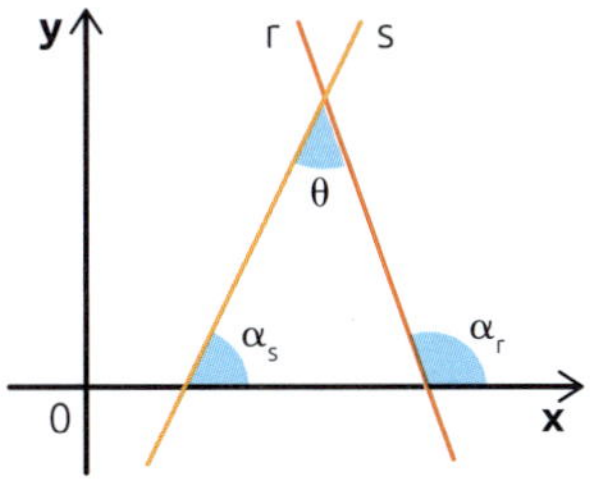

As medidas α_r e α_s correspondem às inclinações das retas *r* e *s*, respectivamente. Logo, $\text{tg}\,\alpha_r = m_r$ e $\text{tg}\,\alpha_s = m_s$, são coeficientes angulares das retas *r* e *s*, respectivamente.

Da soma das medidas dos ângulos internos do triângulo formado pelas retas *r*, *s* e o eixo das abscissas, temos:

$$\theta + \alpha_s + (180° - \alpha_r) = 180° \Rightarrow \theta = \alpha_r - \alpha_s \Rightarrow$$

$$\Rightarrow \text{tg}\,\theta = \text{tg}\,(\alpha_r - \alpha_s) = \frac{\text{tg}\,\alpha_r - \text{tg}\,\alpha_s}{1 + \text{tg}\,\alpha_r \cdot \text{tg}\,\alpha_s} = \frac{m_r - m_s}{1 + m_r \cdot m_s}$$

A igualdade $\text{tg}\,(\alpha_r - \alpha_s) = \dfrac{\text{tg}\,\alpha_r - \text{tg}\,\alpha_s}{1 + \text{tg}\,\alpha_r \cdot \text{tg}\,\alpha_s}$ é obtida pela fórmula da tangente da diferença de dois arcos que pode ser demonstrada.

- 2º caso:

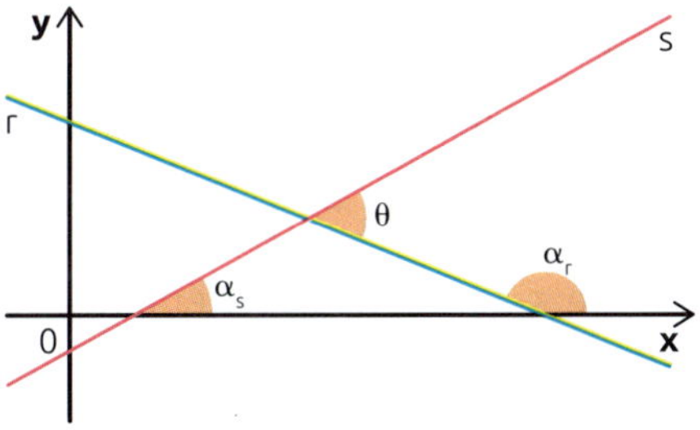

Ilustrações: Ronaldo Lucena/ID/BR

De maneira análoga ao caso anterior, temos:

$$(180° - \theta) + \alpha_s + (180° - \alpha_r) = 180° \Rightarrow \theta = \alpha_s - \alpha_r + 180°$$

Ao adicionarmos 180° a um ângulo qualquer, sua tangente não se altera. Assim:

$$\text{tg}\,\theta = \text{tg}(\alpha_s - \alpha_r + 180°) = \text{tg}(\alpha_s - \alpha_r) = -\text{tg}\,(\alpha_r - \alpha_s) = -\frac{m_r - m_s}{1 + m_r \cdot m_s}$$

Em qualquer caso, $|\text{tg}\,\theta| = \left|\dfrac{m_r - m_s}{1 + m_r \cdot m_s}\right|$. Como $\text{tg}\,\theta > 0$, pois θ é agudo, temos:

$$\text{tg}\,\theta = |\text{tg}\,\theta| = \left|\frac{m_r - m_s}{1 + m_r \cdot m_s}\right|$$

Se duas retas oblíquas *r* e *s* possuem coeficiente angular m_r e m_s, respectivamente, e θ é o ângulo agudo determinado por elas, então, $\text{tg}\,\theta = \left|\dfrac{m_r - m_s}{1 + m_r \cdot m_s}\right|$.

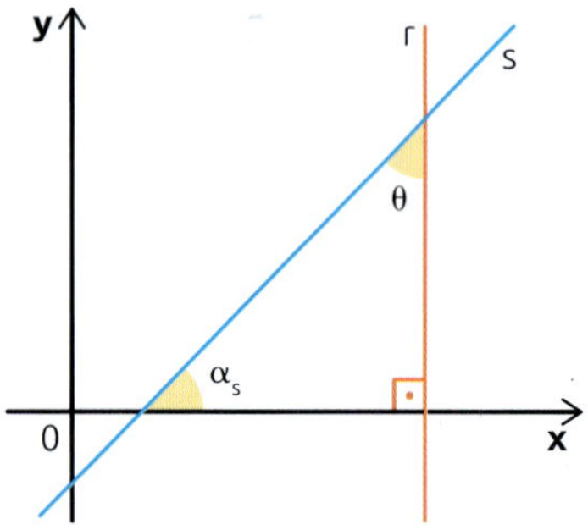

Temos ainda o caso de retas concorrentes em que uma delas está na posição vertical.

Nesse caso, o ângulo agudo $\theta = 90° - \alpha_s$ e $\text{tg}\,\theta = \left|\dfrac{1}{m_s}\right|$.

Distância de um ponto a uma reta

Vimos no capítulo **1** deste volume que a distância de um ponto *A* a uma reta *r* é definida como a medida do segmento de reta *AA'*, sendo *A'* a projeção ortogonal de *A* sobre *r*.

Por exemplo, para calcular analiticamente a distância entre o ponto $A(-1, 5)$ e a reta $r: 4x - 3y - 6 = 0$, podemos obter a equação da reta *s* que passa por *A* e é perpendicular a *r* no ponto *A'*, projeção ortogonal do ponto $A(-1, 5)$ sobre *r*.

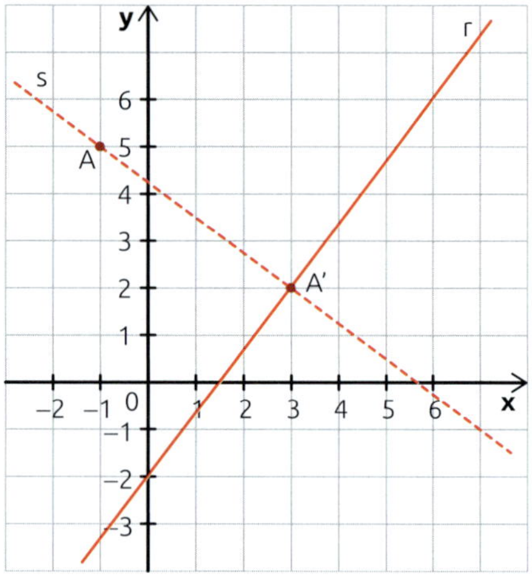

Ilustrações: Ronaldo Lucena/ID/BR

O coeficiente angular da reta *r* é $m_r = \dfrac{4}{3}$, pois:

$$4x - 3y - 6 = 0 \Rightarrow 3y = 4x - 6 \Rightarrow y = \frac{4}{3}x - 2$$

Como queremos $s \perp r$, segue que:

$$m_s = -\frac{1}{m_r} = -\frac{1}{\frac{4}{3}} = -\frac{3}{4}$$

Por hipótese, a reta *s* passa pelo ponto $A(-1, 5)$ e sua equação na forma geral é:

$$y - y_0 = m\left(x - x_0\right) \Rightarrow y - 5 = -\frac{3}{4}\left[x - (-1)\right] \Rightarrow y - 5 = -\frac{3x + 3}{4} \Rightarrow 3x + 4y - 17 = 0$$

O ponto *A'* é comum às retas *r* e *s*, assim, as coordenadas de *A'* correspondem à solução do sistema linear composto pelas equações dessas retas.

$$\begin{cases} 4x - 3y - 6 = 0 \\ 3x + 4y - 17 = 0 \end{cases}$$

Resolvendo o sistema linear, temos:

$$\begin{cases} 4x - 3y - 6 = 0 & \cdot (4) \\ 3x + 4y - 17 = 0 & \cdot (3) \end{cases} \Rightarrow \begin{cases} 16x - 12y - 24 = 0 \\ 9x + 12y - 51 = 0 \end{cases} +$$

$$25x + 0y - 75 = 0 \Rightarrow 25x = 75 \Rightarrow x = 3$$

Substituindo *x* por 3 em $4x - 3y - 6 = 0$, temos:

$$4x - 3y - 6 = 0 \Rightarrow 4 \cdot 3 - 3y - 6 = 0 \Rightarrow 3y = 6 \Rightarrow y = 2$$

Assim, $A'(3, 2)$.

Calculando a distância entre $A(-1, 5)$ e $A'(3, 2)$, obtemos:

$$AA' = \sqrt{\left[3 - (-1)\right]^2 + (2 - 5)^2} = \sqrt{16 + 9} = \sqrt{25} = 5$$

Portanto, a distância entre o ponto $A(-1, 5)$ e a reta $r: 4x - 3y - 6 = 0$ é 5.

Pode-se demonstrar que ao calcular a distância $d(P, r)$ de um ponto $P(x_P, y_P)$ qualquer a uma reta genérica r: $ax + by + c = 0$ de maneira semelhante à apresentada anteriormente, obtemos:

$$d(P, r) = \frac{|ax_P + by_P + c|}{\sqrt{a^2 + b^2}}$$

Atividades resolvidas

R12. Determine o ângulo agudo θ formado pelas retas r e s, sabendo que r passa pelos pontos A e B e s pelos pontos B e C, em que $A(0, 0)$, $B\left(\frac{\sqrt{3}}{2}, \frac{1}{2}\right)$ e $C = (0, 1)$.

Resolução

Sejam m_r e m_s os coeficientes angulares das retas r e s, respectivamente. Temos:

$$m_r = \frac{\frac{1}{2} - 0}{\frac{\sqrt{3}}{2} - 0} = \frac{1}{\cancel{2}} \cdot \frac{\cancel{2}}{\sqrt{3}} = \frac{1}{\sqrt{3}} \Rightarrow m_r = \frac{\sqrt{3}}{3}$$

$$\text{e } m_s = \frac{\frac{1}{2} - 1}{\frac{\sqrt{3}}{2} - 0} = \left(-\frac{1}{\cancel{2}}\right) \cdot \frac{\cancel{2}}{\sqrt{3}} \Rightarrow m_s = -\frac{\sqrt{3}}{3}$$

Para calcular o ângulo agudo θ, fazemos:

$$tg\,\theta = \left|\frac{m_r - m_s}{1 + m_r \cdot m_s}\right| = \left|\frac{\frac{\sqrt{3}}{3} - \left(-\frac{\sqrt{3}}{3}\right)}{1 + \frac{\sqrt{3}}{3} \cdot \left(-\frac{\sqrt{3}}{3}\right)}\right| =$$

$$= \left|\frac{\frac{\sqrt{3}}{3} + \frac{\sqrt{3}}{3}}{1 - \left(\frac{\sqrt{3}}{3}\right)^2}\right| = \left|\frac{2 \cdot \frac{\sqrt{3}}{3}}{1 - \frac{1}{3}}\right| =$$

$$= \left|\frac{\cancel{2}\sqrt{3}}{\cancel{3}} \cdot \frac{\cancel{3}}{\cancel{2}}\right| = \sqrt{3}$$

Como $tg\,\theta = \sqrt{3}$, temos $\theta = 60°$.

R13. Considere o triângulo ABC com $A(2, 1)$, $B(1, 3)$ e $C(3, 3)$. Calcule a altura h do triângulo relativa ao lado $\overline{AC}$.

Resolução

Seja r a reta que passa pelos pontos A e C. Observe uma representação geométrica para este caso.

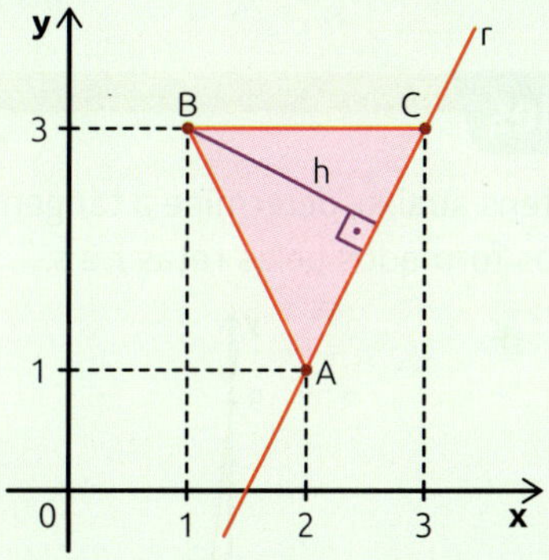

Ronaldo Lucena/ID/BR

Note que a medida h da altura do triângulo relativo ao lado $\overline{AC}$ equivale à distância entre o ponto B e a reta r, suporte ao lado $\overline{AC}$.

Para determinar o coeficiente angular m da reta r, fazemos:

$$m = \frac{3 - 1}{3 - 2} = \frac{2}{1} = 2$$

Utilizando a fórmula $y - y_0 = m(x - x_0)$ para obter a equação da reta r na forma geral, fazemos:

$$y - y_A = m(x - x_A) \Rightarrow y - 1 = 2(x - 2) \Rightarrow$$
$$\Rightarrow y - 1 = 2x - 4 \Rightarrow -2x + y + 3 = 0$$

Como a distância h entre um ponto $B(x_B, y_B)$ e uma reta $r: ax + by + c = 0$ é dada por $h = \frac{|ax_B + by_B + c|}{\sqrt{a^2 + b^2}}$, temos:

$$h = \frac{|-2 \cdot 1 + 1 \cdot 3 + 3|}{\sqrt{(-2)^2 + 1^2}} = \frac{4}{\sqrt{5}} \Rightarrow h = \frac{4\sqrt{5}}{5}$$

Portanto, a altura do triângulo em relação ao lado $\overline{AC}$ é $\frac{4\sqrt{5}}{5}$.

Atividades resolvidas

R14. Dadas as retas paralelas $r: 3x + y - 7 = 0$ e $s: 3x + y + 3 = 0$, determine a distância d entre elas.

Resolução

Para determinar a distância d entre as retas r e s, vamos tomar um ponto P arbitrário da reta r e calcular a sua distância em relação à reta s.

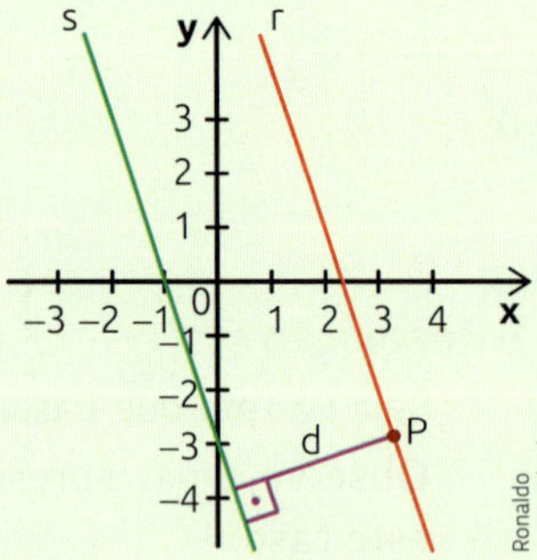

Ronaldo Lucena/ID/BR

Escrevendo $P(x_P, y_P)$, note que $y_P = -3 \cdot x_P + 7$, pois P pertence à reta r.

Calculando $d(P, s)$, temos:

$$d = d(P, s) = \frac{|3 \cdot x_P + 1 \cdot y_P + 3|}{\sqrt{3^2 + 1^2}} =$$

$$= \frac{|\cancel{3x_P} - \cancel{3x_P} + 7 + 3|}{\sqrt{10}} =$$

$$= \frac{10}{\sqrt{10}} \Rightarrow d = \sqrt{10}$$

Portanto, a distância entre as retas é $\sqrt{10}$.

Atividades

43. Nos itens abaixo, determine a tangente dos ângulos agudos formados pelas retas r e s.

a)

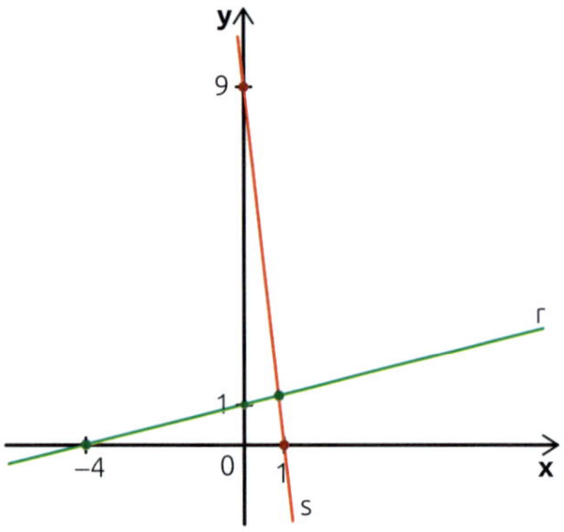

b)

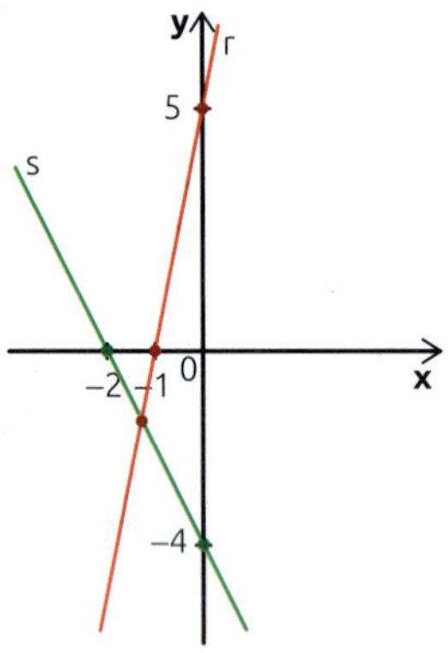

c)

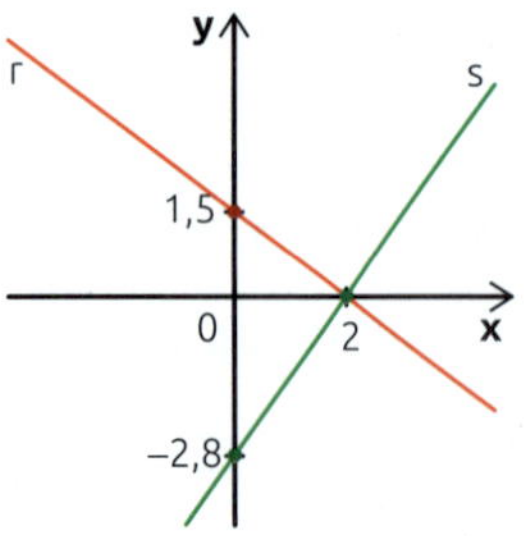

Ilustrações: Ronaldo Lucena/ID/BR

44. Em cada item são dadas as equações das retas concorrentes r e s. Determine no caderno o ângulo agudo θ formado por elas.

a) $r: y = -2x + 3$ e $s: y = 3x - 7$

b) $r: y = -\sqrt{3}x + 2$ e $s: y = \sqrt{3}x + 4$

c) $r: y = 7$ e $s: y = \frac{\sqrt{3}}{3}x - 42$

d) $r: y = 2$ e $s: y = -x$

45. Determine no caderno a distância entre o ponto P e a reta r em cada caso.

a) $r: 4x - 3y + 6 = 0$ e $P(2, 3)$

b) $r: 3x + 4y = 0$ e $P(-6, 2)$

c) $r: -\frac{1}{2}x + \frac{3}{4}y - 6 = 0$ e $P(-14, -11)$

d) $r: y = 4x - 5$ e $P(13, 13)$

46. **Desafio** (EPCAr-MG) Sejam a e b dois números reais positivos.

As retas r e s se intersectam no ponto (a, b).

Se $\left(\frac{a}{2}, 0\right) \in r$ e $\left(0, \frac{b}{2}\right) \in s$, então uma equação para a reta t, que passa por $(0, 0)$ e tem tangente do ângulo agudo formado entre r e s como coeficiente angular, é

a) $3abx + (2a^2 - b^2)y = 0$

b) $3bx - b(a^2 + b^2)y = 0$

c) $3abx - a(a^2 + b^2)y = 0$

d) $3abx - 2(a^2 + b^2)y = 0$

Caminhar com segurança

Imagine o trânsito de uma grande cidade. Que elementos compõem essa cena? Ruas, carros, motocicletas, ônibus, placas de sinalização e eles, os pedestres. Embora nem sempre sejam muito lembrados, os pedestres fazem parte do trânsito e têm direitos e deveres, como todos os envolvidos.

No Brasil, em 2013, 19% das mortes de trânsito foram de pedestres. Quando estamos caminhando nas ruas, não utilizamos nenhum acessório de segurança, por isso, devemos ter muito cuidado para prevenir acidentes e também prestar atenção nas medidas de segurança implantadas nas vias.

Uma das principais regras para o pedestre manter uma segurança adequada no trânsito é **ver e ser visto**, ou seja, ficar atento e certificar-se de que os motoristas notaram sua presença. Veja abaixo outras atitudes que podem evitar acidentes ou até salvar vidas.

José Vitor Elorza/ASC Imagens

- → Ao descer de um veículo, aguarde na calçada sua saída e depois atravesse a rua.
- → Nunca volte para buscar objetos derrubados durante a travessia de uma via. Termine de atravessar e, quando for seguro, volte e pegue o que derrubou.
- → Olhe sempre para os dois lados, se necessário, olhe mais de uma vez e deixe claro para os motoristas a intenção de atravessar.
- → Evite fones de ouvido para manter a atenção ao trânsito.
- → Use sempre a faixa de segurança e as passarelas.
- → Ande sempre na calçada.
- → Em ruas sem calçada, caminhe em sentido oposto aos carros, para ser visto com facilidade pelos motoristas; quando em grupo, ande em fila, um atrás do outro.
- → Obedeça às sinalizações e quando houver semáforos para pedestres só atravesse com sinal verde.

Placa de sinalização incluindo a campanha Pé na faixa.
A campanha educativa Pé na Faixa, aderida em vários municípios brasileiros, tem como foco diminuir as estatísticas de acidentes e mortes no trânsito, gerando uma mudança de comportamento em todos os usuários da via.

A Você considera que a cidade em que mora é bem sinalizada e possui estruturas para a segurança dos pedestres? Se não, o que poderia ser feito para melhorar?

B Quais atitudes citadas no texto você costuma praticar no trânsito quando está no papel de um pedestre?

C Certo pedestre atravessou a rua conforme o esquema ao lado, indo do ponto $A(3, 12)$ ao ponto $B(10, 2)$. Qual foi a distância percorrida, em metros, pelo pedestre?

> Você considera que o trajeto feito pelo pedestre é o mais seguro? Ele poderia ter atravessado a rua escolhendo um trajeto menor? De quantos metros seria esse trajeto?

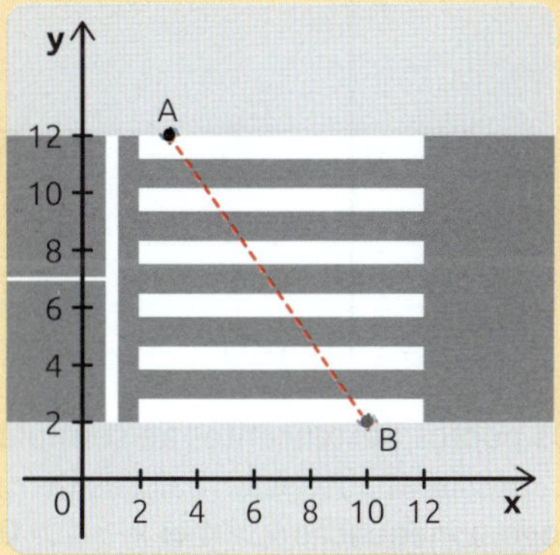

Ronaldo Lucena/ID/BR

> Considere o metro como unidade de medida do plano cartesiano.

Representação gráfica de uma inequação do 1º grau

Uma reta *r* de um plano o divide em duas regiões. A reunião dos pontos de *r* com qualquer uma dessas regiões chama-se **semiplano** delimitado por *r*.

Ao traçar uma reta r: $ax + by + c = 0$ no plano cartesiano, podemos associar os semiplanos delimitados por *r* à representação gráfica de uma inequação do 1º grau.

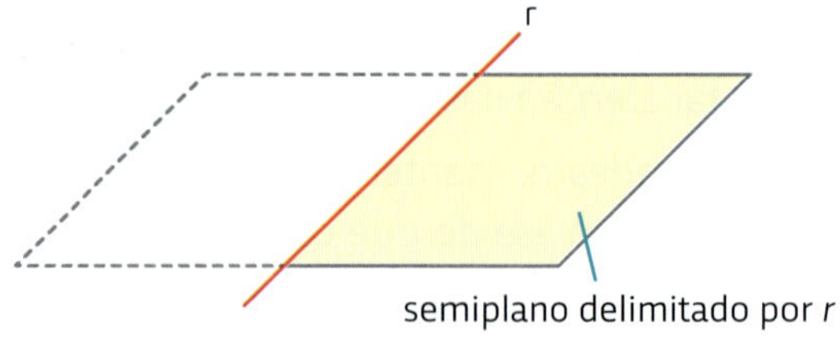

Semiplano delimitado por uma reta paralela a um dos eixos ortogonais

A reta de equação r: $x - 4 = 0$ paralela ao eixo das ordenadas, por exemplo, divide o plano cartesiano em dois semiplanos α e β.

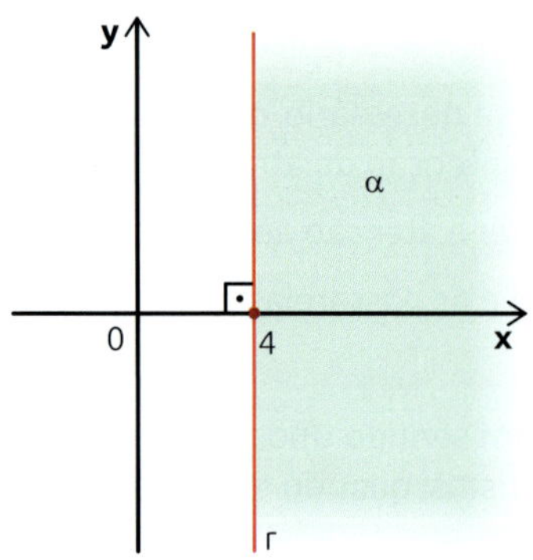

Os pontos pertencentes ao semiplano α possuem abscissas maiores do que ou iguais a 4. Logo, a inequação $x \geqslant 4 \Leftrightarrow x - 4 \geqslant 0$ pode ser utilizada para representar esse semiplano.

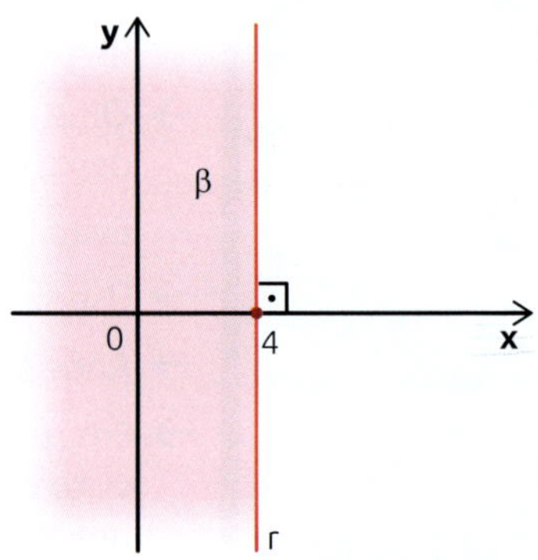

Os pontos pertencentes ao semiplano β possuem abscissas menores do que ou iguais a 4. Logo, a inequação $x \leqslant 4 \Leftrightarrow x - 4 \leqslant 0$ pode ser utilizada para representar esse semiplano.

As regiões α' e β', formadas pelos pontos de α e β, respectivamente, que não pertencem à reta r: $x - 4 = 0$, são denominadas semiplanos abertos. Em sua representação geométrica *r* é indicada por uma reta tracejada.

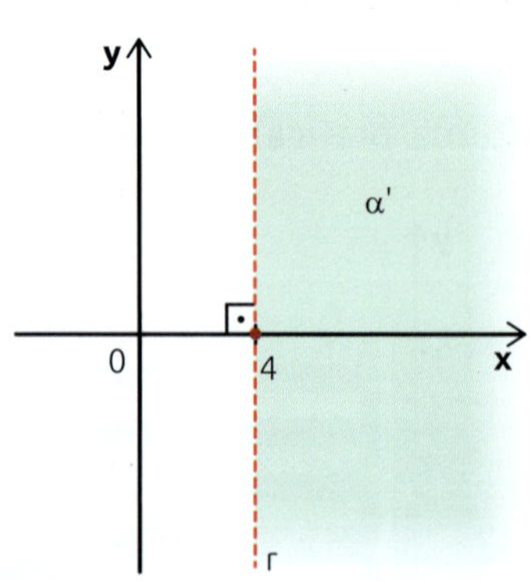

Os pontos pertencentes ao semiplano aberto α' possuem abscissas maiores do que 4. Logo, a inequação $x > 4 \Leftrightarrow x - 4 > 0$ pode ser utilizada para representar essa região.

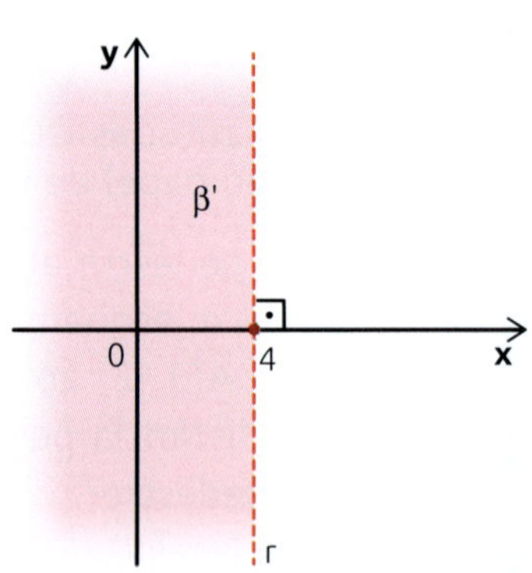

Os pontos pertencentes ao semiplano aberto β' possuem abscissas menores do que 4. Logo, a inequação $x < 4 \Leftrightarrow x - 4 < 0$ pode ser utilizada para representar essa região.

A mesma ideia é utilizada para os semiplanos delimitados por uma reta paralela ao eixo das abscissas.

Uma reta r: $ax + c = 0$ divide o plano cartesiano em dois semiplanos, um à direita e outro à esquerda de r. Uma reta s: $by + c = 0$ também divide o plano cartesiano em dois semiplanos, um abaixo e outro acima de s.

Semiplano delimitado por uma reta oblíqua aos eixos ortogonais

A reta de equação r: $-x + y - 2 = 0$, por exemplo, divide o plano cartesiano em dois semiplanos α e β.

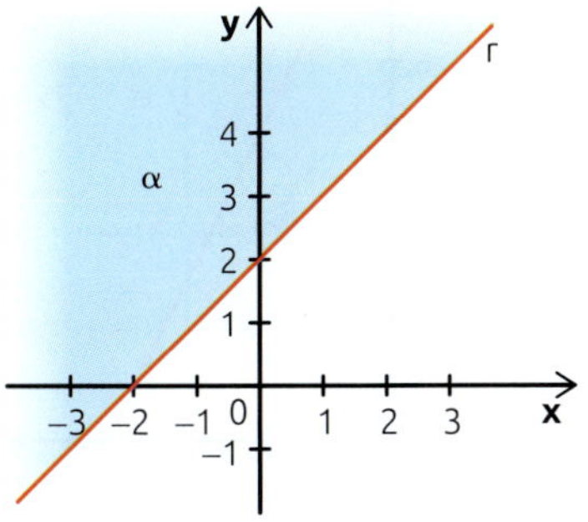

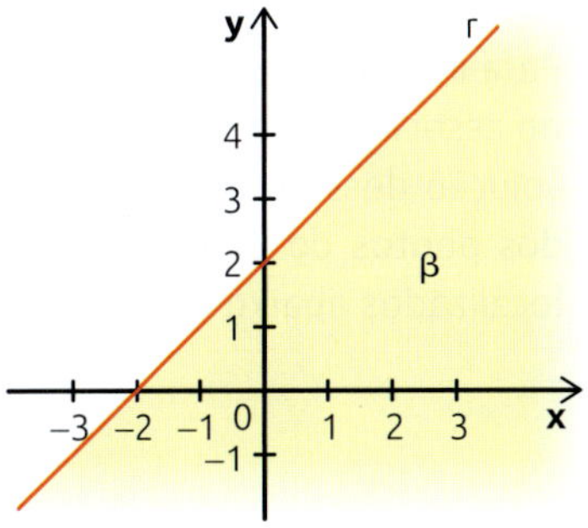

Considere um ponto A da reta r, por exemplo, $A(-1, 1)$. Qualquer ponto B pertencente ao semiplano α, que tenha a mesma abscissa de A tem ordenada y_B maior do que a ordenada de A, isto é, maior do que 1.

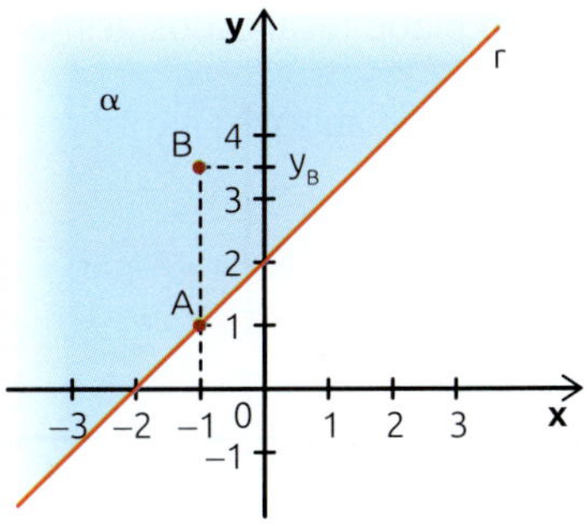

De acordo com a equação da reta r, $-x + y - 2 = 0 \Leftrightarrow y = x + 2$, podemos considerar um ponto genérico $P\left(x_P, x_P + 2\right)$ dessa reta. Assim, qualquer ponto $Q\left(x_P, y_Q\right)$ pertencente ao semiplano α, terá ordenada y_Q maior do que $x_P + 2$, isto é, $y_Q > x_P + 2$.

Desse modo, temos:

- se (x, y) é um ponto da reta r, então, $-x + y - 2 = 0$;
- se (x, y) é um ponto localizado acima da reta r, então, $-x + y - 2 > 0$.

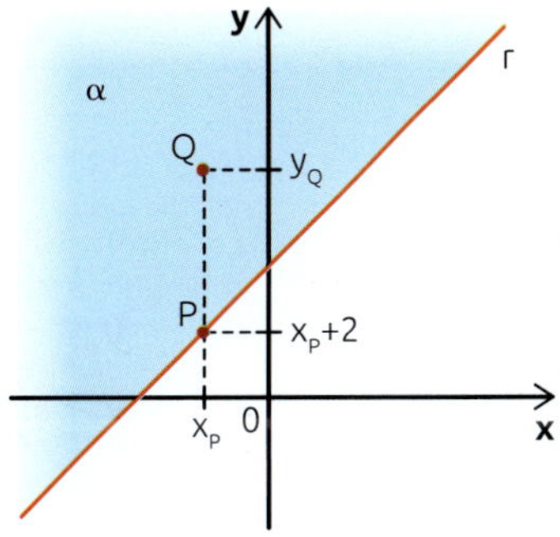

Ilustrações: Ronaldo Lucena/ID/BR

Logo, podemos concluir que o semiplano α é delimitado pela inequação $-x + y - 2 \geqslant 0$.

Utilizando a mesma ideia, podemos concluir que o semiplano β é delimitado pela inequação $-x + y - 2 \leqslant 0$.

Uma reta r: $ax + by + c = 0$ divide o plano cartesiano em dois semiplanos. Todo ponto (x, y) pertence ao semiplano que satisfaz a inequação $ax + by + c \geqslant 0$ ou pertence ao semiplano que satisfaz a inequação $ax + by + c \leqslant 0$. A igualdade ocorre apenas quando o ponto (x, y) pertence à reta.

R15. Represente graficamente a solução do sistema de inequações $\begin{cases} 2x + y - 9 \leq 0 \\ -\dfrac{1}{2}x + y - \dfrac{3}{2} > 0 \end{cases}$.

Resolução

Primeiro, vamos associar cada inequação do sistema a um semiplano correspondente no plano cartesiano.

Isolando a variável y na primeira inequação, obtemos $y \leq -2x + 9$.

Para indicarmos no plano cartesiano o semiplano associado, traçamos a reta r: $y = -2x + 9$. A solução dessa primeira inequação é o conjunto dos pontos do plano pertencentes à reta r ou localizados abaixo dela ($\leq$).

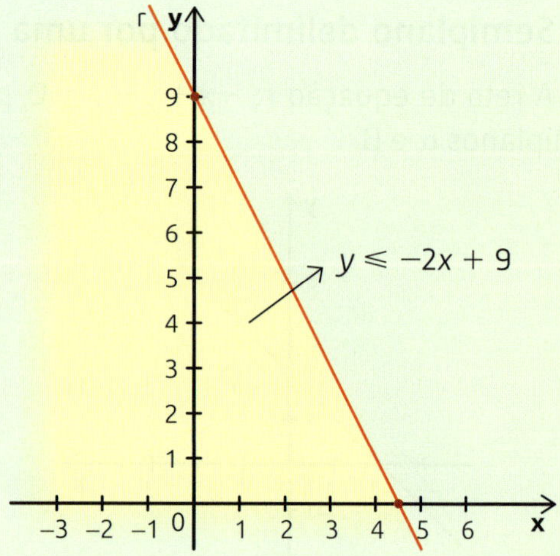

Analogamente à indicação do semiplano para a primeira inequação do sistema, traçamos a reta s: $y = \dfrac{1}{2} \cdot x + \dfrac{3}{2}$ para indicarmos o semiplano associado à segunda inequação, cuja solução é o conjunto dos pontos do plano localizados acima da reta s (>).

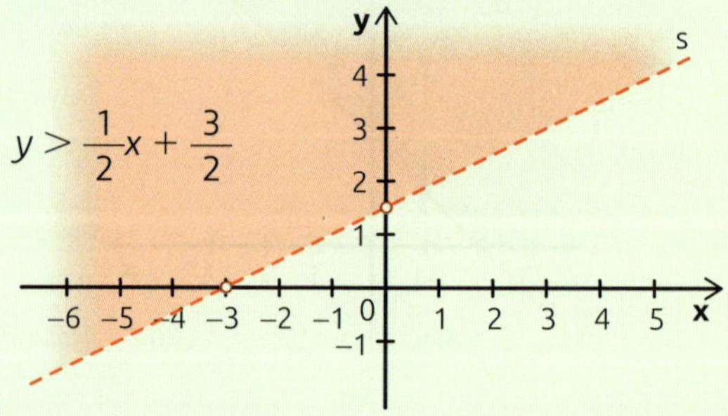

Representamos a solução do sistema de inequações pela intersecção das regiões dos semiplanos determinados pelas duas inequações.

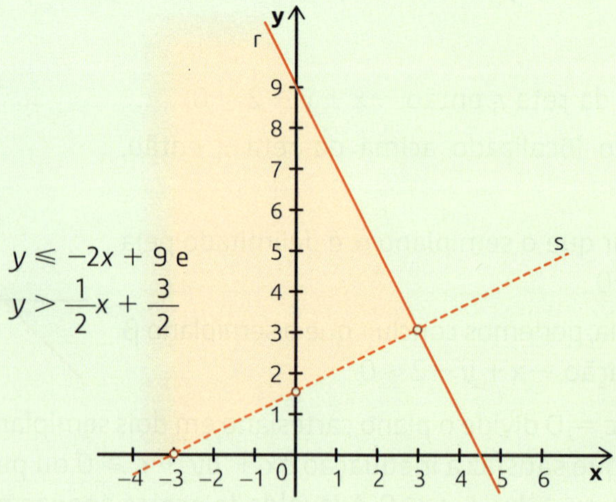

Ilustrações: Ronaldo Lucena/ID/BR

R16. Determine a inequação associada à região representada abaixo e classifique o ponto P, em cada item, como pertencente ou não pertencente a essa região.

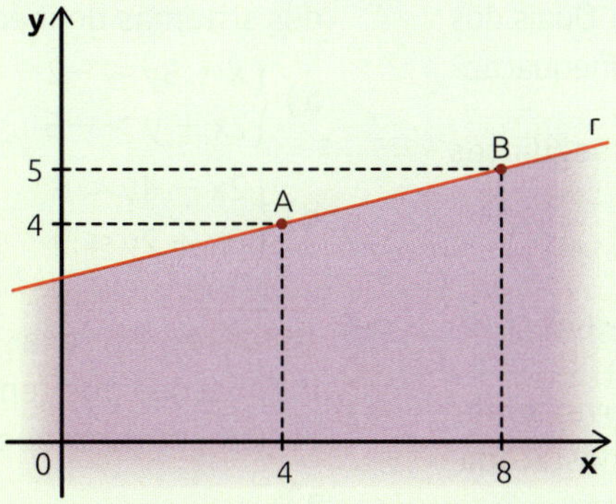

Ronaldo Lucena/ID/BR

a) $P(5, 4)$

b) $P\left(6, \frac{14}{3}\right)$

c) $P(30, 10)$

d) $P(-22, -2)$

Resolução

Como a reta r que delimita a região passa pelos pontos $A(4,4)$ e $B(8,5)$, o coeficiente angular m da reta r é:

$$m = \frac{5 - 4}{8 - 4} = \frac{1}{4}$$

Utilizando a fórmula $y - y_0 = m(x - x_0)$, obtemos:

$$y - 4 = \frac{1}{4}(x - 4) \Rightarrow r\colon y = \frac{1}{4}x + 3$$

Com isso, a inequação associada à região do plano é $y \leqslant \frac{1}{4}x + 3$.

Para verificar, em cada item, se o ponto P pertence ou não à região dada, substituímos o valor de suas coordenadas na inequação $y \leqslant \frac{1}{4}x + 3$.

a) O ponto $P(5, 4)$ pertence à região, pois $4 \leqslant \underbrace{\frac{1}{4} \cdot 5 + 3}_{4{,}25}$ é uma sentença verdadeira.

b) O ponto $P\left(6, \frac{14}{3}\right)$ não pertence à região, pois $\underbrace{\frac{14}{3}}_{4{,}\bar{6}} \leqslant \underbrace{\frac{1}{4} \cdot 6 + 3}_{4{,}5}$ é uma sentença falsa.

c) O ponto $P(30, 10)$ pertence à região, pois $10 \leqslant \underbrace{\frac{1}{4} \cdot 30 + 3}_{10{,}5}$ é uma sentença verdadeira.

d) O ponto $P(-22, -2)$ não pertence à região, pois $-2 \leqslant \underbrace{\frac{1}{4} \cdot (-22) + 3}_{-2{,}5}$ é uma sentença falsa.

Atividades

47. Considere a inequação $-2x + 3y + 4 \geqslant 0$ e os pontos $A(-2, 3)$, $B(4, -2)$, $C(-1, -2)$, e $D(-3, -4)$. Quais dos pontos pertencem ao conjunto solução da inequação?

48. Obtenha a solução geométrica das seguintes inequações.

a) $-x + 2y + 3 > 0$

b) $2x - y - 2 < 0$

c) $3x - 2y + 4 \geqslant 0$

d) $5x + 3y - 6 \leqslant 0$

49. Para cada item abaixo, escreva no caderno a inequação que melhor representa a região destacada.

I)

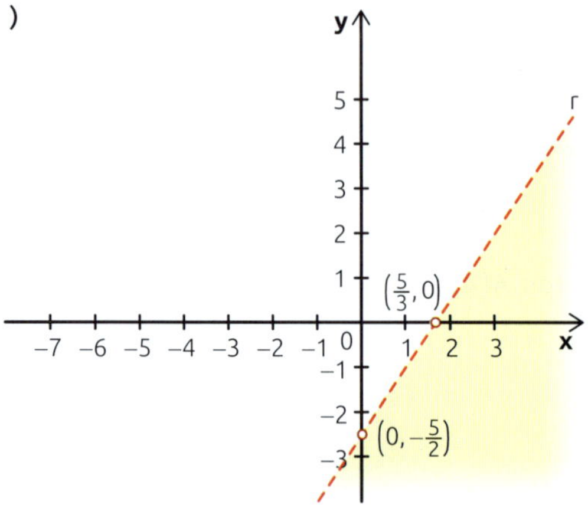

II)

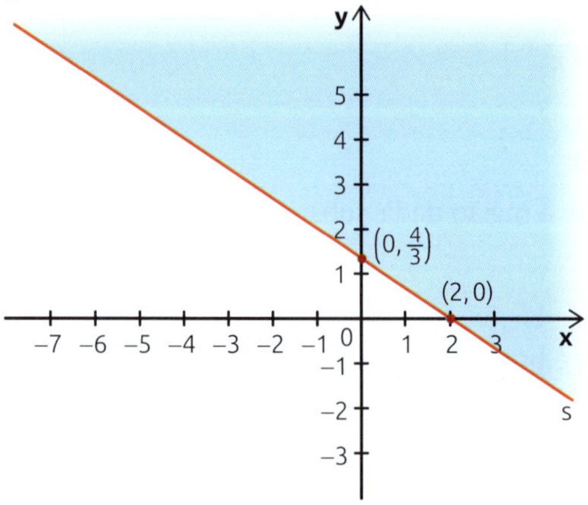

III)

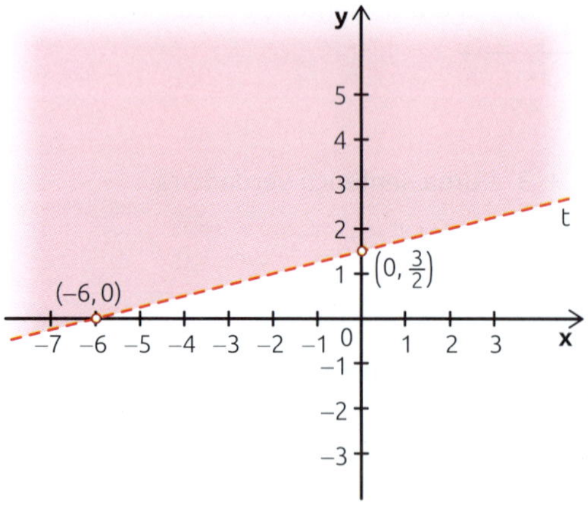

Ilustrações: Ronaldo Lucena/ID/BR

50. Represente geometricamente no caderno a solução dos sistemas de inequações abaixo.

a) $\begin{cases} x + 3y \leqslant -2 \\ 2x + y > -6 \end{cases}$

b) $\begin{cases} 2x - 4y < 6 \\ 3x + 2y \leqslant 9 \end{cases}$

c) $\begin{cases} -2x + y - 3 \geqslant 0 \\ 3x - y + 4 \geqslant 0 \end{cases}$

d) $\begin{cases} 4x + y > 3 \\ 5x - 2y < 7 \end{cases}$

51. **Desafio** Escreva no caderno um sistema de inequações que tenha como solução geométrica a região em destaque nos gráficos abaixo.

a)

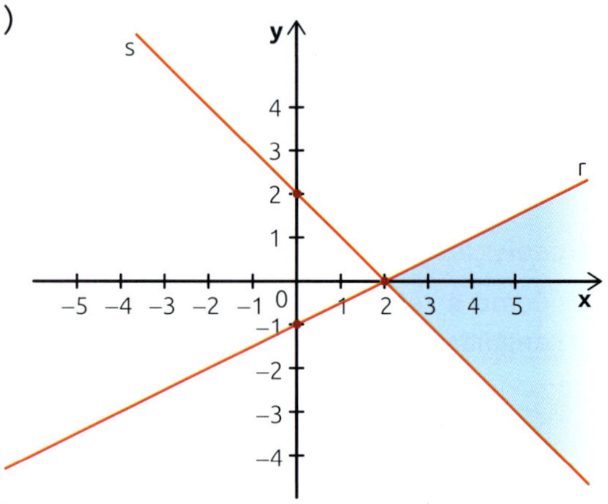

b)

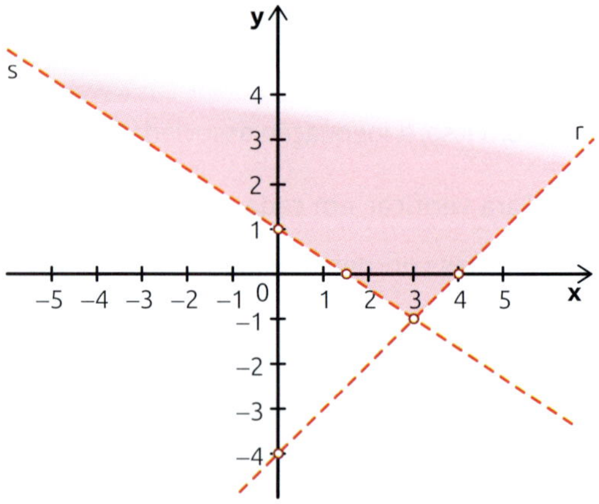

Ilustrações: Ronaldo Lucena/ID/BR

52. **Desafio** Escreva no caderno um sistema de inequações cuja solução corresponde à região em destaque no plano cartesiano abaixo.

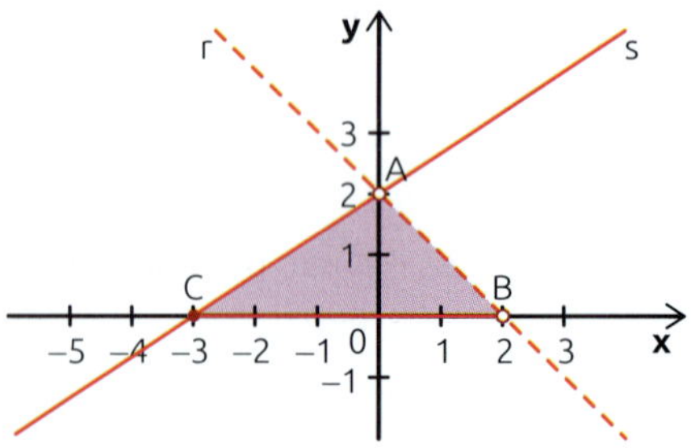

Ronaldo Lucena/ID/BR

Cônicas

5 capítulo

Circunferência

A ideia de circunferência e elementos que lembram circunferências estão presentes em toda parte. Você sabia que podemos utilizar uma ideia relacionada à circunferência para auxiliar nos cuidados de nossa saúde? Leia o texto abaixo.

Obesidade não só se pesa: também se mede!!!

Por isso, fique atento à sua circunferência abdominal: os valores acima dessa média indicam OBESIDADE. No homem adulto ela deve ser igual ou menor que 90 cm e na mulher adulta deve ser igual ou menor que 80.

[...] valores superiores a esses indicam obesidade abdominal, que é mais perigosa como fator de risco do que a obesidade corporal total.

Riscos à saúde:

A obesidade pode causar outros problemas de saúde como: pressão alta, aumento da taxa de colesterol, triglicérides e diabetes, infarto, derrame cerebral, podendo chegar até a morte, além de provocar o surgimento de problemas respiratórios, ortopédicos e dermatológicos.

Secretaria da Saúde. Cartilha de Prevenção Cardiovascular.
Disponível em: <www.saude.sp.gov.br/resources/ses/perfil/cidadao//cartilha_prevencao_cardiovascular.pdf>.
Acesso em: 25 abr. 2016.

Em Matemática, dizemos que:

> Circunferência é uma linha fechada em um plano, no qual todos os pontos estão à mesma distância de um ponto fixo, chamado centro da circunferência.

A distância entre o centro da circunferência e qualquer um de seus pontos é o raio.

Uma circunferência no plano cartesiano pode ser descrita algebricamente de modo semelhante ao realizado com a reta no capítulo anterior.

Considere a circunferência nomeada de λ (lê-se "lambda"), de centro $C(a, b)$, raio $r > 0$, formada por todos os pontos $P(x, y)$, que distam r unidades do centro C, ou seja, $d(C, P) = r$.

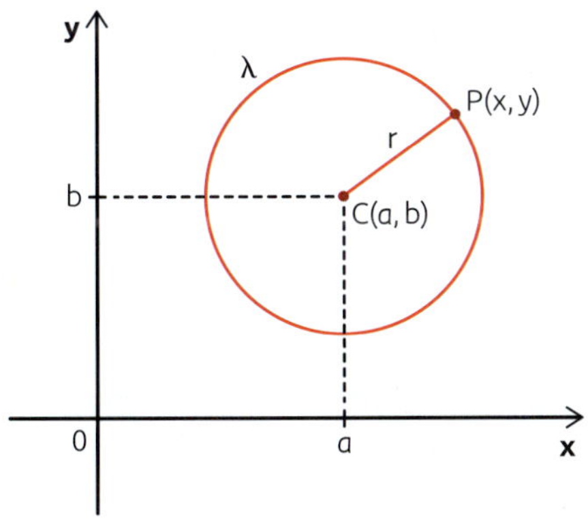

Ronaldo Lucena/ID/BR

Dependendo da situação, vamos nos referir ao raio da circunferência como sendo um segmento de reta ou como sendo sua medida.

Podemos escrever a distância entre os pontos C e P como sendo:

$$d(C, P) = r$$

$$\sqrt{(x-a)^2 + (y-b)^2} = r$$

Elevando ambos os membros ao quadrado, obtemos a equação:

$$(x-a)^2 + (y-b)^2 = r^2$$

que é chamada **equação reduzida** da circunferência λ, de centro (a, b) e raio r.

No caso particular em que o centro de uma circunferência de raio r coincide com a origem do plano cartesiano, $(0, 0)$, qual será a equação reduzida dessa circunferência?

Desenvolvendo a equação reduzida da circunferência e agrupando seus termos de maneira conveniente, obtemos a chamada **equação geral** ou **equação normal** da circunferência λ, de centro (a, b) e raio r:

$$(x-a)^2 + (y-b)^2 = r^2$$

$$x^2 - 2ax + a^2 + y^2 - 2by + b^2 = r^2$$

$$x^2 + y^2 - 2ax - 2by + \left(a^2 + b^2 - r^2\right) = 0$$

Observe que a expressão $\left(a^2 + b^2 - r^2\right)$ corresponde a um número real, pois a, b e r representam números reais.

Veja, por exemplo, como podemos determinar a equação reduzida e a equação geral de uma circunferência τ (lê-se "tau"), que possui centro $C(-2, 1)$ e raio 4.

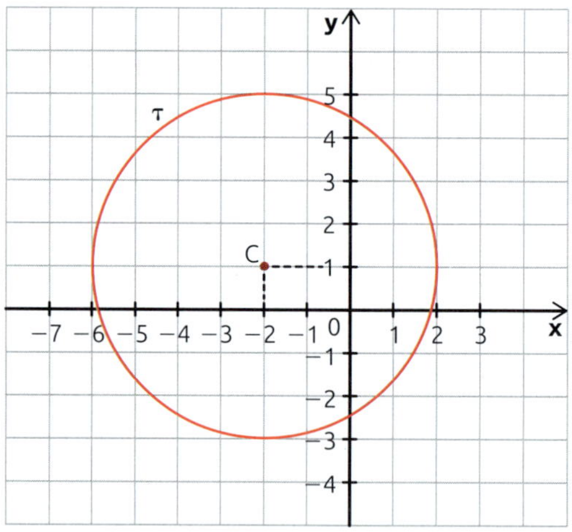

Ronaldo Lucena/ID/BR

- Equação reduzida:

$$\tau: (x-a)^2 + (y-b)^2 = r^2 \Rightarrow [x-(-2)]^2 + (y-1)^2 = 4^2 \Rightarrow (x+2)^2 + (y-1)^2 = 4^2$$

- Equação geral:

$$\tau: (x+2)^2 + (y-1)^2 = 4^2 \Rightarrow x^2 + 4x + 4 + y^2 - 2y + 1 = 16 \Rightarrow x^2 + y^2 + 4x - 2y - 11 = 0$$

Em alguns casos, uma circunferência representada por sua equação geral, como a circunferência γ (lê-se "gama") dada por γ: $x^2 + y^2 - 6x - 8y + 21 = 0$, geralmente não nos permite identificar de imediato o raio e as coordenadas de seu centro. Podemos determinar esses elementos convertendo uma equação geral em uma equação reduzida com o método de completar quadrados.

Veja, por exemplo, como podemos determinar as coordenadas do centro e o raio da circunferência γ: $x^2 + y^2 - 6x - 8y + 21 = 0$.

- Inicialmente, agrupamos os termos em x e os termos em y em um membro da equação e o termo independente no outro membro da equação.

$$x^2 + y^2 - 6x - 8y + 21 = 0 \Rightarrow \left(x^2 - 6x\right) + \left(y^2 - 8y\right) = -21$$

- Em seguida, adicionamos a ambos os membros da equação um mesmo termo conveniente, de modo que o agrupamento em x se torne um quadrado perfeito.

$$\left(x^2 - 6x\right) + \left(y^2 - 8y\right) = -21 \Rightarrow \left(x^2 - 6x + 9\right) + \left(y^2 - 8y\right) = -21 + 9$$

- Depois, repetimos o procedimento anterior para o agrupamento em y.

$$\left(x^2 - 6x + 9\right) + \left(y^2 - 8y\right) = -21 + 9 \Rightarrow \left(x^2 - 6x + 9\right) + \left(y^2 - 8y + 16\right) = -21 + 9 + 16$$

- Desse modo, obtemos a equação reduzida da circunferência γ.

$$\underbrace{\left(x^2 - 6x + 9\right)}_{(x-3)^2} + \underbrace{\left(y^2 - 8y + 16\right)}_{(y-4)^2} = \underbrace{-21 + 9 + 16}_{4} \Rightarrow (x - 3)^2 + (y - 4)^2 = 2^2$$

Portanto, a circunferência γ: $x^2 + y^2 - 6x - 8y + 21 = 0$ possui centro de coordenadas $(3, 4)$ e raio 2.

> Lembre-se de que:
> - $(a + b)^2 = a^2 + 2ab + b^2$
> - $(a - b)^2 = a^2 - 2ab + b^2$

Posições relativas entre ponto e circunferência no plano cartesiano

Dada uma circunferência, os pontos que não pertencem a ela são aqueles cuja distância ao seu centro é diferente de seu raio. Cada ponto não pertencente à circunferência é necessariamente interior ou exterior a ela.

Exemplo

Dada a circunferência φ (lê-se "fi") definida por φ: $(x - 4)^2 + (y + 2)^2 = 9$, com centro $C(4, -2)$ e raio 3, o ponto $A(4, 1)$ pertence à circunferência, pois $(4 - 4)^2 + (1 + 2)^2 = 9$. Já os pontos $B(6, 2)$ e $D(2, -3)$ não pertencem à circunferência, pois $(6 - 4)^2 + (2 + 2)^2 \neq 9$ e $(2 - 4)^2 + (-3 + 2)^2 \neq 9$, respectivamente.

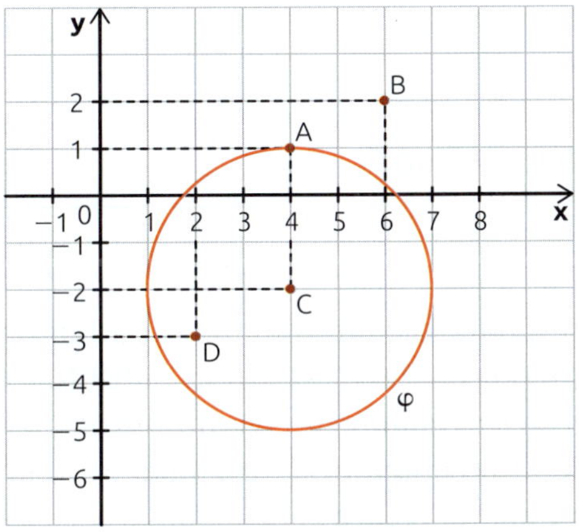

Ronaldo Lucena/ID/BR

Observando a imagem anterior, é possível perceber que o ponto:

- B é exterior à circunferência φ, pois sua distância em relação ao centro C é maior do que o raio. De fato, $d(C, B) = \sqrt{(6-4)^2 + (2+2)^2} = \sqrt{20} > \sqrt{9} = 3 = r$.
- D é interior à circunferência φ, pois sua distância em relação ao centro C é menor do que o raio. De fato, $d(C, D) = \sqrt{(2-4)^2 + (-3+2)^2} = \sqrt{5} < \sqrt{9} = 3 = r$.

Para determinar a posição relativa entre um ponto e uma circunferência, comparamos a distância do ponto ao centro da circunferência com o raio.

Assim, dado um ponto $P(x_P, y_P)$ e uma circunferência $\lambda: (x-a)^2 + (y-b)^2 = r^2$, de centro $C(a, b)$ e raio $r > 0$, P pode ser exterior, interior ou pertencer à circunferência.

- P é exterior à circunferência se, e somente se, $d(C, P) > r$, isto é:

$$\sqrt{(x_P - a)^2 + (y_P - b)^2} > r$$

$$(x_P - a)^2 + (y_P - b)^2 > r^2$$

$$\boxed{(x_P - a)^2 + (y_P - b)^2 - r^2 > 0}$$

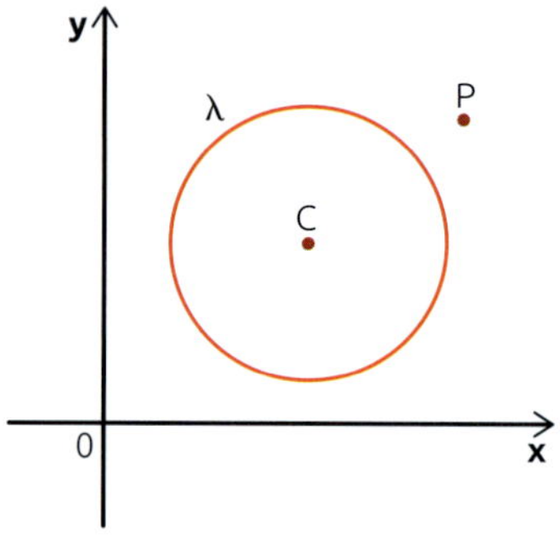

- P é interior à circunferência se, e somente se, $d(C, P) < r$, isto é:

$$\sqrt{(x_P - a)^2 + (y_P - b)^2} < r$$

$$(x_P - a)^2 + (y_P - b)^2 < r^2$$

$$\boxed{(x_P - a)^2 + (y_P - b)^2 - r^2 < 0}$$

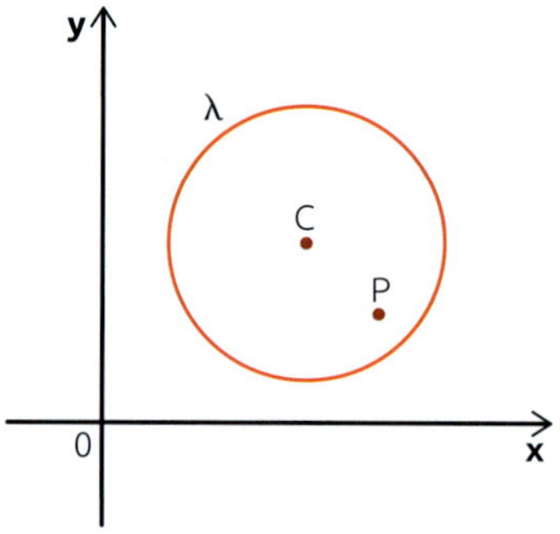

- P pertence à circunferência se, e somente se, $d(C, P) = r$, isto é:

$$\sqrt{(x_P - a)^2 + (y_P - b)^2} = r$$

$$(x_P - a)^2 + (y_P - b)^2 = r^2$$

$$\boxed{(x_P - a)^2 + (y_P - b)^2 - r^2 = 0}$$

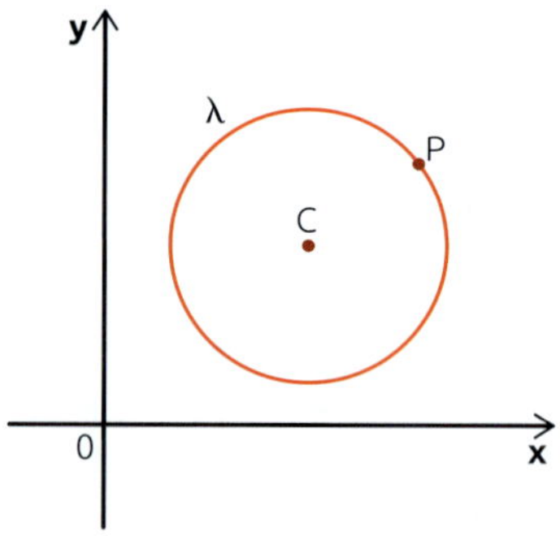

Ilustrações: Ronaldo Lucena/ID/BR

A posição relativa entre um ponto e uma circunferência também pode ser determinada pela equação geral da circunferência. Para isso, basta substituir as coordenadas do ponto em questão na equação geral da circunferência e verificar o valor obtido: se o valor for maior do que zero, o ponto é exterior à circunferência; se o valor for menor do que zero, o ponto é interior à circunferência; se o valor for igual a zero, o ponto pertence à circunferência.

Posições relativas entre reta e circunferência no plano cartesiano

Dada uma circunferência de centro C e raio $r > 0$, uma reta pode ser secante, tangente ou exterior a essa circunferência.

- É secante quando a reta intersecta a circunferência em dois pontos distintos, isto é, quando a reta e a circunferência possuem dois pontos em comum.
- É tangente quando a reta intersecta a circunferência em um único ponto, isto é, quando a reta e a circunferência possuem apenas um ponto em comum.
- É exterior quando a reta não intersecta a circunferência, isto é, quando a reta e a circunferência não possuem pontos em comum.

Por exemplo, dada a circunferência ε (lê-se "épsilon") definida por ε: $(x+1)^2 + (y+3)^2 = 13$, com centro $P(-1, -3)$ e raio $\sqrt{13}$, a reta s: $5x - y + 15 = 0$ é secante à circunferência, porque a intersecta em dois pontos, $A(-4, -5)$ e $B(-3, 0)$; a reta t: $-3x - 2y + 4 = 0$ é tangente à circunferência, porque a intersecta em um único ponto, $T(2, -1)$; a reta u: $x - 2y + 5 = 0$ é exterior à circunferência, porque não a intersecta.

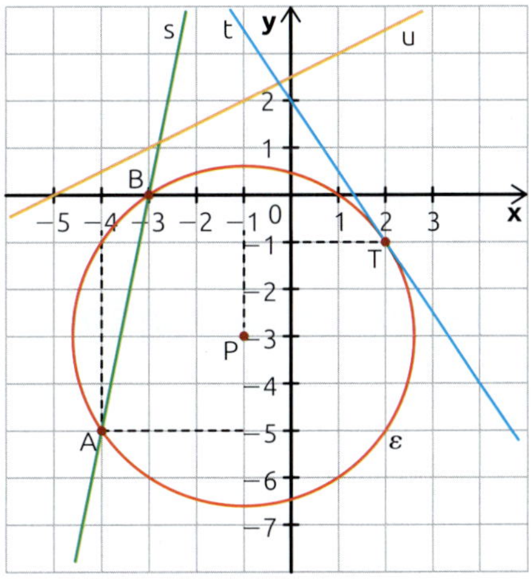

Podemos observar que a distância entre o centro da circunferência e a reta:

- s é menor do que o raio. De fato,

$$d(P, s) = \left|\frac{ax_P + by_P + c}{\sqrt{a^2 + b^2}}\right| = \left|\frac{5(-1) + (-1)(-3) + 15}{\sqrt{5^2 + (-1)^2}}\right| = \sqrt{\frac{26}{4}} = \sqrt{6{,}5} < \sqrt{13} = r;$$

- t é igual ao raio. De fato,

$$d(P, t) = \left|\frac{ax_P + by_P + c}{\sqrt{a^2 + b^2}}\right| = \left|\frac{(-3)(-1) + (-2)(-3) + 4}{\sqrt{(-3)^2 + (-2)^2}}\right| =$$

$$= \frac{13}{\sqrt{13}} = \sqrt{13} = r;$$

- u é maior do que o raio. De fato,

$$d(P, u) = \left|\frac{ax_P + by_P + c}{\sqrt{a^2 + b^2}}\right| = \left|\frac{1(-1) + (-2)(-3) + 5}{\sqrt{1^2 + (-2)^2}}\right| =$$

$$= \frac{10}{\sqrt{5}} = 2\sqrt{5} = \sqrt{20} > \sqrt{13} = r.$$

Nesse caso, indicamos as coordenadas do centro da circunferência com (x_P, y_P), pois, se utilizássemos as coordenadas a e b, como anteriormente, poderíamos confundir essas coordenadas com os coeficientes a, b e c da equação da reta.

Esses exemplos ilustram o fato de que, para determinar a posição relativa entre uma reta e uma circunferência, podemos comparar a distância entre a reta e o centro da circunferência com o raio.

Assim, dada uma reta $v: ax + by + c = 0$ e uma circunferência $\tau: (x - x_P)^2 + (y - y_P)^2 = r^2$, de centro $P(x_P, y_P)$ e raio $r > 0$, v pode ser secante, tangente ou exterior à circunferência.

Sendo d a distância da reta ao centro da circunferência, a reta v é:

- secante a τ se $d < r$.

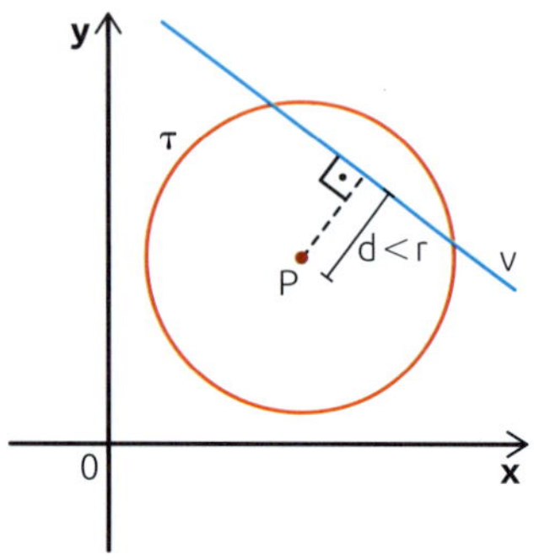

$$\left|\frac{ax_P + by_P + c}{\sqrt{a^2 + b^2}}\right| < r$$

- tangente a τ se $d = r$.

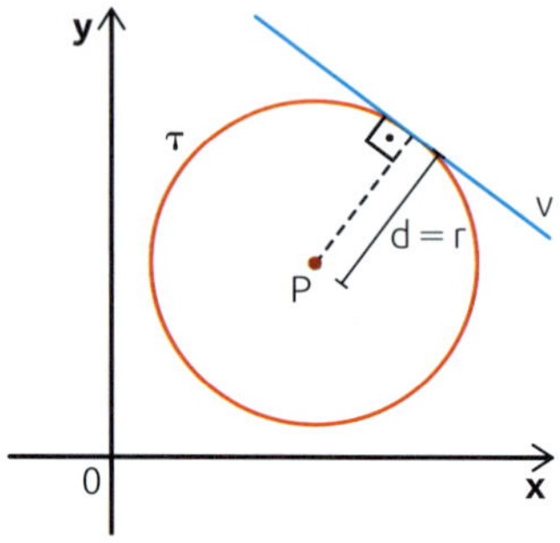

$$\left|\frac{ax_P + by_P + c}{\sqrt{a^2 + b^2}}\right| = r$$

- exterior a τ se $d > r$.

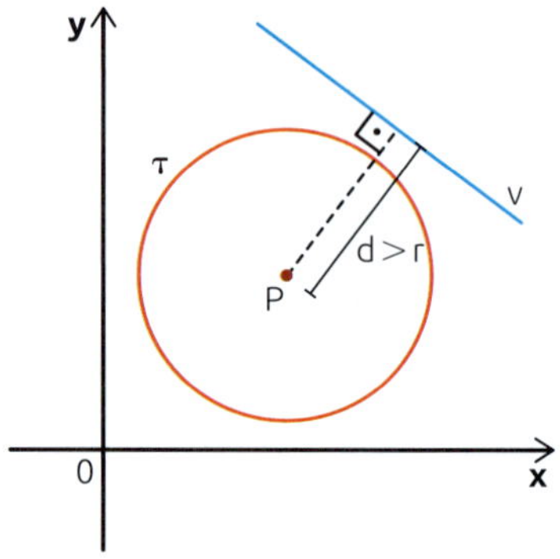

$$\left|\frac{ax_P + by_P + c}{\sqrt{a^2 + b^2}}\right| > r$$

Posições relativas entre duas circunferências no plano cartesiano

Dadas duas circunferências distintas $\lambda_1: (x - a_1)^2 + (y - b_1)^2 = r_1^2$ e $\lambda_2: (x - a_2)^2 + (y - b_2)^2 = r_2^2$, de centros $C_1(a_1, b_1)$ e $C_2(a_2, b_2)$ e raios $r_1 > 0$ e $r_2 > 0$, respectivamente, elas podem ter dois, um ou nenhum ponto em comum. Para realizar essa análise, podemos comparar a distância dos centros das circunferências $d(C_1, C_2) = \sqrt{(a_2 - a_1)^2 + (b_2 - b_1)^2}$ com a soma $r_1 + r_2$ e com o módulo da diferença $|r_1 - r_2|$ dos raios.

Sendo d a distância entre os centros das circunferências, temos:

- circunferências secantes (dois pontos em comum)

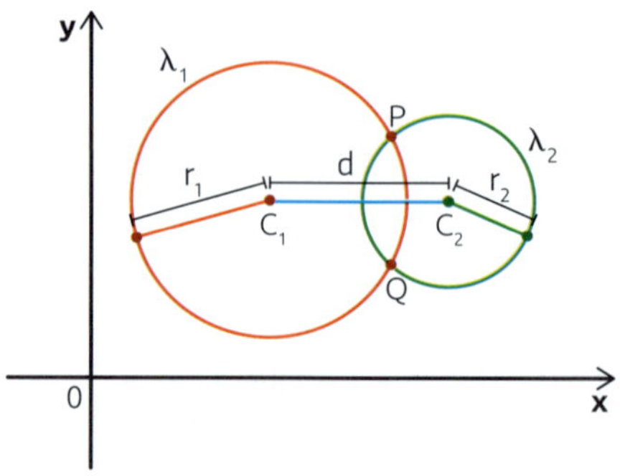

circunferências secantes

Ilustrações: Ronaldo Lucena/ID/BR

$$|r_1 - r_2| < d < r_1 + r_2$$

- circunferências tangentes (um ponto em comum)

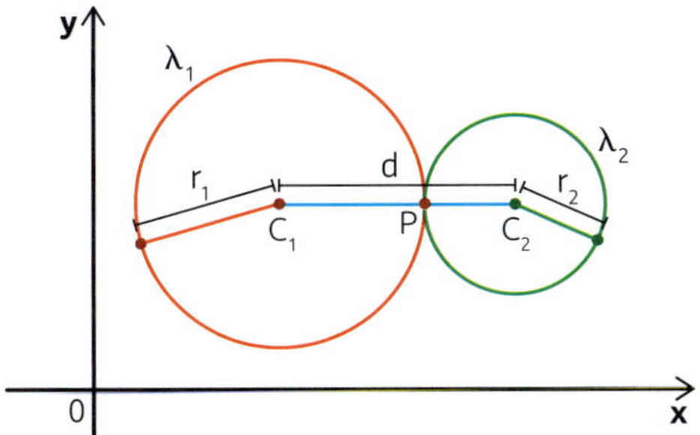

tangentes exteriores

$d = r_1 + r_2$

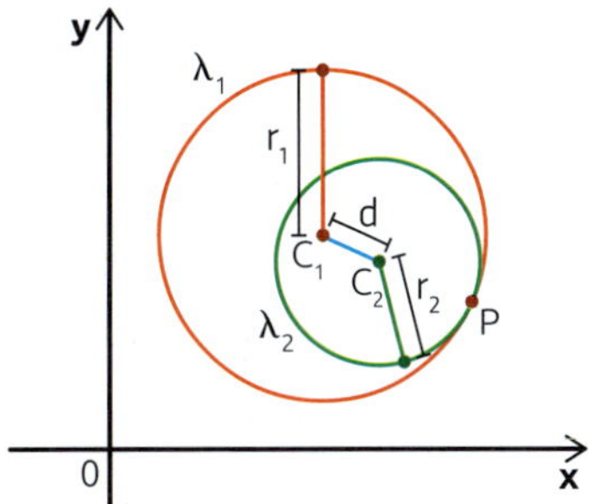

tangentes interiores

$d = |r_1 - r_2|$

- circunferências exteriores ou interiores (nenhum ponto em comum)

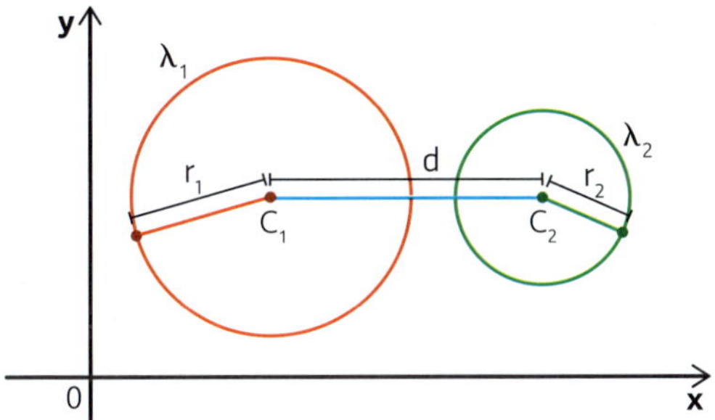

circunferências exteriores

$d > r_1 + r_2$

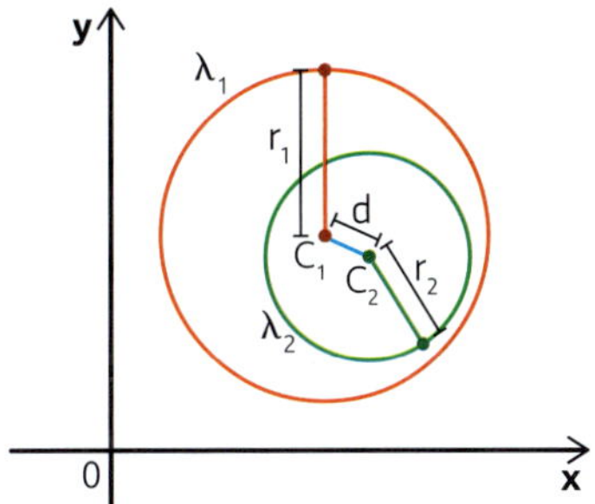

circunferências interiores

$0 \leq d < |r_1 - r_2|$

Um caso particular de circunferências interiores ocorre quando os centros são coincidentes. Nesse caso, dizemos que as circunferências são concêntricas.

$d = 0$

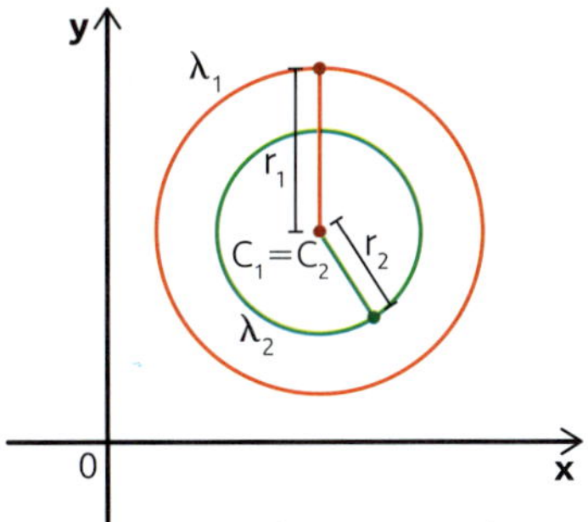

circunferências concêntricas

Ilustrações: Ronaldo Lucena/ID/BR

R1. Seja λ uma circunferência de centro $C(a, b)$ e raio $r > 0$ e considere o ponto $P(x_P, y_P)$ pertencente a λ. Determine as coordenadas a e b do centro C para os seguintes casos:

a) $\lambda: x^2 - 8x + y^2 - 10y + 40 = 0$

b) $P(4, 3)$, $d(P, C) = 5$ e $b = 0$

Resolução

a) Aplicando o método de completar quadrados na equação de λ, temos:

$$x^2 - 8x + y^2 - 10y + 40 = 0$$
$$(x^2 - 8x) + (y^2 - 10y) = -40$$
$$(x^2 - 8x + 16) + (y^2 - 10y + 25) = -40 + 16 + 25$$
$$(x - 4)^2 + (y - 5)^2 = 1$$

Logo $C(4, 5)$.

> Na expressão $x^2 - 8x$, a abscissa a do centro C corresponde ao oposto da metade do coeficiente de x, ou seja, $a = -\left(-\frac{8}{2}\right) = 4$. Analogamente, temos também $b = -\left(-\frac{10}{2}\right) = 5$ na expressão $y^2 = 10y$.

b) Utilizando a equação reduzida da circunferência, temos:

$$d(P,C) = 5 \Rightarrow \sqrt{(a-4)^2 + (0-3)^2} = 5 \Rightarrow (a-4)^2 + (0-3)^2 = 25 \Rightarrow a^2 - 8a + 16 + 9 = 25 \Rightarrow$$

$$\Rightarrow a^2 - 8a = 0 \Rightarrow a(a-8) = 0 \Rightarrow a = 0 \text{ ou } a = 8$$

Assim, as coordenadas do centro podem ser $C(0,0)$ ou $C(8,0)$.

Observe na figura, as duas possíveis representações λ_1 e λ_2 para a circunferência λ.

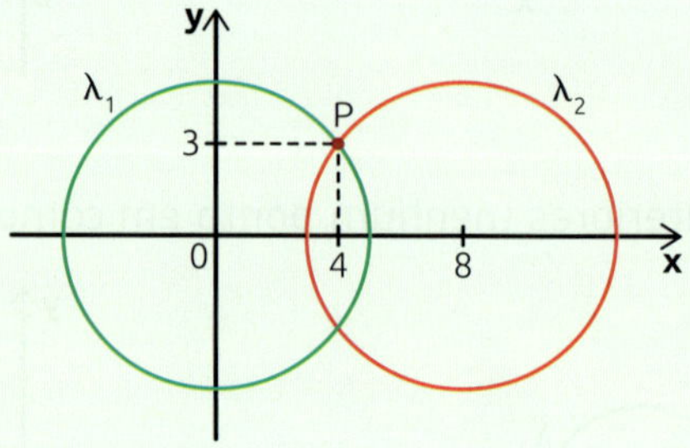

Ronaldo Lucena/ID/BR

R2. Determine a equação reduzida da circunferência λ que possui como diâmetro o segmento AB, dados $A(3,5)$ e $B(9,3)$.

Resolução

Como $\overline{AB}$ é um diâmetro de λ, o centro C de λ é o ponto médio de $\overline{AB}$. Com isso, temos:

$$C\left(\frac{3+9}{2}, \frac{5+3}{2}\right) \Rightarrow C(6,4)$$

O raio r de λ é tal que $r = d(C,A) = d(C,B)$. Assim, utilizando $r = d(C, A)$, temos:

$$r = \sqrt{(6-3)^2 + (4-5)^2} = \sqrt{3^2 + (-1)^2} = \sqrt{9+1} = \sqrt{10}$$

Logo λ: $(x-6)^2 + (y-4)^2 = 10$.

R3. Seja $C(1,2)$ o centro de uma circunferência γ de raio $2\sqrt{5}$. Determine os pontos de intersecção entre γ e os eixos ortogonais.

Resolução

Do enunciado, a equação reduzida da circunferência é: $(x-1)^2 + (y-2)^2 = 20$

Para determinar os pontos de intersecção de γ com o eixo Ox, consideramos $y = 0$. Com isso, temos:

$$(x-1)^2 + (0-2)^2 = 20 \Rightarrow (x-1)^2 \Rightarrow x - 1 = \pm 4 \begin{cases} x_1 = 5 \\ x_2 = -3 \end{cases}$$

Portanto, os pontos de intersecção com o eixo Ox são $P_1(5, 0)$ e $P_2(-3, 0)$.

De maneira análoga, tomando $x = 0$ para determinar os pontos de intersecção de γ com o eixo Oy, temos:

$$(0-1)^2 + (y-2)^2 = 20 \Rightarrow (y-2)^2 = 19 \Rightarrow y - 2 = \pm\sqrt{19} \begin{cases} y_1 = 2 + \sqrt{19} \\ y_2 = 2 - \sqrt{19} \end{cases}$$

Portanto, os pontos de intersecção com o eixo Oy são $Q_1\left(0, 2 + \sqrt{19}\right)$ e $Q_2\left(0, 2 - \sqrt{19}\right)$.

R4. Dados os pontos $A(0, 0)$, $B(3, 3)$ e $C(4, 0)$, determine a equação reduzida da circunferência λ que passa por esses três pontos.

Resolução

Considerando o triângulo determinado pelos pontos A, B e C, o centro O de λ corresponde ao ponto de intersecção entre as mediatrizes relativas aos lados $\overline{AB}$, $\overline{BC}$ e $\overline{AC}$ do triângulo ABC.

> A mediatriz de um segmento é a reta que o intersecta em seu ponto médio, formando com esse segmento um ângulo reto.

Observe abaixo as mediatrizes r_{AB} e r_{AC} relativas aos lados $\overline{AB}$ e $\overline{AC}$, respectivamente, cuja intersecção é o centro O de λ.

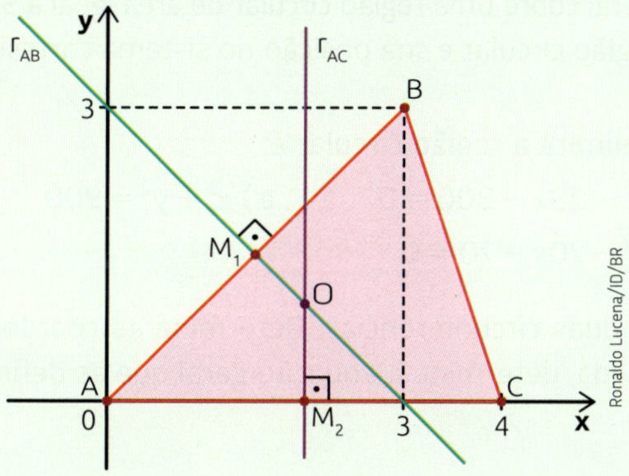

Vamos determinar as equações de r_{AB} e r_{AC}. Para isso, note que o coeficiente angular m_{AB} da reta r_{AB} é tal que $m_{AB} = -\frac{1}{1} = -1$, pois r_{AB} é perpendicular à reta que passa por $\overline{AB}$, cujo coeficiente angular é 1.

Como $M_1\left(\frac{3}{2}, \frac{3}{2}\right)$, utilizando a fórmula

$y - y_0 = m_{AB}\left(x - x_0\right)$ temos:

$$y - \frac{3}{2} = -1\left(x - \frac{3}{2}\right) \Rightarrow r_{AB}: y = -x + 3$$

Como $M_2(2, 0)$, temos $r_{AC}: x = 2$, pois r_{AC} é perpendicular ao eixo das abscissas e todos os seus pontos possuem abscissa $x = 2$.

Para determinar o centro O de λ, que corresponde à intersecção entre r_{AB} e r_{AC}, fazemos:

$$\begin{cases} y = -x + 3 \\ x = 2 \end{cases} \Rightarrow \begin{cases} y = 1 \\ x = 2 \end{cases}$$

Assim, obtemos $O(2, 1)$ e $r = d(O, A) = \sqrt{5}$, sendo r o raio de λ.

Logo, λ: $(x - 2)^2 + (y - 1)^2 = 5$.

R5. (EPCAr-MG) Considerando a circunferência de equação $\lambda: x^2 + y^2 + 2x - 4y - 4 = 0$, é correto afirmar que:

a) λ é concêntrica com $\alpha: (x - 1)^2 + (y - 2)^2 = 1$.

b) o ponto $O(0, 0)$ é exterior a λ.

c) a reta $r: x - y + 3 = 0$ é tangente a λ.

d) λ é simétrica da circunferência $\beta: (x - 1)^2 + (y + 2)^2 = 9$, em relação ao ponto $O(0, 0)$.

Resolução

Sejam C e r o centro e o raio de λ, respectivamente.

a) Falso. Completando quadrados na equação geral de λ, obtemos:

$$\left(x^2 + 2x + 1\right) + \left(y^2 - 4y + 4\right) =$$
$$= 4 + 1 + 4 \Rightarrow (x + 1)^2 + (y - 2)^2 = 9$$

Logo, $r = 3$ e $C(-1, 2) \neq (1, 2)$.

b) Falso. $O(0, 0)$ é interior à circunferência, pois:

$$d(C, O) = \sqrt{(-1 - 0)^2 + (2 - 0)^2} = \sqrt{5} < 3 = r$$

c) Falso. A reta r é secante a λ, pois:

$$d(C, r) = \frac{|1 \cdot (-1) + (-1) \cdot 2 + 3|}{\sqrt{1^2 + (-1)^2}} =$$
$$= \frac{0}{\sqrt{2}} = 0 < 3 = r$$

d) Verdadeiro, pois as circunferências λ e β possuem o mesmo raio e seus centros são simétricos em relação ao ponto $O(0, 0)$.

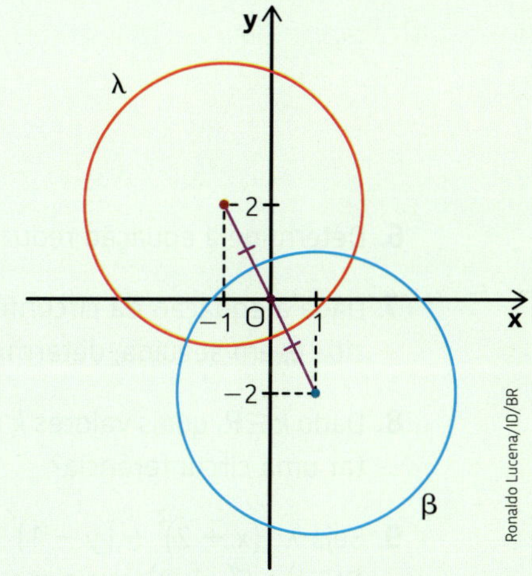

Portanto, a alternativa correta é **d**.

Atividades

1. Dadas as coordenadas do centro C e raio $r > 0$, determine a equação reduzida da circunferência em cada item.

a) $C(2, 4)$ e $r = 3$
b) $C(-3, 3)$ e $r = 5$
c) $C(0, 0)$ e $r = \sqrt{7}$
d) $C(-15, -7)$ e $r = 9$

2. Entre as equações abaixo, identifique quais representam uma circunferência e, em seguida, determine as coordenadas do centro e o raio das circunferências.

a) $9x^2 + 25y^2 = 900$
b) $(x + 3)^2 + (y - 2)^2 - 25 = 0$
c) $36x^2 - 49y^2 = 1$
d) $(x + 5)^2 + (y - 2)^2 = 16$
e) $x^2 + y^2 + 54x - 26y = -893$
f) $x^2 + y^2 - 1 = 0$

3. Qual é a equação reduzida da circunferência com centro $C(1, -3)$ e que passa pela origem do plano cartesiano?

4. (UFSM-RS) Uma antena de telefone celular rural cobre uma região circular de área igual a 900π km^2. Essa antena está localizada no centro da região circular e sua posição no sistema cartesiano, com medidas em quilômetros, é o ponto $(0, 10)$.

Assim, a equação da circunferência que delimita a região circular é:

a) $x^2 + y^2 - 20y - 800 = 0$
b) $x^2 + y^2 - 20y + 70 = 0$
c) $x^2 + y^2 - 20x - 800 = 0$
d) $x^2 + y^2 - 20x - 70 = 0$
e) $x^2 + y^2 = 900$

5. No plano cartesiano, estão representadas duas circunferências. Determine as coordenadas do centro e o raio de cada uma delas. Em seguida, determine a equação geral que as define.

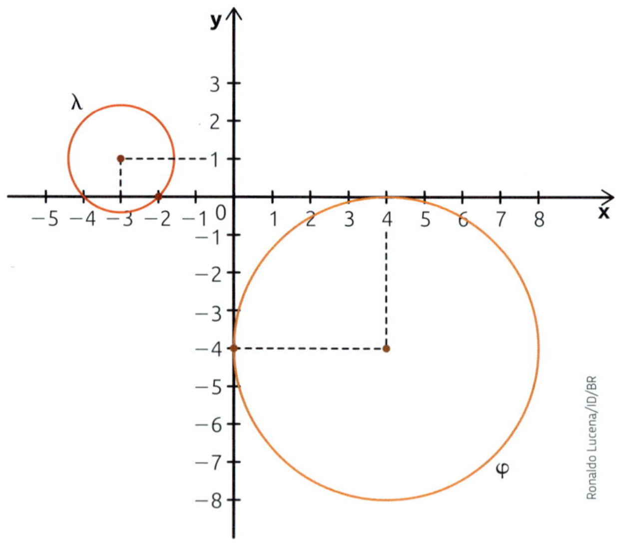

6. Determine a equação reduzida da circunferência que passa pelos pontos $R(-1, 7)$, $S(4, 5)$ e $T(4, 7)$.

7. Dada a equação da circunferência λ: $x^2 + y^2 + 6(-2x + 4y) = -155$, escreva-a na forma reduzida e, em seguida, determine qual(is) quadrante(s) contém(êm) pontos dessa circunferência.

8. Dado $k \in \mathbb{R}$, quais valores k pode assumir para a equação β: $x^2 + y^2 + 6x + 10y + k = 0$ representar uma circunferência?

9. Seja λ: $(x + 2)^2 + (y - 1)^2 = 49$ uma circunferência. Entre os pontos $A(4, -2)$, $B(-9, 5)$, $C(-2, 1)$, $D(5, 1)$ e $E(-2, 8)$, quais são:

- interiores a λ?
- exteriores a λ?
- pertencentes a λ?

10. Para que valores de m o ponto $A(m, -6)$ é exterior à circunferência $x^2 + y^2 = 64$?

11. Represente no plano cartesiano a circunferência $\lambda: x^2 + y^2 + 2x + 2y = 62$. Em seguida, determine um ponto A pertencente a ela. Depois, determine uma reta r externa à circunferência e uma reta s tangente à circunferência.

12. Sabendo que a equação geral de uma circunferência é $x^2 + y^2 + 6x + 4y - 311 = 0$, determine as coordenadas dos pontos de intersecção dessa circunferência com a reta de equação $x + y = 13$.

13. Um roteador *wireless* emite sinal de internet *Wi-Fi* numa região circular com um alcance de até 100 metros, estando localizado no ponto $A(2, 5)$ de um plano cartesiano, com medidas em metros. Um computador que está no ponto $B(26, 50)$ do mesmo plano cartesiano recebe sinal *Wi-Fi* desse roteador? E um telefone celular localizado no ponto $D(103, 5)$ desse mesmo plano? Justifique suas respostas.

14. Seja $(x - 6)^2 + (y - 2)^2 = 41$ a equação da circunferência τ. Determine a equação da reta tangente a essa circunferência no ponto $P(2, -3)$.

15. Determine os pontos de intersecção da reta $s: -x + 2y = 4$ com a circunferência $\lambda: x^2 + (y - 2)^2 = 20$.

16. Determine a posição relativa entre cada reta e cada uma das circunferências.

$r: 3x - 4y = -10$

$s: 12x + 9y = -15$

$t: 4x - 3y = -35$

a) $\lambda: (x - 4)^2 + (y - 3)^2 = 144$

b) $\tau: (x - 5)^2 + (y - 1)^2 = 36$

c) $\varphi: (x + 3)^2 + (y + 6)^2 = 9$

17. Determine a posição relativa entre a circunferência $\tau: (x - 6)^2 + (y - 2)^2 = 1$ e a circunferência dada em cada item.

a) $\alpha: x^2 + y^2 - 4x + 2y - 11 = 0$

b) $\beta: x^2 + y^2 - 12x - 4y = -\dfrac{159}{4}$

18. *Op-art* é uma abreviação das palavras em inglês *optical art* e significa "arte óptica", movimento artístico que surgiu em meados de 1950.

Observe uma imagem desse movimento.

CVADRAT/Shutterstock.com/ID/BR

Representação de círculos em contraste de preto e branco.

a) Que tipo de sensação esta obra causa ao ser observada?

b) No esquema a seguir algumas circunferências e retas representam parcialmente a imagem. A reta r contém os centros das circunferências λ_1, λ_2, λ_3 e λ_4. A reta s intersecta a circunferência λ_2 em um único ponto.

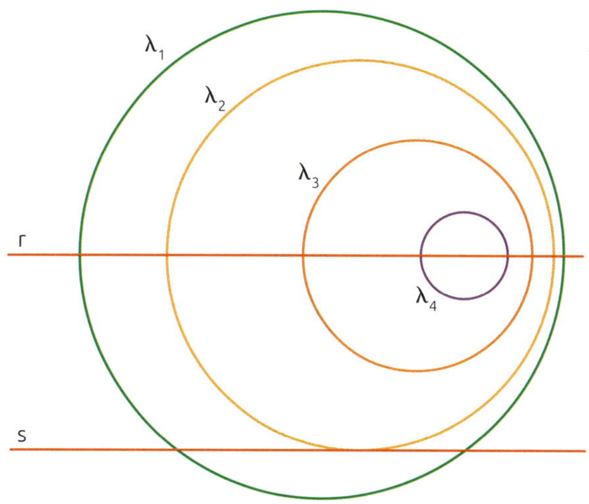

Ronaldo Lucena/ID/BR

I) Qual é a posição relativa da reta r em relação à circunferência λ_4? E em relação à circunferência λ_1?

II) Qual é a posição relativa da reta s em relação à circunferência λ_2? E em relação à circunferência λ_3?

III) Qual é a posição relativa da circunferência λ_2 com relação à circunferência λ_1? E com relação à circunferência λ_4?

Secções cônicas

O termo "cônicas" pode nos remeter à figura geométrica espacial cone, o que faz todo sentido, pois as cônicas podem ser obtidas por meio de cones com folhas que se estendem indefinidamente em ambas as direções.

Considere duas retas no espaço, *e* e *g*, concorrentes no ponto *V* e não perpendiculares. Ao girar a reta *g* 360° em torno da reta *e*, mantendo o mesmo ângulo de formação entre elas, obtemos uma superfície denominada superfície cônica circular reta de duas folhas, com vértice *V*, geratriz *g* e eixo de rotação *e*.

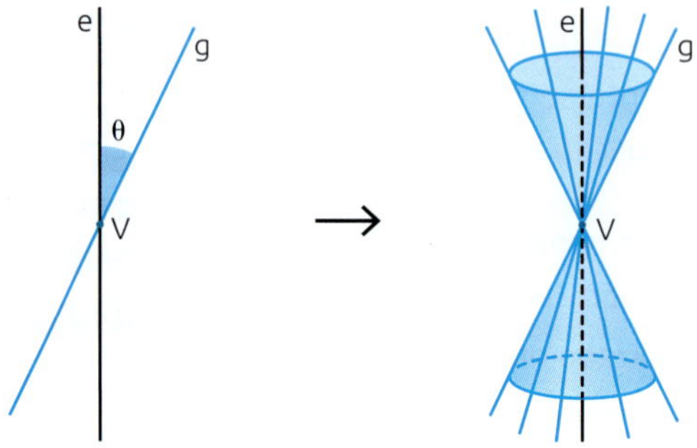

A intersecção de um plano com essa superfície cônica pode resultar em diferentes tipos de figura, como um ponto, uma reta, um par de retas, uma circunferência, uma elipse, uma hipérbole ou uma parábola. Neste capítulo, vamos estudar a elipse, a hipérbole e a parábola.

Apolônio foi um dos três grandes matemáticos do século III a.C., ao lado de Euclides e Arquimedes. Ele nasceu por volta de 262 a.C. em Perga, sul da Ásia Menor, por isso, é comum se referir a ele como Apolônio de Perga, mas pouco se sabe a respeito de sua vida. Por causa da sua extraordinária obra intitulada *Secções cônicas*, seus contemporâneos o chamavam de "o grande geômetra". Nessa obra, Apolônio apresenta as cônicas por meio de secções de um plano em uma superfície cônica circular reta de duas folhas. As nomenclaturas elipse, parábola e hipérbole, também foram introduzidas por Apolônio.

Fonte de pesquisa: Eves, Howard. *Introdução à história da matemática*. Trad. Hygino H. Domingues. Campinas: Ed. da Unicamp, 2004.

Elipse

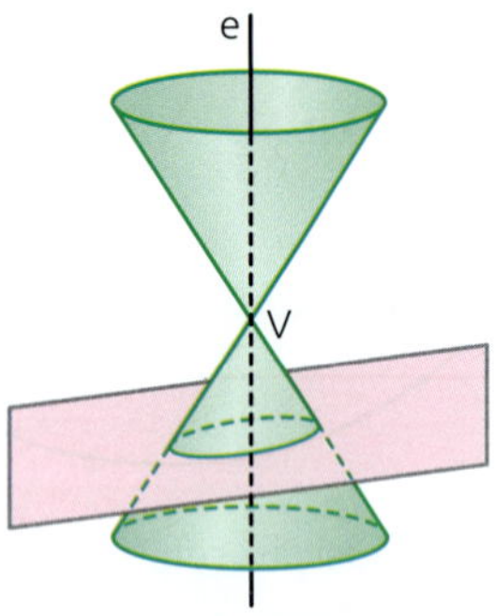

Resulta da intersecção de um plano oblíquo ao eixo *e* com todas as geratrizes do cone, mas não passa pelo vértice *V*.

Hipérbole

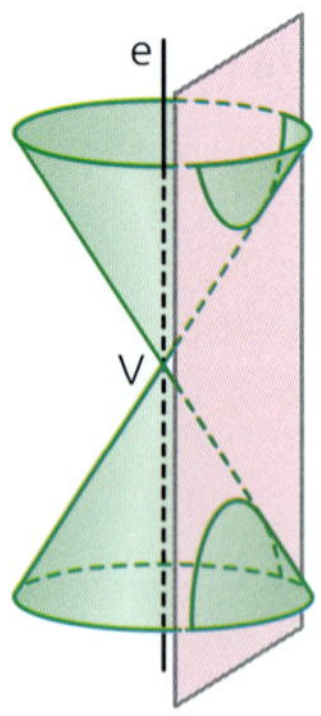

Resulta da intersecção de um plano com as duas folhas do cone, mas não passa pelo vértice *V*.

Parábola

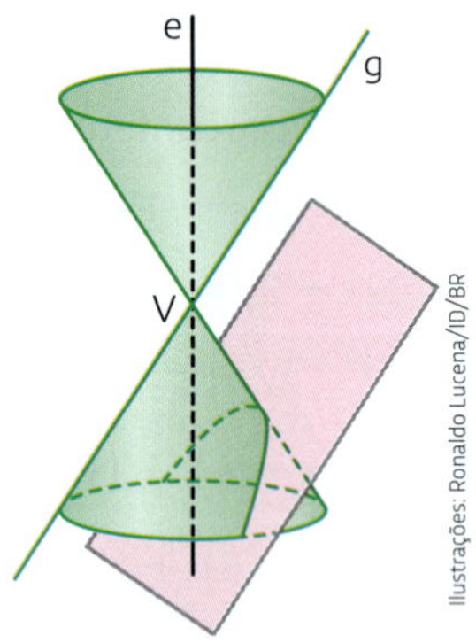

Resulta da intersecção de um plano que é paralelo a uma única geratriz do cone.

Ilustrações: Ronaldo Lucena/ID/BR

Ao indicar que o plano não passa pelo vértice *V*, estamos afirmando que o ponto *V* não pertence ao plano.

Qual deve ser a posição de um plano em relação ao eixo *e* da superfície cônica circular reta de duas folhas para obter uma circunferência?

Elipse

Para um estudo analítico dessa cônica, vamos defini-la por meio de propriedades métricas que seus pontos devem satisfazer.

> Elipse é o conjunto de pontos de um plano em que a soma das distâncias a dois pontos fixos é uma constante dada.

> No estudo da Língua Portuguesa, a palavra elipse indica supressão de um termo que se subentende pelo contexto, por exemplo: "Na minha bolsa há um estojo, no estojo, [há] canetas e lápis".

Esses pontos fixos são chamados focos da elipse.

É possível provar que a elipse pode ser obtida seccionando a superfície cônica circular reta de duas folhas.

De maneira prática, podemos obter a representação geométrica de uma elipse marcando inicialmente dois pontos distintos em uma folha de papel, os quais serão os focos F_1 e F_2. Em seguida, fixamos neles as extremidades de um barbante com medida maior do que a distância entre os focos. Depois, traçamos uma curva contínua com o barbante sempre esticado para obtermos a representação dessa elipse.

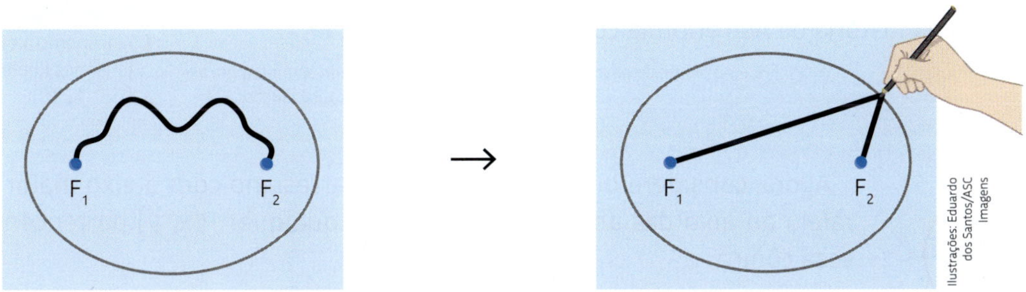

Ilustrações: Eduardo dos Santos/ASC Imagens

A soma das distâncias de qualquer ponto dessa elipse aos pontos F_1 e F_2 é constante e nesse caso tem a mesma medida do barbante.

Considere dois pontos distintos F_1 e F_2, pertencentes a um plano α tal que a distância entre eles seja $2c$. Uma elipse de focos F_1 e F_2 é formada pelo conjunto de pontos P de α, cuja soma das distâncias a F_1 e F_2 é igual a uma constante $2a$, com $2a > 2c$.

$$PF_1 + PF_2 = 2a$$
$$2a > 2c > 0$$

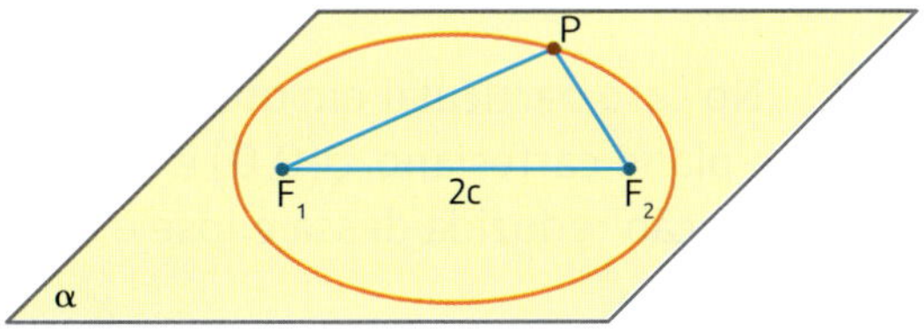

Observe os principais elementos de uma elipse.

- focos: F_1 e F_2
- centro: Q
- eixo maior: $\overline{A_1A_2}$
- eixo menor: $\overline{B_1B_2}$
- distância focal: $2c$
- medida do eixo maior: $2a$
- medida do eixo menor: $2b$
- excentricidade: $e = \frac{c}{a}$, com $0 < e < 1$
- relação notável: $a^2 = b^2 + c^2$

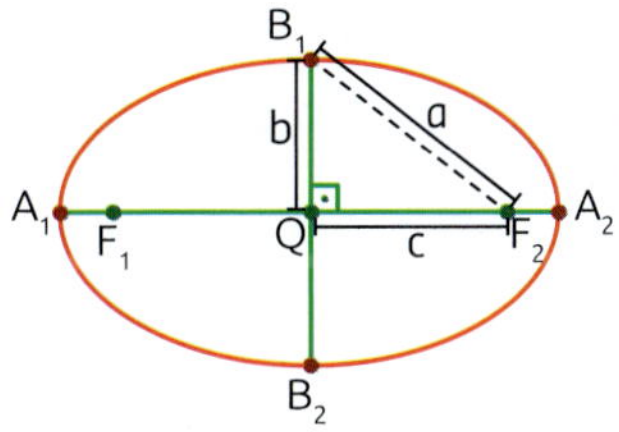

Ilustrações: Ronaldo Lucena/ID/BR

> O centro de uma elipse corresponde ao ponto médio de $\overline{F_1F_2}$, $\overline{A_1A_2}$ e $\overline{B_1B_2}$.

Quanto mais próximo de 0 for a excentricidade (e) de uma elipse, mais próxima de uma circunferência ela será, e quanto mais próximo de 1 for sua excentricidade, mais "achatada" será.

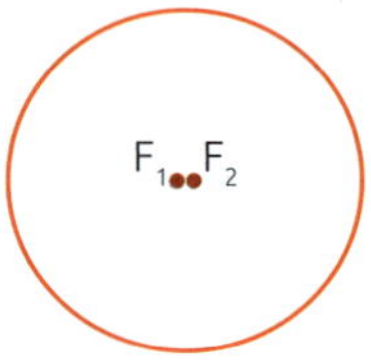

elipse com excentricidade 0,05

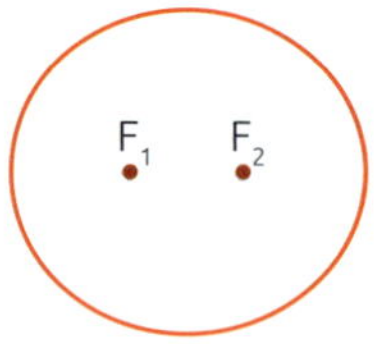

elipse com excentricidade 0,35

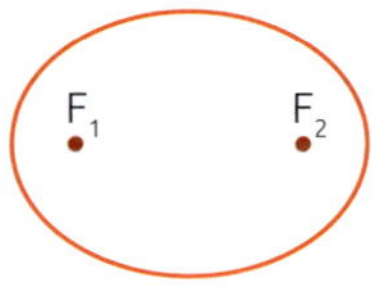

elipse com excentricidade 0,65

elipse com excentricidade 0,95

Ilustrações: Ronaldo Lucena/ID/BR

Em 1609, na sua obra intitulada *Astronomia nova*, Johannes Kepler anunciou suas duas primeiras leis da Astronomia a respeito do movimento dos planetas. Em uma delas, ele afirma que os planetas descrevem órbitas elípticas em torno do Sol, com o Sol sendo um dos focos da elipse. As leis de Kepler são consideradas como marcos tanto na história da Astronomia como na da Matemática.

Fonte de pesquisa: Boyer, Carl Benjamin. *História da matemática*. Trad. Elza F. Gomide. São Paulo: Edgard Blücher, 1974.

Astrônomo alemão Johannes Kepler (1571-1630).

Coleção particular. Fotografia: Nicku/Shutterstock.com/ID/BR

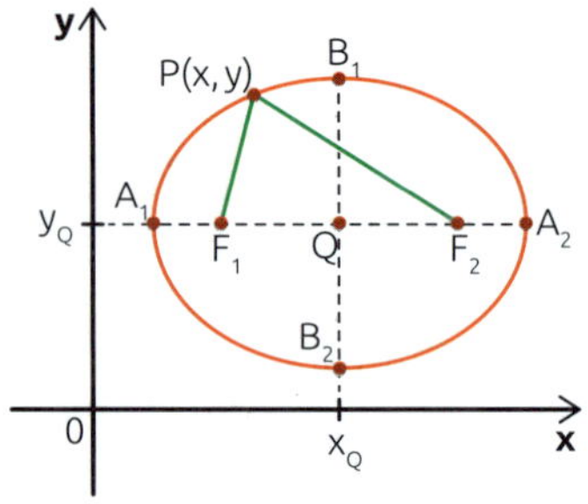

Agora, considere uma elipse no plano cartesiano com o eixo maior paralelo ao eixo das abscissas e um ponto qualquer $P(x, y)$ pertencente a essa cônica.

Desenvolvendo a igualdade $PF_1 + PF_2 = 2a$ e utilizando a relação notável $a^2 = b^2 + c^2$, obtemos a equação:

$$\frac{(x - x_Q)^2}{a^2} + \frac{(y - y_Q)^2}{b^2} = 1$$

chamada de **equação reduzida** da elipse de centro $Q(x_Q, y_Q)$.

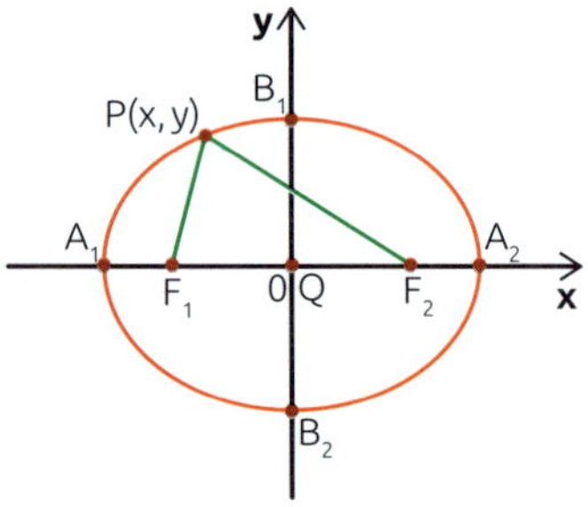

No caso particular em que o centro de uma elipse coincide com a origem do plano cartesiano, $Q(0, 0)$ e os focos pertencem ao eixo das abscissas, a equação reduzida dessa elipse é dada por:

$$\frac{x^2}{a^2} + \frac{y^2}{b^2} = 1$$

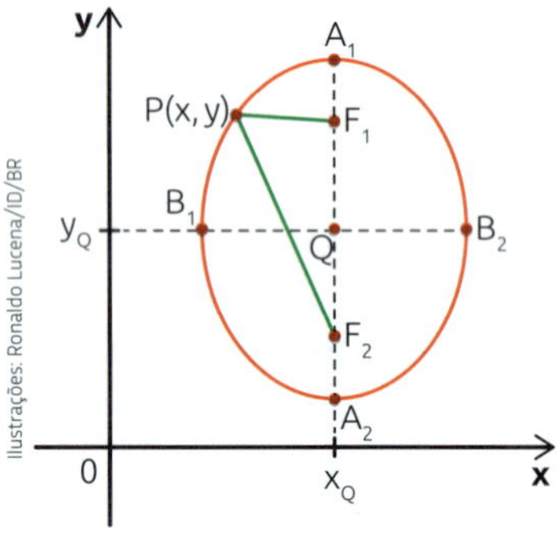

Ilustrações: Ronaldo Lucena/ID/BR

Ao considerarmos uma elipse no plano cartesiano com o eixo maior paralelo ao eixo das ordenadas, um ponto qualquer $P(x, y)$ pertencente a ela e centro $Q(x_Q, y_Q)$, temos a equação reduzida:

$$\frac{(x - x_Q)^2}{b^2} + \frac{(y - y_Q)^2}{a^2} = 1$$

No caso particular em que o centro de uma elipse coincide com a origem do plano cartesiano, $Q(0, 0)$, e os focos pertencem ao eixo das ordenadas, qual será a equação reduzida dessa elipse?

R6. Determine as coordenadas dos focos F_1 e F_2 e a distância focal da elipse de centro $Q(1, 1)$ na figura abaixo, considerando que o eixo maior é paralelo ao eixo das abscissas e $d_1 + d_2 = 10$.

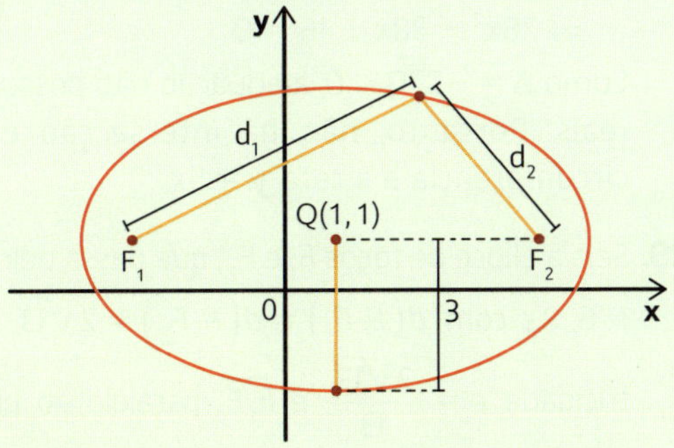

Resolução

O segmento F_1F_2 é paralelo ao eixo Ox. Então, as ordenadas dos dois focos da elipse são iguais à ordenada do centro $Q(1, 1)$, de modo que $F_1(1 - c, 1)$ e $F_2(1 + c, 1)$, sendo c a metade da distância focal.

Como $d_1 + d_2 = 10$ e $d_1 + d_2 = 2a$, segue que $2a = 10 \Rightarrow a = 5$.

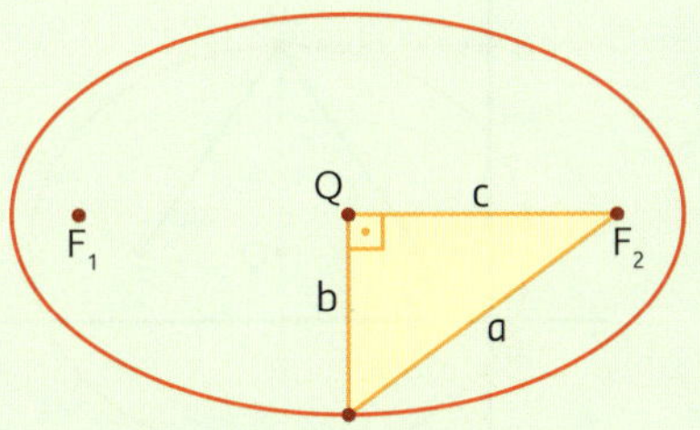

Ilustrações: Ronaldo Lucena/ID/BR

Substituindo b por 3 e a por 5 na relação notável $a^2 = b^2 + c^2$, temos:

$$a^2 = b^2 + c^2 \Rightarrow 5^2 = 3^2 + c^2 \Rightarrow c^2 = 16 \Rightarrow c = 4$$

Logo $F_1(1 - 4, 1) = F_1(-3, 1)$, $F_2(1 + 4, 1) = F_2(5, 1)$ e $2c = 2 \cdot 4 = 8$.

R7. Determine a equação da elipse abaixo, sabendo que F_1 e F_2 são os seus focos e P é um de seus pontos.

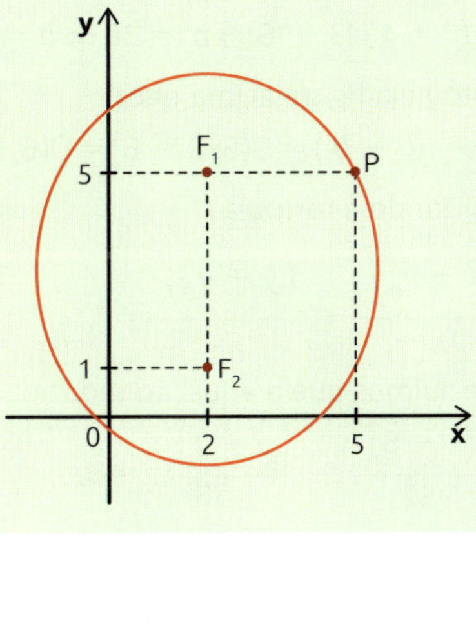

Ronaldo Lucena/ID/BR

Resolução

De acordo com o enunciado, os focos da elipse são $F_1(2, 5)$ e $F_2(2, 1)$ e a elipse passa pelo ponto $P(5, 5)$. O centro Q da elipse é o ponto médio do segmento F_1F_2, logo:

$$Q\left(\frac{2 + 2}{2}, \frac{5 + 1}{2}\right) \Rightarrow Q(2, 3).$$

Como a distância focal $d(F_1, F_2)$ é tal que $d(F_1, F_2) = 2c$, temos:

$$|1 - 5| = 2c \Rightarrow$$
$$\Rightarrow 2c = 4 \Rightarrow c = 2$$

Como $2a = d(F_1, P) + d(F_2, P)$, assim:

$$2a = |5 - 2| + \sqrt{(5 - 2)^2 + (5 - 1)^2}$$
$$2a = 3 + \sqrt{3^2 + 4^2}$$
$$2a = 3 + 5$$
$$a = 4$$

Como $a^2 = b^2 + c^2$, segue que:

$$4^2 = b^2 + 2^2 \Rightarrow b^2 = 12 \Rightarrow b = 2\sqrt{3}$$

Utilizando a equação reduzida $\dfrac{(x - x_Q)^2}{b^2} + \dfrac{(y - y_Q)^2}{a^2} = 1$ para elipses cujo eixo maior é paralelo ao eixo Oy, obtemos:

$$\frac{(x - 2)^2}{(2\sqrt{3})^2} + \frac{(y - 3)^2}{4^2} = 1 \Rightarrow$$
$$\Rightarrow \frac{(x - 2)^2}{12} + \frac{(y - 3)^2}{16} = 1$$

R8. Considere a circunferência λ de menor raio possível que circunscreve a elipse de equação $x^2 - 8x + 88 = 54y - 9y^2$.

a) A circunferência λ é tangente ao eixo:

- Ox?
- Oy?

b) A reta de equação $y = 5x$ é secante à circunferência λ?

Resolução

Para determinarmos as coordenadas do centro Q e os parâmetros a e b da elipse, fazemos:

$$x^2 - 8x + 88 = 54y - 9y^2 \Rightarrow$$
$$\Rightarrow \left(x^2 - 8x\right) + \left(9y^2 - 54y\right) = -88 \Rightarrow$$
$$\Rightarrow \left(x^2 - 8x + 16\right) + \left(9y^2 - 54y + 81\right) =$$
$$= -88 + 16 + 81 \Rightarrow (x-4)^2 + 9(y-3)^2 = 9 \Rightarrow$$
$$\Rightarrow \frac{(x-4)^2}{9} + \frac{(y-3)^2}{1} = 1$$

Portanto, $Q(4, 3)$, $a = 3$ e $b = 1$.

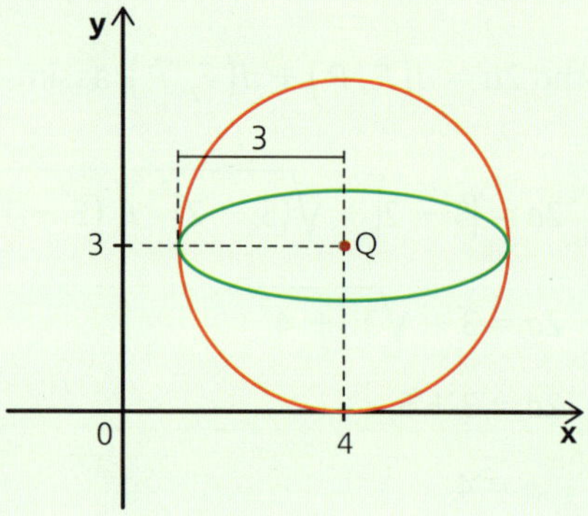

Ronaldo Lucena/ID/BR

Logo, a circunferência de centro $Q(4,3)$ e raio $r = 3$ é a de menor raio possível que circunscreve a elipse. A equação dessa circunferência é $(x-4)^2 + (y-3)^2 = 9$.

a) • Sim, pois substituindo y por 0 em $(x-4)^2 + (y-3)^2 = 9$, temos:

$$x^2 - 8x + 16 + \cancel{9} = \cancel{9} \Rightarrow$$
$$\Rightarrow x^2 - 8x + 16 = 0 \Rightarrow x = 4$$

Como a solução é única, a circunferência tangencia o eixo das abscissas.

• Não, pois substituindo x por 0 em $(x-4)^2 + (y-3)^2 = 9$, temos:

$$(0-4)^2 + (y-3)^2 = 9 \Rightarrow$$
$$\Rightarrow 16 + (y-3)^2 = 9 \Rightarrow$$
$$\Rightarrow (y-3)^2 = 9 - 16 \Rightarrow$$
$$\Rightarrow (y-3)^2 = -7$$

A equação não possui solução, pois $(y-3)^2 \geqslant 0$ para todo $y \in \mathbb{R}$, ou seja, não há intersecção entre a circunferência e o eixo das ordenadas.

b) Não, pois substituindo y por $5x$ em $(x-4)^2 + (y-3)^2 = 9$, temos:

$$(x-4)^2 + (5x-3)^2 = 9 \Rightarrow$$
$$\Rightarrow \left(x^2 - 8x + 16\right) + \left(25x^2 - 30x + 9\right) = 9 \Rightarrow$$
$$\Rightarrow 26x^2 - 38x + 16 = 0$$

Como $\Delta = -220 < 0$, a equação não possui raízes reais. Portanto, não há intersecção entre a circunferência e a reta $y = 5x$.

R9. Seja a elipse de focos F_1 e F_2, que passa pelo ponto $P(6, 8)$, com $d(P, F_1) = d(P, F_2) = 2\sqrt{13}$, excentricidade $e = \frac{2\sqrt{13}}{13}$ e $\overline{F_1F_2}$ paralelo ao eixo Ox. Determine a equação reduzida dessa elipse.

Resolução

Como $d(P, F_1) = d(P, F_2) = 2\sqrt{13}$, temos:

$$d(P, F_1) + d(P, F_2) = 2a \Rightarrow$$
$$\Rightarrow \cancel{2} \cdot \left(2\sqrt{13}\right) = \cancel{2} \cdot a \Rightarrow a = 2\sqrt{13}$$

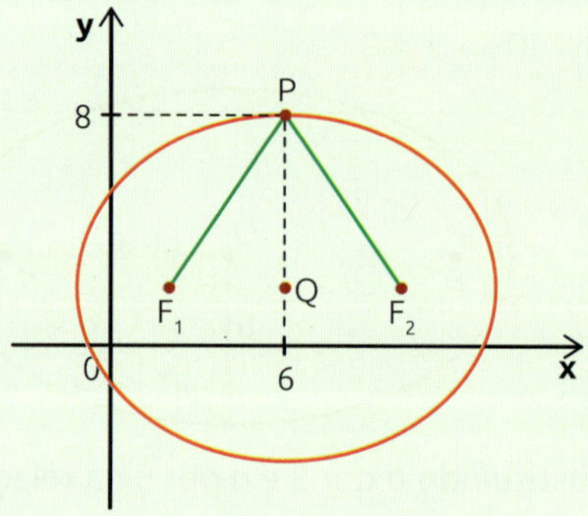

Ronaldo Lucena/ID/BR

Considerando $e = \frac{c}{a}$, segue que:

$$\frac{2\sqrt{13}}{13} = \frac{c}{2\sqrt{13}} \Rightarrow 13c = 2^2 \cdot \left(\sqrt{13}\right)^2 \Rightarrow$$
$$\Rightarrow \cancel{13}c = 4 \cdot \cancel{13} \Rightarrow c = 4$$

Para calcular b, fazemos:

$$a^2 = b^2 + c^2 \Rightarrow 2^2\left(\sqrt{13}\right)^2 = b^2 + 4^2 \Rightarrow$$
$$\Rightarrow b^2 = 4 \cdot 13 - 16 \Rightarrow b^2 = 36 \Rightarrow b = 6$$

Note pela figura acima que:

$$Q\left(x_P, y_P - b\right) = Q(6, 8 - 6) = Q(6, 2)$$

Utilizando a fórmula

$$\frac{\left(x - x_Q\right)^2}{a^2} + \frac{\left(y - y_Q\right)^2}{b^2} = 1,$$

concluímos que a equação reduzida dessa elipse é $\frac{(x-6)^2}{52} + \frac{(y-2)^2}{36} = 1$.

Atividades

19. Qual deve ser a posição de um plano em relação ao eixo *e* da superfície cônica circular reta de duas folhas para se obter um ponto?

20. Determine a equação reduzida da elipse descrita em cada item.

a) Elipse de focos $F_1(2, 0)$ e $F_2(-2, 0)$, cujo comprimento do eixo maior é 6.

b) Elipse de focos $F_1(0, 2)$ e $F_2(0, 3)$ que contém o ponto $O(0, 0)$.

c) Elipse de centro $Q(2, 2)$, foco $F_1(2, 1)$ e que passa por $A(0, 2)$

21. Seja a elipse de equação $\frac{(x-1)^2}{4} + \frac{y^2}{9} = 1$.

Determine:

a) o seu centro;

b) a medida de seu eixo maior;

c) a medida de seu eixo menor;

d) sua distância focal;

e) sua excentricidade.

22. Em cada item, determine a equação da elipse representada na imagem, sabendo que os pontos *A* e *B* são os seus focos.

a)

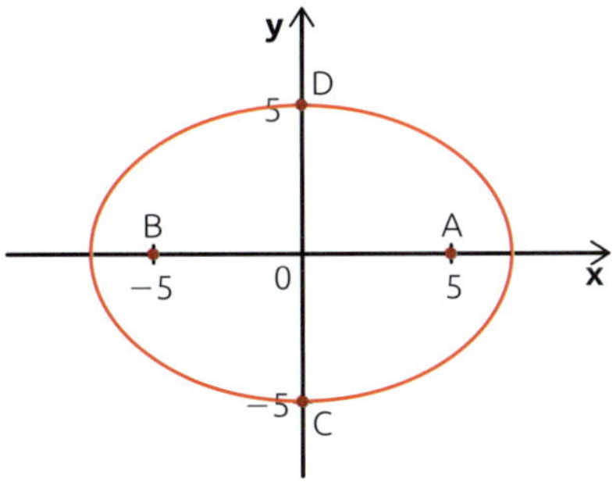

b)

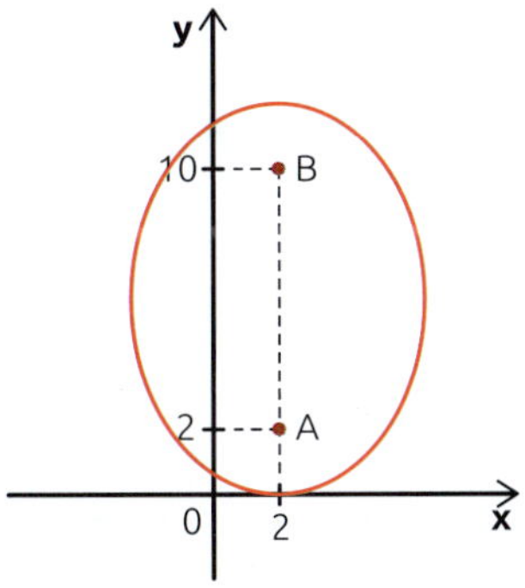

Ilustrações: Ronaldo Lucena/ID/BR

23. Determine as coordenadas do centro e dos focos das elipses:

a) $\frac{x^2}{5} + \frac{y^2}{25} = 1$

b) $\frac{x^2}{7} + \frac{(y-4)^2}{16} = 1$

c) $\frac{(x-5)^2}{25} + \frac{(y-2)^2}{9} = 1$

24. As órbitas dos planetas em torno do Sol podem ser descritas por elipses. Observe a tabela.

Excentricidade da órbita dos planetas do Sistema Solar

Planeta	Excentricidade da órbita
Mercúrio	0,2056
Vênus	0,0068
Terra	0,0167
Marte	0,0934
Júpiter	0,0485
Saturno	0,0556
Urano	0,0472
Netuno	0,0086

Fonte de pesquisa: Instituto de Física UFRGS. Disponível em: <www.if.ufrgs.br/oei/solar/solar04/solar04.htm>. Acesso em: 11 maio 2016.

De acordo com essas informações, qual planeta do Sistema Solar tem a órbita mais parecida com uma circunferência? Justifique.

25. (EsPCEx-SP) Num estádio de futebol em forma de elipse, o gramado é o retângulo *MNPQ*, inscrito na cônica, conforme mostra a figura. Escolhendo o sistema de coordenadas cartesianas indicado e tomando o metro como unidade, a elipse é descrita pela equação $\frac{x^2}{36^2} + \frac{y^2}{60^2} = 1$. Sabe-se também que os focos da elipse estão situados em lados do retângulo *MNPQ*.

Assim, a distância entre as retas *MN* e *PQ* é

a) 48 m

b) 68 m

c) 84 m

d) 92 m

e) 96 m

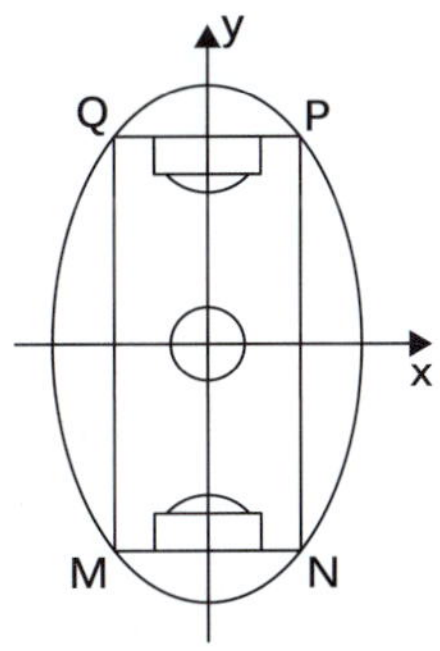

EsPCEx/Fac-símile: ID/BR

Hipérbole

Assim como fizemos com a elipse, vamos definir hipérbole com as propriedades métricas que seus pontos devem satisfazer.

> Hipérbole é o conjunto de pontos de um plano cujo valor absoluto da diferença das distâncias a dois pontos fixos é uma constante dada.

Esses pontos fixos são chamados de focos da hipérbole.

É possível provar que a hipérbole pode ser obtida seccionando a superfície cônica circular reta de duas folhas.

> A palavra hipérbole é homônima à figura de linguagem que enfatiza expressões resultantes do exagero, por exemplo: "Meu irmão morreu de medo do filme".

De maneira prática, podemos obter a representação geométrica de uma hipérbole marcando inicialmente dois pontos distintos em uma folha de papel, que serão os focos F_1 e F_2. Em seguida, fixamos a extremidade de uma régua em um desses pontos (F_1) e, na outra extremidade da régua, fixamos a extremidade de um barbante. No outro ponto (F_2) fixamos também a outra extremidade do barbante. A diferença, em módulo, entre o comprimento do barbante e o comprimento da régua deve ser menor do que a distância entre os focos. Depois, traçamos uma curva contínua com o lápis apoiado na régua e com o barbante sempre esticado para obtermos um ramo da representação dessa hipérbole. Procedendo de maneira semelhante obtemos o outro ramo dessa hipérbole.

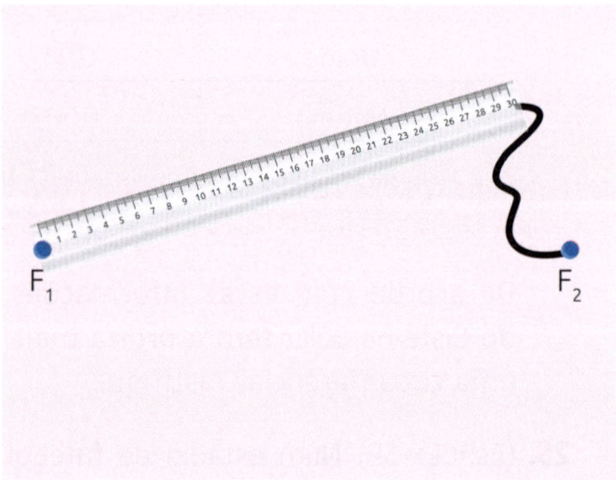

→

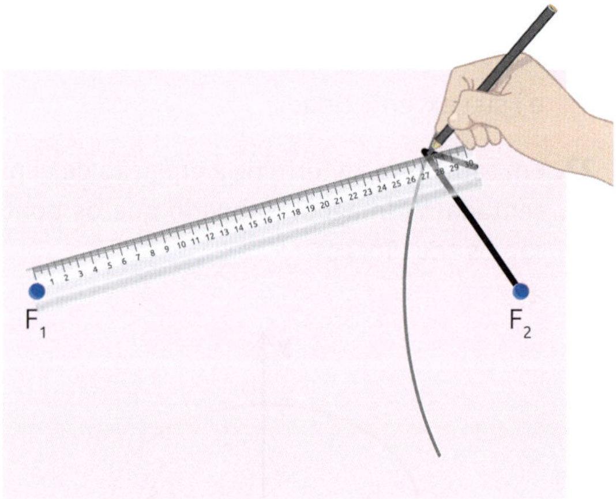

↙

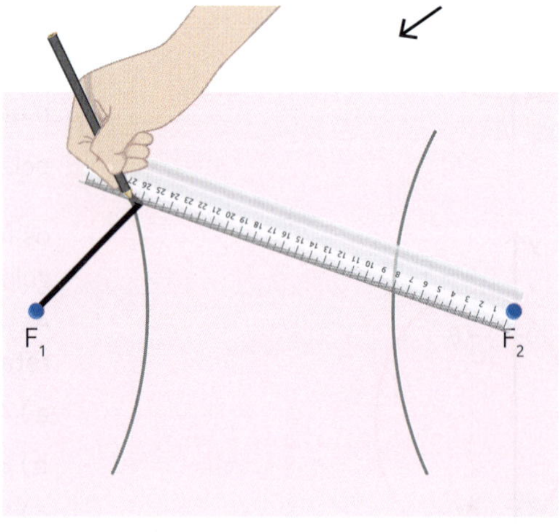

Ilustrações: Eduardo dos Santos/ASC Imagens

A diferença, em módulo, das distâncias de qualquer ponto dessa hipérbole aos pontos F_1 e F_2 é constante e menor do que $\overline{F_1F_2}$.

Considere dois pontos distintos F_1 e F_2, pertencentes a um plano α tal que a distância entre eles seja $2c$. Uma hipérbole de focos F_1 e F_2 é formada pelo conjunto de pontos P de α, cuja diferença, em módulo, das distâncias a F_1 e F_2 é igual a uma constante $2a$, com $2a < 2c$.

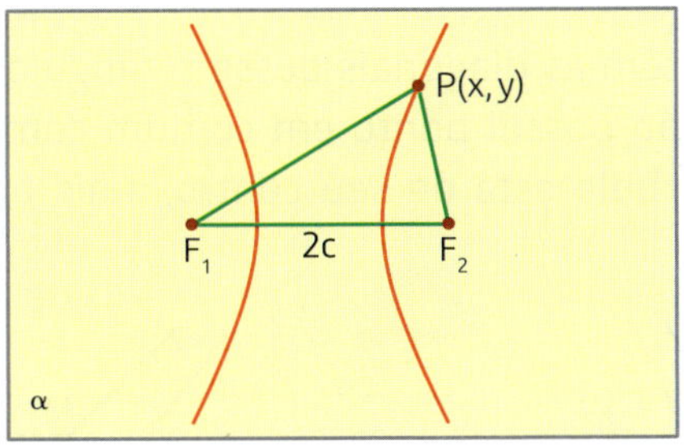

$$|PF_1 - PF_2| = 2a$$
$$0 < 2a < 2c$$

Observe os principais elementos de uma hipérbole.

- focos: F_1 e F_2
- centro: Q
- eixo real ou transverso: $\overline{A_1A_2}$
- eixo imaginário: $\overline{B_1B_2}$
- distância focal: $2c$
- medida do eixo real: $2a$
- medida do eixo imaginário: $2b$
- excentricidade: $e = \frac{c}{a}$, com $e > 1$
- relação notável: $c^2 = a^2 + b^2$

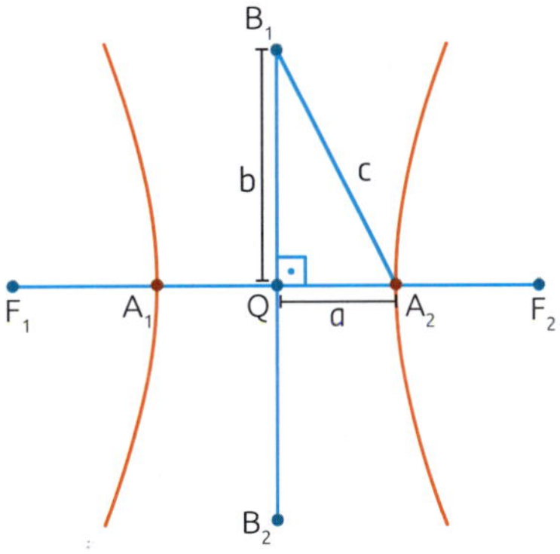

Os pontos B_1 e B_2 são pontos da mediatriz de $\overline{A_1A_2}$, que formam triângulos retângulos em Q, com um dos catetos medindo a e hipotenusa medindo c.

Quanto mais próximo de 1 for a excentricidade (e) de uma hipérbole, mais "fechados" serão seus ramos, e quanto mais distante de 1 for sua excentricidade, mais seus ramos se aproximarão de retas.

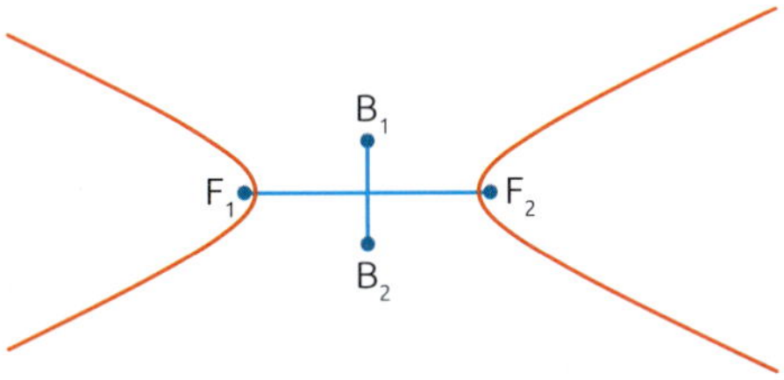

Hipérbole com excentricidade 1,1.

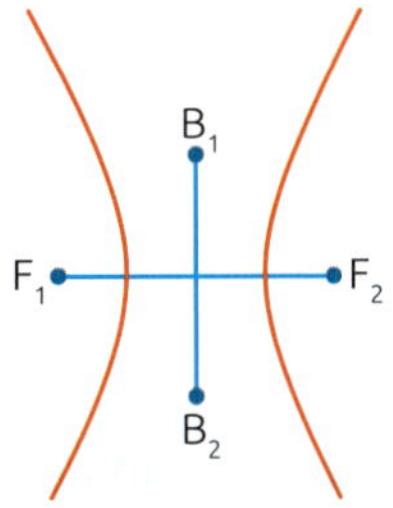

Hipérbole com excentricidade 2.

O centro de uma hipérbole corresponde ao ponto médio de $\overline{F_1F_2}$, $\overline{A_1A_2}$ e $\overline{B_1B_2}$.

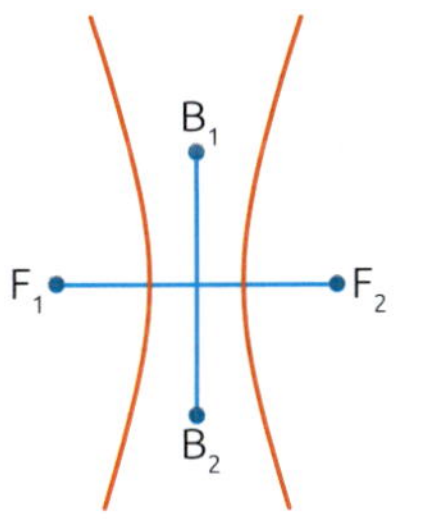

Hipérbole com excentricidade 3.

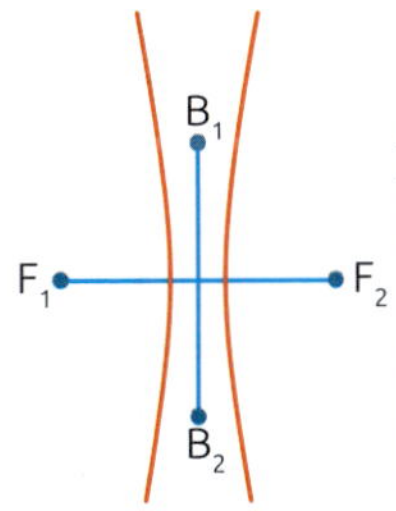

Hipérbole com excentricidade 5.

Ilustrações: Ronaldo Lucena/ID/BR

Outro elemento importante das hipérboles são suas **retas assíntotas**. Para obtê-las, podemos construir um retângulo *KLMN*, que possui A_1, B_1, A_2 e B_2 como pontos médios de seus lados de medidas $2a$ e $2b$. Esse retângulo é chamado de retângulo de referência ou retângulo auxiliar da hipérbole.

As retas *KM* e *LN* que contêm as diagonais desse retângulo são denominadas assíntotas da hipérbole. A hipérbole não possui ponto em comum com as assíntotas e quanto mais distante um ponto da hipérbole está de seu centro, mais próximo esse ponto estará da assíntota.

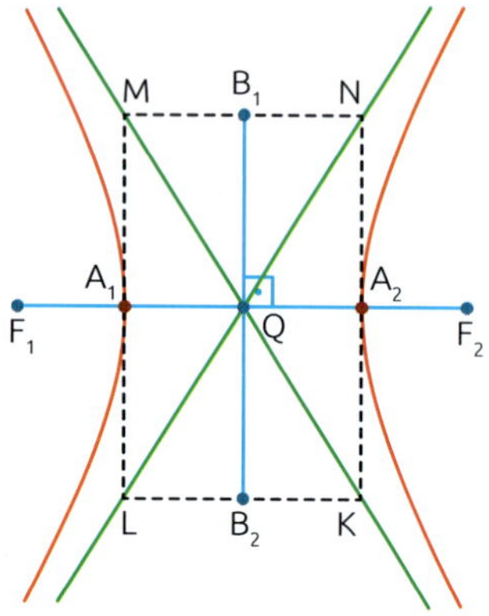

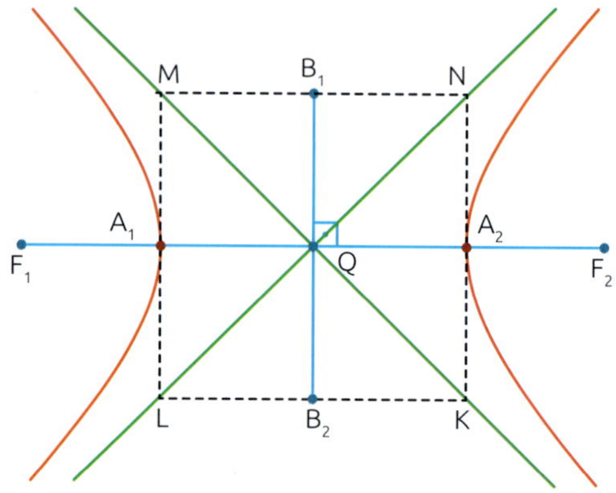

> No caso em que o retângulo auxiliar for um quadrado (hipérbole à direita), isto é, quando $2a = 2b$, temos uma hipérbole chamada hipérbole equilátera.

Agora, considere uma hipérbole no plano cartesiano com o eixo real paralelo ao eixo das abscissas e um ponto qualquer $P(x, y)$ pertencente a essa cônica.

Desenvolvendo a igualdade $|PF_1 - PF_2| = 2a$ e utilizando a relação notável $c^2 = a^2 + b^2$, obtemos a equação

$$\frac{(x - x_Q)^2}{a^2} - \frac{(y - y_Q)^2}{b^2} = 1$$

chamada **equação reduzida** da hipérbole de centro $Q(x_Q, y_Q)$.

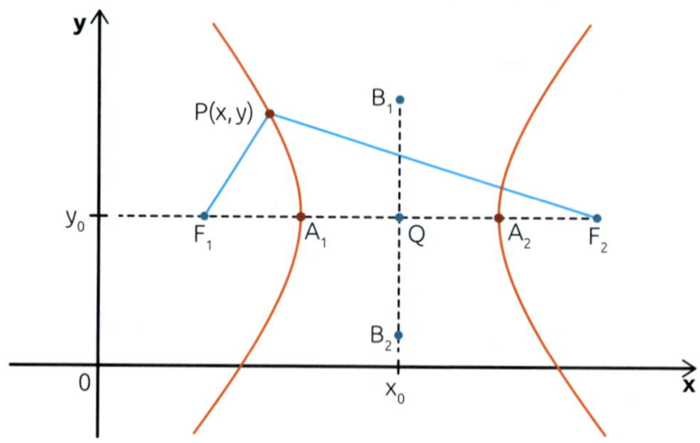

Ilustrações: Ronaldo Lucena/ID/BR

No caso particular em que o centro de uma hipérbole coincide com a origem do plano cartesiano, $Q(0, 0)$, e os focos pertencem ao eixo das abscissas, a equação reduzida dessa hipérbole é dada por:

$$\frac{x^2}{a^2} - \frac{y^2}{b^2} = 1$$

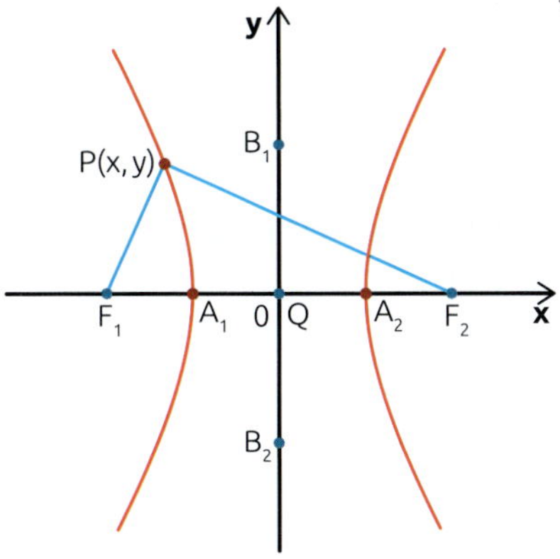

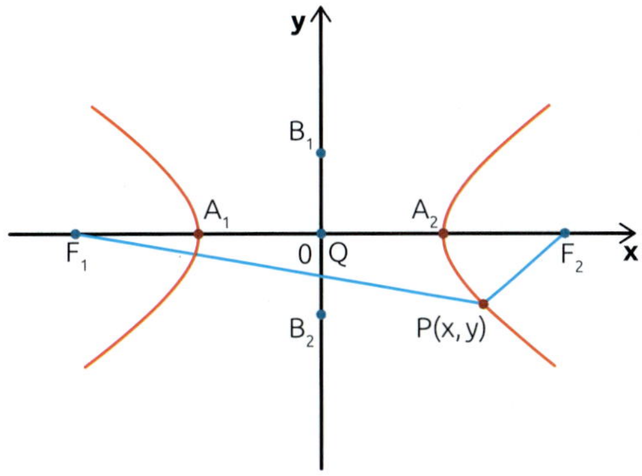

Ao considerarmos uma hipérbole no plano cartesiano com o eixo real paralelo ao eixo das ordenadas, um ponto qualquer $P(x, y)$ pertencente a ela e centro $Q\left(x_Q, y_Q\right)$, temos a equação reduzida:

$$\frac{\left(y - y_Q\right)^2}{a^2} - \frac{\left(x - x_Q\right)^2}{b^2} = 1$$

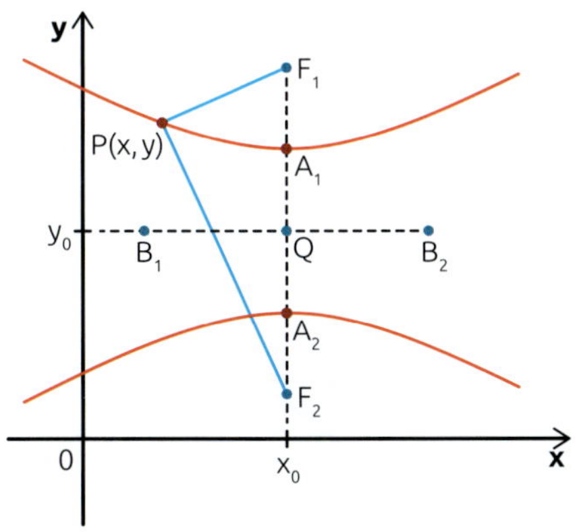

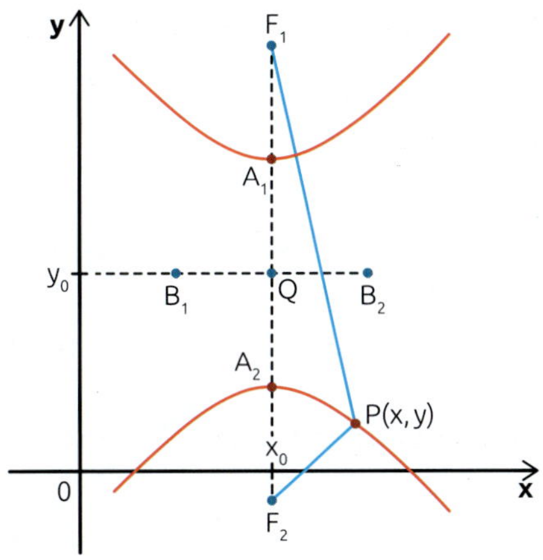

No caso particular em que o centro de uma hipérbole coincide com a origem do plano cartesiano, $Q(0, 0)$, e os focos pertencem ao eixo Oy, qual será a equação reduzida dessa hipérbole?

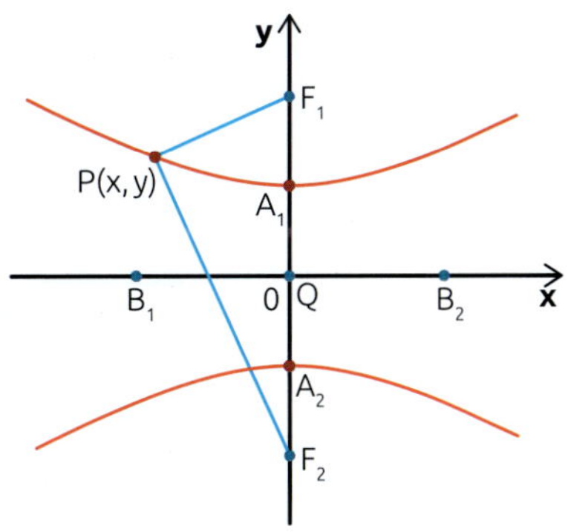

Ilustrações: Ronaldo Lucena/ID/BR

Atividades resolvidas

R10. Faça o esboço da hipérbole de equação $\dfrac{(y-3)^2}{9} - \dfrac{(x-2)^2}{16} = 1$.

Resolução

Com base na equação, notamos que essa hipérbole possui o eixo real paralelo ao eixo das ordenadas, $Q(2, 3)$ é o centro da hipérbole, $2\overset{3}{a} = 6$ é a medida do eixo real e $2\overset{4}{b} = 8$ é a medida do eixo imaginário.

Para calcular c, utilizamos $c^2 = a^2 + b^2$:

$$c^2 = 3^2 + 4^2 \Rightarrow c^2 = 25 \Rightarrow c = 5$$

Observe, na figura abaixo, a localização dos pontos que nos permite avaliar a hipérbole, determinados pelos resultados acima, sendo $KLMN$ o retângulo auxiliar.

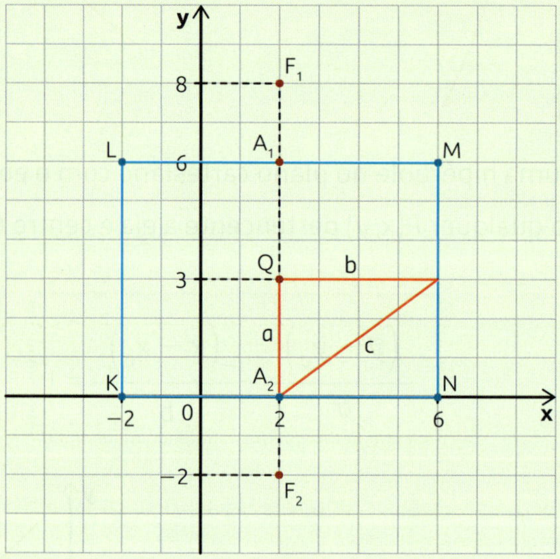

A partir dos pontos obtidos, traçamos as assíntotas r (passando por L e N) e s (passando por M e K) para facilitar o esboço da hipérbole.

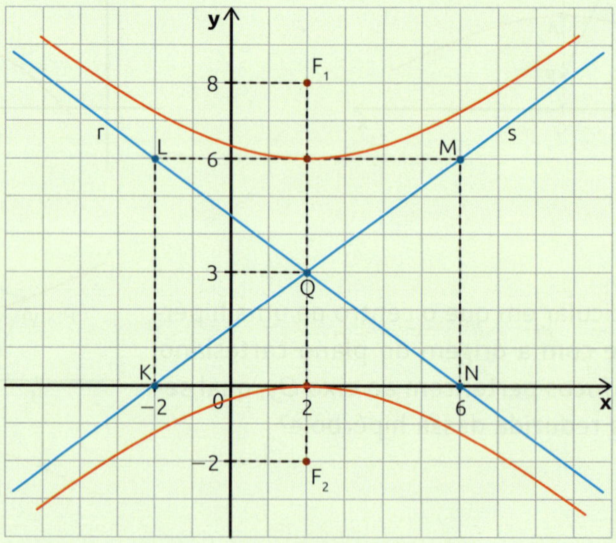

Ilustrações: Ronaldo Lucena/ID/BR

R11. Determine as coordenadas dos focos e a equação da hipérbole com o eixo real paralelo ao eixo das abscissas, sendo $Q(1, 2)$ o seu centro, $e = \sqrt{5}$ a excentricidade e $2b = 8$ a medida do eixo imaginário.

Resolução

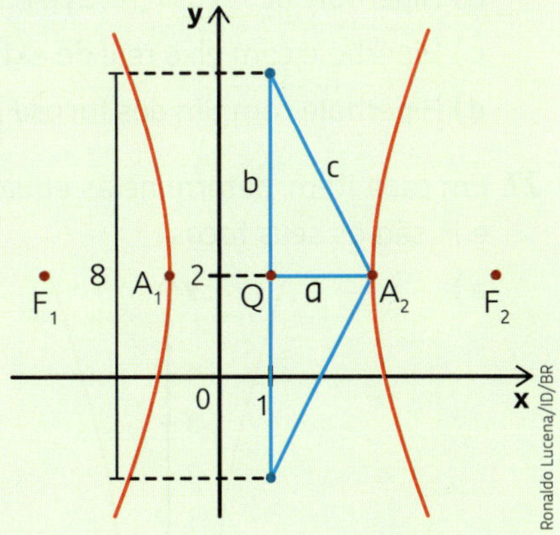

Observe a representação gráfica dessa hipérbole no plano cartesiano ao lado:

Do enunciado, temos $b = 4$.

Como $e = \dfrac{c}{a}$ e $c^2 = a^2 + b^2 \Rightarrow c = \sqrt{a^2 + b^2}$, temos:

$$e = \frac{\sqrt{a^2 + b^2}}{a} \Rightarrow \sqrt{5} = \frac{\sqrt{a^2 + 16}}{a} \Rightarrow$$

$$\Rightarrow a\sqrt{5} = \sqrt{a^2 + 16} \Rightarrow 5a^2 = a^2 + 16 \Rightarrow$$

$$\Rightarrow 4a^2 = 16 \Rightarrow a^2 = 4 \Rightarrow a = 2$$

Para calcular c, fazemos:

$$c^2 = a^2 + b^2 \Rightarrow c^2 = 2^2 + 4^2 \Rightarrow c^2 = 20 \Rightarrow c = 2\sqrt{5}$$

Nesse caso, como a distância focal da hipérbole é $2c$ e a ordenada dos focos é igual à ordenada do centro Q, segue que:

$$F_1(1 - c, 2) = F_1\left(1 - 2\sqrt{5}, 2\right) \text{ e } F_2(1 + c, 2) = F_2\left(1 + 2\sqrt{5}, 2\right).$$

Assim, utilizando a fórmula $\dfrac{\left(x - x_Q\right)^2}{a^2} - \dfrac{\left(y - y_Q\right)^2}{b^2} = 1$, obtemos $\dfrac{(x - 1)^2}{4} - \dfrac{(y - 2)^2}{16} = 1$.

R12. Determine o valor de m para que a hipérbole de equação $9x^2 - 4y^2 = 54$ possua a reta $y = mx$ como uma de suas assíntotas, sendo $m > 0$.

Resolução

A partir da equação $9x^2 - 4y^2 = 54$ da hipérbole, fazemos:

$$\frac{9x^2}{54} - \frac{4y^2}{54} = \frac{54}{54} \Rightarrow \frac{x^2}{6} - \frac{y^2}{\frac{27}{2}} = 1$$

Assim:

$$a^2 = 6 \text{ e } b^2 = \frac{27}{2}$$

Logo:

$$\frac{b^2}{a^2} = \frac{\frac{27}{2}}{6} = \frac{27}{2} \cdot \frac{1}{6} \Rightarrow \left(\frac{b}{a}\right)^2 = \frac{27}{12} = \frac{9}{4} \Rightarrow \frac{b}{a} = \sqrt{\frac{9}{4}} \Rightarrow \frac{b}{a} = \frac{3}{2} \Rightarrow b = \frac{3}{2}a$$

Como o centro da hipérbole é $Q(0, 0)$, suas assíntotas são as retas que passam por $(0, 0)$ e (a, b) e por $(0, 0)$ e $(-a, b)$, ou seja, as retas r e s dadas por:

$$r: y = mx \Rightarrow b = ma \Rightarrow \frac{3}{2}a = ma \Rightarrow m = \frac{3}{2} \qquad r: y = \frac{3}{2}x$$

$$s: y = mx \Rightarrow b = m(-a) \Rightarrow \frac{3}{2}a = -ma \Rightarrow m = -\frac{3}{2} \qquad s: y = -\frac{3}{2}x$$

Portanto, para que $y = mx$ seja uma das assíntotas, sendo $m > 0$, devemos ter $m = \dfrac{3}{2}$.

Atividades

26. Determine a equação da hipérbole descrita em cada item.

a) Hipérbole de focos $F_1(5, 0)$ e $F_2(-5, 0)$ que contém o ponto $A_1(2, 0)$.

b) Hipérbole de focos $F_1(0, 2)$ e $F_2(0, -2)$, e assíntotas $y = x$ e $y = -x$.

c) Hipérbole com eixo real de extremos $A_1(5, 1)$ e $A_2(-1, 1)$, e assíntotas $y = x - 1$ e $y = -x + 3$.

d) Hipérbole com um dos focos $F_1(2, 1)$, centro $Q(2, -2)$ e eixo real de medida $2a = 4$.

27. Em cada item, determine as equações das assíntotas da hipérbole representada, sabendo que F_1 e F_2 são os seus focos.

a)

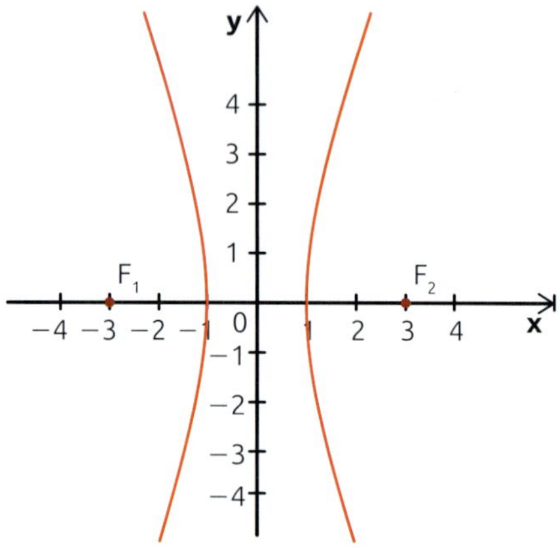

b)

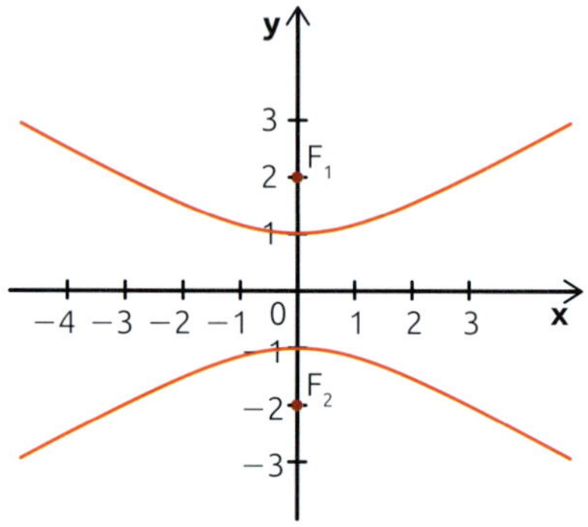

Ilustrações: Ronaldo Lucena/ID/BR

28. Determine as coordenadas dos focos e a excentricidade das hipérboles abaixo.

a) $\dfrac{x^2}{16} - \dfrac{y^2}{9} = 1$

b) $\dfrac{y^2}{144} - \dfrac{x^2}{25} = 1$

c) $\dfrac{(x+2)^2}{6} - \dfrac{(y+5)^2}{10} = 1$

29. Vamos verificar que a hipérbole $h: \dfrac{x^2}{4} - \dfrac{y^2}{16} = 1$ não intersecta suas retas assíntotas. Primeiro, determinaremos suas assíntotas, s_1 e s_2. Como h está centrada na origem, suas assíntotas são dadas por $y = \pm\dfrac{b}{a}x$. Assim:

$$s_1: y = 2x \text{ e } s_2: y = -2x$$

Vamos supor, por absurdo, que exista um ponto $P(x_0, y_0)$ na intersecção de h e s_1. Deste modo, temos:

$$y_0 = 2x_0 \text{ e } \frac{x_0^2}{4} - \frac{y_0^2}{16} = 1$$

Assim:

$$1 = \frac{x_0^2}{4} - \frac{y_0^2}{16} = \frac{x_0^2}{4} - \frac{(2x_0)^2}{16} = \frac{x_0^2}{4} - \frac{4x_0^2}{16} = \frac{x_0^2}{4} - \frac{x_0^2}{4} = 0$$

o que é falso, pois $1 \neq 0$. Desta maneira, h e s_1 não se intersectam. De modo análogo, pode-se mostrar que h e s_2 não se intersectam.

Com argumentos semelhantes, mostre que as hipérboles abaixo não intersectam suas retas assíntotas.

a) $\dfrac{x^2}{25} - \dfrac{y^2}{5} = 1.$

b) $\dfrac{(x-2)^2}{1} - \dfrac{(y-1)^2}{4} = 1.$

c) $\dfrac{x^2}{a^2} - \dfrac{y^2}{b^2} = 1.$

30. Determine o valor de m, sendo $m \neq 0$, para que a hipérbole de equação $\dfrac{x^2}{m^2} - \dfrac{(y-2)^2}{9} = 1$ tenha excentricidade igual a 2.

31. Mostre que a excentricidade de uma hipérbole equilátera é sempre igual a $\sqrt{2}$.

32. Determine a equação da hipérbole equilátera de focos $F_1(4, 0)$ e $F_2(-4, 0)$.

Parábola

Provavelmente, você já estudou que a representação gráfica de uma função quadrática é uma parábola cujo eixo de simetria é paralelo ou coincidente ao eixo das ordenadas. Agora, realizaremos um estudo mais aprofundado dessa cônica.

Assim como realizamos com a elipse e com a hipérbole, vamos definir parábola com as propriedades métricas que seus pontos devem satisfazer.

> Parábola é o conjunto de pontos de um plano cujas distâncias a um ponto fixo e a uma reta fixa são iguais.

Essa reta fixa é chamada de diretriz e esse ponto fixo, não pertencente à diretriz, é chamado de foco da parábola.

É possível provar que a parábola pode ser obtida seccionando a superfície cônica circular reta de duas folhas.

> A palavra parábola também é utilizada para indicar narrativas alegóricas, cujo objetivo é transmitir mensagens, geralmente moral ou religiosa, de maneira metafórica, isto é, de modo indireto.

De maneira prática, podemos obter a representação geométrica de uma parábola marcando primeiro um ponto em uma folha de papel, que será o foco *F*. Em seguida, fixamos uma extremidade de um barbante nesse ponto e a outra extremidade do barbante fixamos em um esquadro. Depois, com o auxílio de uma régua em um lugar fixo, traçamos uma reta e uma curva contínua deslizando o esquadro, apoiando-o na régua, onde está localizada a reta, com o barbante sempre esticado para obtermos a representação dessa parábola.

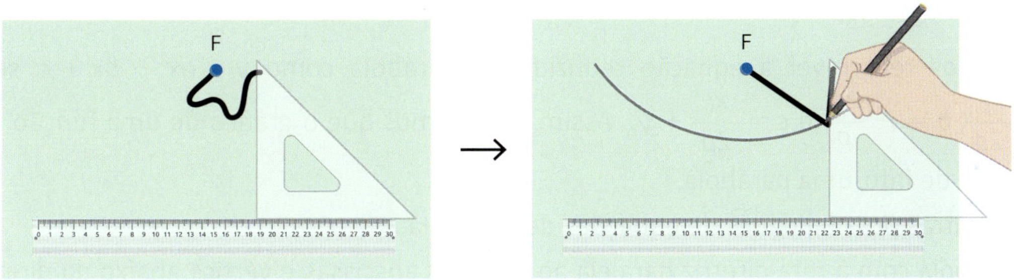

Ilustrações: Eduardo dos Santos/ASC Imagens

A distância de qualquer ponto dessa parábola à reta traçada e ao ponto *F* é a mesma.

Considere um ponto *F* e uma reta *d* pertencentes a um plano α, tal que $F \notin d$. Uma parábola de foco *F* e diretriz *d* é formada pelo conjunto de pontos *P* de α, que estão à mesma distância de *F* e de *d*. A distância entre o foco *F* e a diretriz *d* é denominada parâmetro.

Observe os principais elementos de uma parábola:

- foco: F
- vértice: V
- diretriz: d
- parâmetro: *p*
- eixo de simetria: *e*
- relação notável: $FV = \dfrac{p}{2}$

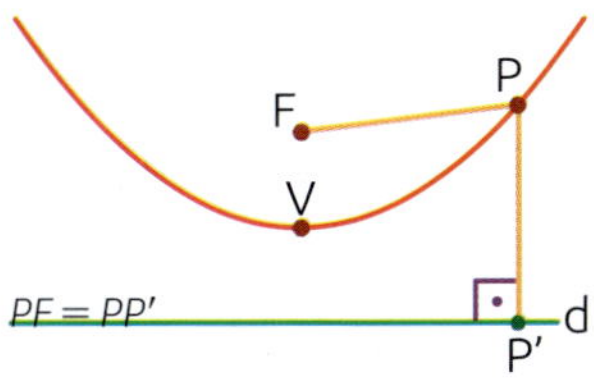

P' é a projeção ortogonal do ponto *P* sobre a reta *d*

> O eixo de simetria, indicado pela reta *e*, é a reta que passa pelo foco *F* e é perpendicular à diretriz *d*.

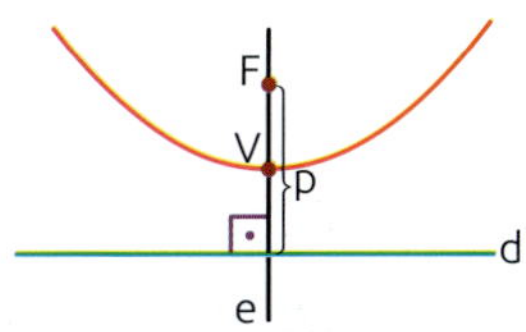

Ilustrações: Ronaldo Lucena/ID/BR

A intersecção do eixo de simetria com a parábola determina qual elemento da parábola?

Galileu Galilei fez contribuições notáveis para a Matemática e outros ramos da Ciência nos séculos XVI e XVII. Entre elas, podemos destacar o invento do microscópio moderno, a construção de uma espécie de binóculos de longo alcance e a mecânica dos corpos em queda livre, com base no fato de a distância percorrida por um corpo em queda livre ser proporcional ao quadrado do tempo do início da queda. Foi ele também o primeiro a perceber que a trajetória de um projétil, desconsiderando a resistência do ar, é de natureza parabólica.

Fonte de pesquisa: Eves, Howard. *Introdução à história da matemática*. Trad. Hygino H. Domingues. Campinas: Ed. da Unicamp, 2004

Coleção particular. Fotografia: Georgios Kollidas/Shutterstock.com/ID/BR

Astrônomo italiano Galileu Galilei (1564-1642).

Agora, considere uma parábola no plano cartesiano com a reta diretriz paralela ao eixo das abscissas, vértice acima da diretriz e um ponto qualquer $P(x, y)$ pertencente a essa cônica.

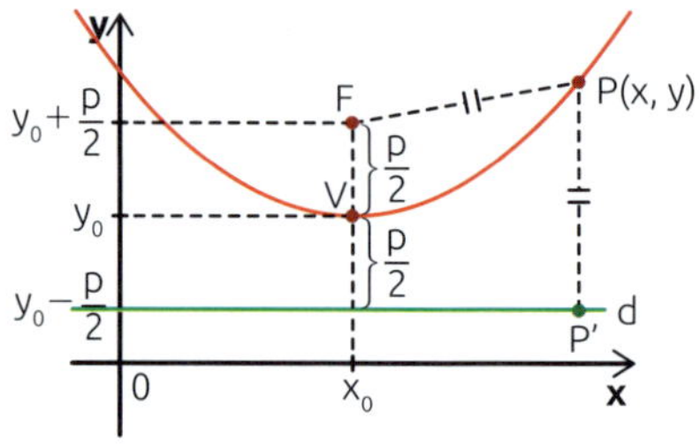

Desenvolvendo a igualdade $PF = PP'$, obtemos a equação $(x - x_0)^2 = 2p(y - y_0)$ chamada **equação reduzida** da parábola de vértice $V(x_0, y_0)$ acima da diretriz, foco $F\left(x_0, y_0 + \frac{p}{2}\right)$ e reta diretriz $y = y_0 - \frac{p}{2}$.

Podemos reescrever a equação reduzida da parábola como $y = ax^2 + bx + c$, sendo $a = \frac{1}{2p}$, $b = -\frac{x_0}{p}$ e $c = \frac{x_0^2}{2p} + y_0$. Assim, concluímos que o gráfico de uma função quadrática é, de fato, uma parábola.

Veja outras possibilidades de equações de parábola:

- parábola com a reta diretriz paralela ao eixo das abscissas e vértice abaixo da diretriz;

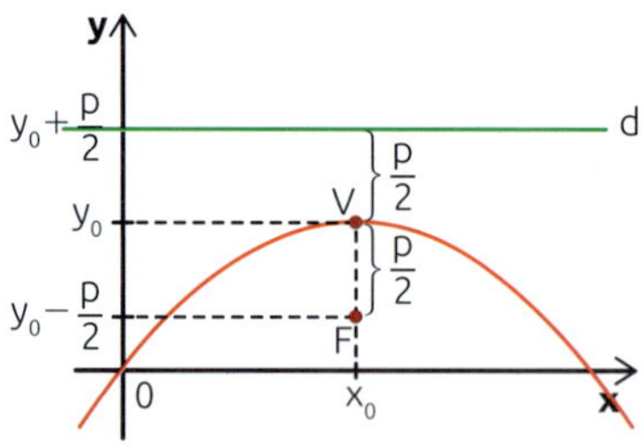

$(x - x_0)^2 = -2p(y - y_0)$

foco: $F\left(x_0, y_0 - \frac{p}{2}\right)$

reta diretriz: $y = y_0 + \frac{p}{2}$

- parábola com a reta diretriz paralela ao eixo das abscissas e vértice coincidindo com a origem $V(0, 0)$, mas acima da diretriz;

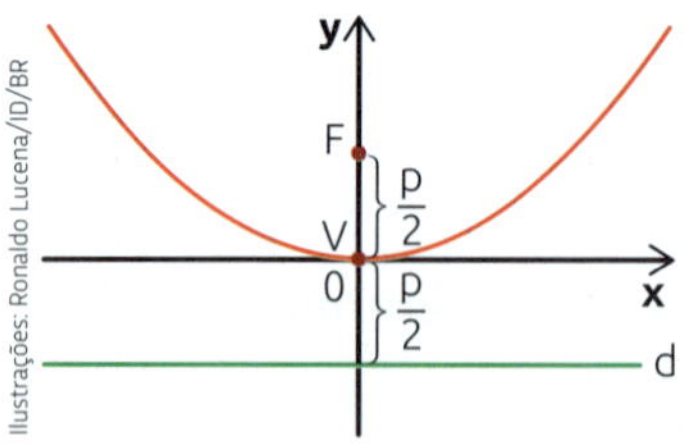

Ilustrações: Ronaldo Lucena/ID/BR

$x^2 = 2py$

foco: $F\left(0, \frac{p}{2}\right)$

reta diretriz: $y = -\frac{p}{2}$

Qual é a reta correspondente ao eixo de simetria dessa parábola?

- parábola com a reta diretriz paralela ao eixo das abscissas e vértice coincidindo com a origem $V(0, 0)$, mas abaixo da diretriz;

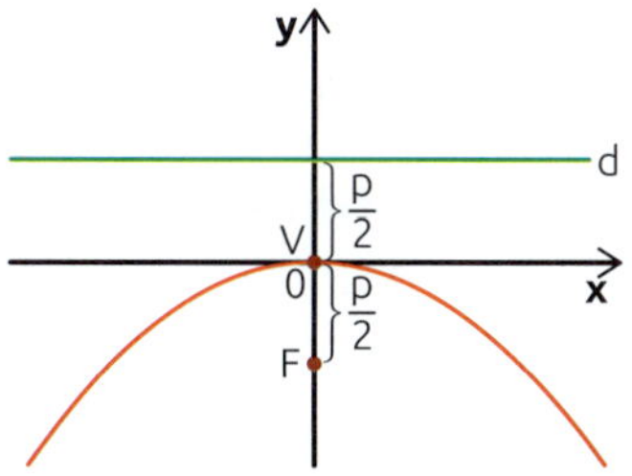

$$x^2 = -2py$$

$$\text{foco: } F\left(0, -\frac{p}{2}\right)$$

$$\text{reta diretriz: } y = \frac{p}{2}$$

- parábola com a reta diretriz paralela ao eixo das ordenadas e vértice à direita da diretriz;

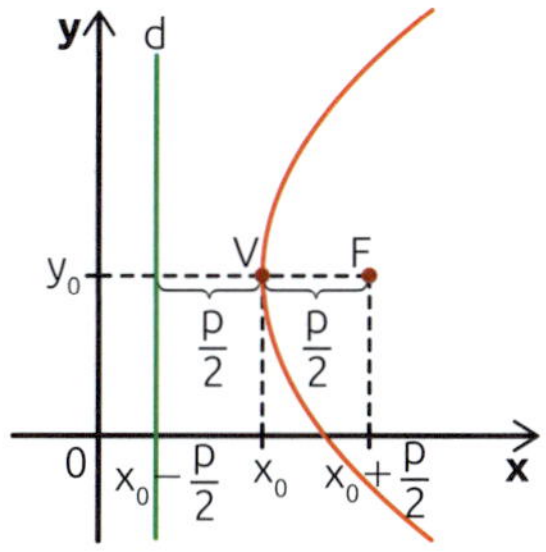

$$(y - y_0)^2 = 2p(x - x_0)$$

$$\text{foco: } F\left(x_0 + \frac{p}{2}, y_0\right)$$

$$\text{reta diretriz: } x = x_0 - \frac{p}{2}$$

- parábola com a reta diretriz paralela ao eixo das ordenadas e vértice à esquerda da diretriz;

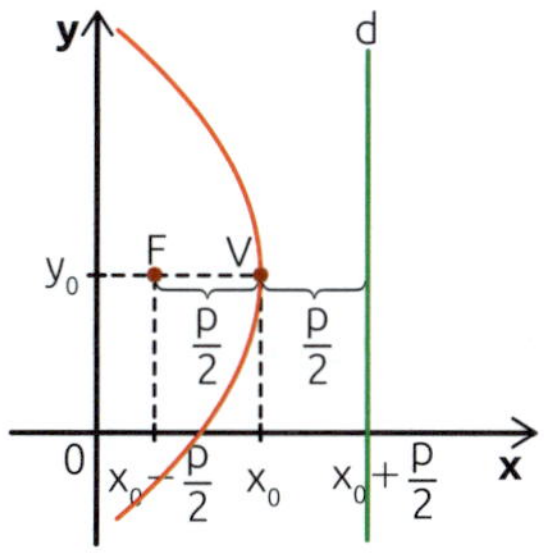

$$(y - y_0)^2 = -2p(x - x_0)$$

$$\text{foco: } F\left(x_0 - \frac{p}{2}, y_0\right)$$

$$\text{reta diretriz: } x = x_0 + \frac{p}{2}$$

- parábola com a reta diretriz paralela ao eixo das ordenadas e vértice coincidindo com a origem $V(0, 0)$, mas à direita da diretriz.

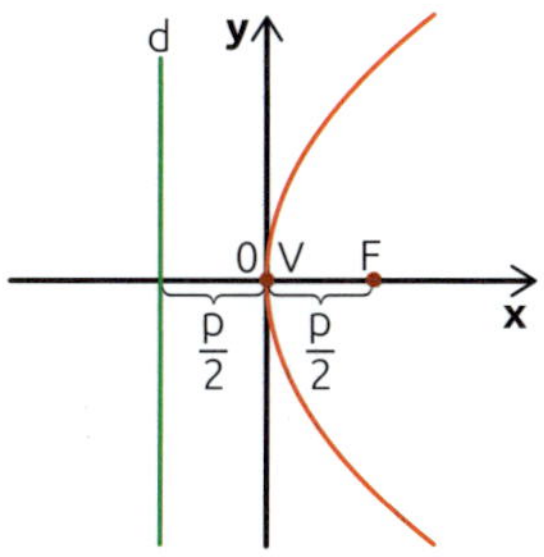

$$y^2 = 2px$$

$$\text{foco: } F\left(\frac{p}{2}, 0\right)$$

$$\text{reta diretriz: } x = -\frac{p}{2}$$

- parábola com a reta diretriz paralela ao eixo das ordenadas e vértice coincidindo com a origem $V(0, 0)$, mas à esquerda da diretriz.

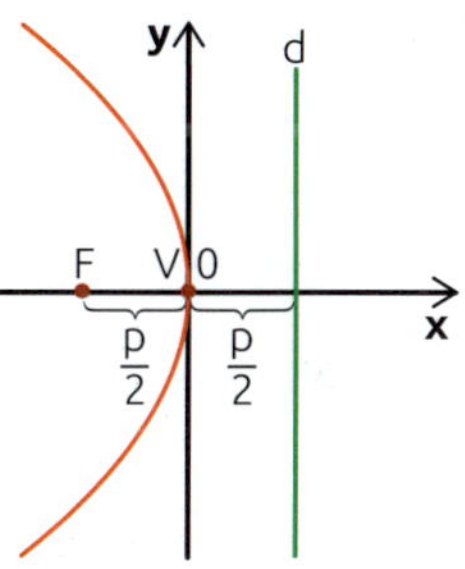

Ilustrações: Ronaldo Lucena/ID/BR

$$y^2 = -2px$$

$$\text{foco: } F\left(-\frac{p}{2}, 0\right)$$

$$\text{reta diretriz: } x = \frac{p}{2}$$

R13. Determine a equação e esboce no plano cartesiano a parábola de vértice $V(0, 0)$ e:

a) foco $F\left(0, \frac{1}{4}\right)$.

b) diretriz d: $y = 3$.

Resolução

a) Se p é o parâmetro, então $\frac{p}{2} = FV$. Assim:

$$\frac{p}{2} = \left|\frac{1}{4} - 0\right| \Rightarrow \frac{p}{2} = \frac{1}{4} \Rightarrow p = \frac{1}{2}$$

Sendo $x^2 = 2py$, temos:

$$x^2 = 2 \cdot \frac{1}{2} y \Rightarrow x^2 = y$$

A diretriz dessa parábola é a reta y, tal que:

$$y = y_0 - \frac{p}{2}$$

$$y = 0 - \frac{\frac{1}{2}}{2}$$

$$y = -\frac{1}{4}$$

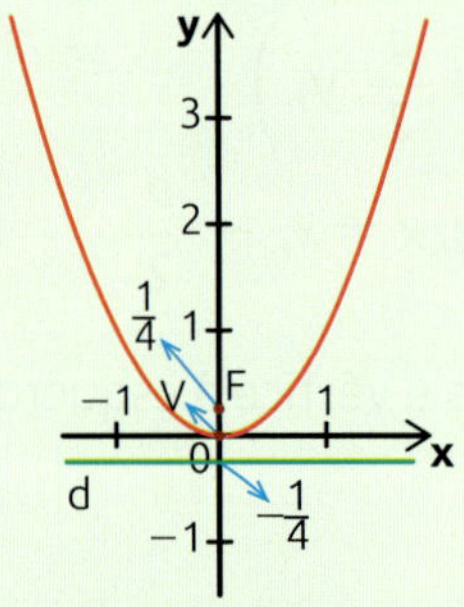

b) O vértice está abaixo da diretriz, logo, o parâmetro p é:

$$0 + \frac{p}{2} = 3 \Rightarrow p = 6$$

Sendo $x^2 = -2py$, obtemos:

$$x^2 = -2 \cdot 6 \cdot y \Rightarrow x^2 = -12y$$

O foco F dessa parábola é o ponto:

$$F\left(x_0, y_0 - \frac{p}{2}\right) = F\left(0, 0 - \frac{6}{2}\right) = F(0, -3)$$

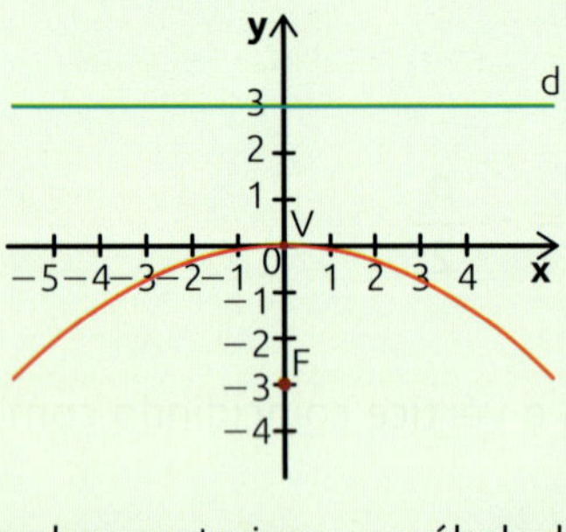

Ilustrações: Ronaldo Lucena/ID/BR

R14. Esboce no plano cartesiano a parábola de equação $2x + y^2 - 6y + 12 = 0$.

Resolução

Primeiro, vamos determinar as coordenadas do vértice dessa parábola e a distância $\frac{p}{2}$ entre o vértice e o foco da mesma, utilizando o método de completar quadrados.

$$2x + y^2 - 6y + 12 = 0 \Rightarrow y^2 - 6y = -2x - 12 \Rightarrow$$

$$\Rightarrow y^2 - 6y + 9 = -2x - 12 + 9 \Rightarrow$$

$$\Rightarrow (y - 3)^2 = -2\left(x + \frac{3}{2}\right)$$

Verificamos que a parábola possui diretriz paralela ao eixo das ordenadas e concavidade voltada para a esquerda. Além disso, $V\left(-\frac{3}{2}, 3\right)$.

Como $-2 = -2p$, segue que $p = 1$.

O foco F dessa parábola é o ponto:

$$F\left(x_0 - \frac{p}{2}, y_0\right) = F\left(-\frac{3}{2} - \frac{1}{2}, 3\right) = F(-2, 3)$$

e a diretriz é a reta:

$$d: x = x_0 + \frac{p}{2} \Rightarrow x = -\frac{3}{2} + \frac{1}{2} \Rightarrow x = -1$$

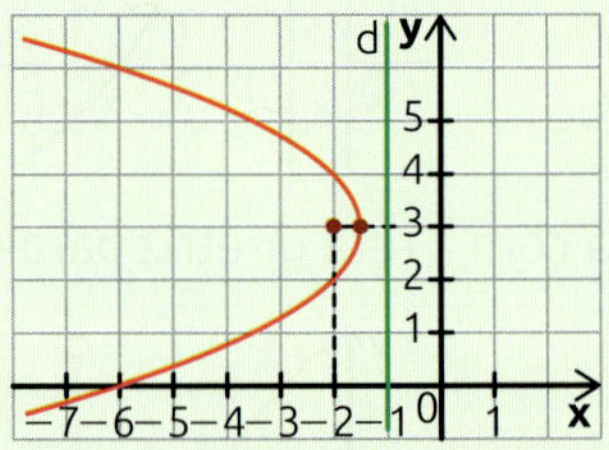

Ronaldo Lucena/ID/BR

R15. Baseando-se nas representações gráficas das parábolas abaixo, determine as suas respectivas equações reduzidas.

a)

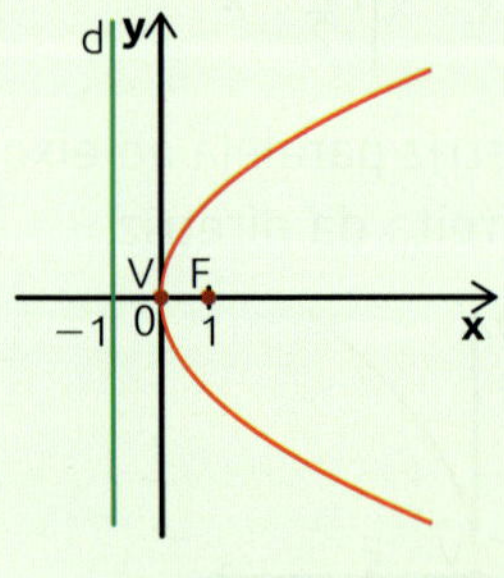

diretriz $d: x = -1$

vértice $V(0, 0)$

c)

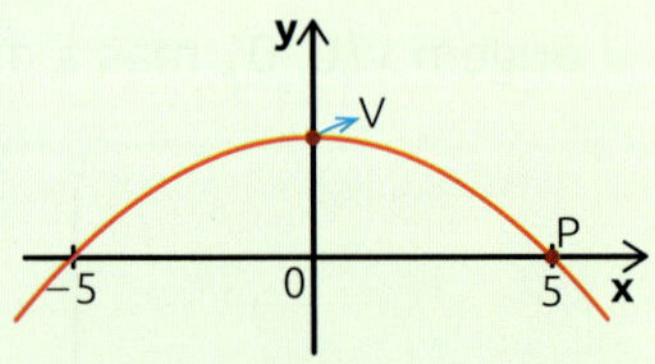

vértice $V\left(0, \frac{5}{2}\right)$

d: paralela ao eixo Ox

b)

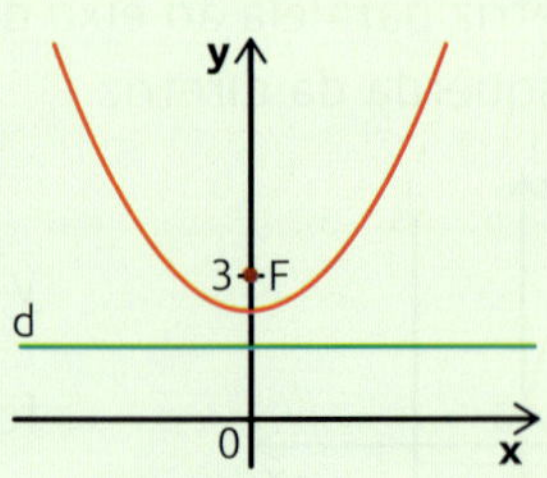

diretriz $d: y = \frac{3}{2}$

foco $F(0, 3)$

d)

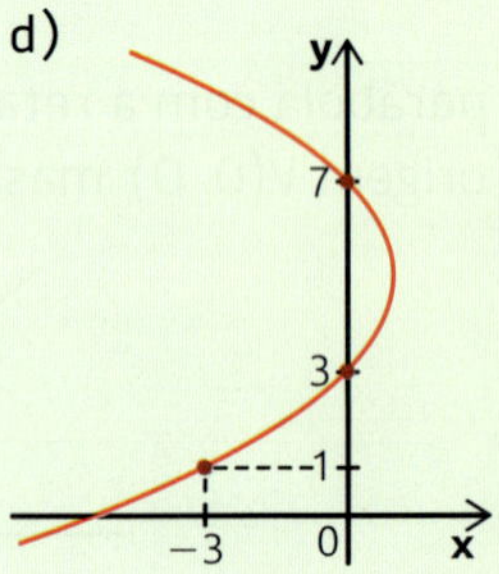

d: paralela ao eixo Oy

Ilustrações: Ronaldo Lucena/ID/BR

Resolução

a) Seja $Q(-1, 0)$ a intersecção entre a diretriz d e o eixo das abscissas. O parâmetro p é:

$$\frac{p}{2} = VQ \Rightarrow \frac{p}{2} = |-1 - 0| \Rightarrow \frac{p}{2} = 1 \Rightarrow p = 2$$

Assim, a equação reduzida é:

$$y^2 = 2px \Rightarrow y^2 = 2 \cdot 2 \cdot x \Rightarrow y^2 = 4x$$

b) Seja $Q\left(0, \frac{3}{2}\right)$ a intersecção entre a diretriz d e o eixo das ordenadas. O parâmetro p é:

$$p = FQ = \left|3 - \frac{3}{2}\right| = \left|\frac{3}{2}\right| = \frac{3}{2}$$

O vértice V da parábola é o ponto médio de $\overline{FQ}$, ou seja:

$$V\left(\frac{0+0}{2}, \frac{3+\frac{3}{2}}{2}\right) = V\left(0, \frac{9}{4}\right)$$

Assim, a equação reduzida é:

$$(x - x_0)^2 = 2p(y - y_0) \Rightarrow$$

$$\Rightarrow (x - 0)^2 = 2 \cdot \frac{3}{2}\left(y - \frac{9}{4}\right) \Rightarrow$$

$$\Rightarrow x^2 = 3\left(y - \frac{9}{4}\right)$$

c) O vértice dessa parábola é o ponto $V\left(0, \frac{5}{2}\right)$ e ela passa pelo ponto $P(5, 0)$.

Pela fórmula $(x - x_0)^2 = -2p(y - y_0)$, obtemos:

$$(x - 0)^2 = -2p\left(y - \frac{5}{2}\right) \Rightarrow$$

$$\Rightarrow x^2 = -2p\left(y - \frac{5}{2}\right) \qquad \text{(I)}$$

Substituindo as coordenadas do ponto $P(5, 0)$ em **I**, segue que:

$$5^2 = -2p\left(0 - \frac{5}{2}\right) \Rightarrow 25 = \cancel{2}p \cdot \frac{5}{\cancel{2}} \Rightarrow p = 5$$

Logo, substituindo p por 5 em **I**, temos:

$$x^2 = -2 \cdot 5 \cdot \left(y - \frac{5}{2}\right) \Rightarrow x^2 = -10\left(y - \frac{5}{2}\right)$$

d) Os pontos $(0, 3)$ e $(0, 7)$ são pontos simétricos em relação ao eixo de simetria da parábola, logo, a coordenada y_0 do vértice é:

$$y_0 = \frac{7+3}{2} \Rightarrow y_0 = 5$$

Substituindo esse resultado na fórmula $(y - y_0)^2 = -2p(x - x_0)$, obtemos:

$$(y - 5)^2 = -2p(x - x_0) \qquad \text{(I)}$$

Substituindo as coordenadas dos pontos $(0, 3)$ e $(-3, 1)$ em **I**, segue que:

$$\begin{cases} (3-5)^2 = -2p(0 - x_0) \\ (1-5)^2 = -2p(-3 - x_0) \end{cases} \Rightarrow$$

$$\Rightarrow \begin{cases} 4 = 2p \cdot x_0 \\ 16 = 2p(3 + x_0) \end{cases} \Rightarrow$$

$$\Rightarrow \begin{cases} px_0 = 2 & \text{(II)} \\ p(3 + x_0) = 8 & \text{(III)} \end{cases}$$

Dividindo **III** por **II**, temos:

$$\frac{\cancel{p} \cdot (3 + x_0)}{\cancel{p} \cdot x_0} = \frac{8}{2} \Rightarrow \frac{3 + x_0}{x_0} = 4 \Rightarrow$$

$$\Rightarrow 3 + x_0 = 4x_0 \Rightarrow x_0 = 1$$

Retornando em **II**, temos $p \cdot 1 = 2 \Rightarrow p = 2$.

Logo, substituindo esses resultados em **I**, a equação reduzida da parábola é:

$$(y - 5)^2 = -2 \cdot 2 \cdot (x - 1) \Rightarrow$$

$$\Rightarrow (y - 5)^2 = -4(x - 1)$$

Atividades

33. Determine o foco, o vértice e a equação da reta diretriz das parábolas cujas equações são dadas abaixo. Em seguida, esboce cada parábola no plano cartesiano.

a) $(y + 1)^2 = 4(x - 4)$

b) $(x + 2)^2 = -8(y + 1)$

c) $(y + 2)^2 = -16(x - 3)$

34. Em cada caso, determine a equação da parábola, sabendo que:

a) o vértice é $V(0, 0)$ e a equação da diretriz, $y = -2$.

b) o vértice é $V(2, 1)$ e o foco, $F(5, 1)$.

c) o foco é $F(2, 3)$ e a equação da diretriz, $y = -1$.

d) o vértice é $V(0, 0)$, o eixo de simetria coincide com o eixo das abscissas e a parábola passa pelo ponto $P(2, -3)$.

35. Determine a equação de cada uma das parábolas representadas a seguir, em que estão indicados o foco *F*, o vértice *V* e a reta diretriz *d*.

a)

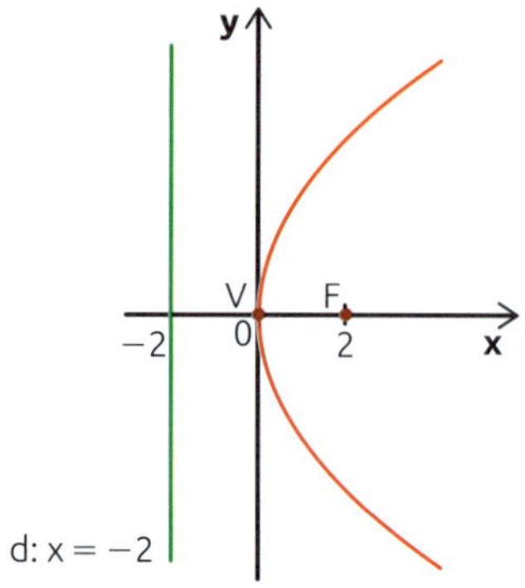

b)

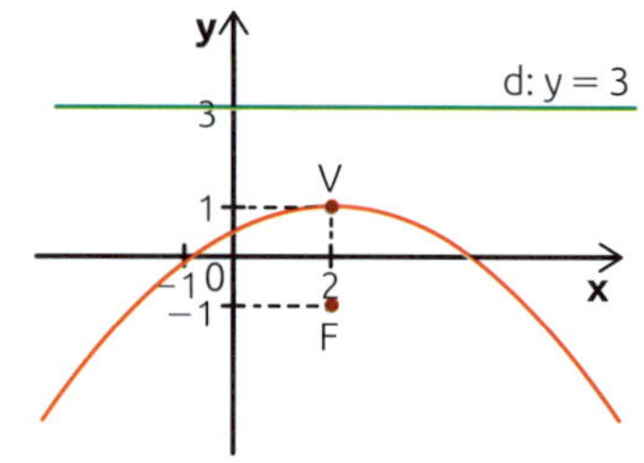

c)

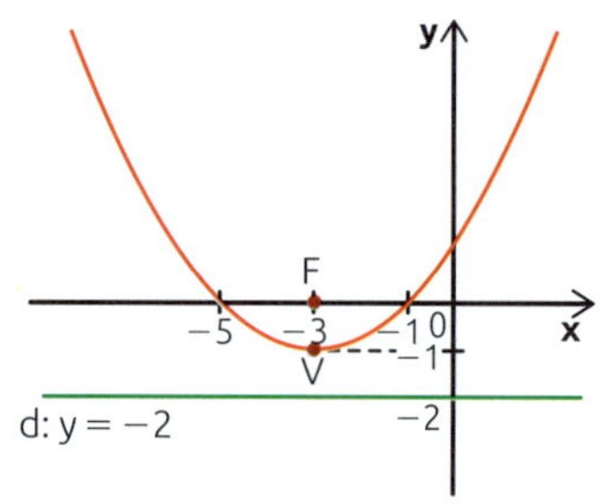

Ilustrações: Ronaldo Lucena/ID/BR

36. Dadas as funções quadráticas com suas respectivas representações gráficas, determine o vértice, o foco e a equação da diretriz de cada parábola.

a) $y = x^2 + 2x + 3$

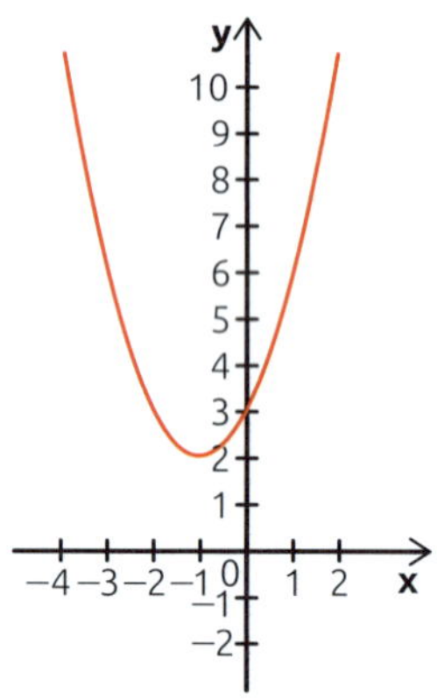

b) $y = -x^2 + 6x - 5$

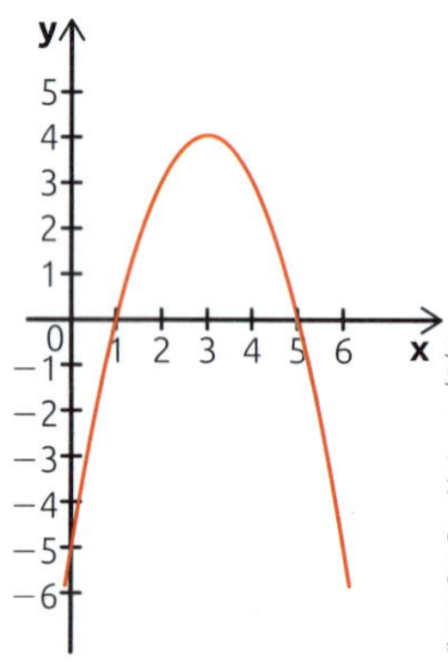

Ilustrações: Ronaldo Lucena/ID/BR

37. Determine os pontos de intersecção da parábola $\lambda : y = x^2$ com a elipse $\beta : x^2 + 5y^2 = 6$.

38. Determine a equação da parábola que passa pelos pontos $P(-4, 4)$, $V(0, 8)$ e $K(8, -8)$, conforme a figura.

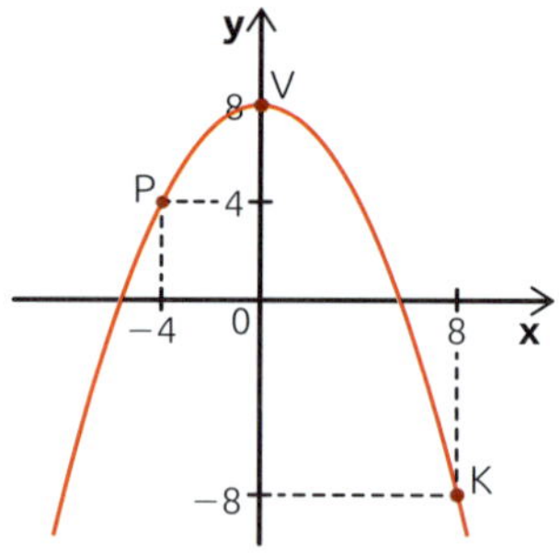

Ronaldo Lucena/ID/BR

39. (PUC-RJ) A figura abaixo mostra uma reta e uma parábola de eixo vertical.

a) Sabendo que a reta corta os eixos nos pontos $(-2, 0)$ e $(0, 2)$, encontre a equação da reta.

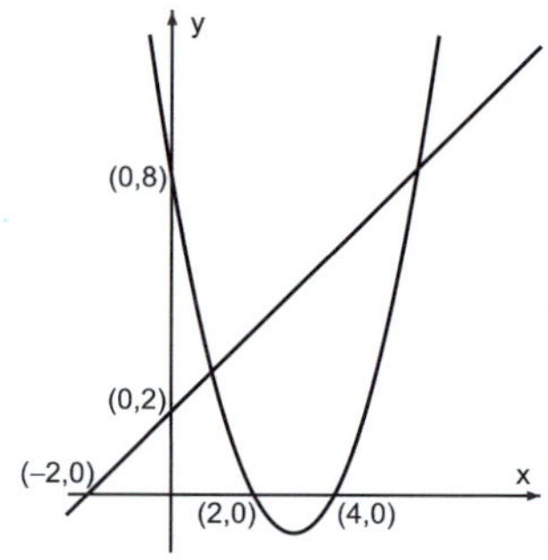

PUC-RJ/Fac-símile: ID/BR

b) Sabendo que a parábola corta os eixos nos pontos $(0, 8)$, $(2, 0)$ e $(4, 0)$, encontre a equação da parábola.

c) Encontre os pontos de intersecção entre a reta e a parábola.

40. Para qual valor de m a parábola $(x - 6)^2 = m(y - 1)$ intersecta o eixo das ordenadas em $(0, 4)$?

41. Determine as equações das parábolas que se intersectam nos pontos $A(-1, -2)$ e $B(3, -2)$, cujos vértices são $V_1(1, 6)$ e $V_2(1, -6)$ conforme a figura abaixo.

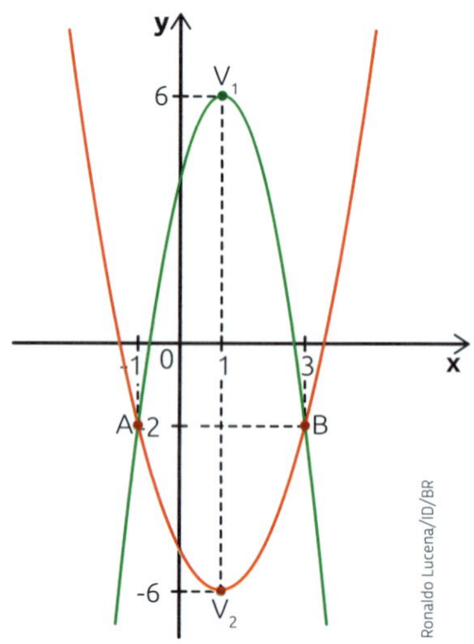

Ronaldo Lucena/ID/BR

Verificando rota

1. A fórmula $AB = \sqrt{\left(x_B - x_A\right)^2 + \left(y_B - y_A\right)^2}$ que fornece a distância entre os pontos $A\left(x_A, y_A\right)$ e $B\left(x_B, y_B\right)$ é válida para quaisquer dois pontos no plano cartesiano?

2. O cálculo das coordenadas do ponto médio de um segmento no plano pode ser relacionado a qual conceito estudado em Estatística?

3. Qual é a inclinação da reta que coincide com o eixo das abscissas? E da reta que coincide com o eixo das ordenadas?

4. Por que não existe o coeficiente angular de uma reta paralela ao eixo das ordenadas?

5. Uma reta representada no plano cartesiano pode ser escrita algebricamente por apenas uma equação?

6. O que representa os valores m e n na equação da reta na forma reduzida $y = mx + n$?

7. Em relação à posição relativa entre duas retas no plano cartesiano, essas retas podem ser reversas? Justifique.

8. Em quais situações duas retas não verticais no plano cartesiano são paralelas?

9. No plano cartesiano, a representação de uma função afim corresponde a uma reta não vertical. No caso da circunferência, podemos associar alguma função a essa curva? Justifique.

10. Qual é a distância entre o centro de uma circunferência e qualquer outro ponto pertencente a ela?

11. O que significa dizer que uma reta é tangente à circunferência?

12. Qual é a posição relativa entre a reta t e a circunferência c, dado que t contém o diâmetro da circunferência c?

13. Defina:

- elipse.
- hipérbole.
- parábola.

14. O que indica a excentricidade de uma elipse? E de uma hipérbole?

15. O que é o eixo de simetria de uma parábola?

16. A representação no plano cartesiano de uma função quadrática corresponde a uma parábola cuja diretriz é paralela ou coincidente a qual eixo?

17. Relacione cada cônica a uma equação. Para isso, escreva no caderno a letra e o símbolo romano correspondentes.

a)

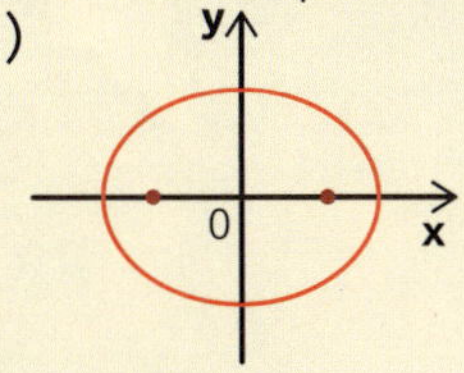

elipse

b)

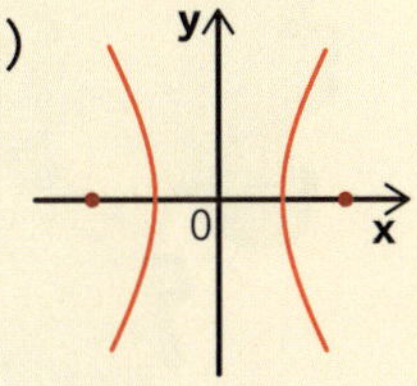

hipérbole

c)

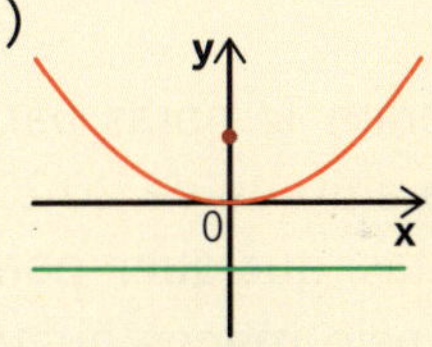

parábola

Ilustrações: Ronaldo Lucena/ID/BR

I) $x^2 = 2py$

II) $\dfrac{x^2}{a^2} - \dfrac{y^2}{b^2} = 1$

III) $\dfrac{x^2}{a^2} + \dfrac{y^2}{b^2} = 1$

18. As páginas de abertura da unidade **2** apresentaram a ponte Juscelino Kubitschek como assunto inicial, informando que ela é composta por três arcos que sugerem a trajetória de uma pedra quicando o espelho de água. Qual dos conteúdos trabalhados durante esta unidade se relaciona com esse tema?

Ampliando fronteiras

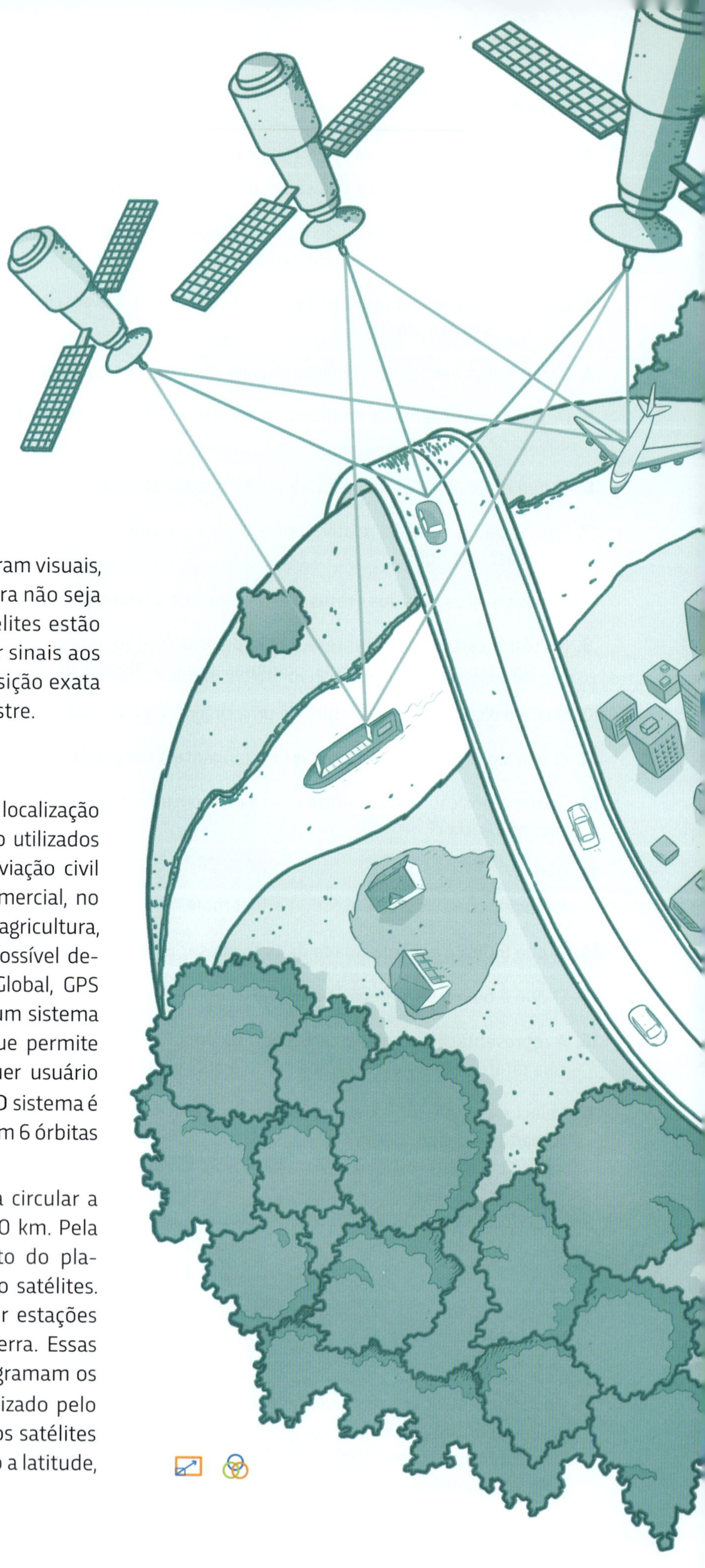

Onde estou? Para onde vou?

As primeiras técnicas de navegação eram visuais, usando as estrelas. Atualmente, embora não seja mais preciso olhar para o céu, os satélites estão lá, trabalhando em equipe para enviar sinais aos receptores GPS, que determinam a posição exata de qualquer ponto na superfície terrestre.

GPS

Hoje, os aparelhos para determinar a localização e o posicionamento na Terra são muito utilizados em definição de rotas cotidianas, na aviação civil e militar, na navegação marítima e comercial, no rastreamento de veículos e animais, na agricultura, etc. A atualização desses aparelhos é possível devido ao Sistema de Posicionamento Global, GPS (do inglês, *Global Positioning System*), um sistema de coordenadas de posicionamento que permite determinar a posição exata de qualquer usuário em qualquer ponto do globo terrestre. O sistema é composto por 24 satélites distribuídos em 6 órbitas em torno da Terra.

Os satélites demoram 12 horas para circular a Terra e estão a uma altitude de 20 200 km. Pela disposição das órbitas, qualquer ponto do planeta é coberto por pelo menos quatro satélites. Todos os satélites são controlados por estações de gerenciamento distribuídas pela Terra. Essas estações monitoram, corrigem e reprogramam os satélites. O receptor GPS, aparelho utilizado pelo usuário, capta os sinais fornecidos pelos satélites e decodifica as informações fornecendo a latitude, longitude e altitude.

Como funciona?

Se você for informado que está a 500 km de certa cidade, essa informação não é suficiente, pois ela pode estar a qualquer ponto na circunferência de raio igual a 500 km. É necessária a informação da distância em relação a outros dois pontos distintos, pois as três circunferências se encontrariam em no máximo um ponto. O princípio básico do funcionamento do GPS é o mesmo, só que em um plano tridimensional, chamado triangulação das distâncias ou simplesmente **trilateração**.

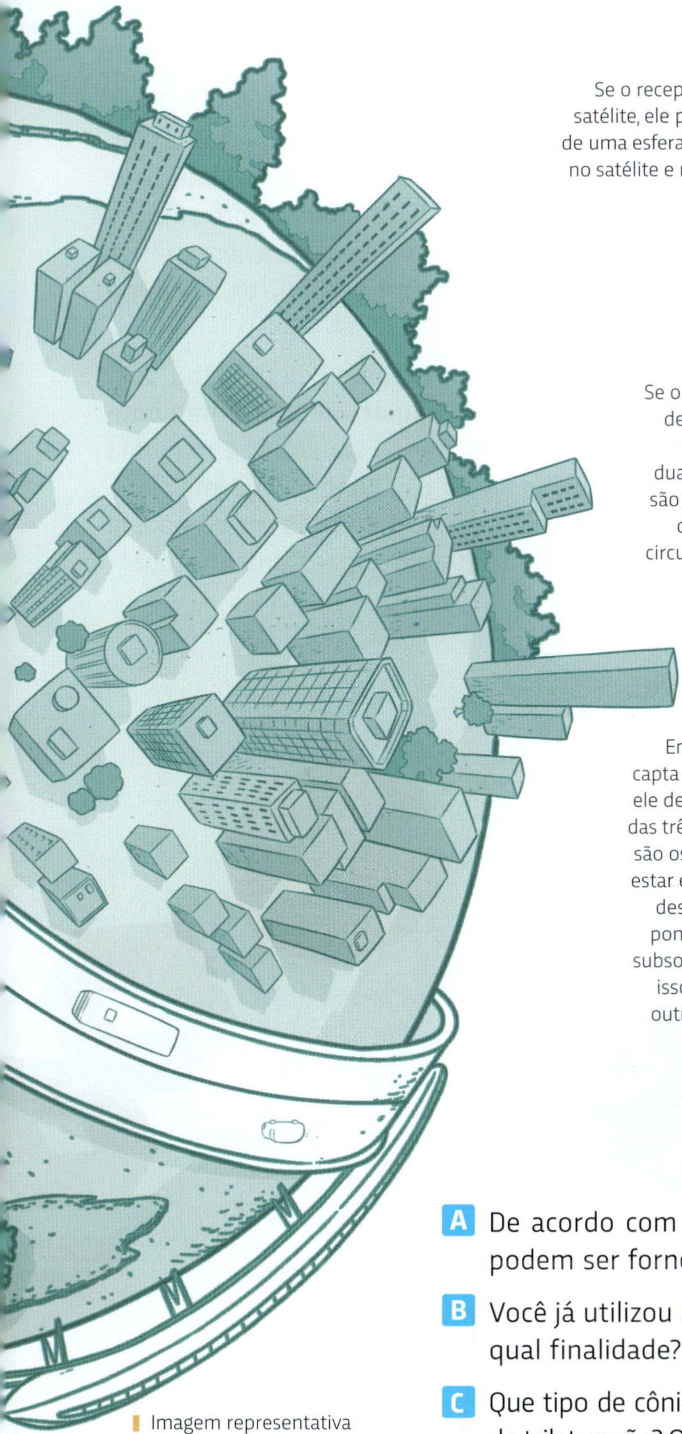

Alexandre Koyama/ASC Imagens

Imagem representativa do princípio básico de funcionamento do GPS.

Se o receptor capta o sinal de um satélite, ele pode estar na superfície de uma esfera formada com o centro no satélite e raio igual à distância do receptor ao satélite.

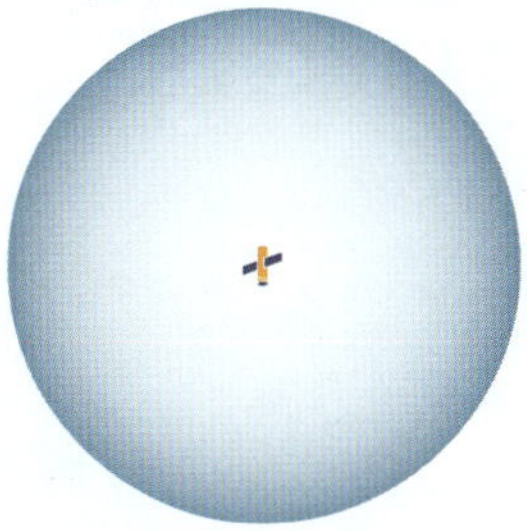

Se o receptor recebe o sinal de dois satélites, ele deve estar na intersecção de duas esferas, cujos centros são os satélites, ou seja, ele deve estar localizado na circunferência determinada nessa intersecção.

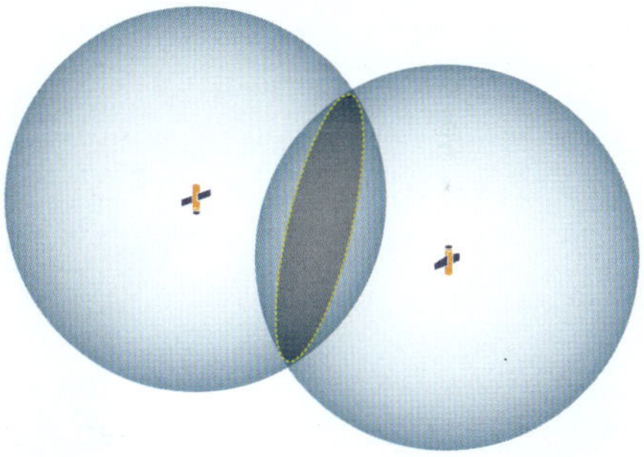

Então, quando o receptor capta o sinal de três satélites, ele deve estar na intersecção das três esferas, cujos centros são os satélites, ou seja, deve estar em um dos dois pontos dessa intersecção. Um dos pontos geralmente está no subsolo ou na atmosfera, por isso, é desconsiderado, e o outro ponto corresponde à localização do receptor.

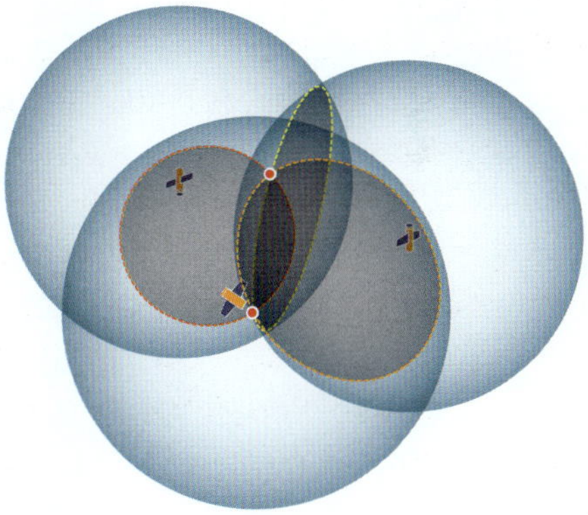

Ilustrações: Maryane Silva/ASC Imagens

A De acordo com os textos, quais informações podem ser fornecidas pelo receptor GPS?

B Você já utilizou um receptor GPS? Se sim, com qual finalidade?

C Que tipo de cônica se relaciona com o processo de trilateração? Quais foram os outros elementos geométricos utilizados nesse processo?

receptor GPS

Maxx-Studio/Shutterstock.com/ID/BR

Matemática em ação

Nas alturas

Bate-papo inicial

- Você já soltou pipa alguma vez? Se sim, conte sua(s) experiência(s).
- Em sua opinião, quais as características que uma pipa deve ter para voar alto e de modo estável?
- A aerodinâmica estuda a interação do ar com corpos sólidos em movimento. Cite outras situações em que a aerodinâmica está presente.

No início do século XX, poucos poderiam imaginar aviões como os conhecemos hoje: grandes máquinas capazes de carregar cargas pesadas pelos ares e em alta velocidade, isso sem falar no transporte de pessoas. Para nossa sorte, alguns "curiosos" da época só se satisfizeram ao colocar em prática suas teorias sobre aparatos voadores e, aos poucos, a história da aviação foi sendo desenhada.

O médico e inventor Alexander Graham Bell projetou uma estrutura leve, porém com área da superfície suficientemente grande para transportar um homem. Esta enorme máquina foi batizada por ele de *Cygnet* e ficou conhecida como "Pipa Tetraédrica de Graham Bell", pois sua armação era composta por mais de 3 000 pequenos tetraedros parcialmente cobertos com tecido (células).

GL Archive/Alamy Stock Photo/Latinstock

Alexander Graham Bell (1847-1922), responsável pela primeira transmissão telefônica clara da voz humana, em 1875.

Alexandre Koyama/ASC Imagens

De acordo com a região do Brasil, a pipa é conhecida por outros nomes, tais como papagaio, cafifa, arraia ou pandorga.

Em 1907, o *Cygnet* levantou voo em um barco no oceano Atlântico com um piloto chamado Thomas Selfridge, porém, após atingir cerca de 60 m de altura, o vento mudou de direção e o levou para a água, mas ele sobreviveu ao acidente. Assim, podemos dizer que apesar do projeto de Bell ter sido bem-sucedido em relação à massa, fracassou nos quesitos transporte e estabilidade.

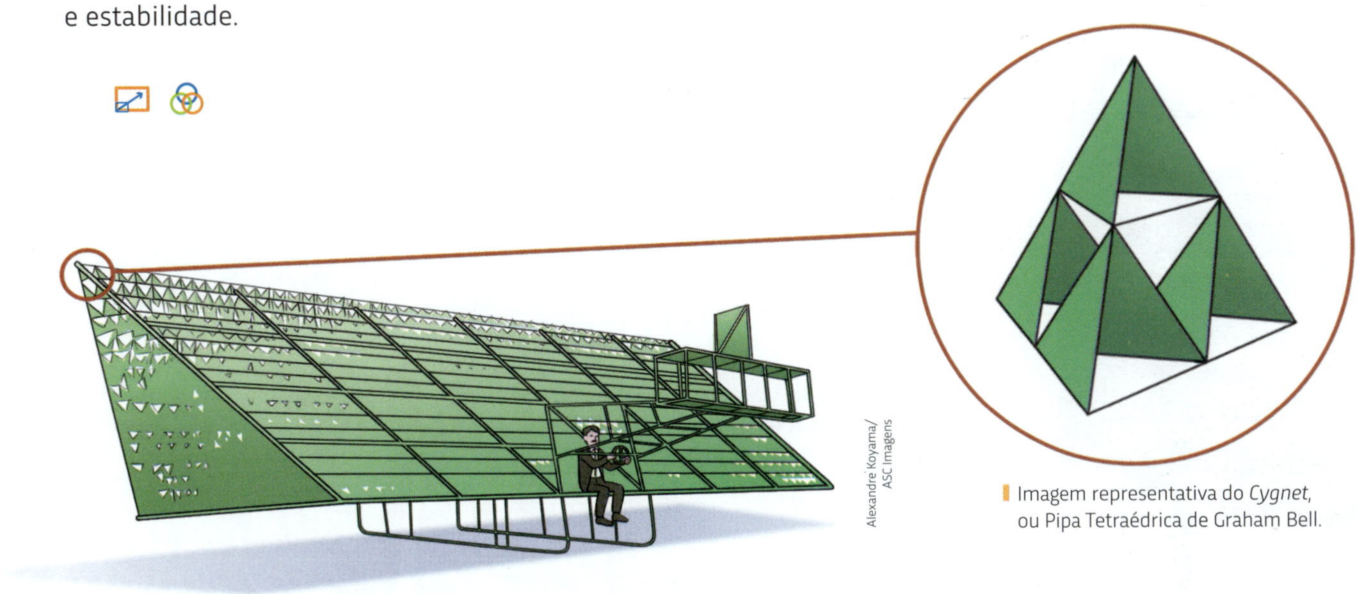

Alexandre Koyama/ ASC Imagens

Imagem representativa do *Cygnet*, ou Pipa Tetraédrica de Graham Bell.

Atualmente, o conhecimento de aerodinâmica leva em conta muitos outros fatores, além da massa e área da superfície da estrutura. E com ela é possível construir aeronaves com formato das asas projetado para combinar tais fatores, como a velocidade de fluxo e a pressão, tornando possível controlar, por exemplo, a velocidade da aeronave e a altura do voo.

Mão na massa

No texto, foi apresentado um pouco da história da "Pipa Tetraédrica de Graham Bell" e foi citada a importância da aerodinâmica para a construção de aeronaves. Esta área de conhecimento é um tópico de estudo da Física (da Mecânica, mais especificamente), que investiga gases em movimento, em especial, a interação do ar com corpos sólidos. As pipas também precisam ser projetadas de modo que o seu formato favoreça um voo estável. Propomos assim a construção de uma pipa seguindo o padrão tetraédrico desenvolvido por Bell.

- Inicialmente, o professor vai organizá-los em grupos e cada grupo deverá providenciar os seguintes materiais para a construção da pipa:
  - 24 canudos resistentes;
  - 1 carretel de linha;
  - 4 folhas de papel de seda;
  - cola ou fita adesiva;
  - palito de madeira fino do comprimento do canudo (que passe dentro dele);
  - tesoura com pontas arredondadas.
- O professor explicará o procedimento para construir a pipa tetraédrica. Depois de pronta, ele os levará em um local aberto, longe das redes elétricas, no qual seja possível soltá-la.

  Nesta ocasião, verifiquem se a pipa ficou estável e, em caso negativo, quais ajustes serão necessários realizar para que estabilize no ar. Algumas soluções são ajustes na armação e no cabresto. Todos os alunos do grupo devem experimentar a sensação de soltar a pipa.
- Após a atividade ao ar livre, já em sala de aula, o professor proporá um questionário para ser respondido por escrito em cada um dos grupos.
- Por fim, é possível unir quatro das pipas tetraédricas e formar uma maior, com aresta igual ao dobro da feita pelos grupos. Soltem-na novamente e verifiquem a estabilidade.

unidade 3

- **capítulo 6**
  Estatística
- **capítulo 7**
  Números complexos

O lobo-guará está na lista dos animais vulneráveis ao risco de extinção principalmente devido à degradação do seu hábitat, aos atropelamentos, a doenças e à caça – vingança dos donos de animais domésticos atacados pelos lobos. Estima-se que, nas próximas duas décadas, sua população se reduza em, pelo menos, 29%. Fazer estimativas como essa só é possível com o auxílio da estatística, assunto que será estudado nesta unidade.

O lobo-guará (*Chrysocyon brachyurus*) é um mamífero que habita os biomas brasileiros Cerrado e Pampa. Quando adulto, o comprimento do seu corpo pode ter entre 95 cm e 115 cm, tendo 38 cm a 50 cm de cauda, e sua massa geralmente está entre 20 kg e 33 kg. Além do Brasil, pode ser encontrado em regiões da Argentina, Bolívia, Paraguai, Peru e Uruguai.
Imagem capturada no Parque Ecológico de São Carlos (SP), em abril de 2014.

Nesta unidade, você vai estudar como organizar, resumir e apresentar dados, com a ajuda da estatística descritiva, das medidas de posição e de dispersão. Também irá conhecer o conjunto dos números complexos e efetuar cálculos com seus elementos.

capítulo 6

Estatística

Estatística descritiva

Provavelmente, você estudou estatística em anos anteriores, mas neste capítulo vamos apresentar um ramo chamado estatística descritiva. Como o nome sugere, ela é composta por técnicas cujo objetivo é descrever, analisar e interpretar dados numéricos de uma população ou amostra.

Lembre-se de que em estatística a população é o conjunto de elementos com pelo menos uma característica em comum, e amostra é um subconjunto não vazio da população com menor quantidade de elementos. Lembre-se também de que as variáveis que apresentam valores numéricos resultantes de algum tipo de contagem ou mensuração são chamadas **variáveis quantitativas**, e as variáveis que apresentam como valores uma qualidade ou uma característica são chamadas **variáveis qualitativas**.

Distribuição de frequências

Enxadrista: jogador de xadrez.

A equipe de enxadristas do Ensino Médio de uma escola em 2017 era composta pelos seguintes estudantes:

Equipe de enxadristas de certa escola em 2017

Nome	Ano que estuda
Andressa	3º ano
Bernardo	1º ano
Denise	2º ano
Elaine	3º ano
Jéssica	3º ano
Kléber	3º ano
Raíssa	1º ano
Tulio	3º ano

Fonte de pesquisa: Enxadristas do Ensino Médio.

Africa Studio/Shutterstock.com/ID/BR

Movimento de peças no tabuleiro durante um jogo de xadrez.

Podemos resumir as informações a respeito dessa equipe de enxadristas organizando os valores atribuídos à variável "ano que estuda" por meio da **frequência absoluta** ou simplesmente frequência (f), que é o número correspondente à quantidade de vezes que um valor da variável ocorreu. Nesse caso, temos:

- frequência dos estudantes do 1º ano: 2
- frequência dos estudantes do 2º ano: 1
- frequência dos estudantes do 3º ano: 5

Qualquer número real pode representar a frequência absoluta? Justifique.

Uma maneira de comparar a frequência absoluta com o total de ocorrências é utilizar a **frequência relativa** (*fr*), que corresponde à razão entre a frequência absoluta e a quantidade total de ocorrências. No caso dos enxadristas, temos:

- frequência relativa do 1º ano: $\frac{2}{8} = 0{,}25$ ou 25%
- frequência relativa do 2º ano: $\frac{1}{8} = 0{,}125$ ou 12,5%
- frequência relativa do 3º ano: $\frac{5}{8} = 0{,}625$ ou 62,5%

> Geralmente, a frequência relativa é apresentada em forma de porcentagem.

A frequência relativa de cada resultado pode ser associada à probabilidade de que ele ocorra, uma vez que corresponde à razão entre a quantidade de ocorrências desse resultado (número de casos favoráveis) e o número total de ocorrências (número de casos possíveis).

Podemos apresentar em uma **tabela de frequências** a variável e seus valores com as respectivas frequências. No caso dos enxadristas, temos:

Equipe de enxadristas de certa escola em 2017		
Ano que estuda	Frequência (*f*)	Frequência relativa (*fr*)
1º ano	2	25%
2º ano	1	12,5%
3º ano	5	62,5%
Total	8	100%

Fonte de pesquisa: Enxadristas do Ensino Médio.

A soma das frequências relativas sempre resulta em 100%.

Quando os valores assumidos por uma variável possuem uma ordem natural, também são usados, além da frequência (*f*) e da frequência relativa (*fr*), outros tipos de frequência. São elas:

- **frequência acumulada** (*fa*), que corresponde à soma das frequências absolutas até determinado dado;
- **frequência acumulada relativa** (*far*), que corresponde à soma das frequências relativas até determinado dado.

Assim, podemos completar a tabela de frequências com as frequências acumulada e acumulada relativa. No caso dos enxadristas, temos:

Equipe de enxadristas de certa escola em 2017				
Ano que estuda	Frequência (*f*)	Frequência acumulada (*fa*)	Frequência relativa (*fr*)	Frequência acumulada relativa (*far*)
1º ano	2	2	25%	25%
2º ano	1	$\underbrace{3}_{2+1}$	12,5%	$\underbrace{37{,}5\%}_{25\% + 12{,}5\%}$
3º ano	5	$\underbrace{8}_{3+5}$	62,5%	$\underbrace{100\%}_{37{,}5\% + 62{,}5\%}$
Total	8		100%	

Fonte de pesquisa: Enxadristas do Ensino Médio.

Realizando uma leitura dessa tabela de frequências, notamos, por exemplo, que 37,5% dos integrantes dessa equipe de enxadristas não estudavam no 3º ano, isto é, estudavam no 1º ano ou no 2º ano.

Dados agrupados em intervalos

Observe os valores, em reais, correspondentes aos salários dos funcionários de certa empresa em 2016, organizados em ordem crescente.

900,00	900,00	950,00	1 000,00	1 000,00	1 100,00	1 150,00	1 150,00
1 300,00	1 300,00	1 300,00	1 300,00	1 300,00	1 500,00	1 500,00	1 600,00
1 750,00	1 950,00	1 950,00	2 100,00	2 200,00	2 250,00	2 300,00	2 400,00
2 500,00	2 750,00	2 750,00	3 000,00	3 000,00	3 200,00	3 400,00	3 400,00
3 500,00	3 750,00	3 750,00	4 200,00	4 500,00	5 100,00	5 350,00	7 400,00

Quando organizamos dados numéricos em ordem crescente ou decrescente, dizemos que os dados estão representados em rol.

É possível representar essas informações em uma tabela de frequências, mas como são muitos os valores diferentes seria necessário inserir muitas linhas na tabela. Uma solução é agrupar os valores em intervalos (ou classes), nesse caso, por faixa salarial, e depois construir a tabela. Para isso, podemos proceder da seguinte maneira.

- Primeiro, calculamos a diferença entre o maior e o menor valor, obtendo a **amplitude total**:

$$7\,400{,}00 - 900{,}00 = 6\,500{,}00$$

- Depois, escolhemos uma quantidade de intervalos e consideramos um valor maior do que ou igual à amplitude total para determinarmos a **amplitude de cada intervalo** (ou classe). Neste caso, considerando seis intervalos e o valor 6 600,00 obtemos como amplitude de cada intervalo:

$$6\,600{,}00 : 6 = 1\,100{,}00$$

- Por fim, determinamos os intervalos com amplitude de R$ 1 100,00, a partir do menor valor, neste caso, o salário de R$ 900,00;

$900{,}00 \vdash \underbrace{2\,000{,}00}_{900{,}00\,+\,1\,100{,}00}$	$4\,200{,}00 \vdash \underbrace{5\,300{,}00}_{4\,200{,}00\,+\,1\,100{,}00}$
$2\,000{,}00 \vdash \underbrace{3\,100{,}00}_{2\,000{,}00\,+\,1\,100{,}00}$	$5\,300{,}00 \vdash \underbrace{6\,400{,}00}_{5\,300{,}00\,+\,1\,100{,}00}$
$3\,100{,}00 \vdash \underbrace{4\,200{,}00}_{3\,100{,}00\,+\,1\,100{,}00}$	$6\,400{,}00 \vdash \underbrace{7\,500{,}00}_{6\,400{,}00\,+\,1\,100{,}00}$

O símbolo $\vdash$ indica um intervalo fechado à esquerda e aberto à direita. Por exemplo, no intervalo $900{,}00 \vdash 2\,000{,}00$ serão considerados os salários maiores do que ou iguais a R$ 900,00 e menores do que R$ 2 000,00.

Para construir uma tabela de frequências com o valor dos salários dos funcionários, quantificamos as frequências de cada intervalo, obtendo a frequência (f), e a partir dela determinamos a frequência acumulada (fa), a relativa (fr) e a acumulada relativa (far).

Salário dos funcionários de certa empresa em 2016				
Valor dos salários em reais (classes)	Frequência (f)	Frequência acumulada (fa)	Frequência relativa (fr)	Frequência acumulada relativa (far)
900,00 ⊢ 2 000,00	19	19	47,5%	47,5%
2 000,00 ⊢ 3 100,00	10	29	25%	72,5%
3 100,00 ⊢ 4 200,00	6	35	15%	87,5%
4 200,00 ⊢ 5 300,00	3	38	7,5%	95%
5 300,00 ⊢ 6 400,00	1	39	2,5%	97,5%
6 400,00 ⊢ 7 500,00	1	40	2,5%	100%
Total	40		100%	

Fonte de pesquisa: Departamento de gestão de pessoas da empresa.

Podemos representar a frequência absoluta e a frequência relativa por meio de um gráfico chamado **histograma**. Esse gráfico é composto por retângulos justapostos em que a base corresponde à amplitude de cada intervalo e a altura de cada retângulo é proporcional à frequência dos intervalos correspondentes.

No caso do salário dos funcionários dessa empresa, temos os seguintes histogramas:

- com relação à frequência absoluta

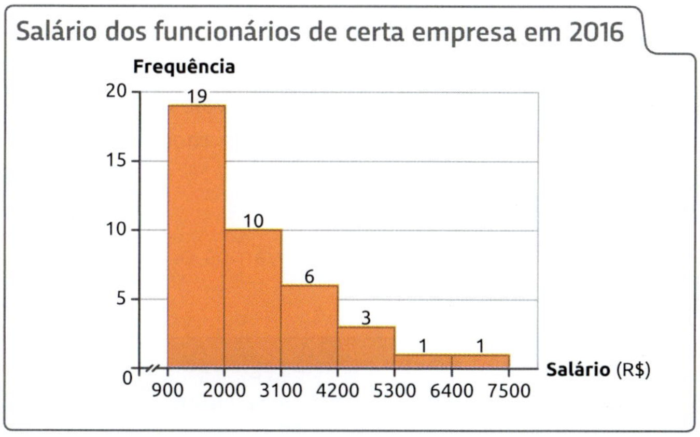

Fonte de pesquisa: Departamento de gestão de pessoas da empresa.

- com relação à frequência relativa

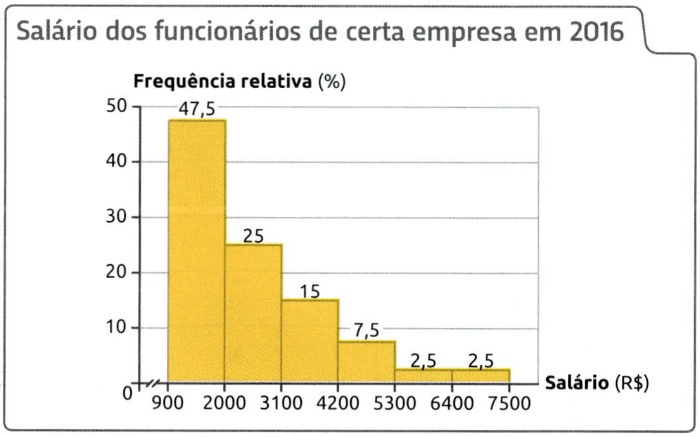

Fonte de pesquisa: Departamento de gestão de pessoas da empresa.

Ilustrações: Ronaldo Lucena/ID/BR

Atividades resolvidas

R1. Durante o mês de abril de 2017 foram registradas as seguintes temperaturas máximas diárias em uma cidade.

26 °C	30 °C	29,5 °C	28 °C	29 °C	26 °C
25,5 °C	26 °C	24 °C	26 °C	27 °C	26 °C
27 °C	28 °C	33 °C	29 °C	31 °C	32 °C
32,5 °C	34,5 °C	31 °C	30 °C	29 °C	28,5 °C
25 °C	26 °C	26 °C	27 °C	28,5 °C	27 °C

Construa um histograma de seis intervalos com relação à frequência absoluta, utilizando os valores da variável "temperatura".

Resolução

Para facilitar a leitura, organizamos os valores em rol, em ordem crescente.

24 °C	25 °C	25,5 °C	26 °C	26 °C	26 °C
26 °C	26 °C	26 °C	26 °C	27 °C	27 °C
27 °C	27 °C	28 °C	28 °C	28,5 °C	28,5 °C
29 °C	29 °C	29 °C	29,5 °C	30 °C	30 °C
31 °C	31 °C	32 °C	32,5 °C	33 °C	34,5 °C

Em seguida, determinamos a amplitude total: $34,5 - 24 = 10,5$.

De acordo com o enunciado, temos de construir seis intervalos. Vamos considerar um valor maior do que a amplitude total, nesse caso, 12, pois desse modo obtemos um valor inteiro para a amplitude de cada intervalo:

$$12:6 = 2.$$

Conhecendo o valor da amplitude de cada intervalo, vamos organizar a frequência de cada intervalo na tabela de frequências a seguir.

Temperatura máxima diária registrada no mês de abril de 2017 em certa cidade

Temperatura (°C)	Frequência (f)
24 ⊢ 26	3
26 ⊢ 28	11
28 ⊢ 30	8
30 ⊢ 32	4
32 ⊢ 34	3
34 ⊢ 36	1
Total	30

Fonte de pesquisa: Estação meteorológica local.

Agora que temos a frequência dos seis intervalos, construímos o histograma com relação à frequência absoluta.

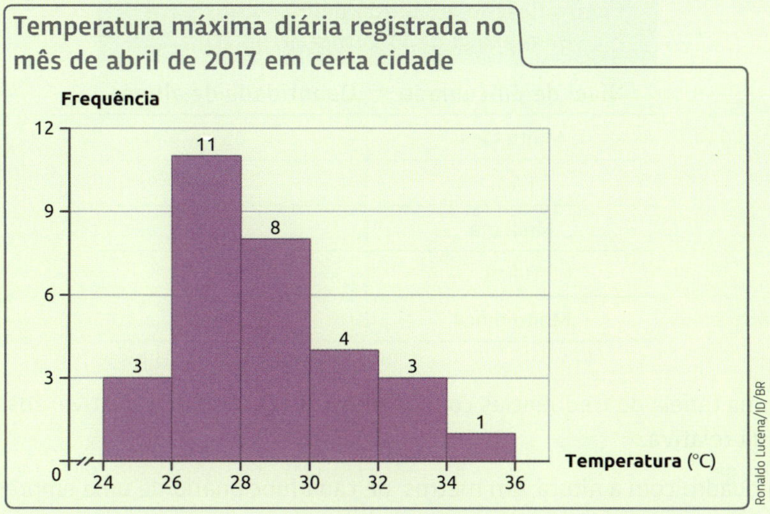

Fonte de pesquisa: Estação meteorológica local.

Atividades

1. (Unicamp-SP) O Código de Trânsito Brasileiro classifica as infrações, de acordo com a sua natureza, em leves, médias, graves e gravíssimas. A cada tipo corresponde uma pontuação e uma multa em reais, conforme a tabela abaixo.

Infração	Pontuação	Multa*
Leve	3 pontos	R$ 53,00
Média	4 pontos	R$ 86,00
Grave	5 pontos	R$ 128,00
Gravíssima	7 pontos	R$ 192,00

* Valores arredondados

a) Um condutor acumulou 13 pontos em infrações. Determine todas as possibilidades quanto à quantidade e à natureza das infrações cometidas por esse condutor.

b) O gráfico de barras abaixo exibe a distribuição de 1 000 infrações cometidas em certa cidade, conforme a sua natureza. Determine a soma das multas aplicadas.

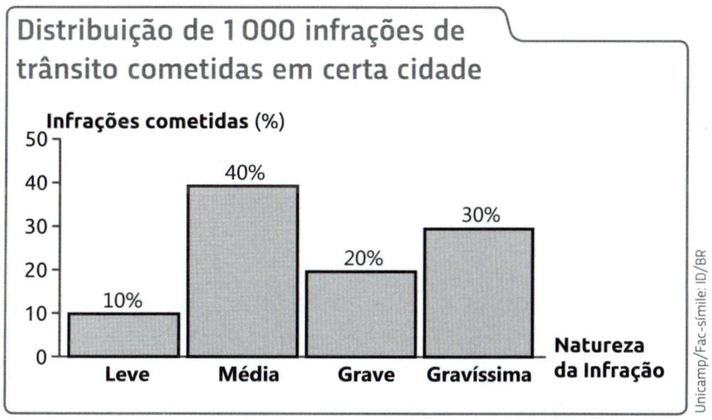

Dados fornecidos pela questão.

2. A tabela abaixo foi construída a partir da classificação que os alunos do 3º ano atribuíram a uma prova de Matemática.

Classificação atribuída pelos alunos para uma prova de Matemática de 2018	
Nível de dificuldade	**Quantidade de alunos**
Muito fácil	15
Fácil	10
Mediana	5
Difícil	6
Muito difícil	4

Fonte de pesquisa: Alunos do 3º ano.

Construa uma tabela de frequências com as frequências absoluta, relativa, absoluta acumulada e acumulada relativa.

3. Observe o quadro com a altura, em metros, de cada funcionário de uma empresa em 2017.

1,76	1,72	1,91	1,79	1,88	1,80	1,90	1,82
1,85	1,78	1,76	1,73	1,75	1,87	1,74	1,81
1,77	1,72	1,79	1,77	1,80	1,79	1,72	1,84
1,91	1,77	1,85	1,75	1,73	1,81	1,78	1,83

Com essas informações, construa uma tabela de frequências com cinco intervalos, indicando a frequência absoluta e a frequência relativa.

4. Baseando-se nos salários dos funcionários de uma determinada empresa, em 2016, foi construída a seguinte tabela.

Salário dos funcionários de determinada empresa em 2016		
Salário (R$)	**Frequência (f)**	**Frequência relativa (fr)**
832 ⊢ 1544	29	52%
1 544 ⊢ 2 256	4	7%
2 256 ⊢ 2 968	9	16%
2 968 ⊢ 3 680	2	4%
3 680 ⊢ 4 392	5	9%
4 392 ⊢ 5 104	7	12%
Total	56	100%

Fonte de pesquisa: Departamento de gestão de pessoas.

Construa um histograma com relação à frequência absoluta dos salários dos funcionários dessa empresa.

5. **Em grupo** Façam uma pesquisa a respeito da altura, em metros, dos seus colegas de turma. Em seguida, determinem as frequências absoluta, relativa, absoluta acumulada e acumulada relativa. Depois, organizem os dados em uma tabela de frequências e construam um histograma com relação à frequência relativa da altura dos colegas.

Medidas de posição ou tendência central

Provavelmente, você aprendeu em anos anteriores a calcular a média aritmética, a moda e a mediana para dados discretos. Agora, veremos como determinar essas medidas de tendência central para dados agrupados em intervalos.

Lembre-se de que as medidas de tendência central podem resumir, de maneira concisa, as informações contidas em um conjunto de dados. Por exemplo, a partir da idade de cada pessoa de um determinado grupo, podemos determinar uma única idade que caracteriza a idade de todo o grupo.

Média aritmética

Considere a altura dos alunos do 3º ano do Ensino Médio de certa escola.

Para calcular a **média aritmética** $(\bar{x})$ de um conjunto de dados agrupados em intervalos, primeiro, determinamos o **valor médio** (*vm*) de cada intervalo com a média aritmética de seus extremos.

> Mesmo envolvendo apenas números inteiros, tanto o valor médio quanto a média aritmética de um conjunto de dados agrupados em intervalos podem não ser inteiros.

Altura dos alunos do 3º ano do Ensino Médio de certa escola em 2017

Altura (cm)	Frequência (f)	Valor médio (*vm*)
150 ⊢ 158	2	$\underbrace{154}_{\frac{150+158}{2}}$
158 ⊢ 166	8	162
166 ⊢ 174	10	170
174 ⊢ 182	13	178
182 ⊢ 190	7	186
Total	40	

Fonte de pesquisa: Alunos do 3º ano do Ensino Médio.

Depois, adicionamos o produto entre cada frequência e seu respectivo valor médio e dividimos esse resultado pelo total de frequências. Esse procedimento corresponde a admitir que todas as observações de uma classe estão concentradas em seu ponto médio.

$$\bar{x} = \frac{2 \cdot 154 + 8 \cdot 162 + 10 \cdot 170 + 13 \cdot 178 + 7 \cdot 186}{40} = \frac{6\,920}{40} = 173$$

Portanto, a média de altura dos alunos desse 3º ano do Ensino Médio em 2017 é 173, isto é, $\bar{x} = 173$ cm.

Moda

A **moda** (*Mo*) de um conjunto de dados agrupados em intervalos corresponde ao valor médio do intervalo de maior frequência.

No caso da altura dos alunos do 3º ano do Ensino Médio, apresentada anteriormente, o intervalo de maior frequência é 174 ⊢ 182, com 13 termos. Portanto, a moda equivale ao valor médio desse intervalo que é 178, isto é, $Mo = 178$ cm.

Mediana

A **mediana** (*Md*) de um conjunto de dados agrupados em intervalos corresponde ao valor médio do intervalo que contém o termo central, se a quantidade de termos for ímpar. Se a quantidade de termos for par, a mediana corresponde à média aritmética entre os valores médios dos intervalos que contêm os dois termos centrais.

No caso da altura dos alunos do 3º ano do Ensino Médio, a quantidade de termos é par, pois temos 40 alunos. Os termos centrais são o 20º e o 21º, pertencentes aos intervalos 166 ⊢ 174 e 174 ⊢ 182, respectivamente. Logo, a mediana é:

$$Md = \frac{170 + 178}{2} = 174$$

Portanto, a mediana da altura dos alunos desse 3º ano do Ensino Médio é 174, isto é, $Md = 174$ cm.

> Qual dessas três medidas de tendência central é a única que pode ser utilizada para variáveis qualitativas nominais? Justifique.

Atividades resolvidas

R2. O histograma a seguir apresenta informações a respeito de uma corrida de rua.

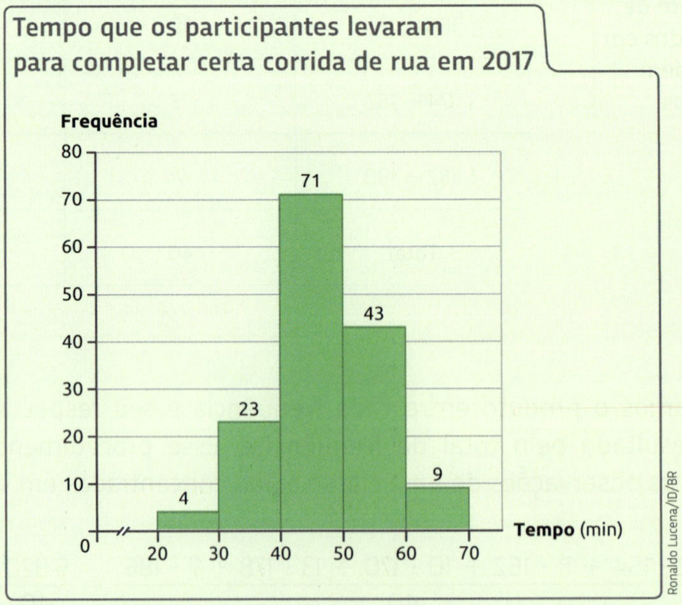

Fonte de pesquisa: Comissão organizadora da competição.

Calcule a média aritmética, a moda e a mediana do tempo que os participantes dessa corrida de rua levaram para completar a prova.

Atividades resolvidas

Resolução

Inicialmente, vamos determinar o valor médio (*vm*) de cada intervalo.

Tempo que os participantes levaram para completar certa corrida de rua em 2017		
Altura (cm)	Frequência (f)	Valor médio (vm)
20 ⊢ 30	4	$\underbrace{25}_{\frac{20+30}{2}}$
30 ⊢ 40	23	35
40 ⊢ 50	71	45
50 ⊢ 60	43	55
60 ⊢ 70	9	65
Total	150	

Fonte de pesquisa: Comissão organizadora da competição.

Agora, podemos calcular a média aritmética $(\bar{x})$:

$$\bar{x} = \frac{4 \cdot 25 + 23 \cdot 35 + 71 \cdot 45 + 43 \cdot 55 + 9 \cdot 65}{150} = 47$$

Portanto, o tempo médio dos participantes para completar essa corrida de rua foi 47 min.

O intervalo de maior frequência é 40 ⊢ 50, com 71 termos. A moda equivale ao valor médio desse intervalo, que é 45, logo, $Mo = 45$ min.

A quantidade de termos é par, pois temos 150 participantes. Os termos centrais são o 75º e o 76º, pertencentes ao intervalo 40 ⊢ 50. Logo a mediana é dada por:

$$Md = \frac{45 + 45}{2} = 45$$

Portanto, a mediana do tempo que os competidores levaram para completar essa corrida de rua foi 45 min.

Atividades

6. Observe o histograma.

Altura da população adulta de certa cidade em 2016

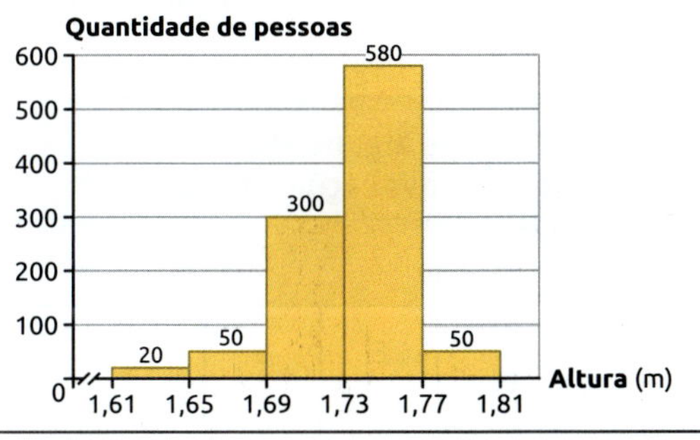

Fonte de pesquisa: Comunidade médica da cidade.

a) Determine o valor médio de cada intervalo.

b) Calcule a média aritmética, a moda e a mediana da altura da população adulta dessa cidade.

7. A tabela de distribuição de frequências ao lado, que apresenta a nota de uma avaliação dos alunos de uma turma, está com uma parte hachurada.

Sabendo que nessa prova a média da turma foi de 7 pontos e que todos os alunos participaram da avaliação, determine quantos alunos obtiveram nota no intervalo 8 ⊢ 10 e o total de alunos desta turma.

Notas dos alunos de certa turma em 2017	
Notas	**Quantidade de alunos**
0 ⊢ 2	0
2 ⊢ 4	2
4 ⊢ 6	5
6 ⊢ 8	14
8 ⊢ 10	
Total	

Fonte de pesquisa: Direção da escola.

8. (Fuvest) Examine o gráfico.

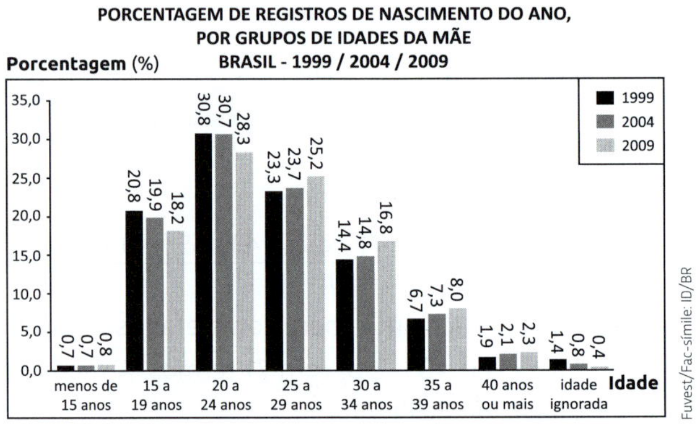

IBGE. Diretoria de Pesquisa, Coordenação de População e Indicadores Sociais, Estatísticas do Registro Civil, 1999/2004/2009. Adaptado.

Com base nos dados do gráfico, pode-se afirmar corretamente que a idade

a) mediana das mães das crianças nascidas em 2009 foi maior que 27 anos.

b) mediana das mães das crianças nascidas em 2009 foi menor que 23 anos.

c) mediana das mães das crianças nascidas em 1999 foi maior que 25 anos.

d) média das mães das crianças nascidas em 2004 foi maior que 22 anos.

e) média das mães das crianças nascidas em 1999 foi menor que 21 anos.

Medidas de dispersão

Vimos que as medidas de tendência central podem apresentar, de maneira concisa, as informações contidas em um conjunto de dados. Agora, veremos medidas estatísticas, denominadas medidas de dispersão, utilizadas para indicar a distribuição dos valores em torno de sua média aritmética. Observe a tabela.

Notas de alguns alunos em quatro avaliações de 2017				
Aluno	**Nota**			
Aline	6	6	6	6
Bruno	7	8	4	5
Camila	10	6	5	3

Fonte de pesquisa: Direção da escola.

Podemos obter a nota média dos alunos nessas avaliações calculando a média aritmética.

- Aline:

$$\bar{x} = \frac{6 + 6 + 6 + 6}{4} = 6$$

- Bruno:

$$\bar{x} = \frac{7 + 8 + 4 + 5}{4} = 6$$

- Camila:

$$\bar{x} = \frac{10 + 6 + 5 + 3}{4} = 6$$

A nota média desses alunos é 6 pontos, mas a dispersão de suas notas em torno da média é diferente, pois as notas de Aline não variaram e as notas de Bruno e de Camila variaram. Para determinar quais das notas estão mais dispersas em relação à média aritmética, podemos calcular o **desvio médio** (*Dm*), também chamado desvio absoluto médio.

Para isso, primeiro, calculamos os desvios de cada valor em relação à média aritmética:

- Desvios das notas de Bruno

$x_1 - \bar{x} = 7 - 6 = 1$ $\quad$ $x_3 - \bar{x} = 4 - 6 = -2$

$x_2 - \bar{x} = 8 - 6 = 2$ $\quad$ $x_4 - \bar{x} = 5 - 6 = -1$

- Desvios das notas de Camila

$x_1 - \bar{x} = 10 - 6 = 4$ $\quad$ $x_3 - \bar{x} = 5 - 6 = -1$

$x_2 - \bar{x} = 6 - 6 = 0$ $\quad$ $x_4 - \bar{x} = 3 - 6 = -3$

> Qualquer que seja o conjunto de dados, a soma dos desvios sempre será igual a zero.

Em ambos os casos, a soma dos desvios é igual a zero ($1 + 2 - 2 - 1 = 0$ e $4 + 0 - 1 - 3 = 0$).

Para trabalhar com os desvios sem que a soma seja igual a zero, define-se desvio médio como a média aritmética dos valores absolutos dos desvios.

- Desvio médio das notas de Bruno:

$$Dm = \frac{|1| + |2| + |-2| + |-1|}{4} = \frac{6}{4} = 1{,}5$$

- Desvio médio das notas de Camila:

$$Dm = \frac{|4| + |0| + |-1| + |-3|}{4} = \frac{8}{4} = 2$$

Portanto, o desvio médio das notas de Bruno foi de 1,5 ponto por avaliação e o desvio médio das notas de Camila foi de 2 pontos por avaliação. Como o desvio médio das notas de Bruno é menor do que o desvio médio das notas de Camila, podemos afirmar que as notas de Camila estão mais dispersas do que as notas de Bruno.

> O desvio médio (*Dm*) de um conjunto com *n* valores é obtido por meio da média aritmética dos valores absolutos dos desvios de cada valor em relação à média aritmética de um conjunto de dados.
>
> $$Dm = \frac{|x_1 - \bar{x}| + |x_2 - \bar{x}| + |x_3 - \bar{x}| + \ldots + |x_n - \bar{x}|}{n} = \frac{\sum_{i=1}^{n} |x_i - \bar{x}|}{n}$$

Embora o desvio médio (Dm) expresse, de maneira aceitável, a dispersão de um conjunto de dados, uma das medidas de dispersão mais utilizadas em Estatística é a **variância** (V).

A variância (V) de um conjunto com n valores é obtida calculando-se a média aritmética dos quadrados dos desvios de cada valor em relação à média aritmética de um conjunto de dados.

$$V = \frac{(x_1 - \bar{x})^2 + (x_2 - \bar{x})^2 + (x_3 - \bar{x})^2 + \ldots + (x_n - \bar{x})^2}{n} = \frac{\sum_{i=1}^{n}(x_i - \bar{x})^2}{n}$$

No caso das notas de Bruno e de Camila nas quatro avaliações, temos:

- Variância das notas de Bruno:

$$V = \frac{1^2 + 2^2 + (-2)^2 + (-1)^2}{4} = \frac{10}{4} = 2{,}5$$

- Variância das notas de Camila:

$$V = \frac{4^2 + 0^2 + (-1)^2 + (-3)^2}{4} = \frac{26}{4} = 6{,}5$$

Como a variância das notas de Bruno é menor do que a variância das notas de Camila, as notas de Camila estão mais dispersas que as de Bruno, conforme mostra o resultado obtido com o desvio médio.

Ao observar o cálculo da variância (V), notamos que os desvios de cada valor em relação à média aritmética são elevados ao quadrado. Assim, o resultado obtido está em uma unidade diferente da variável, o que pode causar alguns problemas de interpretação.

Para evitar esses possíveis problemas de interpretação, costuma-se utilizar o **desvio padrão** (Dp). Essa medida de dispersão corresponde à raiz quadrada da variância (V), dessa maneira, se obtém um resultado na mesma unidade da variável.

No caso das notas de Bruno e de Camila nas quatro avaliações, temos:

- Desvio padrão das notas de Bruno:

$$Dp = \sqrt{V} = \sqrt{2{,}5} \simeq 1{,}58$$

- Desvio padrão das notas de Camila:

$$Dp = \sqrt{V} = \sqrt{6{,}5} \simeq 2{,}55$$

Portanto, o desvio padrão das notas de Bruno foi de aproximadamente 1,58 ponto por avaliação e o desvio padrão aproximado das notas de Camila foi de aproximadamente 2,55 pontos por avaliação.

O desvio padrão (Dp) de um conjunto com n valores é obtido calculando-se a raiz quadrada da variância (V).

$$Dp = \sqrt{V}$$

Quanto menor o desvio padrão, mais homogênea é a distribuição dos valores da variável, isto é, mais próximos da média aritmética estarão esses valores.

O desvio padrão pode ser representado por um número negativo? Justifique.

R3. (UPE) Numa competição esportiva, cinco atletas estão disputando as três primeiras colocações da prova de salto em distância. A classificação será pela ordem decrescente da média aritmética de pontos obtidos por eles, após três saltos consecutivos na prova. Em caso de empate, o critério adotado será a ordem crescente do valor da variância. A pontuação de cada atleta está apresentada no quadro a seguir:

Atleta	Pontuação		
	1º salto	2º salto	3º salto
A	6	6	6
B	7	3	8
C	5	7	6
D	4	6	8
E	5	8	5

Com base nas informações apresentadas, o primeiro, o segundo e o terceiro lugares dessa prova foram ocupados, respectivamente, pelos atletas

a) *A*; *C*; *E* b) *B*; *D*; *E* c) *E*; *D*; *B* d) *B*; *D*; *C* e) *A*; *B*; *D*

Resolução

A soma das pontuações de cada um dos 5 atletas é igual a 18. Por terem sido realizados 3 saltos, a média aritmética é:

$$\bar{x} = \frac{18}{3} = 6.$$

Calculando a variância da pontuação de cada atleta, obtemos:

$$V_A = \frac{(6-6)^2 + (6-6)^2 + (6-6)^2}{3} = 0$$

$$V_B = \frac{(7-6)^2 + (3-6)^2 + (8-6)^2}{3} = \frac{14}{3} \simeq 4{,}67$$

$$V_C = \frac{(5-6)^2 + (7-6)^2 + (6-6)^2}{3} = \frac{2}{3} \simeq 0{,}67$$

$$V_D = \frac{(4-6)^2 + (6-6)^2 + (8-6)^2}{3} = \frac{8}{3} \simeq 2{,}67$$

$$V_E = \frac{(5-6)^2 + (8-6)^2 + (5-6)^2}{3} = \frac{6}{3} = 2$$

Note que $V_A < V_C < V_E < V_D < V_B$.

Desse modo, o primeiro, o segundo e o terceiro lugares dessa prova foram ocupados pelos atletas *A*, *C* e *E*, respectivamente.

Portanto, a alternativa correta é **a**.

Atividades resolvidas

R4. Em uma rede social da internet, uma publicação recebeu 100 "curtidas" de pessoas com idades entre 18 e 23 anos nos primeiros 15 minutos de postagem. O quadro abaixo mostra a quantidade de pessoas de cada idade que "curtiram" essa publicação nesse intervalo de tempo.

Idade (anos)	18	19	20	21	22	23
Quantidade de "curtidas"	32	14	9	20	17	8

Qual é o desvio padrão da idade dos internautas que "curtiram" essa publicação nos primeiros 15 minutos de postagem?

Resolução

Primeiro, calculamos a média aritmética.

$$\bar{x} = \frac{18 \cdot 32 + 19 \cdot 14 + 20 \cdot 9 + 21 \cdot 20 + 22 \cdot 17 + 23 \cdot 8}{100} = \frac{2\,000}{100} = 20$$

Calculando a variância $V = \frac{\sum_{i=1}^{n} f_i\left(x_i - \bar{x}\right)^2}{n}$, temos:

$$V = \frac{32(18-20)^2 + 14(19-20)^2 + 9(20-20)^2 + 20(21-20)^2 + 17(22-20)^2 + 8(23-20)^2}{100} =$$

$$= \frac{302}{100} = 3{,}02$$

Note que nesse caso foi necessário multiplicar os desvios de cada valor em relação à média aritmética pela frequência respectiva para obter a variância.

Por fim, fazemos:

$$Dp = \sqrt{V} = \sqrt{3{,}02} \simeq 1{,}74$$

Portanto, o desvio padrão da idade dos internautas é aproximadamente 1,74 ano.

R5. Observe na tabela abaixo informações a respeito da massa dos alunos de uma turma do 3º ano do Ensino Médio.

Massa dos alunos do 3º ano do Ensino Médio de certa escola em 2017	
Massa (kg)	Quantidade de alunos
40 ⊢ 50	1
50 ⊢ 60	6
60 ⊢ 70	13
70 ⊢ 80	7
80 ⊢ 90	2
Total	29

Fonte de pesquisa: Professor de Educação Física.

Determine o desvio médio, a variância e o desvio padrão da massa desses alunos.

Resolução

Para calcular a média aritmética, primeiro, determinamos o valor médio (*vm*) de cada intervalo:

Massa dos alunos do 3º ano do Ensino Médio de certa escola em 2017		
Massa (kg)	Quantidade de alunos	Valor médio (*vm*)
40 ⊢ 50	1	$\underbrace{\frac{40+50}{2}}_{45}$
50 ⊢ 60	6	55
60 ⊢ 70	13	65
70 ⊢ 80	7	75
80 ⊢ 90	2	85
Total	29	

Fonte de pesquisa: Professor de Educação Física.

Em seguida, fazemos:

$$\bar{x} = \frac{1 \cdot 45 + 6 \cdot 55 + 13 \cdot 65 + 7 \cdot 75 + 2 \cdot 85}{29} \simeq 66$$

Como precisamos dos desvios de cada valor em relação à média aritmética para calcular o desvio médio e a variância, vamos determiná-los:

$$x_1 - \bar{x} = 45 - 66 = -21$$

$$x_2 - \bar{x} = 55 - 66 = -11$$

$$x_3 - \bar{x} = 65 - 66 = -1$$

$$x_4 - \bar{x} = 75 - 66 = 9$$

$$x_5 - \bar{x} = 85 - 66 = 19$$

Calculando o desvio médio, temos:

$$Dm = \frac{1 \cdot |-21| + 6 \cdot |-11| + 13 \cdot |-1| + 7 \cdot |9| + 2 \cdot |19|}{29} = \frac{201}{29} \simeq 6{,}9$$

Portanto, o desvio médio das massas dos alunos é aproximadamente 6,9 kg.

Calculando a variância, temos:

$$V = \frac{1 \cdot (-21)^2 + 6 \cdot (-11)^2 + 13 \cdot (-1)^2 + 7 \cdot 9^2 + 2 \cdot 19^2}{29} = \frac{2\,469}{29} \simeq 85{,}1$$

Portanto, a variância das massas dos alunos é aproximadamente 85,1.

Calculando o desvio padrão, temos $Dp \simeq \sqrt{85{,}1} \simeq 9{,}2$.

Portanto, o desvio padrão das massas dos alunos é aproximadamente 9,2 kg.

Atividades

9. Observe as notas que cada aluno dos grupos *A*, *B* e *C* recebeu após uma apresentação de trabalho em grupo.

$A = \{6, 3, 8, 9, 10, 8\}$ $B = \{6, 6, 6, 7, 5, 7\}$ $C = \{7, 6, 8, 8, 10, 9\}$

a) Qual grupo obteve a maior média de notas?

b) Determine o desvio padrão de cada grupo.

c) Qual desses grupos foi o mais regular?

10. Observe a quantidade de gols marcados por dois jogadores de handebol no quadro abaixo.

	Quantidade de gols	
	Marcelo	Rodrigo
Partida 1	5	4
Partida 2	8	2
Partida 3	3	9
Partida 4	8	8
Partida 5	2	8
Partida 6	1	5

Qual desses jogadores foi o mais regular?

11. A altura, em metros, dos alunos matriculados em determinado curso está representado no histograma abaixo.

Altura dos alunos matriculados em determinado curso em 2016

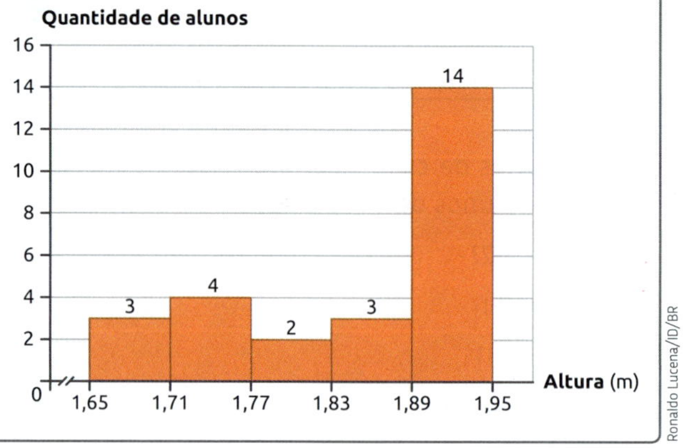

Fonte de pesquisa: Coordenação do curso.

Com relação à altura desses alunos, determine o desvio médio, a variância e o desvio padrão.

12. (Enem/Inep) Marco e Paulo foram classificados em um concurso. Para classificação no concurso o candidato deveria obter média aritmética na pontuação igual ou superior a 14. Em caso de empate na média, o desempate seria em favor da pontuação mais regular. No quadro a seguir são apresentados os pontos obtidos nas provas de Matemática, Português e Conhecimentos gerais, a média, a mediana e o desvio padrão dos dois candidatos.

Dados dos candidatos no concurso.

	Matemática	Português	Conhecimentos gerais	Média	Mediana	Desvio padrão
Marco	14	15	16	15	15	0,32
Paulo	8	19	18	15	18	4,97

O candidato com pontuação mais regular, portanto mais bem classificado no concurso, é

a) Marco, pois a média e a mediana são iguais.

b) Marco, pois obteve menor desvio padrão.

c) Paulo, pois obteve a maior pontuação do quadro, 19 em Português.

d) Paulo, pois obteve maior mediana.

e) Paulo, pois obteve maior desvio padrão.

Conhecimento e mercado de trabalho

No Brasil, a taxa de desemprego não é alimentada somente pela falta de vagas, mas também pela falta de mão de obra qualificada. As tecnologias avançam rapidamente e precisam de pessoas que consigam acompanhar seu desenvolvimento. Porém, mais do que pessoas bem treinadas e capacitadas para realizar certas tarefas, o mercado de trabalho precisa de pessoas responsáveis com prazos e horários a cumprir, que sejam capazes de trabalhar em equipe e estejam abertas a aprender e se capacitar sempre.

As estatísticas mostram que a população, em geral, vem procurando se adequar às exigências do novo mercado, mas ainda não é o suficiente.

Quantidade de concluintes de curso superior no Brasil em 2003, 2008 e 2013

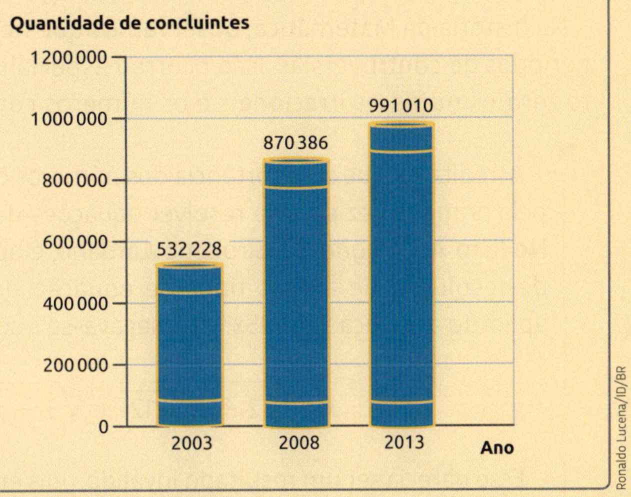

No gráfico é possível perceber um crescimento da quantidade de concluintes do Ensino Superior entre os anos 2003 e 2013.

Fonte de pesquisa: INEP. Disponível em: <http://download.inep.gov.br/educacao_superior/censo_superior/apresentacao/2014/coletiva_censo_superior_2013.pdf>. Acesso em: 27 abr. 2016.

Conforme os dados do Instituto Nacional de Estudos e Pesquisas (Inep), constata-se que a procura por aperfeiçoamento, usando como exemplo a conclusão da graduação, vem sendo uma preocupação entre a população. Em 2012, cerca de 15% dos jovens da faixa etária considerada adequada para cursar o Ensino Superior (de 18 a 24 anos) estavam frequentando ou já tinham concluído esse nível de ensino.

É essencial que os jovens continuem a dar prosseguimento em sua preparação profissional e quem já está no mercado de trabalho deve procurar aperfeiçoar-se constantemente. Além dos benefícios pessoais, como autoconfiança, melhores salários ou estabilidade, o aprimoramento profissional é fundamental para o desenvolvimento do nosso país.

A Você pretende dar continuidade aos estudos após o término do Ensino Médio? Se sim, qual profissão pretende seguir?

B O texto diz que o crescimento profissional de cada indivíduo influencia o desenvolvimento do país. Você concorda com essa informação? Justifique.

C No texto, são apresentados vários dados de pesquisas e representações estatísticas. Em sua opinião, qual a importância desses dados e representações no entendimento de um assunto?

Grupo de graduados em dia de formatura.

capítulo 7

Números complexos

Você já deve ter estudado características de alguns conjuntos numéricos, como o conjunto dos números naturais, inteiros, racionais, irracionais e reais. Agora, estudaremos as principais características do conjunto dos números complexos.

Surgimento dos números complexos

Na história da Matemática, observamos que novos tipos de números sempre enfrentaram períodos de controvérsias. Isso ocorreu especialmente com os números negativos, o número zero, os números irracionais e os números complexos.

Acredita-se que a importância dos números complexos foi percebida pela primeira vez para se resolver equações de 3º grau, no século XVI. No livro *Ars Magna*, de Girolamo Cardano, é apresentado um método de resolução de alguns tipos de equação do 3º grau que, quando aplicado à equação $x^3 = 15x + 4$, chegava-se à solução:

$$x = \sqrt[3]{2 + \sqrt{-121}} + \sqrt[3]{2 - \sqrt{-121}}$$

Coleção particular. Fotografia: World History Archive/Alamy Stock Photo/Latinstock

Girolamo Cardano (1501-1576).

Esse parecia ser um resultado inválido, pois envolve a raiz quadrada de um número negativo. Porém, percebeu-se que, ao operar com esses números utilizando-se as propriedades usuais de números reais, essa expressão era igual a 4 e, como se pode verificar, $x = 4$ é realmente uma raiz da equação $x^3 = 15x + 4$. Assim, apesar do desconforto de se lidar com números aparentemente "ilegais", chegava-se, ao final, a um resultado legítimo.

Essa é apenas uma das situações, e talvez a primeira com relevância reconhecida, em que se justifica o uso de raízes quadradas de números negativos. O desenvolvimento do novo conjunto numérico em que esses números são permitidos, hoje denominado **conjunto dos números complexos**, contou com contribuições de grandes matemáticos, entre eles o matemático alemão Carl Friedrich Gauss (1777-1855).

Fonte de pesquisa: EVES, Howard. *Introdução à história da matemática*. Trad. Hygino H. Domingues. Campinas: Ed. da Unicamp, 2004.

Conjunto dos números complexos

Representação algébrica de um número complexo

Todo número complexo z pode ser representado na forma $a + bi$, com $a, b \in \mathbb{R}$. O símbolo i representa a **unidade imaginária**, definida como sendo um número complexo cujo quadrado é igual a -1, ou seja, $i^2 = -1$. Costuma-se escrever $i = \sqrt{-1}$.

O conjunto de todos os números complexos é denotado por $\mathbb{C}$. Assim, temos:

$$\mathbb{C} = \{a + bi \mid a, b \in \mathbb{R}\}$$

Na forma algébrica $a + bi$ de um número complexo, os números reais a e b são denominados, respectivamente, **parte real** e **parte imaginária** do número complexo.

$$z = \underbrace{a}_{\text{parte real}} + \underbrace{b}_{\text{parte imaginária}}i$$

Se $z = a + bi$, utilizamos as notações $Re(z) = a$ e $Im(z) = b$ para denotar as partes real e imaginária de z, respectivamente. Os números que possuem a parte imaginária igual a zero são os números reais, e aqueles que possuem a parte imaginária diferente de zero são denominados **números imaginários**. Quando um número imaginário tem a parte real igual a zero, esse é um **número imaginário puro**.

Exemplos

a) $z_1 = 4 - 5i \Rightarrow z_1 = \underbrace{4}_{Re(z_1)} + \underbrace{(-5)}_{Im(z_1)} i \rightarrow z_1$ é um número imaginário, pois $Im(z_1) \neq 0$.

b) $z_2 = 7 \Rightarrow z_2 = \underbrace{7}_{Re(z_2)} + \underbrace{0}_{Im(z_2)} i \rightarrow z_2$ é um número real, pois $Im(z_2) = 0$.

c) $z_3 = 12i \Rightarrow z_3 = \underbrace{0}_{Re(z_3)} + \underbrace{12}_{Im(z_3)} i \rightarrow z_3$ é um número imaginário puro, pois $Im(z_3) \neq 0$ e $Re(z_3) = 0$.

Cada número real é um número complexo cuja parte imaginária é igual a zero, logo, $\mathbb{R}$ é um subconjunto de $\mathbb{C}$, ou seja, $\mathbb{R} \subset \mathbb{C}$.

Todo número natural é um número complexo? Justifique.

As operações de adição, subtração e multiplicação de números complexos são realizadas como se os números complexos fossem expressões algébricas, simplificando termos semelhantes e utilizando o fato de que $i^2 = -1$.

Exemplos

a) $(2 + 10i) + (9 - 3i) = (2 + 9) + (10 - 3)i = 11 + 7i$

b) $5i - (9 + i) = -9 + (5 - 1)i = -9 + 4i$

c) $(3 - 4i) \cdot 3i = 3 \cdot 3i - 4i \cdot 3i = 9i - 12i^2 = 9i - 12 \cdot (-1) = 12 + 9i$

d) $(3 + i)(5 + 2i) = 3 \cdot 5 + 3 \cdot 2i + i \cdot 5 + i \cdot 2i =$
$= 15 + 6i + 5i + 2i^2 = 15 + 11i + 2 \cdot (-1) = 13 + 11i$

A divisão de números complexos será estudada posteriormente.

Representação geométrica de um número complexo

Um número complexo é determinado pelas suas partes real e imaginária, de maneira que um número $a + bi$, com $a, b \in \mathbb{R}$, pode ser identificado com o par ordenado (a, b).

Do mesmo modo como estudamos no capítulo **4**, podemos associar esses pares ordenados de números reais (a, b) com os pontos de um plano. O ponto $P(a, b)$ é denominado **imagem** do número complexo $a + bi$.

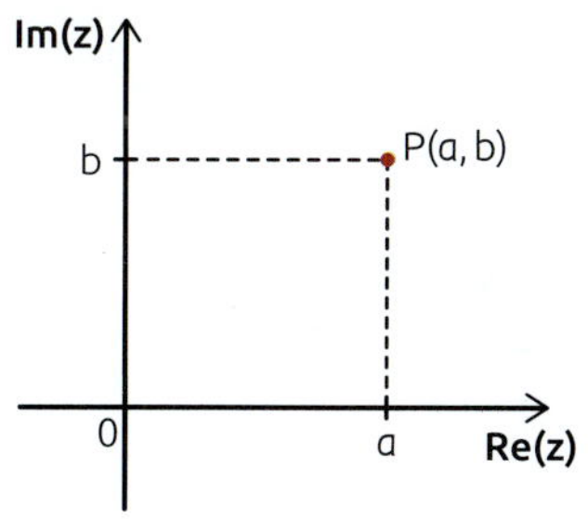

Ronaldo Lucena/ID/BR

Quando utilizado para representar números complexos, o plano de coordenadas ortogonais é denominado **plano complexo** ou **plano de Argand-Gauss**. O eixo horizontal é denominado **eixo real** e o vertical, **eixo imaginário**.

Observe a representação geométrica das imagens dos números $z_1 = 2 + 2i$, $z_2 = -3 + i$, $z_3 = -2 - 3i$, $z_4 = 1 - 4i$, $z_5 = 4$ e $z_6 = -2i$

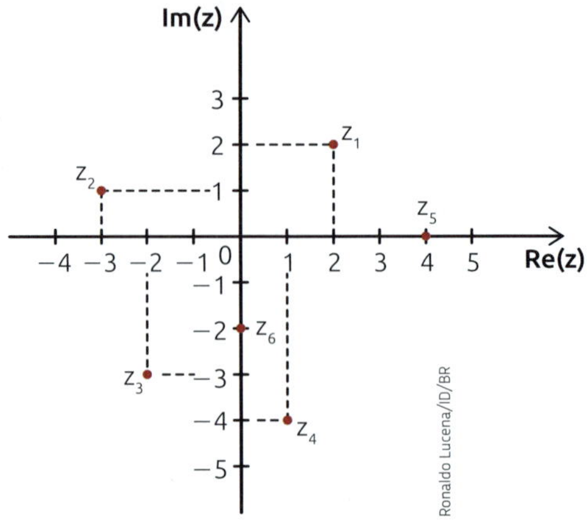

Atividades resolvidas

R1. Seja $z = 3i^2\left(i - \sqrt{3}\right)$.

a) Determine a parte real ($Re(z)$) e a parte imaginária ($Im(z)$) de z.

b) Represente a imagem de z geometricamente.

Resolução

a) Como $z = 3\overbrace{i^2}^{-1}\left(i - \sqrt{3}\right)$, segue que:

$$z = 3(-1)\left(i - \sqrt{3}\right) =$$

$$= -3\left(i - \sqrt{3}\right) = 3\sqrt{3} - 3i$$

Portanto, $Re(z) = 3\sqrt{3}$ e $Im(z) = -3$.

b) Representando a imagem de z geometricamente, temos:

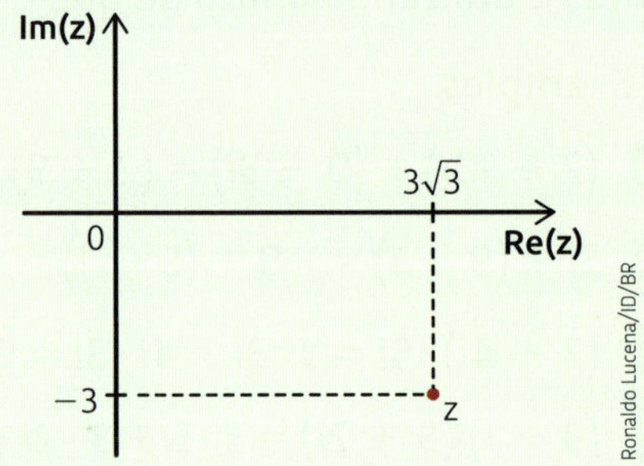

R2. Determine o conjunto solução, em $\mathbb{C}$, das equações do 2º grau.

a) $\frac{1}{2}x^2 - 3x + 9 = 0$

b) $-x^2 + 2x - 3 = 0$

Resolução

a) Utilizando a fórmula resolutiva $x = \frac{-b \pm \sqrt{b^2 - 4ac}}{2a}$ para equações do 2º grau, fazemos:

$$x = \frac{-(-3) \pm \sqrt{(-3)^2 - 4 \cdot \frac{1}{2} \cdot 9}}{\cancel{2} \cdot \frac{1}{\cancel{2}}} = 3 \pm \sqrt{-9} = 3 \pm 3i$$

Logo $S = \{3 + 3i, 3 - 3i\}$.

b) Analogamente ao item anterior, temos:

$$x = \frac{-2 \pm \sqrt{2^2 - 4 \cdot (-1) \cdot (-3)}}{2 \cdot (-1)} = \frac{2 \pm \sqrt{-8}}{2} = \frac{2 \pm 2\sqrt{2}i}{2} = 1 \pm \sqrt{2}i$$

Logo $S = \{1 + \sqrt{2}i, 1 - \sqrt{2}i\}$.

R3. Determine os valores de x e y para que os números complexos z_1 e z_2 sejam iguais em cada item.

a) $z_1 = (2x - 3) + (63y)i$ e $z_2 = (x - 2) + \left(7y^3\right)i$

b) $z_1 = (3x + 1) + (15 - y)i$ e $z_2 = (2y + 6) + \left(\dfrac{x + 7}{4}\right)i$

Resolução

a) Para obtermos $z_1 = z_2$, as partes reais devem ser iguais entre si e as partes imaginárias também devem ser iguais entre si. Assim:

$$2x - 3 = x - 2 \Rightarrow x = 1$$

$$63y = 7y^3 \Rightarrow 7y^3 - 63y = 0 \Rightarrow 7y\left(y^2 - 9\right) = 0 \begin{cases} y = 0 \\ \text{ou} \\ y = \pm 3 \end{cases}$$

Portanto, $z_1 = z_2$ quando $x = 1$ e $y = 0$ ou $y = \pm 3$.

b) De maneira semelhante à anterior, para que $z_1 = z_2$, devemos ter:

$$3x + 1 = 2y + 6 \Rightarrow y = \frac{3x - 5}{2} \qquad \text{(I)}$$

$$15 - y = \frac{x + 7}{4} \Rightarrow y = 15 - \frac{x + 7}{4} \qquad \text{(II)}$$

De **I** e **II**, temos:

$$\frac{3x - 5}{2} = \frac{60 - x - 7}{4} \Rightarrow 12x - 20 = 120 - 2x - 14 \Rightarrow 14x = 126 \Rightarrow x = 9$$

Substituindo x por 9 em **I**, obtemos:

$$y = \frac{3 \cdot 9 - 5}{2} = 11$$

Portanto, $z_1 = z_2$ quando $x = 9$ e $y = 11$.

R4. Dados os números complexos $z_1 = 1 + 4i$ e $z_2 = 5 - 2i$, efetue as operações indicadas em cada item e represente o resultado geometricamente:

a) $z_1 + z_2$

b) $z_1 \cdot z_2$

c) $z_2 + \left(z_1\right)^2$

Resolução

a) $z_1 + z_2 = (1 + 4i) + (5 - 2i) = (1 + 5) + (4 - 2)i = 6 + 2i$

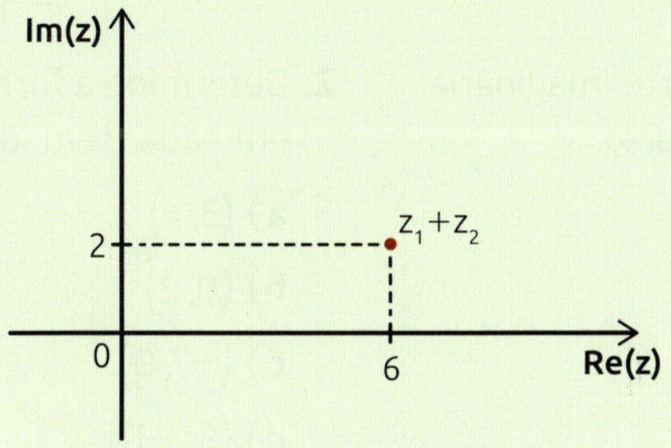

Ronaldo Lucena/ID/BR

Atividades resolvidas

Atividades resolvidas

b) $z_1 \cdot z_2 = (1 + 4i) \cdot (5 - 2i) =$

$= 1 \cdot 5 + 1 \cdot (-2i) + 4i \cdot 5 + 4i \cdot (-2i) =$

$= 5 - 2i + 20i - 8\overbrace{i^2}^{-1} = 13 + 18i$

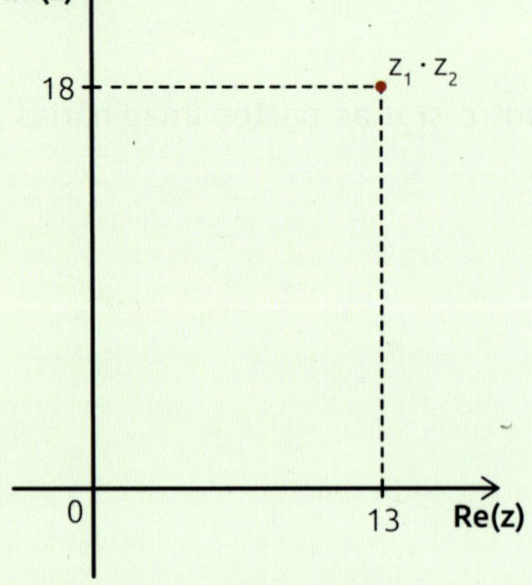

c) $z_2 + (z_1)^2 = 5 - 2i + (1 + 4i)^2 =$

$= 5 - 2i + 1^2 + 8i + (4i)^2 =$

$= 6 + 6i + 16\overbrace{i^2}^{-1} = -10 + 6i$

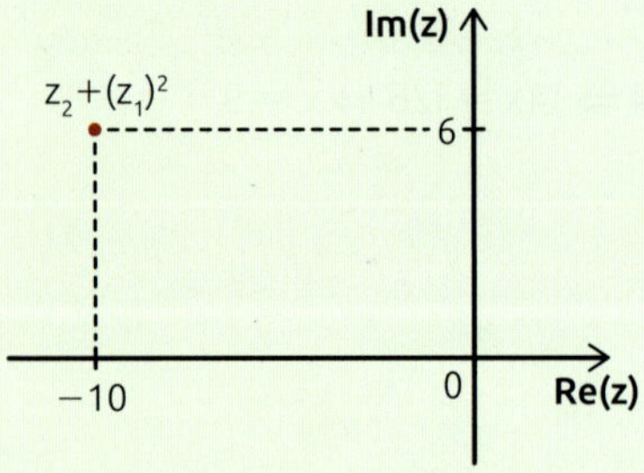

Ilusrações: Ronaldo Lucena/ID/BR

R5. (UEPB) O produto dos números complexos $(3 - i)(x + 2yi)$ é um número real quando o ponto $P(x, y)$ está sobre a reta de equação:

a) $x + 6y = 0$

b) $6x - y = 0$

c) $6y - x = 0$

d) $6x + y = 0$

e) $3y - x = 0$

Resolução

Sejam $z_1 = 3 - i$ e $z_2 = x + 2yi$, calculando o produto $z_1 \cdot z_2$, obtemos:

$z_1 \cdot z_2 = (3 - i) \cdot (x + 2yi) =$

$= 3x + 3 \cdot 2yi + (-i)x + (-i)(2yi) =$

$= 3x + 6yi - xi - 2y\overbrace{i^2}^{-1} =$

$= (3x + 2y) + (6y - x)i$

Como $z_1 \cdot z_2$ é um número real, a sua parte imaginária é igual a zero $(6y - x = 0)$. Portanto, a alternativa correta é **c**.

R6. Determine os valores de $x, y \in \mathbb{R}$ para que os números complexos $z_1 = (3x + y - 11) + 3i$ e $z_2 = 4 + \left(\frac{5}{2}x + 2y - 15\right)i$ sejam, respectivamente, imaginário puro e real puro.

Resolução

Para que z_1 seja um número imaginário puro, a sua parte real deve ser igual a zero:

$3x + y - 11 = 0 \Rightarrow y = 11 - 3x$ (I)

Para quevz z_2 seja um número real puro, a sua parte imaginária deve ser igual a zero:

$\frac{5}{2}x + 2y - 15 = 0 \Rightarrow$

$\Rightarrow y = \frac{15 - \frac{5}{2}x}{2} \Rightarrow y = \frac{30 - 5x}{4}$ (II)

De **I** e **II**, temos:

$11 - 3x = \frac{30 - 5x}{4} \Rightarrow 44 - 12x = 30 - 5x \Rightarrow$

$\Rightarrow 7x = 14 \Rightarrow x = 2$

Substituindo x por 2 em **I**, temos:

$y = 11 - 3 \cdot 2 = 11 - 6 = 5.$

Portanto, para que z_1 e z_2 sejam respectivamente, imaginário puro e real puro, é necessário que $x = 2$ e $y = 5$.

Atividades

1. Determine a parte real ($Re(z)$) e a parte imaginária ($Im(z)$) de cada número complexo abaixo.

a) $z_1 = 2 + 3i$

b) $z_2 = 1 - i$

c) $z_3 = -13i$

d) $z_4 = \frac{-1 - 2i}{4}$

2. Determine a forma algébrica do número complexo em cada item, dada sua imagem.

a) $(3, 4)$

b) $(0, 2)$

c) $(-7, 0)$

d) $(8, -11)$

3. Determine os valores de x e y para que se tenha:

a) $5x + 6i = 3 - 2yi$

b) $-4x + 7i = -4 + 7yi$

c) $(3x + 2) + (y - 5)i = 14 + 20i$

d) $\frac{1}{2} + \frac{3}{4}i = 4x - 7yi$

4. Se $z_1 = 2 + 3i$ e $z_2 = 1 - 2i$ determine:

a) $z_1 + z_2$

b) $z_1 - z_2$

c) $2z_1 + z_2$

d) $z_1 \cdot z_2$

5. Para cada número complexo, determine a condição que $p \in \mathbb{R}$ deve satisfazer, de modo que:

a) $z_1 = 3 - (p + 4)i$ seja um número real;

b) $z_2 = (3 + p) + (6 - p^2)i$ seja um número imaginário puro;

c) $z_3 = (5p + 30) + 7i$ seja um número imaginário puro;

d) $z_4 = -20 - (3p + 5)i$ seja um número real.

6. (Uepa) Um dos resultados importantes da produção de conhecimentos reside na possibilidade que temos de fazer a interação de múltiplos saberes. O conceito de número complexo é um bom exemplo dessa possibilidade exploratória da produção científica, ao permitir relações com álgebra, geometria plana, geometria analítica, trigonometria, séries e aritmética. Nesse sentido, considere os números complexos $z_1 = 2 + 2i$, $z_2 = 5 - 6i$, $z_3 = -4 + 18i$ e os números reais k_1 e k_2 tais que a soma dos números complexos k_1z_1 e k_2z_2 resulta o complexo z_3. Nestas condições, o valor de $(k_1)^{k_2}$ é:

a) 9

b) 8

c) 1

d) $\frac{1}{8}$

e) $\frac{1}{9}$

7. Determine a forma algébrica dos números complexos z_1, z_2, z_3, z_4, z_5, z_6 e z_7 em que suas imagens estão indicadas no plano de Argand-Gauss.

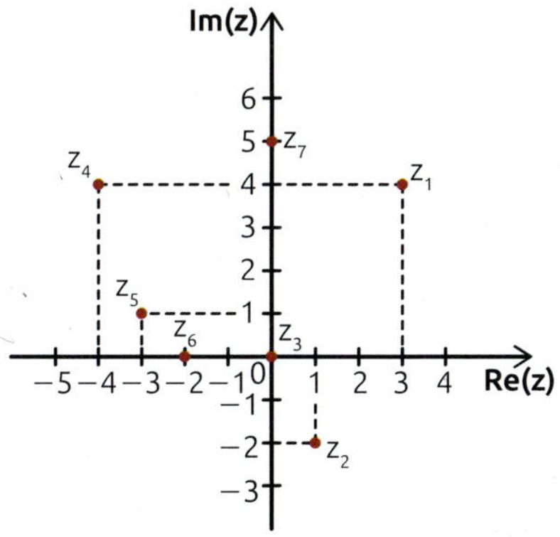

Ronaldo Lucena/ID/BR

8. Em um plano complexo indique as imagens dos seguintes números complexos:

- $z_1 = 4 + 3i$
- $z_2 = -1 + 2i$
- $z_3 = -2 - 4i$
- $z_4 = 3 - 3i$
- $z_5 = 1 + i$
- $z_6 = 6$

9. Resolva no cadernos as equações do 2º grau em $\mathbb{C}$.

a) $x^2 + 25 = 0$

b) $2x^2 + 32 = 0$

c) $x^2 - 4x + 5 = 0$

d) $-x^3 + 12x^2 - 40x = 0$

10. Determine os números complexos z tais que $z^2 - z + 1 = 0$.

11. Desafio (Mackenzie-SP) Em $\mathbb{C}$, o conjunto solução da equação $\begin{vmatrix} x+1 & x & x-1 \\ 2x & 2x & 2x \\ -1 & -1 & -1 \end{vmatrix} = x^2 + 2x + 5$ é

a) $\{2 + 2i, 2 - 2i\}$

b) $\{-1 - 4i, -1 + 4i\}$

c) $\{1 + 4i, 1 - 4i\}$

d) $\{-1 + 2i, -1 - 2i\}$

e) $\{2 - 2i, 1 + 2i\}$

12. Qual é o conjunto solução em $\mathbb{C}$ da equação $(-8x + 4) \cdot \left(\frac{x}{3} + 1\right) = \frac{25}{3}$?

Divisão de números complexos

Vimos como efetuar as operações de adição, subtração e multiplicação de números complexos. Neste tópico, veremos como dividir um número complexo por um número real e por outro número complexo.

Para dividir um número complexo $z = a + bi$ por um número real x não nulo, dividimos a parte real e a parte imaginária de z por x.

Exemplo

$$\frac{18 + 9i}{6} = \frac{18}{6} + \frac{9}{6}i = 3 + \frac{3}{2}i$$

Para dividir um número complexo por outro número complexo não nulo, utilizamos um procedimento semelhante ao de racionalizar denominadores, multiplicando o dividendo e o divisor por um número conveniente. Neste caso, o objetivo é reduzir o quociente a uma divisão por um número real.

Exemplo

$$\frac{4 + 3i}{1 + 2i} = \frac{4 + 3i}{1 + 2i} \cdot \frac{1 - 2i}{1 - 2i} = \frac{4 - 8i + 3i - 6i^2}{1^2 - (2i)^2} = \frac{10 - 5i}{1 + 4} = 2 - i$$

O passo crucial nessa divisão foi multiplicar o dividendo e o divisor por $1 - 2i$, considerando que o divisor é $1 + 2i$. A justificativa para essa escolha é que sempre ao multiplicarmos $a + bi$ por $a - bi$ obtemos um número real, pois:

$$(a + bi)(a - bi) = a^2 - (bi)^2 = a^2 + b^2$$

Definimos:

> O **conjugado** de um número complexo $a + bi$, com $a, b \in \mathbb{R}$, é o número complexo $a - bi$.

Denotamos o conjugado do número complexo z por $\bar{z}$.

Assim, utilizando essa terminologia, numa divisão entre dois números complexos, multiplicamos o dividendo e o divisor pelo conjugado do divisor.

Exemplos

a Se $z = 2 - i$, então $\bar{z} = 2 + i$.

b Se $z = (1 + i)^2$, então $\bar{z} = \overline{(1 + i)^2} = \overline{1 + 2i + i^2} = \overline{2i} = -2i$.

O inverso multiplicativo de um número complexo z não nulo é o número denotado por z^{-1}, tal que $z \cdot z^{-1} = 1$. Esse inverso é igual a $\frac{1}{z}$.

Exemplos

a Se $z = 3 - i$, então $z^{-1} = \frac{1}{3 - i} = \frac{1}{3 - i} \cdot \frac{3 + i}{3 + i} = \frac{3 + i}{9 + 1} = \frac{3}{10} + \frac{1}{10}i$.

b Se $z = i$, então $z^{-1} = \frac{1}{i} = \frac{1}{i} \cdot \frac{-i}{-i} = \frac{-i}{-i^2} = -i$.

Um número complexo pode ser igual ao seu conjugado? Justifique.

O conjugado de um número complexo é útil não apenas na divisão de números complexos, mas também em outras situações, como ainda estudaremos. Observe abaixo algumas de suas propriedades.

Sejam z e w números complexos e k um número real. Então:

a) $\overline{kz} = k\bar{z}$

b) $\overline{z + w} = \bar{z} + \overline{w}$

c) $\overline{z - w} = \bar{z} - \overline{w}$

d) $\overline{z \cdot w} = \bar{z} \cdot \overline{w}$

e) $\overline{z^n} = (\bar{z})^n$ para todo $n \in \mathbb{N}$

Demonstração

a) Se $z = a + bi$, com $a, b \in \mathbb{R}$, temos:

$$\overline{kz} = \overline{k(a + bi)} = \overline{ka + kbi} = ka - kbi = k(a - bi) = k\bar{z}$$

b) Se $z = a + bi$ e $w = c + di$, com $a, b, c, d \in \mathbb{R}$, temos:

$$\overline{z + w} = \overline{(a + bi) + (c + di)} = \overline{(a + c) + (b + d)i} =$$

$$= (a + c) - (b + d)i = (a - bi) + (c - di) = \bar{z} + \overline{w}$$

c) Utilizando as propriedades dos itens **a** e **b**, temos:

$$\overline{z - w} = \overline{z + (-1)w} = \bar{z} + \overline{(-1)w} = \bar{z} + (-1)\overline{w} = \bar{z} - \overline{w}$$

d) Se $z = a + bi$ e $w = c + di$, com $a, b, c, d \in \mathbb{R}$, temos:

$$\overline{z \cdot w} = \overline{(a + bi)(c + di)} = \overline{(ac - bd) + (ad + bc)i} =$$

$$= (ac - bd) - (ad + bc)i \qquad \text{(I)}$$

$$\bar{z} \cdot \overline{w} = \overline{(a + bi)} \cdot \overline{(c + di)} = (a - bi)(c - di) =$$

$$= (ac - bd) - (ad + bc)i \qquad \text{(II)}$$

Comparando as igualdades em **I** e **II**, temos $\overline{z \cdot w} = \bar{z} \cdot \overline{w}$.

e) Utilizando a propriedade **d** repetidamente, temos:

$$\overline{z^n} = \underbrace{\overline{z \cdot z \cdot \ldots \cdot z}}_{n \text{ fatores}} = \underbrace{\bar{z} \cdot \bar{z} \cdot \ldots \cdot \bar{z}}_{n \text{ fatores}} = (\bar{z})^n$$

Potências da unidade imaginária

Observe os valores das primeiras potências de i com expoente natural.

- $i^0 = 1$
- $i^1 = i$
- $i^2 = -1$
- $i^3 = i^2 \cdot i = (-1) \cdot i = -i$
- $i^4 = i^3 \cdot i = (-i) \cdot i = -i^2 = 1$
- $i^5 = i^4 \cdot i = 1 \cdot i = i$
- $i^6 = i^4 \cdot i^2 = 1 \cdot i^2 = -1$
- $i^7 = i^4 \cdot i^3 = 1 \cdot i^3 = -i$

Os resultados dessas potências se repetem de 4 em 4, pois, como $i^4 = 1$, tem-se:

$$i^{n+4} = i^n \cdot i^4 = i^n \cdot 1 = i^n, \text{ para todo } n \in \mathbb{N}.$$

Um modo prático de se calcular uma potência i^n, com $n \in \mathbb{N}$, consiste em realizar a divisão do expoente n por 4.

$$\begin{array}{c|c} \overbrace{n}^{\text{dividendo}} & \overbrace{4}^{\text{divisor}} \\ \hline \underbrace{r}_{\text{resto}} & \underbrace{p}_{\text{quociente}} \end{array}$$

Ou, de outra maneira:

$$\underbrace{n}_{\text{dividendo}} = \overbrace{4}^{\text{divisor}} \cdot \underbrace{p}_{\text{quociente}} + \overbrace{r}^{\text{resto}}$$

com $r \in \mathbb{N}$ tal que $0 \leqslant r < 4$.

Desse modo:

$$i^n = i^{4p+r} = \left(i^4\right)^p \cdot i^r = 1^p \cdot i^r = i^r$$

Isso significa que i^n é igual a i^r, sendo r o resto da divisão de n por 4. Como $0 \leqslant r < 4$, reduzimos, com esse procedimento, qualquer potência de i com expoente natural a uma das potências: i^0, i^1, i^2 ou i^3.

Exemplos

a Qualquer potência de i com expoente múltiplo de 4 é igual a 1.

- $i^4 = 1$
- $i^8 = \left(i^4\right)^2 = 1^2 = 1$
- $i^{12} = \left(i^4\right)^3 = 1^3 = 1$

$\vdots$

- $i^{4n} = \left(i^4\right)^n = 1^n = 1$

b $i^{18} = i^{4 \cdot 4 + 2} = \left(i^4\right)^4 \cdot i^2 = 1 \cdot i^2 = -1$

c) $i^{149\,527} = i^{149\,500+27} = i^{149\,500} \cdot i^{27}$

O número 149 500 é múltiplo de 100 e, portanto, também é múltiplo de 4. Logo, $i^{149\,500} = 1$. Assim:

$$i^{149\,527} = i^{27} = i^{4\cdot 6+3} = \left(i^4\right)^6 \cdot i^3 = 1 \cdot i^3 = -\,i$$

> Observe que o resto da divisão por 4 de um número qualquer com mais de dois algarismos é igual ao resto da divisão por 4 do número formado pelos dois últimos algarismos.

Atividades resolvidas

R7. Determine o conjugado dos números complexos a seguir.

a) $z = \dfrac{3-2i}{i}$

b) $w = \dfrac{4+i}{1+2i}$

Resolução

Para determinar o conjugado de um quociente complexo, podemos inicialmente escrever o quociente na forma algébrica e depois obter seu conjugado.

a) $z = \dfrac{3-2i}{i} = \dfrac{(3-2i)\cdot(-i)}{i\cdot(-i)} = \dfrac{-3i+2i^2}{-i^2} = \dfrac{-3i+2(-1)}{-(-1)} = -2-3i$

Como $z = -2-3i$, temos $\bar{z} = -2+3i$.

b) $w = \dfrac{4+i}{1+2i} = \dfrac{(4+i)(1-2i)}{(1+2i)(1-2i)} = \dfrac{4-8i+i-2i^2}{1^2-(2i)^2} = \dfrac{6-7i}{1+4} = \dfrac{6}{5} - \dfrac{7}{5}i$

Como $w = \dfrac{6}{5} - \dfrac{7}{5}i$, temos $\overline{w} = \dfrac{6}{5} + \dfrac{7}{5}i$.

R8. Qual é a condição para que $z = \dfrac{a+bi}{c+di}$, com $a, b, c, d \in \mathbb{R}$ e $c + di \neq 0$, seja um número imaginário puro?

Resolução

$$z = \frac{a+bi}{c+di} = \frac{(a+bi)(c-di)}{(c+di)(c-di)} = \frac{ac-adi+bci-bdi^2}{c^2-(di)^2} = \frac{(ac+bd)+(bc-ad)i}{c^2+d^2}$$

Para ser um número imaginário puro, a parte real deve ser igual a zero. Assim, para que $z = \dfrac{a+bi}{c+di}$ seja um número imaginário puro, é necessário que $ac + bd = 0$.

R9. Simplifique as expressões:

a) $(1+i)^{32}$

b) $\dfrac{i^{23}+i^{14}}{i^{18}}$

c) $1+i+i^2+\ldots+i^{101}$

Resolução

a) $(1+i)^{32} = \left[(1+i)^2\right]^{16} = \left[1+2i+i^2\right]^{16} = (2i)^{16} = 2^{16}\cdot i^{16} = 65\,536 \cdot \left(i^4\right)^4 = 65\,536 \cdot 1 = 65\,536$

b) $\dfrac{i^{23}+i^{24}}{i^{18}} = \dfrac{i^{4\cdot5+3}+i^{4\cdot6}}{i^{4\cdot4+2}} = \dfrac{\left(i^4\right)^5\cdot i^3+\left(i^4\right)^6}{\left(i^4\right)^4\cdot i^2} = \dfrac{1\cdot i^3+1}{1\cdot(-1)} = \dfrac{i^3+1}{(-1)} = \dfrac{-i+1}{(-1)} = -1+i$

c) Seja $S = 1+i+i^2+i^3+\ldots+i^{101}$. Temos:

$$S = 1+i-1-i+1+i-1-i+\ldots+i^{101} = \overbrace{(1+i-1-i)}^{0} + \overbrace{(1+i-1+i)}^{0} + \ldots + i^{101}$$

Atividades resolvidas

Note que a soma S possui 102 parcelas e que elas se anulam a cada agrupamento de 4 parcelas em sequência. Assim, precisamos saber quantas parcelas restam ao agruparmos as 102 parcelas de 4 em 4.

Como $102 = 4 \cdot 25 + 2$, sobram as 2 últimas parcelas i^{100} e i^{101}, assim:

$$S = 1 + i + i^2 + \dots + i^{101} = i^{100} + i^{101} = i^{4 \cdot 25} + i^{4 \cdot 25 + 1} = \left(i^4\right)^{25} + \left(i^4\right)^{25} \cdot i^1 = 1 + 1 \cdot i = 1 + i$$

R10. Mostre que $1 + i + i^2 + i^3 + \dots + i^n = \dfrac{1 - i^{n+1}}{1 - i}$.

Resolução

Considere $S = 1 + i + i^2 + i^3 + \dots + i^n$. Multiplicando ambos os membros dessa igualdade por i, obtemos:

$$i \cdot S = i + i^2 + i^3 + \dots + i^n + i^{n+1}$$

Fazendo $S - i \cdot S$, temos:

$$S - i \cdot S = 1 + i + i^2 + \dots + i^n - \left(i + i^2 + \dots + i^n + i^{n+1}\right)$$

$$S(1 - i) = 1 + i + i^2 + \dots + i^n - i - i^2 - \dots - i^n - i^{n+1}$$

$$S(1 - i) = 1 + \cancel{(i - i)} + \cancel{\left(i^2 - i^2\right)} + \dots + \cancel{\left(i^n - i^n\right)} - i^{n+1}$$

$$S(1 - i) = 1 - i^{n+1}$$

$$S = \frac{1 - i^{n+1}}{1 - i}$$

Portanto, $1 + i + i^2 + i^3 + \dots + i^n = \dfrac{1 - i^{n+1}}{1 - i}$.

Atividades

13. Escreva cada quociente na forma algébrica.

a) $\dfrac{2 + i}{i}$ b) $\dfrac{1 + i}{1 - i}$ c) $\dfrac{5 + 3i}{2 + i}$ d) $\dfrac{1 + i}{4 + 2i}$

14. Dados os números complexos $z_1 = 2 + 3i$ e $z_2 = 1 - 2i$, determine:

a) $\dfrac{z_1}{z_2}$ b) $\dfrac{z_2}{z_1}$

15. Determine a parte real e a parte imaginária dos números complexos:

a) $z = \dfrac{3 + i}{i}$ b) $z = \dfrac{(1 + 2i)^2}{5 - 4i}$

16. Dados os números complexos $z = a + bi$ e $w = c + di$, com $a, b, c, d \in \mathbb{R}$ e $c + di \neq 0$, mostre que:

a) $z + \bar{z} = 2 \cdot Re(z)$

b) $z - \bar{z} = 2 \cdot Im(z) \cdot i$

c) $\overline{\left(\dfrac{z}{w}\right)} = \dfrac{\bar{z}}{\bar{w}}$

17. Qual é a condição para que $z = \dfrac{a + bi}{c + di}$, com $a, b, c, d \in \mathbb{R}$ e $c + di \neq 0$, seja um número real?

18. Escreva cada uma das expressões na forma $a + bi$.

a) $(5 - i) + \overline{(2 + 3i)}$ b) $\overline{\left(\dfrac{1 + i}{1 - i}\right)}$

19. Determine o valor de cada potência.

a) i^{10} b) i^{13} c) i^{100} d) i^{223}

20. Simplifique as expressões:

a) $\dfrac{(1 + 2i)^2}{3 + 4i}$

b) $(1 + i)^{12}$

c) $1 + i + i^2 + \dots + i^{2018}$

d) $1 + i + i^2 + \dots + i^{233}$

21. Escreva o número complexo $z = i^{2015} - i^2$ na forma $a + bi$.

22. Determine o valor da constante a para que $\dfrac{3 + ai}{1 + i}$ seja um número real.

23. Mostre que $\left(\dfrac{-1 \pm i\sqrt{3}}{2}\right)^3 = 1$.

Módulo de um número complexo

Em anos anteriores, você deve ter estudado que o módulo de um número real x pode ser definido como $|x| = \begin{cases} x, \text{ se } x \geqslant 0 \\ -x, \text{ se } x < 0 \end{cases}$.

Interpretamos geometricamente o módulo de um número real dizendo que $|x|$ é igual à distância do ponto correspondente a x até a origem da reta real. Temos, por exemplo, que $|-3|$ é a distância de -3 à origem, e $|3|$ é a distância de 3 à origem. Ambas as distâncias são iguais a 3 unidades.

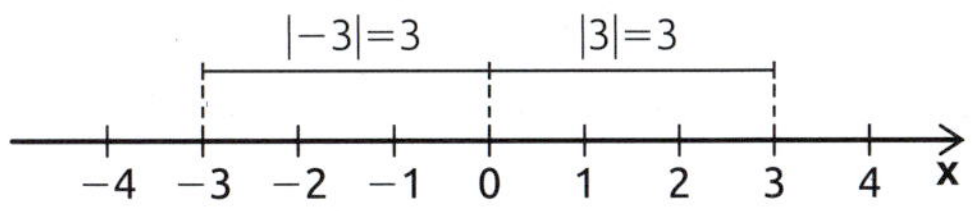

Para estender a definição de módulo para os números complexos, dizemos, então, que o módulo de um número $z \in \mathbb{C}$ é igual à distância de sua imagem à origem do plano complexo.

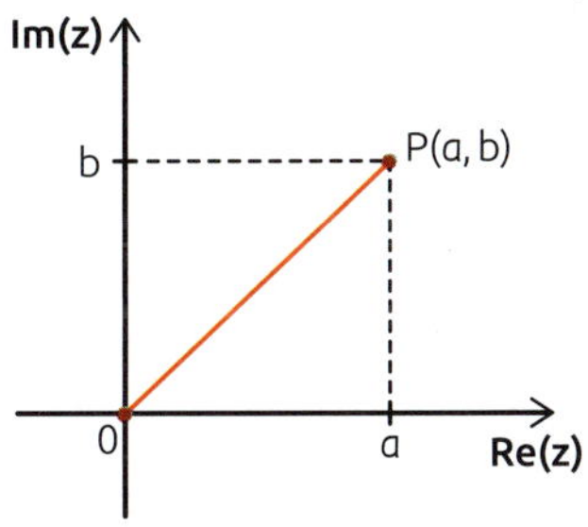

Lembre-se, do capítulo **4**, que a distância entre os pontos $P(a, b)$ e $O(0, 0)$, no plano, é dada por:

$$OP = \sqrt{(a-0)^2 + (b-0)^2} = \sqrt{a^2 + b^2}$$

Assim, definimos:

> O módulo de um número complexo $z = a + bi$, com $a, b \in \mathbb{R}$, é o número real não negativo $|z| = \sqrt{a^2 + b^2}$.

Exemplos

- $OA = |3 + 4i| = \sqrt{3^2 + 4^2} = \sqrt{25} = 5$
- $OB = |-4i| = \sqrt{0^2 + (-4)^2} = \sqrt{16} = 4$
- $OC = |-2 + i| = \sqrt{(-2)^2 + 1^2} = \sqrt{5}$
- $OD = |-3 - 3i| = \sqrt{(-3)^2 + (-3)^2} = \sqrt{18} = 3\sqrt{2}$

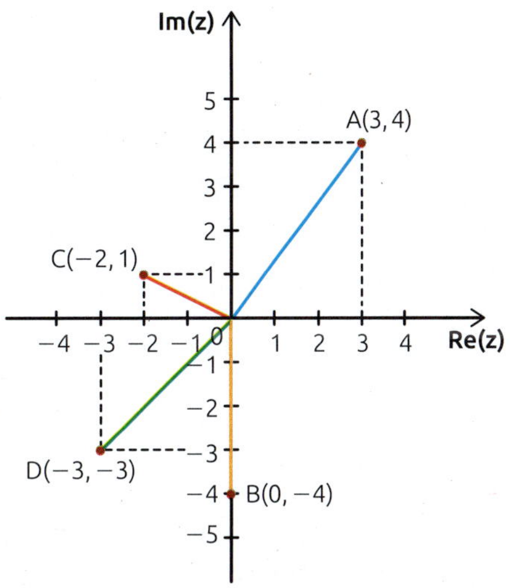

Ilustrações: Ronaldo Lucena/ID/BR

Podemos questionar: Dado um número real r, quais são os números complexos z tais que $|z| = r$? Inicialmente, observamos que o módulo de um número complexo é sempre real positivo ou nulo. Como o módulo de um número complexo é igual à distância de sua imagem à origem, então, se $r > 0$, os números com módulo igual a r correspondem aos pontos da circunferência de centro na origem $(0, 0)$ e raio r.

Algebricamente, se $r > 0$ e $z = x + yi$, com $x, y \in \mathbb{R}$, então:

$$|z| = r \Leftrightarrow |z|^2 = r^2 \Leftrightarrow x^2 + y^2 = r^2$$

Conforme estudamos no capítulo **5**, essa é a equação reduzida da circunferência de centro em $(0, 0)$ e raio r.

Qual é o número complexo z tal que $|z| = 0$?

Representação trigonométrica de um número complexo

Além de representar um número complexo não nulo $z = a + bi$ pelo ponto $P(a, b)$, também é usual representá-lo pelo vetor $\overrightarrow{OP}$. O ângulo que esse vetor forma com o semieixo positivo do eixo real, medido a partir desse semieixo e no sentido anti-horário, é denominado **argumento** de z. Esse ângulo, quando pertence ao intervalo $[0, 2\pi[$, é denominado **argumento principal** de z, e é denotado por $arg(z)$.

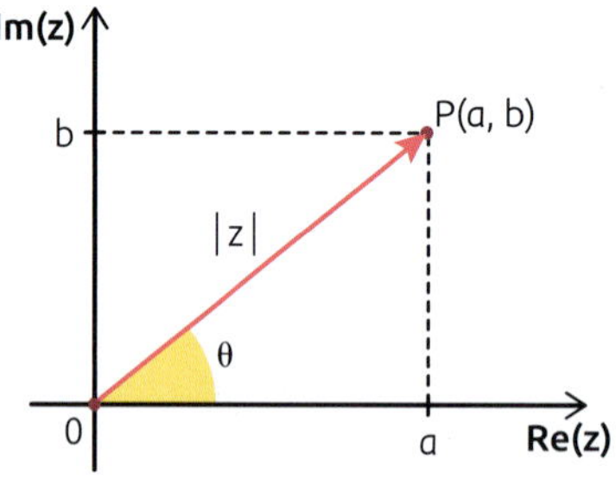

Ronaldo Lucena/ID/BR

O argumento do número $z = 0$ não será definido.

Na imagem acima, $\theta = arg(z)$, sendo z o número complexo correspondente ao vetor $\overrightarrow{OP}$, ou seja, $z = a + bi$. Para números complexos cujas imagens estão no 1º quadrante, as relações trigonométricas fornecem:

$$\cos\theta = \frac{a}{|z|} \Rightarrow \boxed{a = |z|\cos\theta}$$

$$\text{sen}\,\theta = \frac{b}{|z|} \Rightarrow \boxed{b = |z|\,\text{sen}\,\theta}$$

Estas relações podem ser estendidas para números complexos em qualquer quadrante.

Denotando o módulo de z por ρ (lê-se rô), ou seja, $\rho = |z|$, podemos escrever:

$$z = a + bi \Rightarrow z = \rho\cos\theta + (\rho\,\text{sen}\,\theta)i \Rightarrow \boxed{z = \rho(\cos\theta + i\,\text{sen}\,\theta)}$$

Demonstra-se que um número complexo é univocamente determinado pelo seu módulo e pelo seu argumento.

A representação $z = \rho(\cos\theta + i\operatorname{sen}\theta)$ é denominada **forma trigonométrica** ou **forma polar** do número complexo $z \neq 0$, em que $\rho = |z|$ e $\theta = arg(z)$.

Os números ρ e θ são as **coordenadas polares** do número z.

Exemplos

a Vamos determinar a forma trigonométrica de $z = 1 + i$.

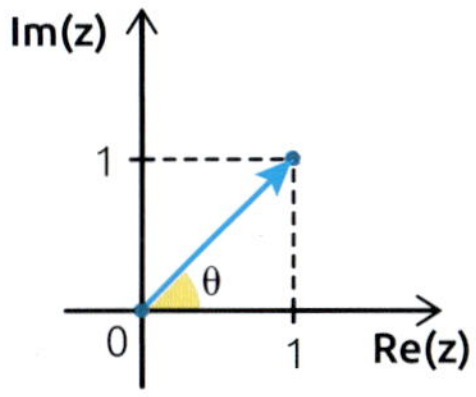

- o módulo de z é:

$$\rho = |z| = \sqrt{1^2 + 1^2} = \sqrt{2}$$

- o argumento de z pode ser obtido a partir das relações trigonométricas:

$$\cos\theta = \frac{1}{\sqrt{2}} \Leftrightarrow \cos\theta = \frac{\sqrt{2}}{2} \qquad \text{(I)}$$

$$\operatorname{sen}\theta = \frac{1}{\sqrt{2}} \Leftrightarrow \operatorname{sen}\theta = \frac{\sqrt{2}}{2} \qquad \text{(II)}$$

- Pela equação **I**, supondo $0 \leq \theta < 2\pi$, obtemos $\theta = \frac{\pi}{4}$ ou $\theta = \frac{7\pi}{4}$. Mas como $\operatorname{sen}\theta = \frac{\sqrt{2}}{2} > 0$, concluímos que $\theta = \frac{\pi}{4}$.

Logo, a forma trigonométrica de $z = 1 + i$ é:

$$z = \sqrt{2}\left(\cos\frac{\pi}{4} + i\operatorname{sen}\frac{\pi}{4}\right)$$

O argumento de $z = 1 + i$ também poderia ser obtido geometricamente, observando que, nesse caso, $\theta = arg\ (z)$ é a medida de um dos ângulos internos agudos de um triângulo retângulo isósceles.

b Vamos obter a forma algébrica do número complexo z que possui módulo 1 e argumento $\frac{5\pi}{6}$. Para isso, basta substituir esses valores na forma trigonométrica do número complexo:

$$z = \rho(\cos\theta + i\operatorname{sen}\theta) = 1 \cdot \left(\cos\frac{5\pi}{6} + i\operatorname{sen}\frac{5\pi}{6}\right) =$$

$$= \cos\left(\frac{6\pi - \pi}{6}\right) + i\operatorname{sen}\left(\frac{6\pi - \pi}{6}\right) =$$

$$= \cos\left(\pi - \frac{\pi}{6}\right) + i\operatorname{sen}\left(\pi - \frac{\pi}{6}\right) =$$

$$= -\cos\frac{\pi}{6} + i\operatorname{sen}\frac{\pi}{6} = -\frac{\sqrt{3}}{2} + \frac{1}{2}i$$

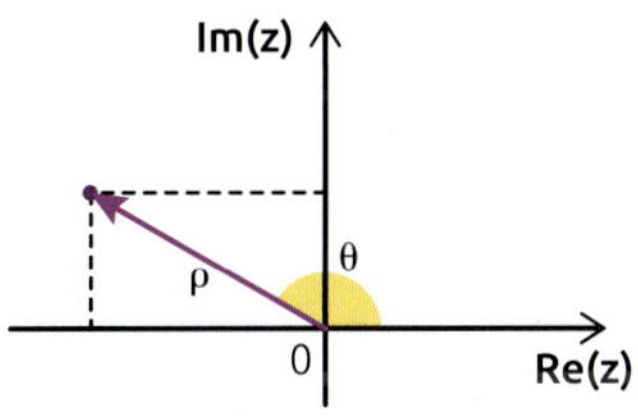

Ilustrações: Ronaldo Lucena/ID/BR

Portanto:

$$z = -\frac{\sqrt{3}}{2} + \frac{1}{2}i$$

Multiplicação e divisão na forma trigonométrica

Um dos motivos que justifica o uso da forma trigonométrica para representar números complexos é que as operações de multiplicação e divisão tornam-se, em geral, mais simples de serem efetuadas quando os números complexos estão representados nessa forma. Observe o teorema a seguir.

Sejam z_1 e z_2 números complexos não nulos, com $z_1 = \rho_1(\cos\theta_1 + i\,\text{sen}\,\theta_1)$ e $z_2 = \rho_2(\cos\theta_2 + i\,\text{sen}\,\theta_2)$. Então:

a) $z_1 \cdot z_2 = \rho_1\rho_2\left[\cos(\theta_1 + \theta_2) + i\,\text{sen}(\theta_1 + \theta_2)\right]$

b) $\dfrac{z_1}{z_2} = \dfrac{\rho_1}{\rho_2}\left[\cos(\theta_1 - \theta_2) + i\,\text{sen}(\theta_1 - \theta_2)\right]$

Verifique a validade do teorema no caso em que z_1 ou z_2 é igual a zero no item a, e no caso em que z_1 é igual a zero no item b.

Demonstração

a) $z_1 \cdot z_2 = \rho_1(\cos\theta_1 + i\,\text{sen}\,\theta_1)\cdot\rho_2(\cos\theta_2 + i\,\text{sen}\,\theta_2) =$

$$= \rho_1\rho_2\left[(\cos\theta_1\cos\theta_2 + i^2\,\text{sen}\,\theta_1\text{sen}\,\theta_2) + (i\cos\theta_1\text{sen}\,\theta_2 + i\,\text{sen}\,\theta_1\cos\theta_2)\right] =$$

$$= \rho_1\rho_2\left[(\cos\theta_1\cos\theta_2 - \text{sen}\,\theta_1\text{sen}\,\theta_2) + i(\text{sen}\,\theta_1\cos\theta_2 + \text{sen}\,\theta_2\cos\theta_1)\right] =$$

$$= \rho_1\rho_2\left[\cos(\theta_1 + \theta_2) + i\,\text{sen}(\theta_1 + \theta_2)\right]$$

b) $$\frac{z_1}{z_2} = \frac{\rho_1(\cos\theta_1 + i\,\text{sen}\,\theta_1)}{\rho_2(\cos\theta_2 + i\,\text{sen}\,\theta_2)} = \frac{\rho_1(\cos\theta_1 + i\,\text{sen}\,\theta_1)}{\rho_2(\cos\theta_2 + i\,\text{sen}\,\theta_2)}\cdot\frac{(\cos\theta_2 - i\,\text{sen}\,\theta_2)}{(\cos\theta_2 - i\,\text{sen}\,\theta_2)} =$$

$$= \frac{\rho_1\left[(\cos\theta_1\cos\theta_2 - i^2\,\text{sen}\,\theta_1\text{sen}\,\theta_2) + (-i\cos\theta_1\text{sen}\,\theta_2 + i\,\text{sen}\,\theta_1\cos\theta_2)\right]}{\rho_2(\cos^2\theta_2 - i^2\,\text{sen}^2\,\theta_2)} =$$

$$= \frac{\rho_1\left[(\cos\theta_1\cos\theta_2 + \text{sen}\,\theta_1\text{sen}\,\theta_2) + i(\text{sen}\,\theta_1\cos\theta_2 - \text{sen}\,\theta_2\cos\theta_1)\right]}{\rho_2\underbrace{(\cos^2\theta_2 + \text{sen}^2\,\theta_2)}_{1}} =$$

$$= \frac{\rho_1}{\rho_2}\left[\cos(\theta_1 - \theta_2) + i\,\text{sen}(\theta_1 - \theta_2)\right]$$

Em particular, esse teorema mostra que para $z_1 \neq 0$ e $z_2 \neq 0$:

- $|z_1 \cdot z_2| = |z_1| \cdot |z_2|$ e $\left|\dfrac{z_1}{z_2}\right| = \dfrac{|z_1|}{|z_2|}$;
- $arg(z_1) + arg(z_2)$ é um argumento de $z_1 \cdot z_2$ e $arg(z_1) - arg(z_2)$ é um argumento de $\dfrac{z_1}{z_2}$ (não necessariamente principais).

Potenciação na forma trigonométrica

Utilizando o teorema anterior, vamos demonstrar a chamada **Fórmula de De Moivre** para o cálculo de potências de um número complexo na forma trigonométrica.

> Seja $z = \rho(\cos\theta + i\text{sen}\,\theta)$ um número complexo não nulo. Para cada $n \in \mathbb{Z}$, tem-se:
>
> $$z^n = \rho^n\left[\cos(n\theta) + i\text{sen}\,(n\theta)\right]$$

Demonstração

- Para $n = 0$ a fórmula é válida, pois $z^0 = 1$ e temos:

$$z^0 = \rho^0\left[\cos(0\cdot\theta) + i\text{sen}\,(0\cdot\theta)\right] = 1\cdot\left[\cos 0 + i\text{sen}\,0\right] = 1\cdot(1 + i\cdot 0) = 1$$

- Para $n = 1$ a fórmula é válida, pois:

$$z^1 = \rho^1\left[\cos(1\cdot\theta) + i\text{sen}\,(1\cdot\theta)\right] = \rho\left[\cos\theta + i\text{sen}\,\theta\right] = z = z^1$$

- Para n inteiro e $n > 1$, ao aplicarmos a fórmula da multiplicação repetidas vezes, temos:

$$z^n = \underbrace{z\cdot z\cdot\ldots\cdot z}_{n\text{ fatores}} = \underbrace{\rho\cdot\rho\cdot\ldots\cdot\rho}_{n\text{ fatores}}\left[\cos\underbrace{(\theta+\theta+\ldots+\theta)}_{n\text{ parcelas}} + i\text{sen}\,\underbrace{(\theta+\theta+\ldots+\theta)}_{n\text{ parcelas}}\right] =$$

$$= \rho^n\left[\cos(n\theta) + i\text{sen}\,(n\theta)\right]$$

- Para n inteiro negativo, temos $n = -m$ para algum m inteiro positivo. Assim:

$$z^n = z^{-m} = \frac{1}{z^m} = \frac{1}{\left[\rho(\cos\theta + i\text{sen}\,\theta)\right]^m} = \frac{1\cdot(\cos 0 + i\text{sen}\,0)}{\rho^m\left[\cos(m\theta) + i\text{sen}\,(m\theta)\right]} =$$

$$= \frac{1}{\rho^m}\cdot\left[\cos(0 - m\theta) + i\text{sen}\,(0 - m\theta)\right] =$$

$$= \rho^{-m}\left[\cos(-m\theta) + i\text{sen}\,(-m\theta)\right] =$$

$$= \rho^n\left[\cos(n\theta) + i\text{sen}\,(n\theta)\right]$$

> Note que, nesses cálculos, utilizou-se o fato de que a fórmula de De Moivre é válida para inteiros positivos, o que foi provado no item anterior. Além disso, foi utilizada a fórmula da divisão de números complexos.

Portanto, a fórmula é válida para qualquer $n \in \mathbb{Z}$.

Exemplo

Vamos calcular $\left(1 + i\sqrt{3}\right)^9$. Para isso, escrevemos $z = \left(1 + i\sqrt{3}\right)$ na forma trigonométrica. Assim temos:

- $|z| = \sqrt{1^2 + \left(\sqrt{3}\right)^2} = \sqrt{1+3} = \sqrt{4} = 2$
- um argumento θ tal que $\cos\theta = \frac{1}{2}$ e $\text{sen}\,\theta = \frac{\sqrt{3}}{2}$. Logo, o argumento principal é $\theta = \frac{\pi}{3}$.

Segue que $z = 2\left(\cos\frac{\pi}{3} + i\text{sen}\frac{\pi}{3}\right)$. Assim:

$$z^9 = 2^9\left[\cos\left(9\cdot\frac{\pi}{3}\right) + i\text{sen}\left(9\cdot\frac{\pi}{3}\right)\right] = 512\left[\cos(3\pi) + i\text{sen}(3\pi)\right] =$$

$$= 512(\cos\pi + i\text{sen}\,\pi) = 512(-1 + i\cdot 0) = -512$$

Portanto, $\left(1 + i\sqrt{3}\right)^9 = -512$.

Atividades resolvidas

R11. Determine a forma:

a) algébrica do número complexo $z = 4\left(\cos\frac{\pi}{3} + i\text{sen}\frac{\pi}{3}\right)$.

b) trigonométrica do número complexo $z = \sqrt{2} + \sqrt{2}i$.

Resolução

a) $z = 4\left(\frac{1}{2} + i\frac{\sqrt{3}}{2}\right) = 4\cdot\frac{1}{2} + 4\cdot\frac{\sqrt{3}}{2}i = 2 + 2\sqrt{3}i$

b) Para determinar o argumento θ, fazemos:

- $\cos\theta = \frac{a}{|z|} \Rightarrow \cos\theta = \frac{\sqrt{2}}{\sqrt{\left(\sqrt{2}\right)^2 + \left(\sqrt{2}\right)^2}} = \frac{\sqrt{2}}{2}$
- $\text{sen}\,\theta = \frac{b}{|z|} = \frac{\sqrt{2}}{2}$

Como $\cos\theta = \frac{\sqrt{2}}{2}$ e $\text{sen}\,\theta = \frac{\sqrt{2}}{2}$, então $\theta = \frac{\pi}{4}$.

Portanto, $z = 2\left(\cos\frac{\pi}{4} + i\text{sen}\frac{\pi}{4}\right)$.

R12. O número complexo $z = a + bi$, com $a, b \in \mathbb{R}$, é tal que o ponto (a, b) pertence à reta $r: x + y = 6$ e $|z| = 2\sqrt{5}$. Determine os possíveis valores para a parte real $Re(z) = a$ e a parte imaginária $Im(z) = b$ desse número e represente-o geometricamente.

Resolução

Como (a, b) pertence à reta $x + y = 6$, temos:

$$a + b = 6 \Rightarrow b = 6 - a \qquad \text{(I)}$$

De $|z| = 2\sqrt{5}$, segue que:

$$2\sqrt{5} = \sqrt{a^2 + b^2} \Rightarrow 20 = a^2 + b^2 \qquad \text{(II)}$$

Substituindo **I** em **II**, temos:

$$20 = a^2 + (6 - a)^2 \Rightarrow 20 = a^2 + 36 - 12a + a^2 \Rightarrow 2a^2 - 12a + 16 = 0$$

Para resolver essa equação, fazemos:

$$a = \frac{-(-12) \pm \sqrt{(-12)^2 - 4\cdot 2\cdot 16}}{2\cdot 2} = \frac{12 \pm 4}{4} \Rightarrow a = 2 \text{ ou } a = 4$$

Com isso, $a = 4$ ou $a = 2$. Substituindo esses valores em **I**, obtemos $b = 2$ ou $b = 4$, respectivamente. Portanto, $(4, 2)$ ou $(2, 4)$.

Note na figura ao lado que os possíveis valores para z que encontramos correspondem às duas intersecções entre a reta r: $x + y = 6$ e a circunferência λ: $x^2 + y^2 = 20$.

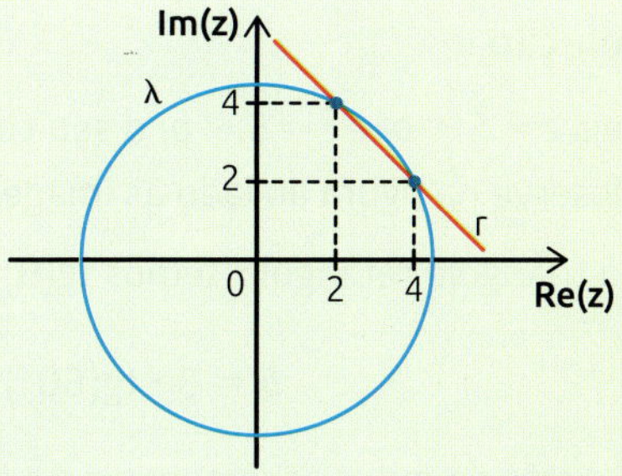

Ronaldo Lucena/ID/BR

R13. Dados os números complexos $z_1 = 3\left(\cos\frac{\pi}{3} + i\,\text{sen}\frac{\pi}{3}\right)$ e $z_2 = 5\left(\cos\frac{\pi}{6} + i\,\text{sen}\frac{\pi}{6}\right)$, calcule:

a) $z_1 \cdot z_2$

b) $\frac{z_1}{z_2}$

c) $(z_1)^6$

Resolução

a) Utilizando a expressão

$z_1 \cdot z_2 = \rho_1\rho_2\left[\cos(\theta_1 + \theta_2) + i\,\text{sen}(\theta_1 + \theta_2)\right]$, temos:

$$z_1 \cdot z_2 = 3 \cdot 5 \cdot \left[\cos\left(\frac{\pi}{3} + \frac{\pi}{6}\right) + i\,\text{sen}\left(\frac{\pi}{3} + \frac{\pi}{6}\right)\right] =$$

$$= 15\left(\cos\frac{\pi}{2} + i\,\text{sen}\frac{\pi}{2}\right) = 15(0 + i \cdot 1) = 15i$$

Portanto $z_1 \cdot z_2 = 15i$

b) Utilizando a expressão $\frac{z_1}{z_2} = \frac{\rho_1}{\rho_2}\left[\cos(\theta_1 - \theta_2) + i\,\text{sen}(\theta_1 - \theta_2)\right]$, temos:

$$\frac{z_1}{z_2} = \frac{3}{5}\left[\cos\left(\frac{\pi}{3} - \frac{\pi}{6}\right) + i\,\text{sen}\left(\frac{\pi}{3} - \frac{\pi}{6}\right)\right] = \frac{3}{5}\left[\cos\left(\frac{\pi}{6}\right) + i\,\text{sen}\left(\frac{\pi}{6}\right)\right] =$$

$$= \frac{3}{5}\left(\frac{\sqrt{3}}{2} + i \cdot \frac{1}{2}\right) = \frac{3\sqrt{3}}{10} + \frac{3}{10}i$$

Portanto, $\frac{z_1}{z_2} = \frac{3\sqrt{3}}{10} + \frac{3}{10}i$.

c) Utilizando a fórmula $z^n = \rho^n\left[\cos(n\theta) + i\,\text{sen}(n\theta)\right]$, temos:

$$(z_1)^6 = 3^6\left[\cos\left(6 \cdot \frac{\pi}{3}\right) + i\,\text{sen}\left(6 \cdot \frac{\pi}{3}\right)\right] = 729\left[\cos(2\pi) + i\,\text{sen}(2\pi)\right] = 729(1 + i \cdot 0) = 729$$

Portanto, $(z_1)^6 = 729$.

R14. Considere o número complexo z conforme a imagem abaixo, em que $\theta = 60°$. Determine a área do triângulo cujos vértices são as imagens de z, $\bar{z}$ e a origem do plano complexo.

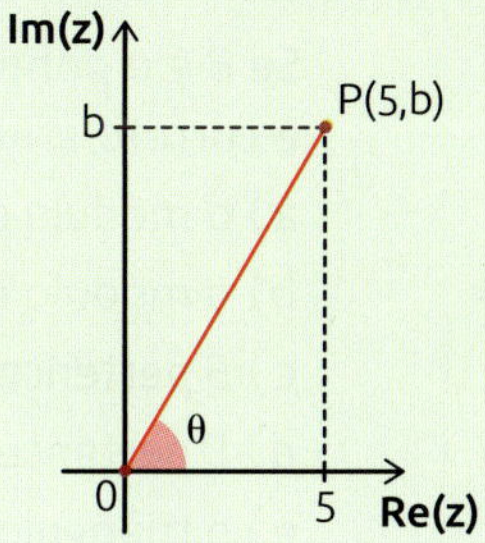

Ronaldo Lucena/ID/BR

Atividades resolvidas

Resolução

Seja $z = 5 + bi$ e $\bar{z} = 5 - bi$ o seu conjugado, com $b \in \mathbb{R}$.

Observe na figura ao lado as imagens de z e $\bar{z}$. Das relações métricas no triângulo retângulo, temos $\text{tg}(\theta) = \frac{b}{5}$, isto é, $b = 5 \cdot \text{tg}(\theta)$.

$$b = 5 \cdot \text{tg}(60°) = 5\sqrt{3}$$

A distância entre as imagens z e $\bar{z}$ é igual ao dobro da medida b e a área A desse triângulo é:

$$A = \frac{2b \cdot 5}{2} = 5b$$

Logo:

$$A = 5b = 5 \cdot 5\sqrt{3} = 25\sqrt{3}$$

Portanto, a área desse triângulo é $25\sqrt{3}$ u.a.

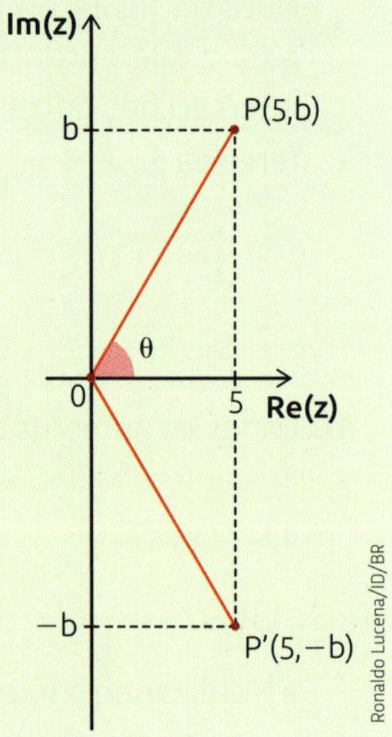

Atividades

24. Determine no caderno o módulo dos seguintes números complexos:

a) $z_1 = 3 + 4i$
b) $z_2 = 18i$
c) $z_3 = 21$

25. Faça no caderno um esboço da representação geométrica no plano de Argand-Gauss, do conjunto de pontos correspondente ao número complexo $z = a + bi$, em que:

a) $|z| = 2$
b) $|z| = 5$ e $a < 3$

26. Escreva no caderno cada número complexo na forma trigonométrica.

a) $z_1 = 3 - 3i$
b) $z_2 = 13i$
c) $z_3 = 7$

27. Determine no caderno a representação algébrica dos seguintes números complexos:

a) $z_1 = 7\left(\cos\frac{\pi}{3} + i\text{sen}\frac{\pi}{3}\right)$

b) $z_2 = 4(\cos\pi + i\text{sen}\pi)$

c) $z_3 = 10\left(\cos\frac{5}{6}\pi + i\text{sen}\frac{5}{6}\pi\right)$

28. Considerando os números complexos $z_1 = \frac{-3\sqrt{3} + 3i}{2}$ e $z_2 = 4 - 4i$, determine no caderno a forma trigonométrica de:

a) z_1 e z_2
b) $z_1 \cdot z_2$
c) $\frac{z_1}{z_2}$

29. Calcule no caderno as potências e dê o resultado na forma algébrica.

a) $(-1 - i)^{16}$
b) $\left(2 - 2\sqrt{3}i\right)^9$

30. Seja $z = \sqrt{5}(\cos 18° + i\text{sen}18°)$. Determine no caderno a forma trigonométrica de:

a) z^6
b) $z^2 \cdot z^{10}$
c) $\frac{z^{10}}{z^7}$
d) $\left(z^2\right)^3$

31. Desafio (PUC-SP) No plano complexo de origem O, representado na figura abaixo, o ponto A é a imagem de um número complexo u cujo módulo é igual a 4.

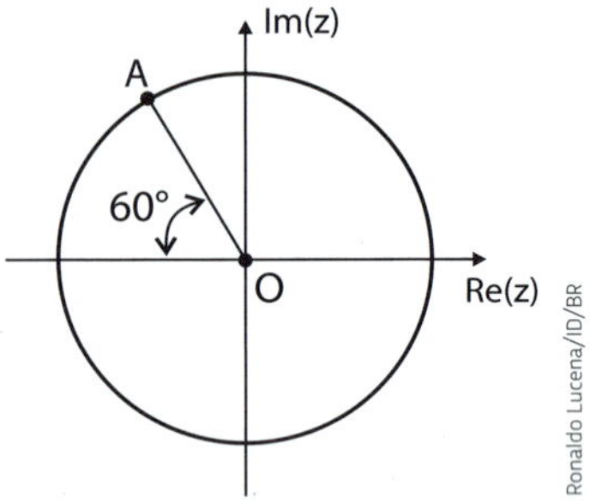

Se B é o ponto imagem do complexo $v = \frac{u}{i}$, então é correto afirmar que:

a) o módulo de $u + v$ é igual a $4\sqrt{2}$.
b) o módulo de $u - v$ é igual a $2\sqrt{2}$.
c) B pertence ao terceiro quadrante.
d) B pertence ao quarto quadrante.
e) o triângulo AOB é equilátero.

Verificando rota

1. Qual é o objetivo da estatística descritiva?

2. Em quais situações é recomendado agrupar os dados de um conjunto em intervalos de classes?

3. A média aritmética sempre é a medida de tendência central mais adequada para representar um conjunto de dados? Justifique.

4. Para que as medidas de dispersão são utilizadas?

5. Qual é a relação entre a variância e o desvio padrão? Em algum momento, o desvio padrão pode assumir o mesmo valor que a variância? Se sim, quando?

6. Considere dois conjuntos numéricos que possuem média aritmética igual e desvio padrão diferente. Qual desses conjuntos é o mais homogêneo?

7. Para o cálculo do desvio médio e do desvio padrão, qual medida de tendência central é utilizada: média aritmética, moda ou mediana?

8. Leia o cartum.

a) Pesquise o significado do termo "imaginário" em um dicionário de língua portuguesa.

b) Em sua opinião, por que os números imaginários recebem o adjetivo "imaginário"?

Marlon Tenório/Acervo do artista

Marlon Tenório. *Coleção de seres imaginários.* Disponível em: <www.flickr.com/photos/marlontenorio/6137372035/in/photolist-amkCTe>. Acesso em: 3 dez. 2015.

9. O número complexo $a + bi$ com $a = b = 0$ é um número real, imaginário ou imaginário puro?

10. O que significa dizer que o conjunto dos números reais está contido no conjunto dos números complexos?

11. O que é a imagem de um número complexo?

12. Qual é o conjugado do número complexo $a + bi$, com $a, b \in \mathbb{R}$?

13. A imagem de um número complexo e a imagem do seu conjugado é simétrico em relação a qual eixo do plano de Argand-Gauss?

14. O que é o módulo de um número complexo?

15. A página de abertura da unidade **3** apresentou a situação de vulnerabilidade ao risco de extinção do lobo-guará como assunto inicial, informando os principais motivos para o declínio desta população e uma previsão para os próximos anos. Qual dos conteúdos trabalhados durante esta unidade se relaciona com este tema?

Ampliando fronteiras

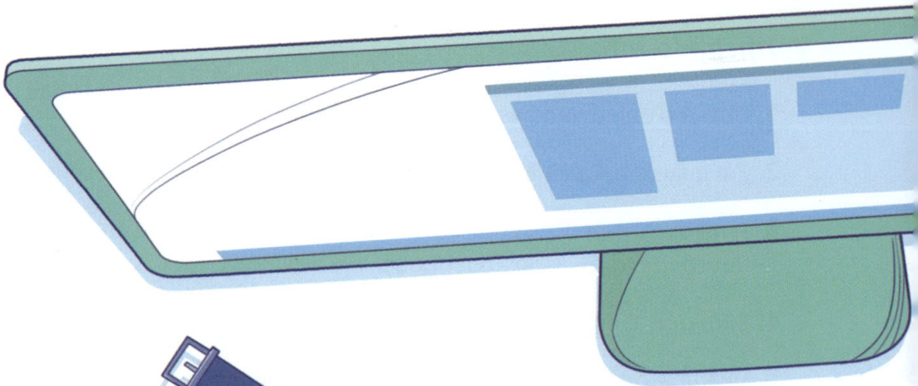

A internet vai dominar o mundo

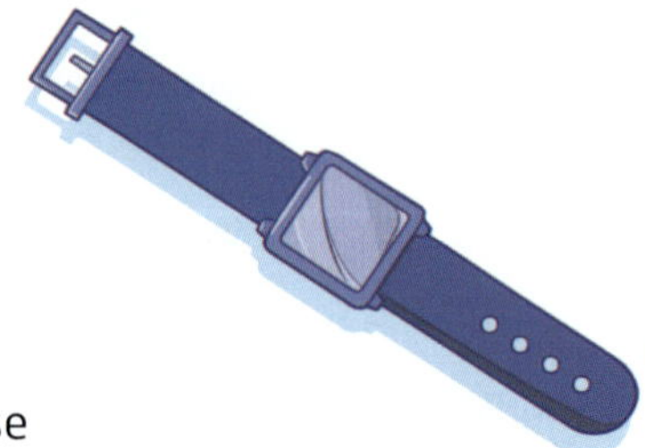

Pare e pense: como seria se a internet fosse "desligada" neste exato momento? Não seria exagero dizer que causaria um colapso mundial, tanto financeiro como social. A legislação de alguns países permite que o governo bloqueie os serviços da internet em algumas situações, e isso já foi feito no Egito, em 2011, por exemplo. Veja algumas informações a respeito do uso dessa poderosa ferramenta.

Os brasileiros passam em média 5,3 horas por dia no computador pessoal.

Os dados fornecidos são resultados de pesquisas referentes aos anos de 2001 a 2015 (primeiro semestre), algumas delas disponíveis no portal do IBGE.

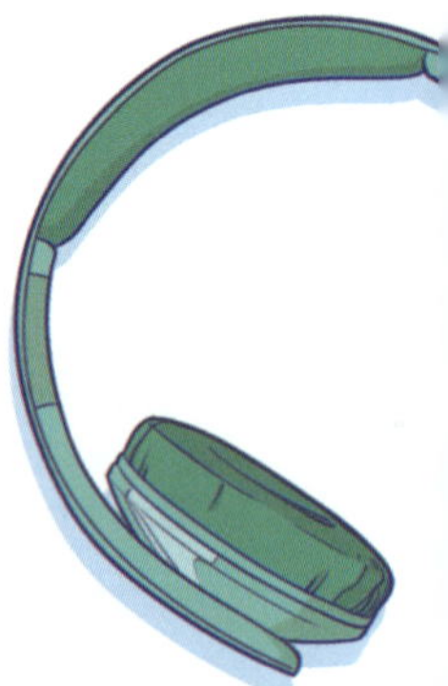

Alexandre Koyama/ASC Imagens

O comércio eletrônico cresceu 16% no Brasil, movimentando R$ 18,6 bilhões. Entre as mulheres, 67% são consumidoras *on-line* e preferem comprar livros (33%), artigos de moda (32%) e sapatos (30%), e 65% dos homens fazem compras *on-line* e preferem artigos eletrônicos (39%), sapatos (30%) e livros (24%).

Apesar da evolução da internet no Brasil, de acordo com a ONU, 84 milhões de brasileiros ainda não tinham acesso à internet, até o final do primeiro semestre de 2015, ficando na 67ª posição mundial. Para abranger a quantidade de usuários, uma das apostas dos especialistas é a expansão do acesso da internet pelo *smartphone*.

A velocidade média da internet no Brasil é de 3,6 Mpbs, 25% a mais do que em anos anteriores.

66% das casas conectadas à internet no Brasil utilizam redes Wi-Fi, somente 25% se conectam pela rede móvel.

47% dos brasileiros com 10 anos ou mais de idade usam o *smartphone* para acessar a internet. Destes, 84% acessam a internet quase todos os dias.

31% dos brasileiros compartilham dados pessoais com empresas pela internet.

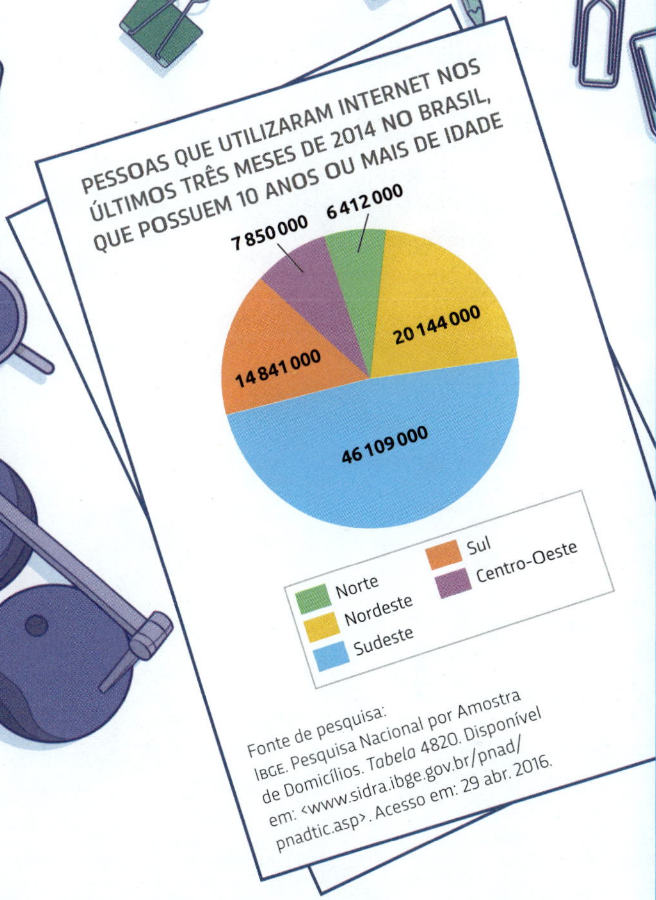

Fonte de pesquisa: IBGE. Pesquisa Nacional por Amostra de Domicílios. *Tabela* 4820. Disponível em: <www.sidra.ibge.gov.br/pnad/pnadtic.asp>. Acesso em: 29 abr. 2016.

47% dos brasileiros estão ativos nas redes sociais.

Em 2014 foram vendidos 54,5 milhões de *smartphones*, 55% a mais que no ano anterior. Dos aparelhos vendidos, 15% tinham rede móvel 4G. A cada 30 minutos, 80% dos usuários brasileiros checam seus *smartphones* pelo menos uma vez e as principais razões do uso da internet nesses aparelhos são envio de mensagens *on-line* (61%), trabalho (26%) e estudo (13%).

A Você concorda que se a internet fosse "desligada" nesse exato momento causaria um grande colapso mundial, financeiro e social? Dê exemplos.

B Com que frequência e para quais finalidades você utiliza a internet?

C A cada 100 brasileiros, com 10 anos ou mais de idade, quantos deles usam o *smartphone* para acessar a internet quase todos os dias?

D De acordo com o gráfico apresentado, qual é a porcentagem de pessoas com 10 ou mais anos de idade que utilizaram a internet no período de referência na região em que você reside?

unidade 4

- **capítulo 8** Polinômios
- **capítulo 9** Equações polinomiais

As profundezas do mar exercem tanto fascínio em algumas pessoas que elas se aventuram em mergulhos entre peixes, corais e outras criaturas. Na prática do mergulho, conforme a profundidade aumenta, mais a chamada pressão atmosférica aumenta. Em terra, nosso corpo está sujeito a uma pressão de 1 atmosfera (atm), o que equivale à pressão de aproximadamente 1 kg por cm^2, porém, a cada 10 metros de profundidade, a pressão aumenta em 1 atm. O polinômio do 1º grau definido por $P = 0{,}1H + 1$, em que P é a pressão em atmosferas e H a profundidade em metros, nos permite determinar a pressão em função da profundidade. Polinômios é um dos assuntos que serão estudados nesta unidade.

Cientista mergulhador realizando coleta de dados e fotografando uma cobertura de coral, na ilha de Alcatrazes, São Paulo, em 2015.

Leo Francini/Alamy Stock Photo/Fotoarena

Nesta unidade, você vai conhecer a relação entre polinômio e função polinomial, vai adicionar, subtrair, multiplicar e dividir polinômios, estudará suas raízes e conhecerá as equações polinomiais, suas relações e propriedades.

capítulo

8 Polinômios

Função polinomial

Em estudos anteriores, vimos que as funções se aplicam a diversas situações do dia a dia, como modelar fenômenos naturais, analisar movimentos e trajetórias de partículas, calcular o lucro de um produto em função de seu custo de produção e das vendas realizadas ou avaliar as condições de mercado para um investimento.

Além disso, você provavelmente estudou alguns tipos de funções polinomiais, porém, com os nomes de função afim e função quadrática.

- Uma função quadrática $f: \mathbb{R} \to \mathbb{R}$ dada por $f(x) = ax^2 + bx + c$, com coeficientes a, b e c, sendo $a \neq 0$, é uma **função polinomial de grau 2**.
- Uma função afim $g: \mathbb{R} \to \mathbb{R}$ dada por $g(x) = ax + b$, com coeficientes a e b, sendo $a \neq 0$, é uma **função polinomial de grau 1**.
- Uma função constante $h: \mathbb{R} \to \mathbb{R}$ dada por $h(x) = a$, sendo $a \neq 0$ um valor constante, é uma **função polinomial de grau 0**.

Alexandre Tokitaka/Pulsar Imagens

Partida de beisebol disputada em São Paulo (SP), no Estádio Municipal de Beisebol Mie Nishi, em abril de 2015. A trajetória de uma bola arremessada em um jogo de beisebol pode ser descrita por uma função polinomial.

Uma generalização natural para esses tipos de funções é a função $f: \mathbb{R} \to \mathbb{R}$ dada por $f(x) = a_n x^n + a_{n-1}x^{n-1} + \ldots + a_1 x + a_0$ de grau n, com $n \in \mathbb{N}$, coeficientes $a_0, a_1, \ldots, a_{n-1}, a_n$ e $a_n \neq 0$. A diferença em relação aos exemplos acima é que, neste capítulo, o domínio e o contradomínio das funções será o conjunto dos números complexos, conforme a seguinte definição.

> Uma função polinomial complexa de grau n é uma função $p: \mathbb{C} \to \mathbb{C}$ da forma $p(x) = a_n x^n + a_{n-1}x^{n-1} + \ldots + a_1 x + a_0$, em que os coeficientes $a_0, a_1, \ldots, a_{n-1}, a_n$ são complexos e $a_n \neq 0$. Nesse caso, dizemos que p tem **grau** n.

Exemplos

a A função $p: \mathbb{C} \to \mathbb{C}$ dada por $p(x) = x^3$ é uma função polinomial de grau 3, pois é da forma $p(x) = a_3 x^3 + a_2 x^2 + a_1 x + a_0$, sendo $a_3 = 1$ e $a_2 = a_1 = a_0 = 0$.

b A função constante $q: \mathbb{C} \to \mathbb{C}$ dada por $q(x) = 2 + i$ é uma função polinomial de grau 0, pois é da forma $q(x) = a_0$, sendo $a_0 \neq 0$.

c A função nula $r: \mathbb{C} \to \mathbb{C}$ é a função constante dada por $r(x) = 0$. Essa é uma função polinomial, mas não se define o seu grau, pois ela não possui um coeficiente diferente de zero.

> Vamos denotar o grau de uma função polinomial p por $gr(p)$.

Valor numérico

Se p: $\mathbb{C} \to \mathbb{C}$ é uma função polinomial, então, para cada $x \in \mathbb{C}$, sua imagem $p(x)$ é o **valor numérico** de p em x.

Exemplo

Se $p(x) = 2x^3 - 3x + 4$, então:

- o valor numérico de p em $x = -1$ é:

$$p(-1) = 2 \cdot (-1)^3 - 3 \cdot (-1) + 4 = -2 + 3 + 4 = 5$$

- o valor numérico de p em $x = i$ é:

$$p(i) = 2 \cdot i^3 - 3 \cdot i + 4 = -2i - 3i + 4 = 4 - 5i$$

Igualdade de funções polinomiais

Em geral, duas funções p: $\mathbb{C} \to \mathbb{C}$ e q: $\mathbb{C} \to \mathbb{C}$ são iguais quando possuem o mesmo valor numérico em todo ponto $x \in \mathbb{C}$, ou seja, quando $p(x) = q(x)$ para todo $x \in \mathbb{C}$. No caso em que essas funções são polinomiais, é possível demonstrar que p e q são iguais se, e somente se, elas possuírem todos os coeficientes respectivamente iguais. Assim, se duas funções polinomiais p e q são iguais, elas possuem o mesmo grau e, se elas forem dadas por:

$$p(x) = a_n x^n + a_{n-1} x^{n-1} + \ldots + a_1 x + a_0$$
$$q(x) = b_n x^n + b_{n-1} x^{n-1} + \ldots + b_1 x + b_0$$

então:

$$a_0 = b_0;\ a_1 = b_1;\ \ldots;\ a_{n-1} = b_{n-1};\ a_n = b_n$$

Exemplo

Vamos determinar o valor de m e de n para que as funções polinomiais dadas por $p(x) = (m - 1)x^3 + 4x^2 + 2nx + 1$ e $q(x) = 4x^2 + 8x + 1$ sejam iguais.

Para que se tenha $p(x) = q(x)$, os coeficientes de mesmo grau devem ser iguais.

Ao igualar os respectivos coeficientes, obtemos $m - 1 = 0$ e $2n = 8$. Resolvendo cada uma das equações separadamente obtemos $m = 1$ e $n = 4$.

Portanto, para que essas funções polinomiais sejam iguais é necessário que $m = 1$ e $n = 4$.

Polinômio

O conceito de polinômio está relacionado com o de função polinomial.

> Um **polinômio complexo** é uma expressão do tipo:
>
> $$a_n X^n + a_{n-1} X^{n-1} + \ldots + a_1 X + a_0$$
>
> em que $a_0, a_1, \ldots, a_{n-1}, a_n$ são números complexos e X é um símbolo chamado indeterminada.

De acordo com o exposto em relação à igualdade entre duas funções polinomiais, há uma relação biunívoca entre funções polinomiais e polinômios, de modo que para cada função polinomial corresponde um único polinômio e vice-versa. Assim, utilizaremos indistintamente os termos **polinômio** e **função polinomial**.

> Os polinômios compostos por apenas um termo também podem ser chamados de monômios, os de dois termos, binômios e os de três termos, trinômios.

Raiz de um polinômio

De fundamental importância no estudo dos polinômios é o conceito de **raiz**.

Dizemos que um número complexo α é raiz de um polinômio p quando $p(\alpha) = 0$.

As funções polinomiais em que o domínio e o contradomínio são iguais a $\mathbb{R}$, possuem gráficos representados por curvas no plano. Para essas funções, interpretamos geometricamente uma raiz como sendo a abscissa do ponto em que a curva intersecta o eixo Ox. Embora não seja prático representar uma função complexa $f: \mathbb{C} \to \mathbb{C}$ em um gráfico, existem técnicas para a determinação de suas raízes.

Quando uma função polinomial complexa $p: \mathbb{C} \to \mathbb{C}$ possui todos os coeficientes reais, podemos restringi-la a uma função polinomial real $p: \mathbb{R} \to \mathbb{R}$, e as abscissas dos pontos de intersecção do gráfico dessa função real com o eixo Ox, se existirem, corresponderão às raízes reais de p.

Exemplos

> Lembre-se de que o polinômio nulo não possui grau.

a O polinômio $p(x) = 1$ não possui raiz. De modo mais geral, um polinômio de grau zero não possui raiz alguma.

b Um polinômio de grau 1 possui exatamente uma raiz.

De fato, se $p(x) = a_1x + a_0$, com $a_1 \neq 0$, temos:

$$p(x) = 0 \Leftrightarrow a_1x + a_0 = 0 \Leftrightarrow a_1x = -a_0 \Leftrightarrow x = -\frac{a_0}{a_1}$$

Assim, a única raiz de p é o número $-\frac{a_0}{a_1}$.

c O gráfico da função polinomial dada por $p(x) = x^2 + 1$ restrita ao conjunto dos números reais é uma parábola com vértice no ponto $(0, 1)$, como representado abaixo.

Como $p(x) > 0$ para todo $x \in \mathbb{R}$, p não possui raiz real. Porém:

- $p(i) = i^2 + 1 = -1 + 1 = 0$
- $p(-i) = (-i)^2 + 1 = -1 + 1 = 0$

Portanto, i e $-i$ são raízes complexas de p.

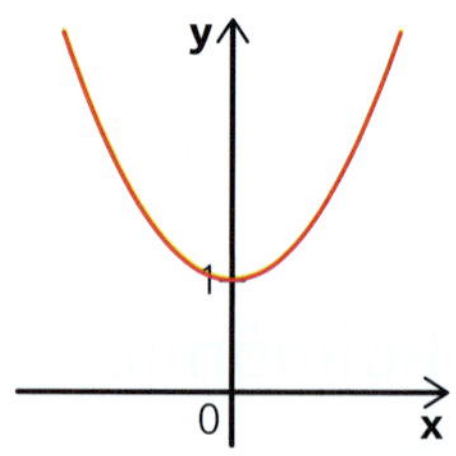

Ronaldo Lucena/ID/BR

Atividades resolvidas

R1. Seja $p(x) = (m^2 + 3m)x^3 + (2m + 6)x^2 - x + 2$ uma função polinomial com $m \in \mathbb{R}$. Analise os graus assumidos pelo polinômio de acordo com os possíveis valores de m.

Resolução

Igualando os coeficientes de x^3 e x^2 a 0, temos:

- $m^2 + 3m = 0 \Rightarrow m(m + 3) = 0 \Rightarrow m = 0$ ou $m = -3$
- $2m + 6 = 0 \Rightarrow m = -3$

Analisando os valores de m, temos:

- $m \neq 0$ e $m \neq -3$, o polinômio será do 3º grau;
- $m = 0$, o polinômio será do 2º grau;
- $m = -3$, o polinômio será do 1º grau.

R2. Determine o valor numérico da função polinomial $p(x) = 3x^4 + x^3 - 2x^2 + x - 1$ para:

a) $x = 2$ b) $x = \sqrt{3}$

Resolução

a) $p(2) = 3 \cdot 2^4 + 2^3 - 2 \cdot 2^2 + 2 - 1$

$p(2) = 49$

b) $p(\sqrt{3}) = 3 \cdot (\sqrt{3})^4 + (\sqrt{3})^3 - 2(\sqrt{3})^2 + \sqrt{3} - 1$

$p(\sqrt{3}) = 4\sqrt{3} + 20$

R3. Determine os valores de a e b para que as funções polinomiais definidas por

$p(x) = \left(\frac{a}{\sqrt{3}}\right)x^3 + x^2 - 2x + b + 3$ e $q(x) = \sqrt{\frac{b}{2}}x^3 + x^2 - 2x + a^2$ sejam iguais.

Resolução

Como queremos $p(x) = q(x)$, então:

$\frac{a}{\sqrt{3}} = \sqrt{\frac{b}{2}} \Rightarrow \sqrt{2}a = \sqrt{3b} \Rightarrow a = \sqrt{\frac{3b}{2}}$ (I) $\qquad b + 3 = a^2$ (II)

De **I** e **II**, temos $b + 3 = \left(\sqrt{\frac{3b}{2}}\right)^2 \Rightarrow 2b + 6 = 3b \Rightarrow b = 6.$

Substituindo b por 6 em **I**, obtemos $a = \sqrt{\frac{3 \cdot 6}{2}} = 3.$

Portanto, para satisfazer $p(x) = q(x)$, é necessário que $a = 3$ e $b = 6$.

R4. O polinômio $p(x) = 2x^3 + ax^2 - bx$ admite as raízes 1 e 2. Determine os valores dos coeficientes a e b.

Resolução

Do enunciado, temos $p(1) = p(2) = 0$.
Com isso, obtemos:

$$\begin{cases} 2 \cdot 1^3 + a \cdot 1^2 - b \cdot 1 = 0 \\ 2 \cdot 2^3 + a \cdot 2^2 - b \cdot 2 = 0 \end{cases} \Rightarrow \begin{cases} 2 + a - b = 0 \\ 16 + 4a - 2b = 0 \end{cases} \Rightarrow \begin{cases} b = a + 2 \\ b = 2a + 8 \end{cases}$$

De **I** e **II**, temos $a + 2 = 2a + 8 \Rightarrow a = -6$.

Substituindo a por -6 em **I**, obtemos $b = -6 + 2 \Rightarrow b = -4$.

Portanto, $a = -6$ e $b = -4$.

R5. (Cefet-MG) Os polinômios $A(x) = x^2 - 3x + 2$ e $B(x) = x^4 - 2x^3 + kx^2 - 3x - 2$ têm uma única raiz em comum. Os valores possíveis para k são números

a) pares. b) primos. c) inversos. d) ímpares. e) simétricos.

Resolução

Para determinar as raízes de A, fazemos:

$$x^2 - 3x + 2 = 0 \Rightarrow x = \frac{-(-3) \pm \sqrt{(-3)^2 - 4 \cdot 1 \cdot 2}}{2 \cdot 1} = \frac{3 \pm 1}{2} \begin{cases} x_1 = 1 \\ x_2 = 2 \end{cases}$$

Para que A e B tenham uma raiz em comum, fazemos $B(1) = 0$ e $B(2) = 0$.

Para $B(1) = 0$:

$$1^4 - 2 \cdot 1^3 + k \cdot 1^2 - 3 \cdot 1 - 2 = 0 \Rightarrow 1 - 2 + k - 3 - 2 = 0 \Rightarrow k = 6$$

Para $B(2) = 0$:

$$2^4 - 2 \cdot 2^3 + k \cdot 2^2 - 3 \cdot 2 - 2 = 0 \Rightarrow 16 - 16 + 4k - 6 - 2 = 0 \Rightarrow k = 2$$

Note que os dois resultados para k são números pares. Portanto, a alternativa correta é **a**.

Atividades resolvidas

R6. Calcule os valores de a, b e c considerando que $\frac{1}{x^3-1} = \frac{a}{x-1} + \frac{bx+c}{x^2+x+1}$ seja uma identidade, isto é, válida para todo valor de x que não anule os denominadores.

Resolução

Do enunciado, segue que:

$$\frac{1}{x^3-1} = \frac{a(x^2+x+1)+(bx+c)(x-1)}{(x-1)(x^2+x+1)} = \frac{ax^2+ax+a+bx^2+cx-bx-c}{x^3-1} =$$

$$= \frac{(a+b)x^2+(a-b+c)x+(a-c)}{x^3-1} \Rightarrow 1 = (a+b)x^2+(a-b+c)x+(a-c) \Rightarrow$$

$$\Rightarrow \begin{cases} a+b=0 \Rightarrow b=-a \\ a-b+c=0 \\ a-c=1 \Rightarrow c=a-1 \end{cases}$$

Substituindo b por $-a$ e c por $(a-1)$ em $a-b+c=0$, obtemos:

$$a-(-a)+(a-1)=0 \Rightarrow 3a=1 \Rightarrow a=\frac{1}{3}$$

Assim, $b=-\frac{1}{3}$ e $c=\frac{1}{3}-1=-\frac{2}{3}$.

Portanto, $a=\frac{1}{3}$, $b=-\frac{1}{3}$ e $c=-\frac{2}{3}$.

Atividades

1. Determine o grau de cada função polinomial abaixo.

a) $p(x)=-3x^7+5x^4-x+2$

b) $p(x)=\frac{x^5}{2}+3x^2-3x^4$

c) $p(x)=3x^4+6x^6+4x-8$

d) $p(x)=2x^3-x^7-\sqrt{7}$

2. Determine o valor de a e m, sabendo que a função polinomial abaixo tem grau zero.

$$p(x)=\left(\frac{a^3}{5}-5m-10\right)x^4+\left(2a^2-10a\right)x^3-(a-6)$$

3. O gráfico representa a função polinomial $f(x)=x^2+\frac{b}{3}x-5a$, restrito ao conjunto dos números reais.

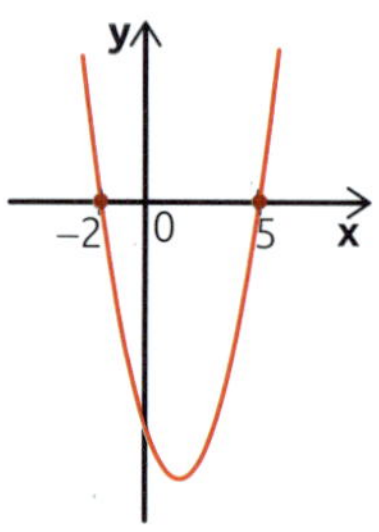

Ronaldo Lucena/ID/BR

Determine o valor de $f(a+2)$.

4. Determine o valor numérico da função polinomial $p(x)=3x^4+2x^3-5x+6$ para:

a) $x=-2$

b) $x=i$

c) $x=1+i$

5. Quais devem ser os valores de a e b para que as funções polinomiais $p(x)=8x+9$ e $q(x)=(a-b)x^2+(a-2)x+(b-1)$ sejam iguais?

6. Verifique qual dos números abaixo é raiz do polinômio $p(x)=3x^3-12x^2+x+8$.

a) 0

b) 1

c) 2

d) $-i$

7. Quais os valores de a e b para que $\frac{x-5}{x^2-1}=\frac{a}{x+1}+\frac{b}{x-1}$ seja uma identidade.

8. Determine o polinômio $q(x)$ de grau 2 e suas raízes, sabendo que $q(0)=-5$, $q(-2)=-9$ e $q(-4)=-5$.

9. Para quais valores de $a \in \mathbb{R}$ o polinômio $p(x)=3x^2-ax+7$ terá apenas raízes complexas?

10. Seja o polinômio $p(x)=a+bx+2cx^2+3dx^3$, com $a, b, c, d \in \mathbb{R}$. Determine a, b, c e d para que $2x \cdot p(x)=81-p(x)+6dx^4$.

Operações com polinômios

Assim como fizemos com os números complexos, vamos apresentar primeiro as operações de adição, subtração e multiplicação de polinômios e, depois, a divisão envolvendo polinômios.

Adição, subtração e multiplicação

Para as operações de adição, subtração e multiplicação de polinômios são válidas as propriedades associativa, comutativa e distributiva.

Exemplos

Sejam $p(x) = x^3 - 2x + 1$ e $q(x) = 4x^2 + 2x$.

a Adição de polinômios:

$$p(x) + q(x) = \left(x^3 - 2x + 1\right) + \left(4x^2 + 2x\right) = x^3 + 4x^2 + (-2 + 2)x + 1 =$$
$$= x^3 + 4x^2 + 1$$

b Subtração de polinômios:

$$q(x) - p(x) = \left(4x^2 + 2x\right) - \left(x^3 - 2x + 1\right) = -x^3 + 4x^2 + (2 + 2)x - 1 =$$
$$= -x^3 + 4x^2 + 4x - 1$$

c Multiplicação de polinômios:

$$p(x) \cdot q(x) = \left(x^3 - 2x + 1\right) \cdot \left(4x^2 + 2x\right) =$$
$$= x^3 \cdot 4x^2 + x^3 \cdot 2x - 2x \cdot 4x^2 - 2x \cdot 2x + 1 \cdot 4x^2 + 1 \cdot 2x =$$
$$= 4x^5 + 2x^4 - 8x^3 - 4x^2 + 4x^2 + 2x = 4x^5 + 2x^4 - 8x^3 + 2x$$

- Se $gr(p) = n$ e $gr(q) = m$, então o grau de $p(x) + q(x)$ ou $p(x) - q(x)$ é, no máximo, igual ao maior dos números n e m.
- Se $p(x)$ e $q(x)$ são não nulos, então o grau do produto $p(x) \cdot q(x)$ é igual à soma dos graus de p e q, ou seja, $gr(p \cdot q) = gr(p) + gr(q)$.

Qual das propriedades citadas acima foi utilizada no exemplo de adição de polinômios?

Divisão

A divisão de polinômios desempenha um papel importante no estudo das raízes de polinômios, e isso está diretamente relacionado com a resolução de equações algébricas, que estudaremos no próximo capítulo.

Para começar, observe um modo usual de realizar a divisão longa de 58 por 3.

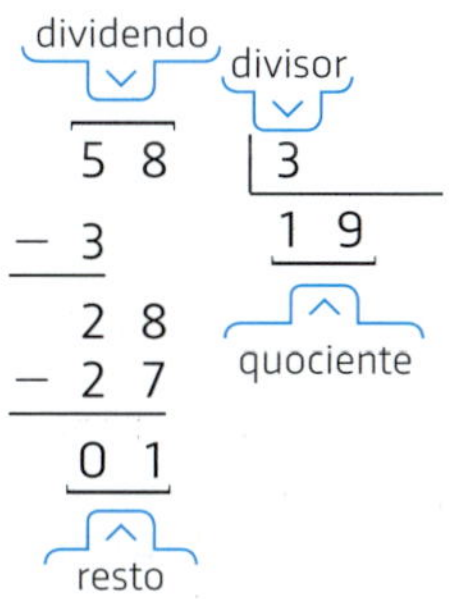

O dividendo, o divisor, o quociente e o resto se relacionam da seguinte maneira:

$$\underbrace{58}_{\text{dividendo}} = \overbrace{3}^{\text{divisor}} \cdot \underbrace{19}_{\text{quociente}} + \overbrace{1}^{\text{resto}}$$

Se D (dividendo) e d (divisor) são números inteiros positivos, o quociente e o resto da divisão de D por d são, respectivamente, os números inteiros q e r tais que:

$$D = d \cdot q + r, \text{ sendo } 0 \leqslant r < d.$$

Prova-se que, satisfazendo essas condições, o quociente q e o resto r sempre existem e são únicos.

De modo análogo, dividir um polinômio $p(x)$ por outro polinômio $d(x)$ significa obter polinômios $q(x)$ e $r(x)$, denominados quociente e resto, respectivamente, tais que:

$$p(x) = d(x) \cdot q(x) + r(x), \text{ sendo } r(x) \text{ identicamente nulo ou } 0 \leqslant gr(r) < gr(d).$$

Aqui, também se pode demonstrar que o quociente e o resto existem e são únicos. Quando $r(x)$ é identicamente nulo, podemos escrever $p(x) = d(x) \cdot q(x)$ e, nesse caso, dizemos que $p(x)$ é **divisível** por $d(x)$.

Vamos mostrar com os exemplos a seguir como podemos obter $q(x)$ e $r(x)$.

Exemplos

a Vamos realizar a divisão de $p(x) = 2x^3 - x^2 + 8$ por $d(x) = x^2 - 1$. Considere os termos de maior grau de p e d, ou seja, $2x^3$ e x^2, respectivamente. Note que o termo de maior grau de p é obtido ao se multiplicar o termo de maior grau de d por $q_1(x) = 2x$. Então, definimos $r_1(x) = p(x) - d(x) \cdot q_1(x)$. Assim:

$$r_1(x) = \left(2x^3 - x^2 + 8\right) - \left(x^2 - 1\right) \cdot 2x = -x^2 + 2x + 8$$

Do modo como $r_1(x)$ foi definido, temos:

$$p(x) = d(x) \cdot q_1(x) + r_1(x) \qquad \text{(I)}$$

O polinômio $r_1(x)$ é denominado **primeiro resto parcial** da divisão.

Porém, $r_1(x)$ não é o resto da divisão, pois $\overbrace{gr\left(r_1\right)}^{2} = \overbrace{gr\left(d\right)}^{2}$. Agora, repetimos o procedimento com $r_1(x)$ no lugar de $p(x)$. O termo de maior grau de r_1 é obtido ao se multiplicar o termo de maior grau de d por $q_2(x) = -1$. Então, definimos:

$$r_2(x) = r_1(x) - d(x) \cdot q_2(x) = \left(-x^2 + 2x + 8\right) - \left(x^2 - 1\right) \cdot (-1) = 2x + 7$$

Assim:

$$r_1(x) = d(x) \cdot q_2(x) + r_2(x) \qquad \text{(II)}$$

De **I** e **II**, temos:

$$p(x) = d(x) \cdot q_1(x) + d(x) \cdot q_2(x) + r_2(x) = d(x) \cdot \left[q_1(x) + q_2(x)\right] + r_2(x)$$

Como $\overbrace{gr(r_2)}^{1} < \overbrace{gr(d)}^{2}$, então, $q_1(x) + q_2(x) = 2x - 1$ é o quociente da divisão e $r_2(x) = 2x + 7$ é o resto.

b Vamos realizar a divisão de $p(x) = 2x^3 - x^2 + 8$ por $d(x) = x^2 - 1$ novamente, como no item **a**, porém de forma esquemática.

Primeiramente, reescrevemos os polinômios $p(x)$ e $d(x)$: $p(x) = 2x^3 - x^2 + 0x + 8$ e $d(x) = x^2 + 0x - 1$.

1º) O primeiro termo do quociente é $q_1(x) = \dfrac{2x^3}{x^2} = 2x$.

$$\begin{array}{r|l} \overbrace{2x^3 \; - \; x^2 \; + 0x \; + 8}^{p(x)} & \overbrace{x^2 + 0x - 1}^{d(x)} \\ \cline{2-2} & \quad \underbrace{2x}_{q_1(x)} \end{array}$$

2º) Subtraímos $d(x) \cdot q_1(x)$ de $p(x)$ para obter o primeiro resto parcial $r_1(x)$.

$$\begin{array}{lr|l} & \overbrace{2x^3 \; - \; x^2 \; + 0x \; + 8}^{p(x)} & \overbrace{x^2 + 0x - 1}^{d(x)} \\ \cline{3-3} -d(x) \cdot q_1(x) \longrightarrow & \underline{-2x^3 \; + 0x^2 \; + 2x \quad} & \quad 2x \\ r_1(x) \longrightarrow & - \; x^2 \; + 2x \; + 8 & \quad \underbrace{}_{q_1(x)} \end{array}$$

3º) O segundo termo do quociente é $q_2(x) = \dfrac{-x^2}{x^2} = -1$.

$$\begin{array}{lr|l} & \overbrace{2x^3 \; - \; x^2 \; + 0x \; + 8}^{p(x)} & \overbrace{x^2 + 0x \quad -1}^{d(x)} \\ \cline{3-3} -d(x) \cdot q_1(x) \longrightarrow & \underline{-2x^3 \; + 0x^2 \; + 2x \quad} & \underbrace{2x}_{q_1(x)} + \underbrace{(-1)}_{q_2(x)} \\ r_1(x) \longrightarrow & - \; x^2 \; + 2x \; + 8 & \end{array}$$

4º) Subtraímos $d(x) \cdot q_2(x)$ de $r_1(x)$ para obter $r_2(x)$, que é o resto da divisão, pois $gr(r_2) < gr(d)$.

$$\begin{array}{lr|l} & \overbrace{2x^3 \; - \; x^2 \; + 0x \; + 8}^{p(x)} & \overbrace{x^2 + 0x \quad -1}^{d(x)} \\ \cline{3-3} -d(x) \cdot q_1(x) \longrightarrow & \underline{-2x^3 \; + 0x^2 \; + 2x \quad} & \underbrace{2x}_{q_1(x)} + \underbrace{(-1)}_{q_2(x)} \\ r_1(x) \longrightarrow & - \; x^2 \; + 2x \; + 8 & \\ -d(x) \cdot q_2(x) \longrightarrow & \underline{+ \; x^2 \; + 0x \; - 1} & \\ r_2(x) \longrightarrow & 2x \; + 7 & \end{array}$$

Assim, o quociente da divisão é $q(x) = 2x - 1$ e o resto é $r(x) = 2x + 7$. Esse modo de realizar a divisão de polinômios é denominado **método da chave**.

R7. Sejam $A(x) = 4x^3 + 2x^2 - x$ e $B(x) = 4x^2 + 9x$. Determine:

a) $C(2)$, sendo $C(x) = A(x) + B(x)$.

b) $D(x)$, sendo $D(x) = \left(B(x)\right)^2 - 2 \cdot A(x)$.

Resolução

a) Vamos determinar $C(2)$ de duas maneiras:

1ª maneira

Como $C(x) = A(x) + B(x)$, segue que:

$$C(x) = \left(4x^3 + 2x^2 - x\right) + \left(4x^2 + 9x\right)$$

$$C(x) = 4x^3 + (2 + 4)x^2 + (-1 + 9)x$$

$$C(x) = 4x^3 + 6x^2 + 8x$$

Substituindo x por 2, obtemos $C(2) = 4 \cdot 2^3 + 6 \cdot 2^2 + 8 \cdot 2 = 72$.
Portanto, $C(2) = 72$.

2ª maneira

Como $C(x) = A(x) + B(x)$, então $C(2) = A(2) + B(2)$. Assim:

$$C(2) = \left(4 \cdot 2^3 + 2 \cdot 2^2 - 2\right) + \left(4 \cdot 2^2 + 9 \cdot 2\right) = 38 + 34 = 72$$

Portanto, $C(2) = 72$.

b) Vamos determinar $D(x)$ de duas maneiras:

1ª maneira

Como $D(x) = \left(B(x)\right)^2 - 2 \cdot A(x)$, podemos reescrever essa igualdade como $D(x) = B(x) \cdot B(x) - 2 \cdot A(x)$. Assim:

$$D(x) = \left(4x^2 + 9x\right) \cdot \left(4x^2 + 9x\right) - 2 \cdot \left(4x^3 + 2x^2 - x\right)$$

$$D(x) = \left(4x^2 \cdot 4x^2 + 4x^2 \cdot 9x + 9x \cdot 4x^2 + 9x \cdot 9x\right) - \left(8x^3 + 4x^2 - 2x\right)$$

$$D(x) = \left(16x^4 + 72x^3 + 81x^2\right) - \left(8x^3 + 4x^2 - 2x\right)$$

$$D(x) = 16x^4 + (72 - 8)x^3 + (81 - 4)x^2 + 2x$$

$$D(x) = 16x^4 + 64x^3 + 77x^2 + 2x$$

Portanto, $D(x) = 16x^4 + 64x^3 + 77x^2 + 2x$.

2ª maneira

Desenvolvendo o quadrado $\left(B(x)\right)^2$ e subtraindo $2 \cdot A(x)$:

$$D(x) = \left(4x^2 + 9x\right)^2 - 2 \cdot \left(4x^3 + 2x^2 - x\right)$$

$$D(x) = \left(16x^4 + 72x^3 + 81x^2\right) - \left(8x^3 + 4x^2 - 2x\right)$$

$$D(x) = 16x^4 + (72 - 8)x^3 + (81 - 4)x^2 + 2x$$

$$D(x) = 16x^4 + 64x^3 + 77x^2 + 2x$$

Portanto, $D(x) = 16x^4 + 64x^3 + 77x^2 + 2x$.

R8. Sejam $A(x)$ e $V(x)$, respectivamente, os polinômios que expressam a área total da superfície e o volume do paralelepípedo retângulo, em função de uma medida $x > 1$.

Expresse, em função de x, o polinômio:

a) $A(x)$

b) $V(x)$

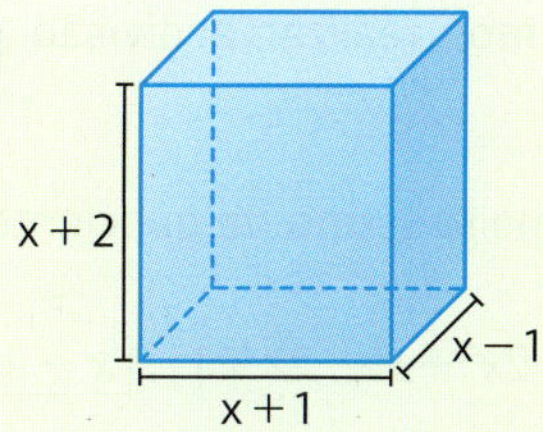

Resolução

a) As bases do paralelepípedo retângulo possuem áreas iguais a $A_b = (x+1)(x-1)$ e a área da face lateral é equivalente à $2A_{\ell_1} + 2A_{\ell_2}$, sendo $A_{\ell_1} = (x+1)(x+2)$ e $A_{\ell_2} = (x-1)(x+2)$.

Observe a planificação da superfície desse paralelepípedo.

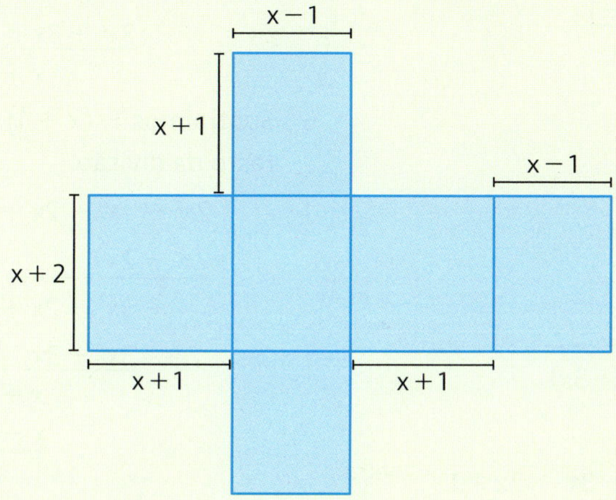

Ilustrações: Ronaldo Lucena/ID/BR

Com isso, temos:

$$A = 2A_b(x) + 2A_{\ell_1} + 2A_{\ell_2} = 2(x+1)(x-1) + 2(x+1)(x+2) + 2(x-1)(x+2) =$$

$$= 2\left[\left(x^2-1\right) + \left(x^2+3x+2\right) + \left(x^2+x-2\right)\right] = 2\left(3x^2+4x-1\right) = 6x^2+8x-2$$

Portanto, a área total desse paralelepípedo retângulo pode ser expressa pelo polinômio $A(x) = 6x^2 + 8x - 2$.

b) O volume do paralelepípedo retângulo é dado pelo produto da área da base pela altura:

$$V = \left[(x+1)(x-1)\right](x+2) = \left(x^2-1\right)(x+2) = x^3 + 2x^2 - x - 2$$

Portanto, o volume desse paralelepípedo retângulo pode ser expresso pelo polinômio $V(x) = x^3 + 2x^2 - x - 2$.

R9. Dividindo o polinômio $p(x) = 2x^3 - x^2 + 5x - 7$ por um polinômio não nulo $d(x)$, obtemos o quociente $q(x) = x + 1$ e o resto $r(x) = 7x - 8$. Determine $d(x)$.

Resolução

Da divisão de polinômios, obtemos $d(x)$ em função de $p(x)$, $q(x)$ e $r(x)$.

$$p(x) = d(x) \cdot q(x) + r(x) \Rightarrow p(x) - r(x) = d(x) \cdot q(x) \Rightarrow d(x) = \frac{p(x) - r(x)}{q(x)}$$

Assim, $d(x)$ é o quociente da divisão exata de $p(x) - r(x)$ por $q(x)$.

Inicialmente, vamos determinar a diferença entre $p(x)$ e $r(x)$.

$$p(x) - r(x) = \left(2x^3 - x^2 + 5x - 7\right) - (7x - 8)$$

$$p(x) - r(x) = 2x^3 - x^2 + (5-7)x - 7 + 8$$

$$p(x) - r(x) = 2x^3 - x^2 - 2x + 1$$

Atividades resolvidas

Agora, vamos realizar a divisão de $p(x) - r(x)$ por $q(x)$.

1º) O primeiro termo do quociente é $\frac{2x^3}{x} = 2x^2$.

$$\begin{array}{l|l} 2x^3 - x^2 - 2x + 1 & x + 1 \\ \cline{2-2} & 2x^2 \end{array}$$

2º) Subtraímos $2x^2 \cdot (x + 1)$ de $2x^3 - x^2 - 2x + 1$ para obter o primeiro resto parcial.

$$\begin{array}{rl|l} & 2x^3 - x^2 - 2x + 1 & x + 1 \\ \cline{3-3} & -2x^3 - 2x^2 & 2x^2 \\ \cline{2-2} & - 3x^2 - 2x + 1 & \end{array}$$

3º) O segundo termo do quociente é $\frac{-3x^2}{x} = -3x$.

$$\begin{array}{rl|l} & 2x^3 - x^2 - 2x + 1 & x + 1 \\ \cline{3-3} & -2x^3 - 2x^2 & 2x^2 + (-3x) \\ \cline{2-2} & - 3x^2 - 2x + 1 & \end{array}$$

4º) Subtraímos $-3x \cdot (x + 1)$ de $-3x^2 - 2x + 1$ para obter o segundo resto parcial.

$$\begin{array}{r|l} 2x^3 - x^2 - 2x + 1 & x + 1 \\ \cline{2-2} -2x^3 - 2x^2 & 2x^2 - 3x \\ \cline{1-1} - 3x^2 - 2x + 1 & \\ 3x^2 + 3x & \\ \cline{1-1} x + 1 & \end{array}$$

5º) O terceiro termo do quociente é $\frac{x}{x} = 1$.

$$\begin{array}{r|l} 2x^3 - x^2 - 2x + 1 & x + 1 \\ \cline{2-2} -2x^3 - 2x^2 & 2x^2 - 3x + 1 \\ \cline{1-1} - 3x^2 - 2x + 1 & \\ 3x^2 + 3x & \\ \cline{1-1} x + 1 & \end{array}$$

6º) Subtraímos $1 \cdot (x + 1)$ de $x + 1$ e para obter o resto da divisão.

$$\begin{array}{r|l} 2x^3 - x^2 - 2x + 1 & x + 1 \\ \cline{2-2} -2x^3 - 2x^2 & 2x^2 - 3x + 1 \\ \cline{1-1} - 3x^2 - 2x + 1 & \\ 3x^2 + 3x & \\ \cline{1-1} x + 1 & \\ -x - 1 & \\ \cline{1-1} 0 & \end{array}$$

Portanto, $d(x) = 2x^2 - 3x + 1$.

Atividades

11. Sejam os polinômios $p(x) = 3x^2 + 2x + 1$, $q(x) = x^5 - 2x^3 + 6x$ e $r(x) = 7x - 12$. Determine:

a) $r(x) - q(x)$

b) $p(x) \cdot q(x)$

c) $\left[p(x)\right]^2$

d) $\left[p(x) \cdot r(x)\right] + q(x)$

12. Sabendo que os polinômios p, q e r têm grau 2, 4 e 6, respectivamente, determine o grau do polinômio s em cada item.

a) $s = p - r$

b) $s = r^2$

c) $s = (q - r) \cdot p$

d) $s = (p + q) \cdot r$

13. Dados os polinômios $p(x) = 3x^4 - ax^3 + 2$ e $q(x) = bx^4 - 3bx^3 + \frac{(a - b)}{3}$, determine os valores de a e b de modo que o polinômio $h(x) = p(x) - q(x)$ seja um polinômio nulo.

14. Para quais valores de m o polinômio $s(x) = p(x) \cdot q(x)$ será de grau 2, sendo $p(x) = (7m - 5)\, x + 3$ e $q(x) = -5mx + 7m + 1$?

15. Em cada item, determine o quociente e o resto da divisão entre $p(x)$ e $h(x)$.

a) $p(x) = 6x^3 - 4x + 8$;
$h(x) = 2x^2 - 2x + 1$

b) $p(x) = x^5 - 2x^4 - 3x^3 + 4x^2 + 5x + 16$;
$h(x) = -x^4 + x^3 + 5x^2 - 7$

16. Determine os valores de A, B, C e D de maneira que a divisão abaixo seja exata.

$$\begin{array}{r|l} x^3 - Ax^2 + Bx + C & x + 1 \\ \cline{2-2} -x^3 - x^2 & x^2 - Dx + C \\ \cline{1-1} 5x^2 + Bx + C & \\ - 5x^2 - 5x & \\ \cline{1-1} - 5x + C & \\ 5x + 5 & \\ \cline{1-1} 0 & \end{array}$$

17. Em cada item, determine o dividendo $p(x)$, conhecendo o divisor $d(x)$, o quociente $q(x)$ e o resto $r(x)$.

a) $d(x) = x + 1$, $q(x) = x^3 - x^2 + x - 1$ e $r(x) = 0$

b) $d(x) = x^2 + 3x + 1$, $q(x) = 2x - 5$ e $r(x) = 12x + 7$

Divisão de um polinômio por $(x - a)$

Um caso particular, e talvez o mais importante da divisão de polinômios, no estudo deste tópico, é o caso em que o divisor é da forma $(x - a)$. A primeira observação a ser feita é que o resto de uma divisão por $(x - a)$ é um polinômio identicamente nulo ou de grau zero, pois o grau de $(x - a)$ é igual a 1. Logo esse resto é um polinômio constante.

Observe a divisão de $x^3 - 6x^2 + 11x - 6$ por $(x - 2)$, utilizando o método da chave.

$$\begin{array}{rl} x^3 - 6x^2 + 11x - 6 & \underline{|\,x - 2} \\ \underline{-x^3 + 2x^2 \qquad\qquad} & x^2 - 4x + 3 \\ -4x^2 + 11x - 6 & \\ \underline{+4x^2 - 8x \quad\;\;} & \\ 3x - 6 & \\ \underline{-3x + 6} & \\ 0 & \end{array}$$

Portanto, o quociente $q(x)$ é $x^2 - 4x + 3$ e o resto é 0.

Quando o divisor é da forma $(x - a)$, como nesse caso, há um modo prático de realizar a divisão, utilizando o chamado **dispositivo de Briot-Ruffini**. Suponha, por exemplo, que se deseja dividir o polinômio $a_3x^3 + a_2x^2 + a_1x + a_0$ por $(x - a)$. Inicialmente, construímos o esquema:

a	a_3	a_2	a_1	a_0

Em seguida, completamos esse esquema com os números b_2, b_1, b_0 e r_0 da seguinte maneira:

1º) Repetimos o coeficiente a_3 na segunda linha, de modo que $b_2 = a_3$.

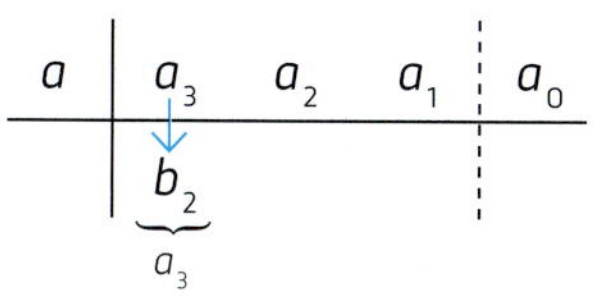

2º) Para obter b_1, multiplicamos b_2 por a e adicionamos a_2, de modo que $b_1 = b_2 \cdot a + a_2$.

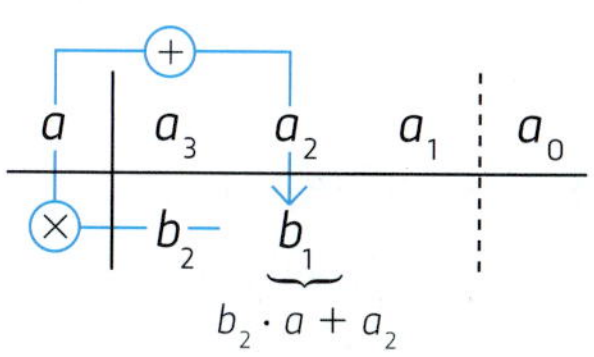

3º) Para obter b_0, multiplicamos b_1 por a e adicionamos a_1, de modo que $b_0 = b_1 \cdot a + a_1$.

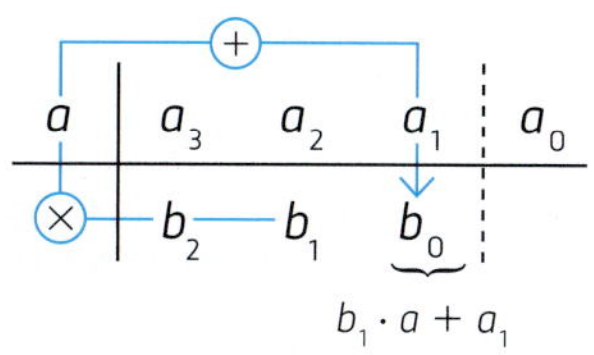

4º) Para obter r, multiplicamos b_0 por a e adicionamos a_0, de modo que $r = b_0 \cdot a + a_0$.

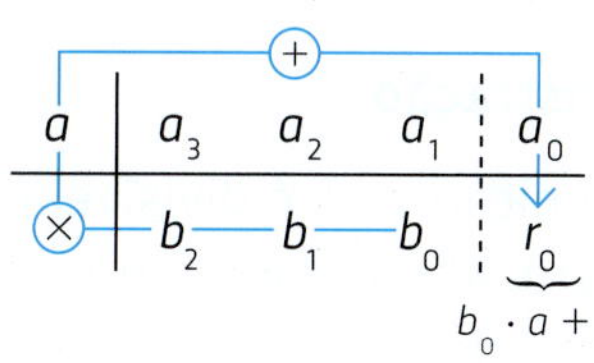

Pode-se demonstrar que os números b_2, b_1 e b_0 são os coeficientes do quociente da divisão, e r_0 é o valor constante do resto da divisão. Em outras palavras, se $q(x)$ e $r(x)$ são o quociente e o resto da divisão, respectivamente, então $q(x) = b_2x^2 + b_1x + b_0$ e $r(x) = r_0$.

> O dispositivo de Briot-Ruffini foi explicado para o caso em que o dividendo tem grau 3, mas para diferentes graus o procedimento é análogo.

Exemplos

a Voltando à divisão de $x^3 - 6x^2 + 11x - 6$ por $(x - 2)$ e utilizando o dispositivo de Briot-Ruffini, temos:

2	1	−6	11	−6
	1	−4	3	0
		$1 \cdot 2 - 6$	$(-4) \cdot 2 + 11$	$3 \cdot 2 - 6$

Portanto, nesse caso, o quociente $q(x)$ é $x^2 - 4x + 3$ e o resto é 0, como vimos anteriormente.

b Para dividir o polinômio $2x^4 + 5x^3 - 8x$ por $(x + 1)$, deve-se considerar os termos nulos do dividendo, de modo que $2x^4 + 5x^3 - 8x = 2x^4 + 5x^3 + 0x^2 - 8x + 0$.

−1	2	5	0	−8	0
	2	3	−3	−5	5
		$2 \cdot (-1) + 5$	$3 \cdot (-1) + 0$	$(-3) \cdot (-1) - 8$	$(-5) \cdot (-1) + 0$

Portanto, nesse caso, o quociente é $2x^3 + 3x^2 - 3x - 5$ e o resto é 5.

De acordo com o que já observamos, o resto da divisão de um polinômio $p(x)$ por $(x - a)$ é um polinômio constante $r(x) = r_0$. Se $q(x)$ é o quociente dessa divisão, então:

$$p(x) = (x - a) \cdot q(x) + r_0$$

Assim, para $x = a$, tem-se:

$$p(a) = (a - a) \cdot q(a) + r_0 \Rightarrow p(a) = 0 \cdot q(a) + r_0 \Rightarrow p(a) = r_0$$

Isso prova o seguinte teorema, ao qual iremos nos referir como **teorema do resto**.

> Sejam $p(x)$ um polinômio complexo e $a \in \mathbb{C}$. Então, o resto da divisão de $p(x)$ por $(x - a)$ é $r_0 = p(a)$.

Como consequência, temos também o teorema a seguir, conhecido como **teorema de d'Alembert**.

> Sejam $p(x)$ um polinômio complexo e $a \in \mathbb{C}$. Então, a é raiz de $p(x)$ se, e somente se, $p(x)$ é divisível por $(x - a)$.

Demonstração

Por definição, $p(x)$ é divisível por $(x - a)$ quando o resto da divisão de $p(x)$ por $(x - a)$ é igual a zero. Mas como esse resto é igual a $p(a)$, isso equivale a dizer que $p(a) = 0$, ou seja, que a é raiz de $p(x)$.

Exemplos

a O polinômio $p(x) = x^2 + 4$ tem raízes $2i$ e $-2i$, logo, $p(x)$ é divisível por $(x - 2i)$ e por $(x + 2i)$. Para verificar isso, podemos utilizar o dispositivo de Briot-Ruffini e constatar que o resto das divisões é zero.

$$\begin{array}{c|cc:c} 2i & 1 & 0 & 4 \\ \hline & 1 & \underbrace{2i}_{1\cdot 2i+0} & \underbrace{0}_{2i\cdot 2i+4} \leftarrow \text{resto} \end{array} \qquad \begin{array}{c|cc:c} -2i & 1 & 0 & 4 \\ \hline & 1 & \underbrace{-2i}_{1\cdot(-2i)+0} & \underbrace{0}_{(-2i)\cdot(-2i)+4} \leftarrow \text{resto} \end{array}$$

O polinômio $p(x)$ pode ser fatorado como:

$$p(x) = (x - 2i)(x + 2i)$$

b Considere o polinômio $p(x) = x^5 + 4x^3 - 3x^2 + 8$. Observe duas maneiras de se calcular o valor numérico desse polinômio para $x = 5$.

- Substituindo x por 5 em $p(x)$, temos:

$$p(5) = 5^5 + 4\cdot 5^3 - 3\cdot 5^2 + 8 = 3\,125 + 500 - 75 + 8 = 3\,558$$

- Calculando o resto da divisão de $p(x)$ por $(x - 5)$:

$$\begin{array}{c|ccccc:c} 5 & 1 & 0 & 4 & -3 & 0 & 8 \\ \hline & 1 & \underbrace{5}_{1\cdot 5+0} & \underbrace{29}_{5\cdot 5+4} & \underbrace{142}_{29\cdot 5-3} & \underbrace{710}_{142\cdot 5+4} & \underbrace{3\,558}_{710\cdot 5+8} \end{array}$$

Logo, $p(5) = 3\,558$.

R10. Verifique se $p(x)$ é divisível pelo polinômio $h(x) = x - 4$ nos casos em que:

a) $p(x) = 3x^3 - 11x^2 - 6x + 8$

b) $p(x) = 2x^4 - 7x^3 - 6x^2 + 12x - 4$

Resolução

Para que $p(x)$ seja divisível por $h(x)$, devemos ter $p(4) = 0$.

a) $p(4) = 3\cdot 4^3 - 11\cdot 4^2 - 6\cdot 4 + 8$

$p(4) = 192 - 176 - 24 + 8 = 0$

Como $p(4) = 0$, o polinômio $p(x) = 3x^3 - 11x^2 - 6x + 8$ é divisível por $h(x) = x - 4$.

b) $p(4) = 2\cdot 4^4 - 7\cdot 4^3 - 6\cdot 4^2 + 12\cdot 4 - 4$

$p(4) = 512 - 448 - 96 + 48 - 4 = 12$

Como $p(4) \neq 0$, o polinômio $p(x) = 2x^4 - 7x^3 - 6x^2 + 12x - 4$ não é divisível por $h(x) = x - 4$.

R11. (Udesc) Um polinômio $p(x)$ dividido por $x + 1$ deixa resto 16; por $x - 1$ deixa resto 12, e por x deixa resto -1. Sabendo que o resto da divisão de $p(x)$ por $(x + 1)(x - 1)x$ é da forma $ax^2 + bx + c$, então o valor numérico da soma das raízes do polinômio $ax^2 + bx + c$ é:

a) $\frac{3}{5}$

b) 2

c) $\frac{2}{15}$

d) 4

e) -2

Resolução

Do enunciado, segue que $p(x) = (x+1)(x-1)x \cdot q(x) + r(x)$, em que $q(x)$ é o quociente da divisão de $p(x)$ por $(x+1)(x-1)x$ e $r(x) = ax^2 + bx + c$.

Do teorema do resto, temos $p(-1) = 16$; $p(1) = 12$; $p(0) = -1$.

Além disso, pelo mesmo teorema, obtemos $p(-1) = r(-1)$, $p(1) = r(1)$ e $p(0) = r(0)$.

Com isso, segue que:

$$\begin{cases} p(-1) = 16 = r(-1) \\ p(1) = 12 = r(1) \\ p(0) = -1 = r(0) \end{cases} \Rightarrow \begin{cases} a(-1)^2 + b(-1) + c = 16 \\ a \cdot 1^2 + b \cdot 1 + c = 12 \\ a \cdot 0^2 + b \cdot 0 + c = -1 \end{cases} \Rightarrow \begin{cases} a - b + (-1) = 16 \\ a + b + (-1) = 12 \\ c = -1 \end{cases} \Rightarrow \begin{cases} a - b = 17 \\ a + b = 13 \\ c = -1 \end{cases}$$

Adicionando membro a membro as duas primeiras equações, temos:

$$2a = 30 \Rightarrow a = 15$$

Substituindo a por 15 na equação $a + b = 13$, obtemos:

$$15 + b = 13 \Rightarrow b = -2$$

Com isso, $r(x) = 15x^2 - 2x - 1$.

Para determinar as raízes de $r(x)$, fazemos:

$$15x^2 - 2x - 1 = 0 \Rightarrow x = \frac{-(-2) \pm \sqrt{(-2)^2 - 4 \cdot 15 \cdot (-1)}}{2 \cdot 15} = \frac{2 \pm 8}{30} \Rightarrow x = -\frac{1}{5} \text{ ou } x = \frac{1}{3}$$

Logo, o valor numérico da soma das raízes do polinômio $r(x) = ax^2 + bx + c$ é:

$$\frac{1}{3} + \left(-\frac{1}{5}\right) = \frac{2}{15}$$

Portanto, a alternativa correta é **c**.

R12. Determine os valores de a e b para que o polinômio $p(x) = 2x^3 + ax + b$ seja divisível por $h(x) = (x + 1)^2$.

Resolução

É possível escrever $h(x) = (x + 1)^2$ como $h(x) = (x + 1)(x + 1)$. Assim, podemos dividir $p(x) = 2x^3 + ax + b$ sucessivamente por $(x + 1)$ e $(x + 1)$.

Utilizando o dispositivo de Briot-Ruffini, vamos fazer a divisão de $p(x)$ por $(x + 1)$.

-1	2	0	a	b
	2	-2	$2 + a$	$b - a - 2$
		$2(-1) + 0$	$(-2)(-1) + a$	$(2 + a)(-1) + b$

Com isso, temos:

$$p(x) = (x + 1)\overbrace{\left(2x^2 - 2x + 2 + a\right)}^{q(x)} + (b - a - 2) \qquad \text{(I)}$$

Agora, vamos dividir o quociente $q(x)$ obtido também por $(x + 1)$.

-1	2	-2	$2 + a$
	2	-4	$6 + a$
		$2(-1) - 2$	$(-4)(-1) + 2 + a$

Assim, temos:

$$q(x) = (x + 1)(2x - 4) + (6 + a) \qquad \text{(II)}$$

De **I** e **II**, segue que:

$p(x) = (x + 1)(2x^2 - 2x + 2 + a) + b - a - 2$

$p(x) = (x + 1)[(x + 1)(2x - 4) + (6 + a)] + b - a - 2$

$p(x) = (x + 1)^2(2x - 4) + (x + 1)(6 + a) + b - a - 2$

$p(x) = (x + 1)^2(2x - 4) + 6x + ax + 6 \cancel{+ a} + b \cancel{- a} - 2$

$p(x) = (x + 1)^2(2x - 4) + \underbrace{(6 + a)x + b + 4}_{r(x)}$

Para $p(x)$ ser divisível por $(x + 1)$, devemos ter $r(x) = (6 + a)x + b + 4 = 0$. Com isso, temos:

$$(6 + a) \cdot x + (b + 4) = 0 \cdot x + 0 \Rightarrow a = -6 \text{ e } b = -4$$

Portanto, $a = -6$ e $b = -4$.

Atividades

18. Realize a divisão dos polinômios abaixo. Em seguida, determine o quociente e o resto para cada item.

a) $3x^4 + 5x^3 - 11x^2 + 2x - 3$ por $(x + 3)$

b) $2x^5 - x^3 - 4x + 6$ por $(x + 2)$

c) $25x^5 - 25x^4 + 20x^3 - 60x^2 + 10x + 5$ por $(5x - 5)$

d) $x^4 - x^3 - 3x^2 + x - 5$ por $(x - 2)^2$

19. Cada item apresenta uma divisão de polinômios realizada com o dispositivo de Briot-Ruffini. Determine o dividendo, o divisor, o quociente e o resto.

a)

2	3	−1	0	2	A	−6
	3	5	10	22	$44 + A$	$82 + A$

b)

−4	A	3	B	−24	C
	A	−1	−6	D	0

c)

5	A	B	C	D
	2	3	11	−78

d)

1	1	A	B	−18	17
	1	$A + 1$	$2A + B + 1$	$2A + B - 17$	A

20. Uma das raízes do polinômio $p(x) = x^3 - 6x^2 + 11x - 6$ é 2. Qual é a soma das outras duas raízes?

21. Determine o resto da divisão dos polinômios abaixo sem efetuar as divisões.

a) $p(x) = x^2 + 4x - 21$ dividido por $d(x) = x - 3$.

b) $p(x) = 2x^4 - 3x - 26$ dividido por $d(x) = x + 2$.

c) $p(x) = x^4 + 6x^3 + 17x + 25$ dividido por $d(x) = x - 5$.

d) $p(x) = x^3 - 3x^2 - 4x + 6$ dividido por $d(x) = 2x + 4$

22. O polinômio $p(x) = x^3 - bx^2 - a^2x + abx$, com $a \neq b$ e $a \neq 0$, é divisível por:

a) $x - a$?

b) $x - b$?

c) x?

d) $x + a$?

Justifique sua resposta.

23. Se o polinômio $p(x) = x^3 + 2x^2 + ax - 6$ é divisível pelo polinômio $d(x) = (x - 2)(x + 1)$, determine o valor de a.

24. Desafio (Udesc) Considere o polinômio $f(x) = 8x^3 - 6x^2 - 3x + 1$. Sabe-se que as raízes de $f(x)$ são os primeiros termos de uma progressão geométrica infinita, cujo primeiro termo é a maior raiz de $f(x)$, e a soma dessa progressão é raiz do polinômio $g(x) = x + a$. Então, o resto da divisão de $f(x)$ por $g(x)$ é:

a) $-\dfrac{35}{27}$

b) $-\dfrac{1}{2}$

c) $-\dfrac{2}{3}$

d) -2

e) 81

Movimente-se!

A prática regular de atividade física traz benefícios a pessoas de qualquer idade, mas na adolescência cumpre um papel muito importante, ajudando no desenvolvimento físico e psicológico. Você deve ter se perguntado: psicológico? Sim, a atividade física tem colaborado no controle dos sintomas da depressão e ansiedade, além de ser um caminho para uma maior interação social, autoconfiança e adoção de hábitos saudáveis na adolescência.

Alguns benefícios físicos são:

- manutenção de um peso saudável;
- desenvolvimento dos ossos, músculos e articulações;
- desenvolvimento do sistema cardiovascular e da coordenação.

A avaliação física, antes do início de atividades, é essencial, pois baseando-se nela é possível identificar os exercícios adequados para cada indivíduo, visando melhorar ainda mais seus pontos fortes e desenvolver os pontos fracos. As principais capacidades avaliadas são:

- resistência
- força
- flexibilidade
- capacidade cardiovascular

Uma das variáveis a serem avaliadas é a Frequência Cardíaca Máxima (FCM), valor mais alto da frequência cardíaca que uma pessoa pode atingir em batimentos por minuto (bpm), sendo importante para a indicação da intensidade dos exercícios.

Em geral, a FCM é medida com testes realizados em esteiras ergométricas. No entanto, existem expressões matemáticas com as quais podemos fazer o cálculo aproximado da FCM. Uma delas é a função polinomial de primeiro grau proposta pelo pesquisador Hirofumi Tanaka: $FCM = 208 - 0{,}7 \cdot i$, sendo i a idade, em anos.

A Você pratica alguma atividade física regular? Em caso afirmativo, qual atividade e o que despertou teu interesse em praticá-la?

B Quais benefícios, além dos citados no texto, a atividade física pode trazer para quem a pratica?

C Qual informação é preciso saber para calcular o valor aproximado da FCM de uma pessoa? Qual a sua FCM aproximada?

cirkoglu/Shutterstock.com/ID/BR

É importante que a avaliação seja feita por um profissional da saúde ou um educador físico, pois eles saberão prescrever as atividades físicas que contribuirão para o desenvolvimento adequado do indivíduo avaliado.

Equações polinomiais

9 capítulo

Equações polinomiais

No capítulo anterior, estudamos as principais características das funções polinomiais e dos polinômios. Neste capítulo, vamos estudar as equações que envolvem polinômios.

Uma **equação polinomial** ou **equação algébrica** é qualquer equação da forma:

$$a_n x^n + a_{n-1} x^{n-1} + \ldots + a_1 x + a_0 = 0$$

sendo $a_n, a_{n-1}, \ldots, a_1, a_0 \in \mathbb{C}$ e $a_n \neq 0$. O número natural n é chamado **grau** da equação.

Note que a expressão do primeiro membro da equação é um polinômio de grau n.

Denotando esse polinômio por $p(x)$, podemos dizer que resolver a equação é o mesmo que determinar as raízes de $p(x)$. Assim, também podemos nos referir às raízes desse polinômio como as raízes da equação $p(x) = 0$.

As equações de 1º grau podem ser resolvidas sem dificuldade, pois, se $a_1 \neq 0$:

$$a_1 x + a_0 = 0 \Leftrightarrow a_1 x = -a_0 \Leftrightarrow x = -\frac{a_0}{a_1}$$

Logo, a única raiz da equação $a_1 x + a_0 = 0$ é $-\frac{a_0}{a_1}$. As raízes de equações do 2º grau, mesmo as complexas, podem ser obtidas com a fórmula resolutiva. Se $a_2 x^2 + a_1 x + a_0 = 0$, com $a_2 \neq 0$, então:

$$x = \frac{-a_1 \pm \sqrt{a_1^2 - 4 \cdot a_2 \cdot a_0}}{2 \cdot a_2}$$

Quando consideramos as equações do 2º grau apenas no contexto do conjunto dos números reais, admitimos que há equações que não possuem solução nesse conjunto. Porém, no conjunto dos números complexos, toda equação do 2º grau possui raízes, e elas são dadas pela fórmula acima.

Um resultado de extrema importância nesse contexto é o denominado **teorema Fundamental da Álgebra**.

Teorema

Todo polinômio complexo de grau maior do que ou igual a 1 admite ao menos uma raiz complexa.

Este teorema foi demonstrado de maneira satisfatória pela primeira vez por Carl Friedrich Gauss em sua tese de doutorado, publicada em 1799. Nesse livro, admitiremos esse teorema sem demonstrá-lo.

Combinando o teorema Fundamental da Álgebra com o teorema de d'Alembert, apresentado no capítulo anterior, vamos demonstrar o seguinte teorema:

Teorema

Seja $p(x)$ um polinômio de grau n, com $n \geqslant 1$. Então existem números complexos $x_1, x_2, \ldots, x_n$, não necessariamente todos distintos, e um número complexo c tais que:

$$p(x) = c\left(x - x_1\right)\left(x - x_2\right)\ldots\left(x - x_n\right), \text{ para todo } x \in \mathbb{C}.$$

Demonstração

Por ter grau maior do que ou igual a 1, $p(x)$ admite, pelo teorema Fundamental da Álgebra, uma raiz complexa x_1. Pelo teorema de d'Alembert, $p(x)$ é divisível por $\left(x - x_1\right)$, ou seja, existe um polinômio $q_1(x)$ tal que:

$$p(x) = \left(x - x_1\right)q_1(x)$$

Como o grau do produto de dois polinômios é igual à soma dos graus dos fatores, temos:

$$gr(p) = 1 + gr\left(q_1\right) \Rightarrow gr\left(q_1\right) = n - 1$$

Se $q_1(x)$ for um polinômio constante, existe $c \in \mathbb{C}$ tal que $q_1(x) = c$ e a demonstração está terminada. Caso contrário, utilizamos os mesmos argumentos para mostrar que $q_1(x)$ possui uma raiz complexa x_2 e que existe um polinômio $q_2(x)$, de grau $n - 2$, de modo que:

$$q_1(x) = \left(x - x_2\right)q_2(x)$$

Assim:

$$p(x) = \left(x - x_1\right)q_1(x) \Rightarrow p(x) = \left(x - x_1\right)\left(x - x_2\right)q_2(x)$$

Repetindo essa construção, o procedimento chegará ao fim após n etapas, quando serão obtidos números $x_1, x_2, \ldots, x_n$ e um polinômio $q_n(x)$ de grau $n - n = 0$, tal que:

$$p(x) = \left(x - x_1\right)\left(x - x_2\right)\ldots\left(x - x_n\right)q_n(x)$$

Como $q_n(x)$ tem grau zero, tem-se $q_n(x) = c$ para alguma constante c. Assim, $p(x)$ é da forma $p(x) = c\left(x - x_1\right)\left(x - x_2\right)\ldots\left(x - x_n\right)$, como queríamos demonstrar.

Observações

- Se $c\left(x - x_1\right)\left(x - x_2\right)\ldots\left(x - x_n\right)$, com $c \neq 0$, é a forma fatorada de $p(x)$, então, $x_1, x_2, \ldots, x_n$ são raízes de $p(x)$ e não há outras raízes além dessas. Porém, se a forma fatorada ainda não for conhecida, é necessário determinar as raízes de $p(x)$ por outros meios.

- Em geral, determinar as raízes de uma equação polinomial de grau n não é uma tarefa simples. Na prática, são utilizados métodos numéricos que fornecem aproximações para as raízes, com a precisão desejada. Em uma abordagem introdutória ao assunto, que normalmente se faz no Ensino Médio, resolvem-se apenas alguns tipos bastante especiais de equações polinomiais.
- Ao desenvolver os produtos em $c(x - x_1)(x - x_2)\ldots(x - x_n)$, o coeficiente do termo em x^n corresponde à constante c. Logo:

$$c(x - x_1)(x - x_2)\ldots(x - x_n) =$$

$$= a_nx^n + a_{n-1}x^{n-1} + \ldots + a_1x + a_0 \Rightarrow c = a_n$$

Assim, a forma fatorada de $p(x) = a_nx^n + a_{n-1}x^{n-1} + \ldots + a_1x + a_0$ é a expressão:

$$a_n(x - x_1)(x - x_2)\ldots(x - x_n)$$

sendo $x_1, x_2, \ldots, x_n$ as raízes de $p(x)$.

- Pode-se demonstrar também que a decomposição em fatores de grau 1 é única a menos de ordenação, ou seja, se $p(x) = c(x - x_1)(x - x_2)\ldots(x - x_n)$ e $p(x) = c'(x - y_1)(x - y_2)\ldots(x - y_n)$, então, $c = c'$ e os números $x_1, x_2, \ldots, x_n$ são os mesmos entre os números $y_1, y_2, \ldots, y_n$ exceto, possivelmente, pela ordem desses números.

É correto afirmar que todas as equações polinomiais admitem raízes? Justifique.

Multiplicidade de uma raiz

Em consequência do teorema da decomposição em fatores de 1º grau, apresentado anteriormente, costuma-se dizer que polinômios de grau n possuem n raízes complexas. Porém, entre elas, pode haver raízes repetidas, como ocorre, por exemplo, com o polinômio $p(x) = x^2 - 2x + 1$. Podemos fatorá-lo como:

$$p(x) = (x - 1)^2 \text{ ou } p(x) = (x - 1)(x - 1)$$

Nesse caso, o número 1 é **raiz dupla** ou, ainda, que é uma **raiz de multiplicidade 2** da equação $x^2 - 2x + 1 = 0$. Do mesmo modo, a equação $(x + 1)^3(x - 2i)^2(x - 3) = 0$ possui:

- o número -1 como raiz tripla, ou de multiplicidade 3;
- o número $2i$ como raiz dupla, ou de multiplicidade 2;
- o número 3 como raiz simples, ou de multiplicidade 1.

Atividades resolvidas

R1. Determine o conjunto solução da equação $5x^3 - 45x^2 + 130x - 120 = 0$, sabendo que 2 é uma de suas raízes.

Resolução

Seja $p(x) = 5x^3 - 45x^2 + 130x - 120$. Vamos utilizar o dispositivo de Briot-Ruffini para dividir $p(x)$ por $(x - 2)$, pois 2 é uma das raízes.

2	5	−45	130	−120
	5	−35	60	0

Logo:

$$p(x) = (x - 2)\overbrace{\left(5x^2 - 35x + 60\right)}^{q(x)} \qquad \text{(I)}$$

Para determinar as raízes de $q(x)$, utilizamos a fórmula resolutiva para equações do 2º grau.

$$x = \frac{35 \pm \sqrt{35^2 - 4 \cdot 5 \cdot 60}}{2 \cdot 5} = \frac{35 \pm 5}{10} \begin{cases} x_1 = 4 \\ x_2 = 3 \end{cases}$$

Logo, as raízes de $q(x)$ são 3 e 4.

Voltando em **I**, segue que:

$$p(x) = (x - 2)(x - 3)(x - 4)$$

Portanto, o conjunto solução dessa equação é $S = \{2, 3, 4\}$.

R2. Determine a expressão algébrica de um polinômio cujas raízes são os elementos do conjunto $S = \{0, -1, 2, i, 3i\}$, de tal modo que cada uma delas apareça apenas uma vez.

Resolução

Como o polinômio possui cinco raízes diferentes e cada uma aparece uma única vez, esse polinômio é do 5º grau:

$$p(x) = a_n(x - x_1)(x - x_2)(x - x_3)(x - x_4)(x - x_5)$$

Poderíamos tomar qualquer $a_n \neq 0$, sendo $a_n \in \mathbb{C}$, mas optamos por tomar $a_n = 1$ para facilitar os cálculos. Assim, fazendo $a_n = 1$, $x_1 = 0$, $x_2 = -1$, $x_3 = 2$, $x_4 = i$ e $x_5 = 3i$, temos:

$$p(x) = x(x + 1)(x - 2)(x - i)(x - 3i)$$

Realizando as multiplicações, obtemos o polinômio:

$$p(x) = x^5 - (4i + 1)x^4 + (4i - 5)x^3 + (8i + 3)x^2 + 6x$$

que admite como raízes os elementos do conjunto $S = \{0, -1, 2, i, 3i\}$.

R3. O número 3 é raiz dupla da equação $x^4 - 6x^3 + 8x^2 + 6x - 9 = 0$. Determine as outras duas raízes dessa equação.

Resolução

Como 3 é raiz dupla da equação, escrevemos:

$$x^4 - 6x^3 + 8x^2 + 6x - 9 = (x-3)^2 q(x) =$$

$$= (x^2 - 6x + 9) \cdot q(x) = 0$$

Para determinar $q(x)$, vamos dividir $x^4 - 6x^3 + 8x^2 + 6x - 9$ por $(x^2 - 6x + 9)$.

$$\begin{array}{rl} x^4 - 6x^3 + 8x^2 + 6x - 9 & \underline{|\, x^2 - 6x + 9} \\ \underline{-x^4 + 6x^3 - 9x^2} \quad\quad\quad & x^2 \quad -1 \\ -x^2 + 6x - 9 & \\ \underline{+x^2 - 6x + 9} & \\ 0 & \end{array}$$

Com isso, temos:

$$q(x) = x^2 - 1 \Rightarrow q(x) = (x+1)(x-1)$$

Logo, as outras raízes da equação $x^4 - 6x^3 + 8x^2 + 6x - 9 = 0$ são -1 e 1.

Atividades resolvidas

Atividades

1. Qual é a quantidade máxima de raízes das equações abaixo?

a) $x^6 + 2x^4 + 3x^2 + 2 = 0$

b) $x^5 + x^4 - 2x^2 = 3x - 6$

c) $(x-2)(x+1)x^2 = 2$

2. Descreva o grau mínimo de cada equação, sabendo que:

a) -2, 2 e 3 são raízes simples;

b) 3 é raiz dupla e -4 é raiz tripla;

c) $-2i$, $2i$ são raízes simples e 4 é raiz dupla;

d) -3, 2, 3 são raízes simples e $\frac{1}{3}$ é raiz dupla.

3. Determine as raízes da equação $(x-2)^2(x+3)^3\left(x - \frac{1}{4}\right)^3 = 0$ com suas respectivas multiplicidades.

4. Determine o conjunto solução das equações algébricas.

a) $4x - 12 = 0$

b) $3x^2 - 3x = 6$

c) $x^3 + 4x = 0$

d) $x^4 + 5x^2 - 6 = 0$

5. Escreva o polinômio p na forma fatorada, sabendo que:

a) $p(x) = x^3 + 3x^2 - x - 3$ admite -3, -1 e 1 como raízes;

b) $p(x) = x^3 + 2x^2 - 5x - 6$ e -1 e 2 são duas de suas raízes;

c) $p(x) = x^4 + x^3 - 9x^2 + 11x - 4$ e 1 é uma raiz de multiplicidade 3.

6. Determine a multiplicidade da raiz 2 na equação $x^4 - 2x^3 - 12x^2 + 40x - 32 = 0$

7. Escreva um polinômio $p(x)$ em que:

a) -2 e -3 são raízes simples e o coeficiente do termo de maior grau é 2;

b) 1, 3 e -3 são raízes simples e o coeficiente do termo de menor grau é -3;

c) 3, 4, $2i$ e $-2i$ são raízes simples e $p(0) = -144$.

d) 3 é uma raiz dupla e -2 é uma raiz simples.

8. Sendo -4 uma das raízes da equação $x^3 + 4x^2 + kx + 16 = 0$, determine:

a) o valor de k;

b) as outras raízes da equação.

9. Determine a lei de formação da função polinomial $f(x)$ do 3º grau, restrita ao conjunto dos números reais, representada pelo gráfico:

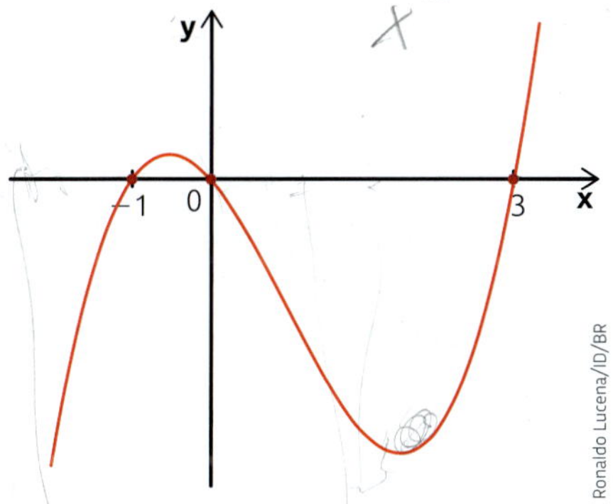

Ronaldo Lucena/ID/BR

10. (Uece-CE) Se os números -1 e 2 são raízes da equação polinomial $x^3 + x^2 + mx + p = 0$, então o valor de $(m+p)^2$ é igual a

a) 64 b) 68 c) 72 d) 76

Relações de Girard

As relações de Girard associam os coeficientes de uma equação polinomial com as suas raízes. Você deve estar habituado a utilizar as relações de Girard para as equações de 2º grau, pois elas constituem o método de resolução conhecido como "resolução por soma e produto", utilizado quando as raízes da equação do 2º grau são inteiras.

Para equações do 2º grau

Sejam x_1 e x_2 as raízes de $p(x) = a_2x^2 + a_1x + a_0$, com $a_2 \neq 0$. Então:

$$p(x) = a_2(x - x_1)(x - x_2)$$

$$p(x) = a_2(x^2 - x_2x - x_1x + x_1x_2)$$

$$p(x) = a_2[x^2 - (x_1 + x_2)x + x_1x_2]$$

$$p(x) = a_2x^2 - a_2(x_1 + x_2)x + a_2x_1x_2$$

> Lembre-se de que as raízes de um polinômio não são, necessariamente, distintas.

Comparando os coeficientes, temos:

- $-a_2(x_1 + x_2) = a_1 \Leftrightarrow x_1 + x_2 = -\dfrac{a_1}{a_2}$
- $a_2(x_1x_2) = a_0 \Leftrightarrow x_1x_2 = \dfrac{a_0}{a_2}$

Portanto:

> Se x_1 e x_2 são as raízes de $a_2x^2 + a_1x + a_0 = 0$, com $a_2 \neq 0$, então:
>
> - $x_1 + x_2 = -\dfrac{a_1}{a_2}$
> - $x_1x_2 = \dfrac{a_0}{a_2}$

Para equações do 3º grau

Sejam x_1, x_2 e x_3 as raízes de $p(x) = a_3x^3 + a_2x^2 + a_1x + a_0$, com $a_3 \neq 0$. Então:

$$p(x) = a_3(x - x_1)(x - x_2)(x - x_3)$$

$$p(x) = a_3[x^3 - (x_1 + x_2 + x_3)x^2 + (x_1x_2 + x_1x_3 + x_2x_3)x - x_1x_2x_3]$$

$$p(x) = a_3x^3 - a_3(x_1 + x_2 + x_3)x^2 + a_3(x_1x_2 + x_1x_3 + x_2x_3)x - a_3x_1x_2x_3$$

Comparando os coeficientes, temos:

- $-a_3(x_1 + x_2 + x_3) = a_2 \Leftrightarrow x_1 + x_2 + x_3 = -\dfrac{a_2}{a_3}$

- $a_3(x_1x_2 + x_1x_3 + x_2x_3) = a_1 \Leftrightarrow x_1x_2 + x_1x_3 + x_2x_3 = \dfrac{a_1}{a_3}$

- $-a_3x_1x_2x_3 = a_0 \Leftrightarrow x_1x_2x_3 = -\dfrac{a_0}{a_3}$

Portanto:

Se x_1, x_2 e x_3 são as raízes de $a_3x^3 + a_2x^2 + a_1x + a_0 = 0$, com $a_3 \neq 0$, então:

- $x_1 + x_2 + x_3 = -\dfrac{a_2}{a_3}$
- $x_1x_2 + x_1x_3 + x_2x_3 = \dfrac{a_1}{a_3}$
- $x_1x_2x_3 = -\dfrac{a_0}{a_3}$

Para equações de grau *n*

As relações de Girard para equações de grau *n* são dadas pelo teorema abaixo. A demonstração pode ser feita seguindo a mesma ideia dos casos particulares apresentados anteriormente.

Suponha que $x_1, x_2, \ldots, x_n$ são as raízes da equação $a_nx^n + a_{n-1}x^{n-1} + \ldots + a_1x + a_0 = 0$, com $n \geqslant 1$ e $a_n \neq 0$. Se, para cada $k = 1, 2, \ldots, n$, o número S_k é a soma dos produtos das raízes da equação, tomadas *k* a *k*, então:

- $S_1 = x_1 + x_2 + \ldots + x_n = -\dfrac{a_{n-1}}{a_n}$

- $S_2 = x_1x_2 + x_1x_3 + \ldots + x_{n-1}x_n = \dfrac{a_{n-2}}{a_n}$

- $S_3 = x_1x_2x_3 + x_1x_2x_4 + \ldots + x_{n-2}x_{n-1}x_n = -\dfrac{a_{n-3}}{a_n}$

$\vdots$

- $S_k = \underbrace{x_1x_2\ldots x_k}_{k \text{ fatores}} + \ldots + \underbrace{x_{n-k+1}x_{n-k+2}\ldots x_n}_{k \text{ fatores}} = (-1)^k\dfrac{a_{n-k}}{a_n}$

$\vdots$

- $S_n = x_1x_2\ldots x_n = (-1)^n\dfrac{a_0}{a_n}$

Observe que, na notação utilizada no teorema acima, S_1 é simplesmente a soma de todas as raízes e S_n, o produto de todas elas.

Raízes complexas de equações polinomiais com coeficientes reais

Apesar de considerarmos equações polinomiais com coeficientes complexos, são as de coeficientes reais, em geral, as mais importantes na prática. Como sabemos, até mesmo equações com todos os coeficientes reais podem ter raízes não reais. O teorema seguinte mostra uma propriedade importante das raízes complexas de um polinômio com coeficientes reais.

Teorema

Seja $p(x) = a_n x^n + a_{n-1} x^{n-1} + \ldots + a_1 x + a_0$ um polinômio, com $a_0, a_1, \ldots, a_n \in \mathbb{R}$, e seja $z \in \mathbb{C}$. Se $p(z) = 0$, então, $p(\bar{z}) = 0$, sendo $\bar{z}$ o conjugado complexo de z.

Demonstração

Utilizando propriedades do conjugado de um número complexo, temos:

$$\overline{p(z)} = \overline{a_n z^n + a_{n-1} z^{n-1} + \ldots + a_1 z + a_0} = \overline{a_n z^n} + \overline{a_{n-1} z^{n-1}} + \ldots + \overline{a_1 z} + \overline{a_0} =$$

$$= a_n \overline{z^n} + a_{n-1} \overline{z^{n-1}} + \ldots + a_1 \bar{z} + a_0 = a_n (\bar{z})^n + a_{n-1} (\bar{z})^{n-1} + \ldots + a_1 \bar{z} + a_0 = p(\bar{z})$$

Logo, se $p(z) = 0$, então:

$$\overline{p(z)} = \bar{0} \Rightarrow p(\bar{z}) = 0$$

como queríamos demonstrar.

Em relação a esse teorema, temos as seguintes observações:

- Toda equação polinomial com coeficientes reais que possui uma raiz complexa z tem também o conjugado $\bar{z}$ como raiz.
- Se z é uma raiz real, então $z = \bar{z}$. Para esse caso, o teorema diz apenas o óbvio: se z é raiz de $p(x)$, então $\bar{z}$, que é igual a z, é raiz de $p(x)$.
- Pode-se demonstrar também que, se z é raiz complexa não real de $p(x)$ de multiplicidade m, então, $\bar{z}$ é outra raiz complexa de multiplicidade m.

Esta última observação serve de argumento para provar que toda equação polinomial de grau ímpar e com coeficientes reais possui ao menos uma raiz real. De fato, como suas raízes não reais aparecem em pares, então, caso ela possua apenas raízes não reais, ela terá uma quantidade par de raízes, logo, terá grau par. Portanto, temos o seguinte teorema:

Teorema

Seja $p(x) = a_n x^n + a_{n-1} x^{n-1} + \ldots + a_1 x + a_0$ um polinômio, com $a_0, a_1, \ldots, a_n \in \mathbb{R}$. Se o grau de p é ímpar, então $p(x)$ possui pelo menos uma raiz real.

Atividades resolvidas

R4. Determine as raízes do polinômio $p(x) = x^3 + 6x^2 + 11x + 6$ sabendo que elas formam uma progressão aritmética (PA).

Resolução

Sendo x_1, x_2 e x_3 as raízes de p, que formam nessa ordem uma PA, podemos representá-las por $x_1 = x_2 - r$, x_2 e $x_3 = x_2 + r$, em que r é a razão.

Pela relação de Girard, temos:

$$x_1 + x_2 + x_3 = -6 \Rightarrow (x_2 - r) + x_2 + (x_2 + r) = -6 \Rightarrow 3x_2 = -6 \Rightarrow x_2 = -2$$

Como $x_2 = -2$ é uma das raízes, vamos dividir o polinômio $p(x)$ por $(x + 2)$:

−2	1	6	11	6
	1	4	3	0

Assim, $p(x) = (x + 2)(x^2 + 4x + 3)$.

Para obter as raízes de $x^2 + 4x + 3 = 0$, fazemos:

$$x = \frac{-4 \pm \sqrt{4^2 - 4 \cdot 1 \cdot 3}}{2 \cdot 1} = \frac{-4 \pm 2}{2} \left\langle \begin{array}{l} x_1 = -1 \\ x_2 = -3 \end{array} \right.$$

Logo, as raízes desse polinômio p são -3, -2 e -1.

R5. Determine o grau mínimo de uma equação polinomial $p(x) = 0$ de coeficientes reais que possui 2 como raiz simples, $3 + i$ como raiz tripla e $1 - 2i$ como raiz quádrupla.

Resolução

Como $p(x) = 0$ possui coeficientes reais, o conjugado de cada raiz complexa não real também é raiz da equação.

Com isso, temos:

- 2 é raiz
- $3 + i$ é raiz tripla, então $3 - i$ também é raiz tripla.
- $1 - 2i$ é raiz quádrupla, então $1 + 2i$ também é raiz quádrupla.

Podemos então escrever:

$$p(x) = (x - 2)\left[x - (3 + i)\right]^3\left[x - (3 - i)\right]^3\left[x - (1 - 2i)\right]^4\left[x - (1 + 2i)\right]^4 \cdot q(x).$$

Logo, a equação polinomial $p(x) = 0$ possui no mínimo $\underbrace{15}_{1+3+3+4+4}$ raízes, ou seja, o grau mínimo da equação é 15.

Atividades resolvidas

Atividades

11. Escreva as relações de Girard para as seguintes equações.

a) $2x^2 - 6x - 20 = 0$

b) $2x^3 + 3x^2 + 4x + 6 = 0$

c) $3x^4 + 6x^3 - 5x^2 + 10x + 3 = 0$

12. Determine as raízes da equação:

a) $x^3 - 12x^2 + 44x - 48 = 0$, sabendo que elas formam uma progressão aritmética (PA);

b) $x^3 - 7x^2 + 14x - 8 = 0$, sabendo que elas formam uma progressão geométrica (PG);

c) $x^3 + 5x^2 + 3x = 9$, sabendo que ela possui uma raiz com multiplicidade 2.

13. As dimensões de um paralelepípedo retângulo, em metros, é dado pelas raízes da equação polinomial $x^3 - 14x^2 + 56x - 64 = 0$. Determine o volume desse paralelepípedo.

14. Calcule a soma dos inversos das raízes da equação $2x^4 + 2x^3 - 12x^2 - x + 12 = 0$.

15. Determine os valores reais de m para que o produto e a soma das raízes da equação polinomial $x^4 - (m^2 + 4m - 5)x^3 - 2x^2 + 2x - (m^2 - 64) = 0$ sejam números reais positivos.

16. **Desafio** (ITA) Considere a equação $\sum_{n=0}^{5} a_n x^n = 0$ em que a soma das raízes é igual a -2 e os coeficientes a_0, a_1, a_2, a_3, a_4 e a_5 formam, nesta ordem, uma progressão geométrica com $a_0 = 1$. Então $\sum_{n=0}^{5} a_n$ é igual a:

a) -21.

b) $-\frac{2}{3}$.

c) $\frac{21}{32}$.

d) $\frac{63}{32}$.

e) 63.

Raízes racionais de equações polinomiais com coeficientes inteiros

Neste tópico, estudaremos algumas condições necessárias para que um número racional seja raiz de uma equação polinomial de coeficientes inteiros. Mesmo não sendo um método geral de resolução, o teorema abaixo pode auxiliar a resolver algumas equações polinomiais.

> Seja $\frac{p}{q}$ um número racional, com $p, q \in \mathbb{Z}^*$ e primos entre si. Se $\frac{p}{q}$ é raiz da equação polinomial $a_nx^n + a_{n-1}x^{n-1} + ... + a_1x + a_0 = 0$, com $a_0, a_1, ..., a_n \in \mathbb{Z}$, então, p é divisor de a_0 e q é divisor de a_n.

Em relação a esse teorema, cuja demonstração não faremos aqui, temos as seguintes observações:

- Não se pode garantir a existência de raízes racionais para equações polinomiais de coeficientes inteiros. Um exemplo simples é $x^2 - 2 = 0$, cujas raízes são os números irracionais $-\sqrt{2}$ e $\sqrt{2}$. Porém, caso a equação tenha uma raiz racional não nula, o teorema mostra algumas condições que essa raiz deve satisfazer.
- Na prática, para utilizarmos esse teorema, listamos todos os números racionais $\frac{p}{q}$, sendo p divisor de a_0 e q divisor de a_n. Como esses são os únicos números racionais que podem ser raízes da equação (que deve ter coeficientes inteiros), testamos um a um para verificar se realmente são raízes. Uma vez encontrada uma raiz α, reduzimos o grau da equação por meio da divisão por $(x - \alpha)$.

Atividades resolvidas

R6. Determine as raízes racionais da equação $6x^3 - 7x^2 + 1 = 0$.

Resolução

De acordo com a equação, temos $a_0 = 1$ e $a_n = 6$.

Se p é divisor de $a_0 = 1$, então, $p \in \{-1, 1\}$.

Se q é divisor de $a_n = 6$, então, $q \in \{-1, 1, -2, 2, -3, 3, -6, 6\}$.

Pelo teorema das raízes racionais, as prováveis raízes racionais são:

$$\frac{p}{q} \in \left\{-1, 1, -\frac{1}{2}, \frac{1}{2}, -\frac{1}{3}, \frac{1}{3}, -\frac{1}{6}, \frac{1}{6}\right\}$$

Considerando $s(x) = 6x^3 - 7x^2 + 1$ e testando as possíveis raízes, temos:

- $s(-1) = -12$, logo -1 não é uma das raízes;
- $s(1) = 0$, logo 1 é uma das raízes.

Com essa raiz da equação, podemos reduzir seu grau por meio de uma divisão:

1	6	−7	0	1
	6	−1	−1	0

Assim: $6x^3 - 7x^2 + 1 = (6x^2 - x - 1)(x - 1) = 0$.

Determinando as raízes de $6x^2 - x - 1 = 0$, obtemos:

$$6x^2 - x - 1 = 0 \Rightarrow x = \frac{1}{2} \text{ ou } x = -\frac{1}{3}$$

Portanto, $S = \left\{1, \frac{1}{2}, -\frac{1}{3}\right\}$.

Outra maneira de obter as raízes racionais dessa equação é testar todas as possíveis raízes.

- $s(-1) = -12$, logo -1 não é uma das raízes;
- $s(1) = 0$, logo 1 é uma das raízes;
- $s\left(-\frac{1}{2}\right) = -\frac{3}{2}$, logo $-\frac{1}{2}$ não é uma das raízes;
- $s\left(\frac{1}{2}\right) = 0$, logo $\frac{1}{2}$ é uma das raízes;
- $s\left(-\frac{1}{3}\right) = 0$, logo $-\frac{1}{3}$ é uma das raízes.

Como $6x^3 - 7x^2 + 1 = 0$ é de grau 3 e já identificamos as 3 raízes, não é necessário continuar testando. Portanto, $S = \left\{1, \frac{1}{2}, -\frac{1}{3}\right\}$.

R7. Mostre que a equação polinomial $A(x) = x^n + 4x + 2 = 0$, com $n \in \mathbb{N}$ e $n > 1$, não admite raízes racionais.

Resolução

De acordo com a equação, $a_0 = 2$ e $a_n = 1$. Se p é divisor de $a_0 = 2$, então, $p \in \{-1, 1, -2, 2\}$. Se q é divisor de 1, então, $q \in \{-1, 1\}$.

Pelo teorema das raízes racionais, as prováveis raízes racionais são $\frac{p}{q} \in \{-1, 1, -2, 2\}$.

Testando as possíveis raízes, temos:

- $A(-1) = (-1)^n + 4(-1) + 2 = (-1)^n - 2 \neq 0$, logo -1 não é uma das raízes;
- $A(1) = 1^n + 4 \cdot 1 + 2 = 7$, logo 1 não é uma das raízes;
- $A(-2) = (-2)^n + 4(-2) + 2 = (-2)^n - 6 \neq 0$, logo -2 não é uma das raízes;
- $A(2) = 2^n + 4 \cdot 2 + 2 = 2^n + 10 \neq 0$, logo 2 não é uma das raízes.

Portanto, como $A\left(\frac{p}{q}\right) \neq 0$ para $\frac{p}{q} \in \{-1, 1, -2, 2\}$, concluímos que $A(x) = 0$ não admite raízes racionais.

Atividades resolvidas

Atividades

17. Determine quais são as possíveis raízes racionais das equações abaixo.

a) $-3x^4 - 7x^3 + 2x^2 + 11x - 1 = 0$

b) $5x^3 + 6x - 2 = 0$

c) $4x^5 - 7x^3 + x + 6 = 0$

18. Determine as raízes racionais das seguintes equações algébricas.

a) $3x^3 - 13x^2 + 13x - 3 = 0$

b) $10x^3 - 39x^2 + 39x - 10 = 0$

c) $x^3 - 6x^2 - x + 30 = 0$

19. Mostre que a equação $p(x) = x^n - 3x^2 - 10x + 3 = 0$, $n \in \mathbb{N}^*$, não admite raízes racionais.

20. **Em grupo** (Ufes) Considere o polinômio $f(x) = 3x^3 - 7x^2 + 8x - 2$.

a) Verifique se $f(x)$ possui raízes inteiras. Justifique.

b) Verifique se $f(x)$ possui raízes racionais não inteiras. Justifique.

c) Determine todas as raízes de $f(x)$.

Verificando rota

1. Como é definida uma função polinomial complexa?

2. Qual é a diferença entre polinômio nulo e polinômio de grau zero?

3. Quando duas funções polinomiais complexas são iguais?

4. Em que circunstâncias um número complexo α é considerado raiz de um polinômio p?

5. Numa divisão de polinômios, qual deve ser a forma do divisor para que seja possível utilizar o dispositivo de Briot-Ruffini?

6. O que diz o teorema de d'Alembert?

7. Explique com suas palavras no que consiste a relação de Girard.

8. Podemos afirmar que a função polinomial representada a seguir tem no mínimo uma raiz real. Justifique essa afirmação.

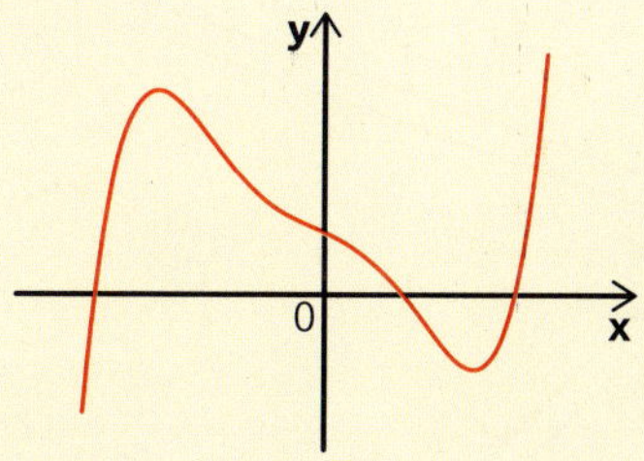

Ronaldo Lucena/ID/BR

9. A página de abertura da unidade **4** apresentou a pressão atmosférica que sofremos na terra e ao mergulhar no mar, informando que a cada 10 m de profundidade no mar a pressão atmosférica aumenta em 1 atm. Qual dos conteúdos trabalhados durante esta unidade se relaciona com esse tema?

A trajetória dos arremessos do basquetebol

Assistir a um jogo de basquetebol, seja de uma equipe estrangeira ou nacional, tem sido como assistir a um bonito espetáculo de passes precisos, arremessos certeiros e, às vezes, inesperados, marcações fortes, tocos fantásticos, jogadas e dribles planejados, etc. Só se consegue tudo isso com muito treino e determinação.

Você já deve ter observado durante os jogos de basquetebol que há diversos tipos de arremessos: os arremessos de 2 pontos, os de lance livre (1 ponto) e os do campo de 3 pontos. Além disso, quanto mais correto e preciso for o movimento desses arremessos, maior é a chance de converter a cesta.

Observe a imagem e veja a trajetória que a bola descreve até a cesta.

Alexandre Koyama/ASC Imagens

Cada equipe de basquetebol é formada por 12 jogadores, sendo 5 titulares e 7 reservas, 1 técnico e se a equipe desejar, 1 assistente técnico e até 5 acompanhantes de equipe com funções como médico, estatístico, intérprete, etc.

O jogo tem duração de 4 períodos de 10 minutos, com intervalos de 2 minutos entre o 1º e 2º períodos e o 3º e 4º períodos, e um intervalo de 15 minutos entre o 2º e 3º períodos.

Assim como no arremesso de 3 pontos, em qualquer tipo de arremesso oblíquo no basquetebol, a trajetória descrita pela bola lembra uma parábola. A maioria dos jogadores aplica uma força extra ao deslocar o pulso, dando um movimento de rotação contrário no fim do arremesso, para assim dar mais efeito na trajetória da bola e descrever a "parábola perfeita".

A Você já jogou basquetebol? Pratica com que frequência esse esporte?

B A parábola é a representação geométrica de qual tipo de polinômio?

C Escreva dois polinômios do mesmo tipo do polinômio do item **B**.

Alexandre Koyama/ASC Imagens

Matemática em ação

Planejando o futuro

Bate-papo inicial

- Você preferiria trabalhar como funcionário de uma empresa ou ter um negócio próprio? Justifique.
- Escreva uma ideia de negócio que esteja relacionada a algo que você goste.
- Em sua opinião, quais dificuldades uma pessoa pode enfrentar para iniciar um negócio próprio?

Você costuma ter boas ideias e colocá-las em prática? É organizado, determinado e gosta de liderar grupos dos quais participa (amigos, escola, esportes)? Se tiver a maioria dessas características, talvez você seja um forte candidato a um empreendedor de sucesso. Em geral, o empreendedorismo está associado à criação de empresas ou produtos novos. Alguns exemplos de empreendedores de sucesso internacionalmente conhecidos são Bill Gates, Steve Jobs e Mark Zuckerberg, e também poderíamos citar os brasileiros Abílio Diniz e Luiza Trajano. Eles, de alguma maneira, inovaram em seu campo de atuação, criando novos produtos ou serviços, ou melhorando os que já existiam.

Em uma pesquisa mundial realizada em 1999/2000, o Brasil aparecia como o país com a maior taxa de criação de negócios, considerando a população economicamente ativa. Porém, analisando detalhadamente essa pesquisa, naquela época o empreendedorismo estava mais relacionado à necessidade do que à oportunidade, ou seja, as pessoas criavam negócios para sobreviver, de modo mais informal. A mesma pesquisa mostrou, nos anos seguintes, que o Brasil continuou a ocupar as primeiras colocações, com destaque no ano de 2015, quando assumiu novamente a primeira posição. Porém, diferente do início da década de 2000, mostrava que a maioria dos empreendedores era de oportunidade, ou seja, pessoas que conseguem identificar uma lacuna no mercado e criar uma empresa para atender a esse público específico.

Ter seu próprio negócio pode parecer muito tentador por diversos

Ariwasabi/Shutterstock.com/ID/BR

Nas últimas décadas, tem crescido significativamente a quantidade de mulheres empreendedoras de sucesso. A participação ativa delas no mundo dos negócios vem surpreendendo os especialistas e causando bons resultados econômicos.

motivos, no entanto, nem tudo são flores. Muitas vezes, por falta de planejamento, conhecimento de mercado, entre outros fatores, o negócio pode não durar muito tempo. Além disso, mesmo conseguindo contornar as dificuldades, os primeiros anos, em geral, são árduos para o empreendedor, até que consiga conquistar espaço no setor de atuação e começar a gerar lucro. Por isso, persistência e determinação são características essenciais a quem deseja se tornar um empreendedor.

Ser empreendedor é...

... ser criativo.

... ter espírito de liderança.

... formar-se constantemente.

... ser organizado.

... ter vontade de trabalhar.

Alexandre Koyama/ASC Imagens

Mão na massa

No texto foram apresentadas características importantes para ser um empreendedor e as dificuldades encontradas no caminho da criação de um novo negócio.

Nem sempre uma ideia muito criativa gera um negócio de sucesso, mesmo que este tenha sido bem planejado. Existem diversas maneiras de validar uma ideia de negócio, sendo o questionário uma delas. Assim, propomos a criação de um questionário para validar uma ideia de negócio pensada por vocês.

- Inicialmente, sigam a orientação do professor para organizarem-se em grupos.

  Agora, com os colegas de grupo, elaborem uma proposta de negócio. Não tenham vergonha de expressar suas ideias, pois os colegas poderão contribuir para melhorá-las. O negócio poderá ser físico ou virtual e vocês podem optar por oferecer um produto ou um serviço. Escrevam as propostas, detalhem-nas o máximo possível e preocupem-se em solucionar um problema real.
- Definida a proposta de negócio, verifiquem se ela tem potencial para solucionar um problema real, criando um questionário sob a orientação do professor.
- O questionário deverá ser aplicado a um grupo de pessoas determinado, se a proposta tratar de um mercado especializado (por exemplo, idosos, gestantes, professores), ou com o público geral. A quantidade de pessoas entrevistadas será determinada pelo professor para cada proposta. Isso poderá ser feito pessoalmente ou por meio eletrônico, disponibilizando-o por *e-mail* ou em redes sociais.
- Depois da coleta de dados, utilizem os recursos estudados no capítulo 6, como rol, tabela de frequências e gráficos, para organizar as respostas obtidas no questionário. Avaliem os dados por meio desses recursos e também de medidas de tendência central. O professor analisará os questionários e ajudará os grupos separadamente.
- Por fim, cada grupo apresentará aos outros a proposta de negócio formulada, assim como os dados obtidos no questionário e o estudo estatístico realizado. Juntos, todos deverão chegar a um consenso se a proposta seria viável de implementar por resolver um problema real, se precisaria ser alterada para que isso fosse possível, ou ainda descartada.

Ferramentas

Calculadora científica

Observe um modelo de calculadora científica e a função de algumas de suas teclas.

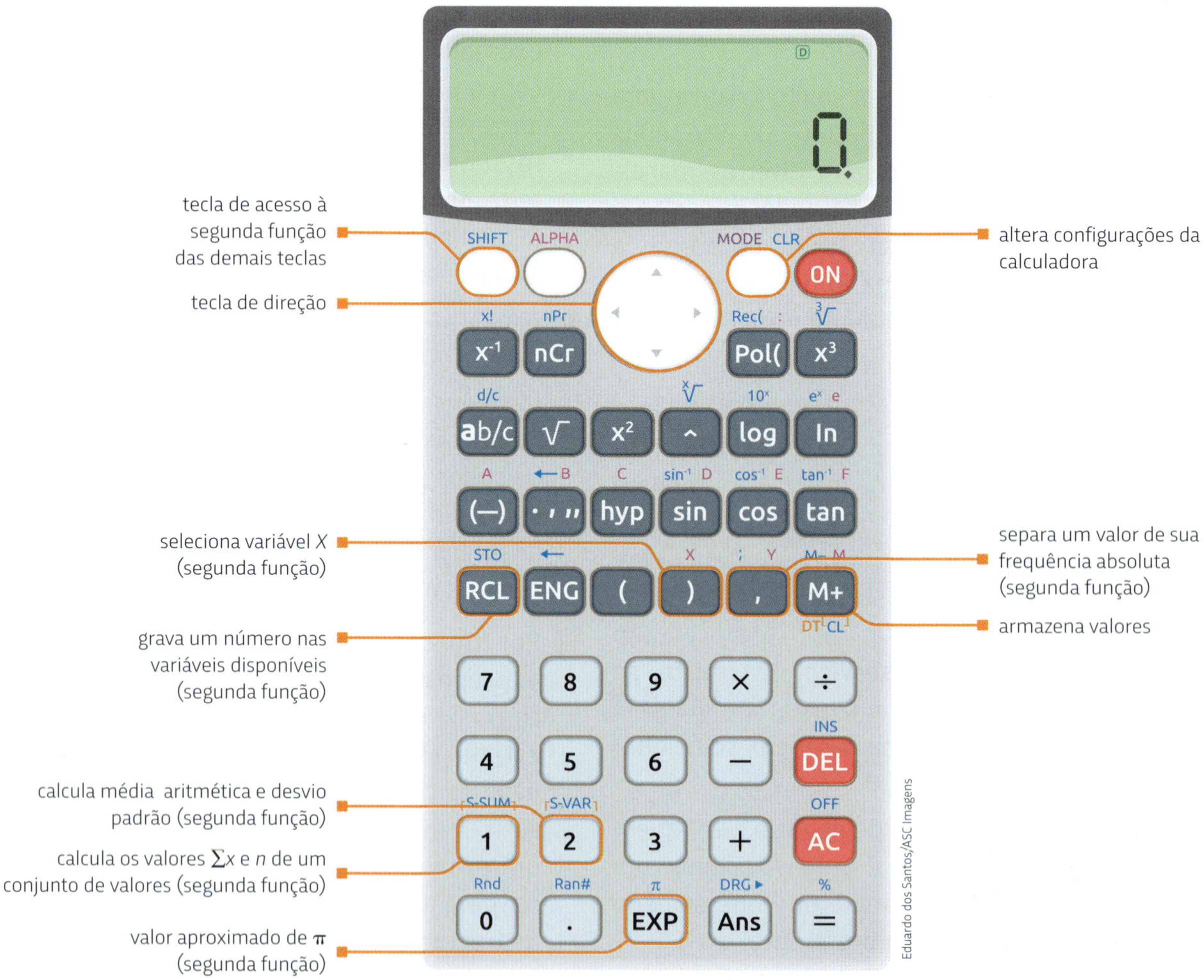

Eduardo dos Santos/ASC Imagens

Expressões numéricas

Há modelos de calculadora científica que permitem a inserção de expressões numéricas de modo simples. O modelo que utilizaremos tem o visor dividido em duas partes: na parte superior, pode-se visualizar a expressão numérica digitada e, na parte inferior, seu resultado.

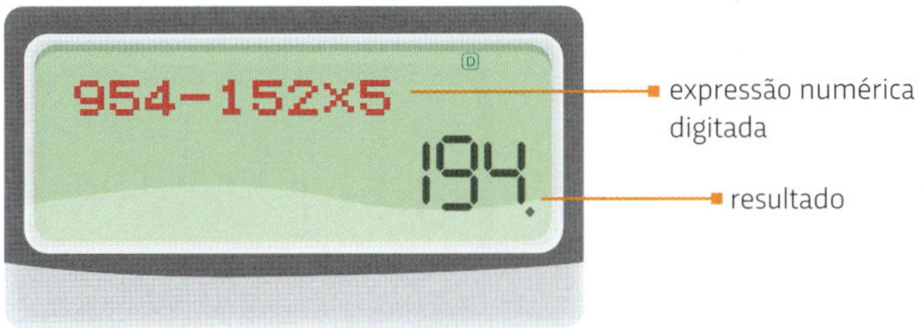

Assim como na representação usual de expressões numéricas, podemos usar parênteses para indicar as operações que são calculadas primeiro. As operações aritméticas fundamentais (adição, subtração, multiplicação e divisão) são resolvidas na seguinte ordem nas expressões numéricas:

1º Operações entre parênteses.

2º Operações de multiplicação e divisão, na ordem em que aparecem.

3º Operações de adição e subtração, na ordem em que aparecem.

Veja um exemplo de cálculo de expressão numérica.

Calcular $14 \cdot (25 : 5 - 2) + 3$.

Digite a expressão seguida da tecla =, ou seja, pressione:

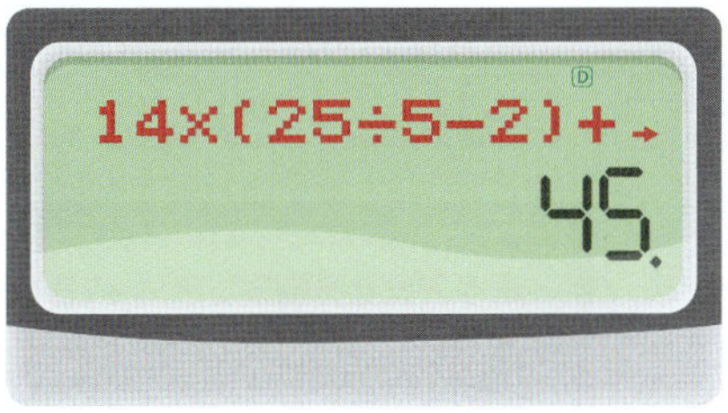

Ilustrações: Eduardo dos Santos/ASC Imagens

Nesse modelo de calculadora, é possível editar a expressão após ela ter sido inserida. Para isso, use a tecla de direção para a direita ou para a esquerda para escolher o ponto de alteração e, com o comando SHIFT INS DEL, decida se os novos caracteres vão substituir os já inseridos ou não.

A constante π

No capítulo **3** deste volume, há situações em que é necessário o uso aproximado do número irracional π para calcular áreas e volumes. Muitas vezes, utilizamos 3,14 como aproximação deste número, mas podemos obter uma aproximação melhor utilizando a tecla [EXP] (π).

Obter as primeiras casas decimais de π

Pressione:

[SHIFT] [EXP] (π) [=]

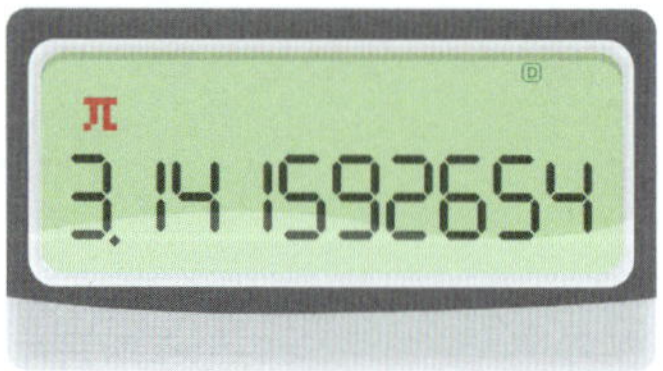

Uma aproximação de π com nove casas decimais será exibida no visor.

Observe no exemplo abaixo a diferença que obtemos no cálculo do volume de uma esfera para os casos em que utilizamos:

- $\pi \simeq 3{,}14$ como aproximação;
- π como [SHIFT] [EXP] (π) na calculadora científica.

Calcular o volume de uma esfera de raio 9 cm

O volume de uma esfera de raio r é dado por $V = \frac{4}{3}\pi r^3$. Para calcular o volume de uma esfera de raio 9 cm utilizando $\pi \simeq 3{,}14$, pressione:

[4] [÷] [3] [×] [3] [.] [1] [4] [×] [9] [x^3] [=]

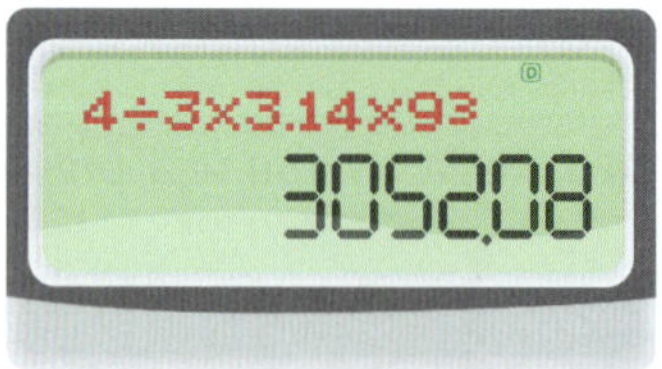

Já para realizar este mesmo cálculo utilizando a tecla [EXP] (π), pressione:

[4] [÷] [3] [×] [SHIFT] [EXP] (π) [×] [9] [x^3] [=]

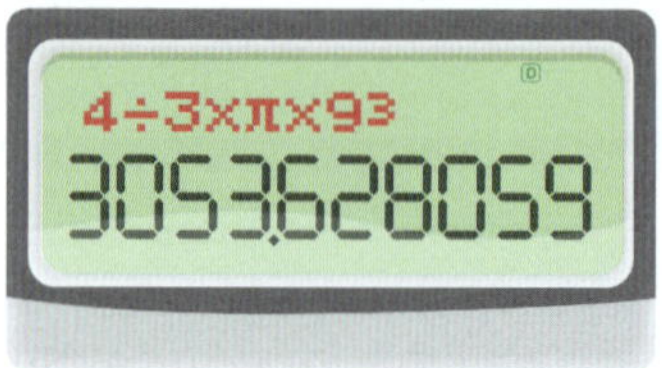

Ilustrações: Eduardo dos Santos/ASC Imagens

Observe que os valores obtidos nos dois cálculos são diferentes. O cálculo feito utilizando a tecla [EXP] (π) tem mais precisão, pois considera mais casas decimais do que a aproximação 3,14.

Utilizando o modo estatístico

Estudamos no capítulo **6** alguns conceitos envolvendo a análise de certas características de um conjunto de dados. No modelo de calculadora científica que estamos utilizando, o modo estatístico é ativado ao pressionar a tecla MODE CLR e escolher a opção **2** (SD).

Veja a seguir alguns procedimentos que podem ser realizados nesse modo.

Incluir ou excluir valores no conjunto de dados

Com a calculadora no modo estatístico, basta digitar um valor e pressionar a tecla M+ (M– M, DT CL) para que ele seja incluído no conjunto de dados.

Para incluir os números 7, 9 e 15, por exemplo, pressione:

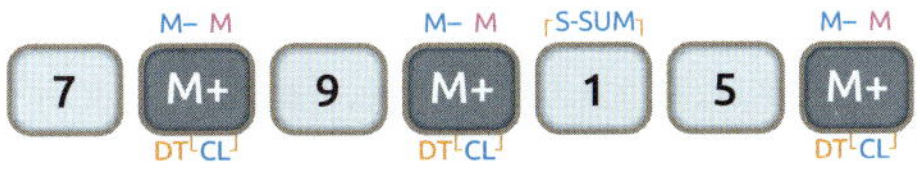

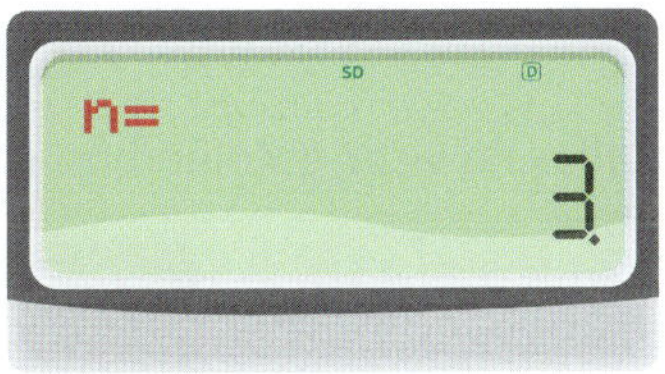

Ao incluir os números desta maneira, o visor mostra a quantidade n de valores do conjunto.

Para verificar se os valores foram incluídos corretamente, utilize as setas de direção para cima ou para baixo para visualizar cada valor.

Se um valor for incluído por engano, é possível apagá-lo utilizando a função "CL", que corresponde à segunda função da tecla M+ (M– M, DT CL). Para isso, selecione o valor que deseja excluir utilizando as setas de direção para cima ou para baixo e pressione:

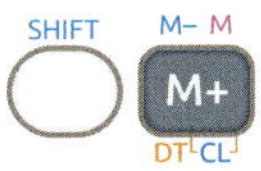

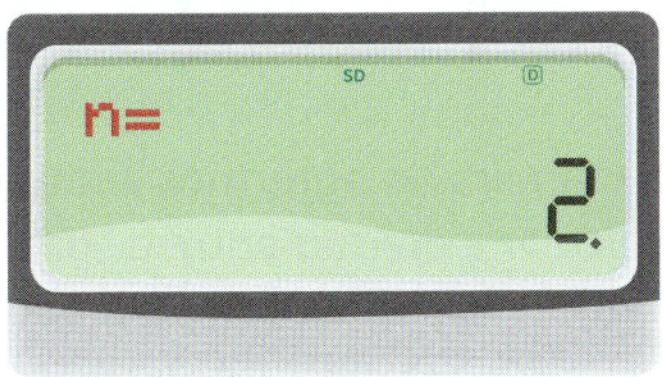

Se no conjunto havia 3 valores $(n = 3)$, após excluir um dos valores aparecerá no visor a nova quantidade de valores $(n = 2)$.

Já para apagar todos os valores do conjunto de dados utilizamos a função "CLR", que corresponde à segunda função da tecla MODE CLR.

Para exibir algumas opções no visor, pressione:

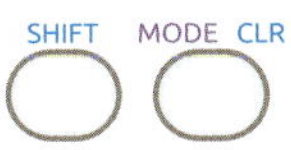

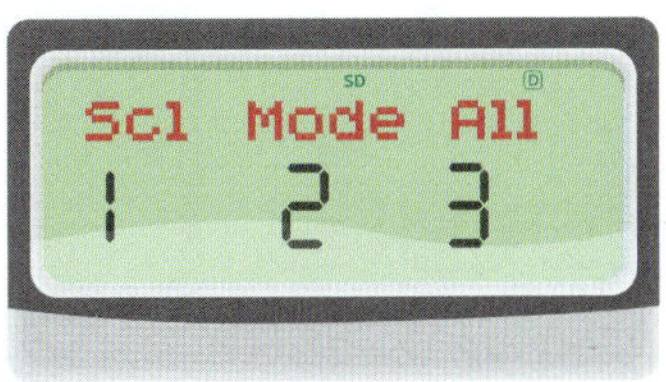

Ilustrações: Eduardo dos Santos/ASC Imagens

Para que os valores do conjunto de dados gravados sejam apagados, pressione:

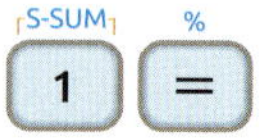

Calcular a média aritmética de um conjunto de dados não agrupados

Caso existam dados já gravados na calculadora, apague-os utilizando os procedimentos apresentados anteriormente e, em seguida, insira na calculadora o seguinte conjunto de dados:

45	39	15	6	18	9

Para obter a média aritmética, vamos realizar os procedimentos a seguir.

Pressione:

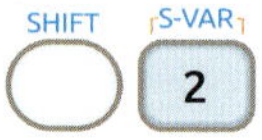

Dentre as opções exibidas no visor, escolhemos a opção **1** que corresponde à média aritmética, indicada por $\overline{x}$.

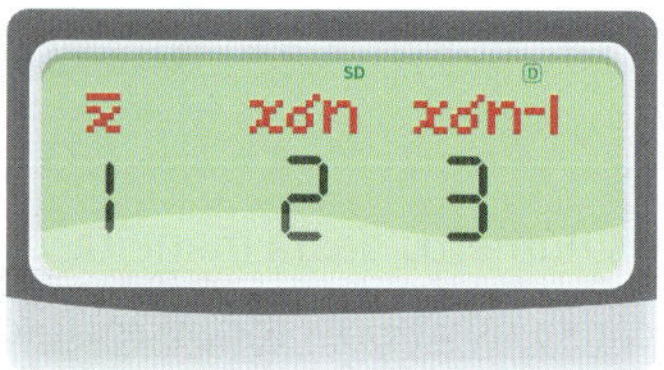

O valor da média aritmética, nesse caso $\overline{x} = 22$, é exibido como resultado ao pressionar:

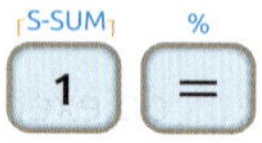

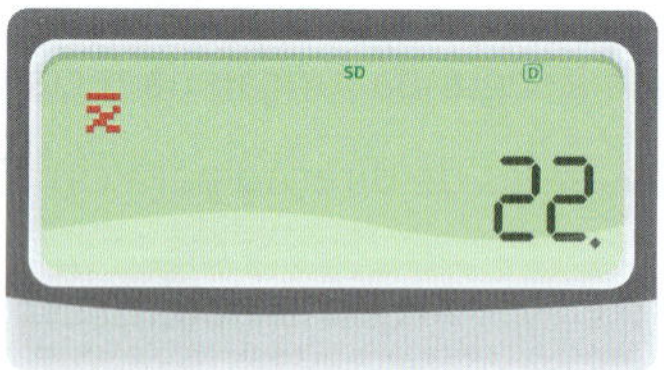

Existe também outra maneira de obtermos a média aritmética destes valores na calculadora. Vamos calcular a divisão entre a soma dos valores inseridos $\left(\sum x\right)$ pela quantidade de valores inseridos (n). Para obter $\sum x$ e n, utilize as opções **2** e **3**, respectivamente, da função "S-SUM".

Algumas opções serão exibidas no visor ao pressionar:

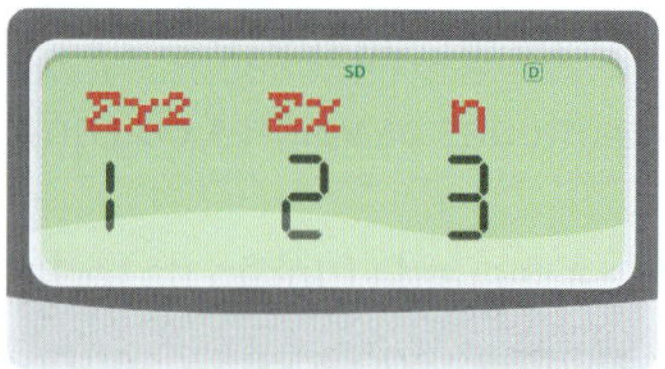

Em seguida, pressione:

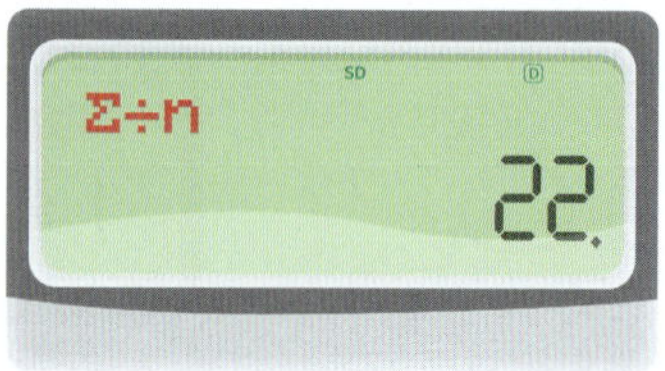

Ilustrações: Eduardo dos Santos/ASC Imagens

Calcular a média aritmética de um conjunto de dados agrupados

Considere o conjunto de dados agrupados conforme o quadro a seguir.

Valor	9	13	19	20	25	Total
Frequência (f)	5	10	9	2	4	30

Certifique-se de que não há outros dados gravados na calculadora antes de prosseguir.

Vamos utilizar a segunda função da tecla  para armazenar os valores e suas respectivas frequências absolutas.

Para inserir o valor 9 e sua frequência 5, pressione:

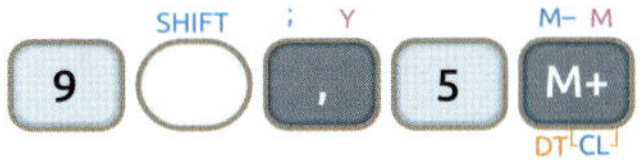

O visor exibe a quantidade ($n = 5$) de vezes que inserimos o valor 9.

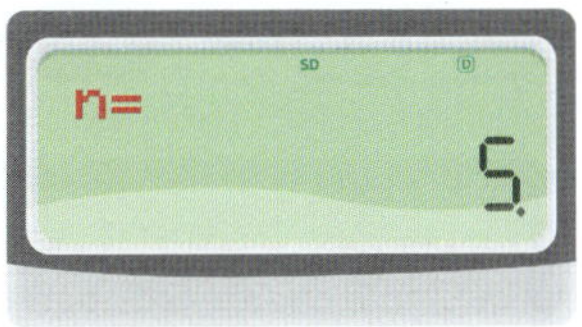

Após ter inserido todos os demais valores do quadro seguindo o mesmo procedimento, podemos calcular a média aritmética do conjunto de dados da mesma maneira que no exemplo anterior.

Pressione:

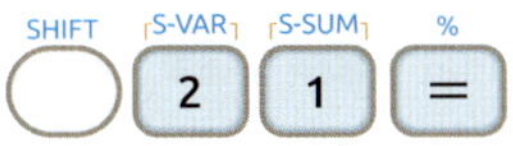

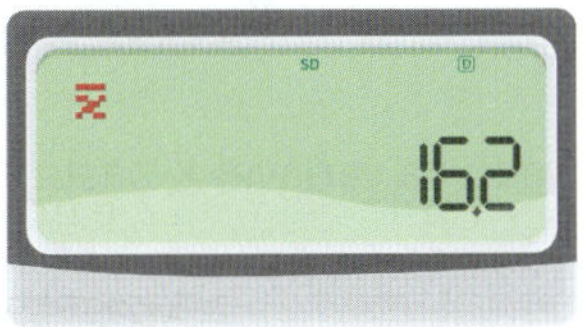

Calcular o desvio padrão de um conjunto de dados

Vamos calcular o desvio padrão do mesmo conjunto de dados do exemplo anterior. Para isto, certifique-se de que você gravou todos os valores corretamente na calculadora.

Pressione:

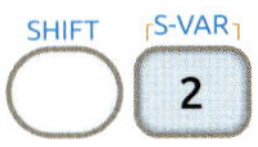

Dentre as opções exibidas no visor, escolhemos a opção **2** que corresponde ao desvio padrão.

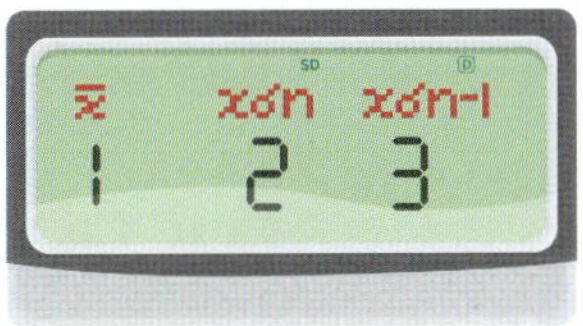

Para determinar a variância deste e de outros conjuntos de dados, basta elevar ao quadrado o desvio padrão determinado.

Pressione:

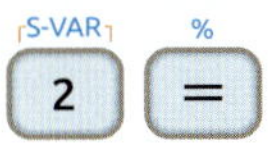

O valor aproximado do desvio padrão é exibido no visor.

Ilustrações: Eduardo dos Santos/ASC Imagens

Valor numérico de polinômios

Nos capítulos **8** e **9** deste volume, há situações em que é necessário o cálculo do valor numérico de um polinômio para algum elemento de $\mathbb{C}$. Alguns modelos de calculadora científica possuem recursos de gravação de números na memória, o que nos possibilita realizar este tipo de operação.

Gravar o número 43 na variável *X*

Para realizar este procedimento, digitamos o número a ser gravado (43) e, em seguida, utilizamos a segunda função da tecla RCL (STO). Finalmente, escolhemos a variável que irá "guardar" o valor digitado, nesse caso, a variável *X*.

Pressione:

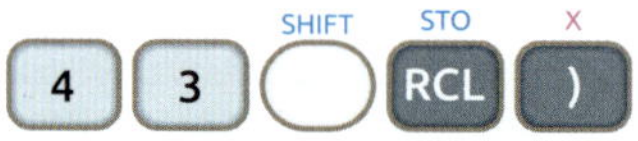

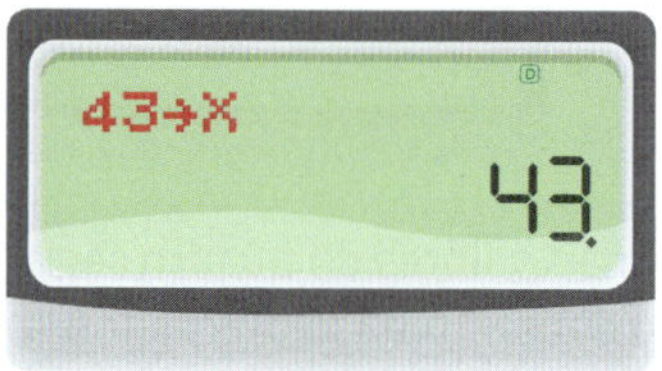

Também é possível utilizar as variáveis *A*, *B*, *C*, *D*, *E*, *F*, *Y* e *M* para gravar um número.

Para verificar o número gravado na variável *X*, basta pressionar RCL (STO)) (X). Nesse caso, deverá aparecer no visor o número 43, gravado anteriormente.

Calcular $p(13)$ dado $p(x) = 7x^3 - 2x^2 + 1$

Seguindo o mesmo procedimento do exemplo anterior, grave o número 13 na variável *X* da calculadora. Em seguida, pressione:

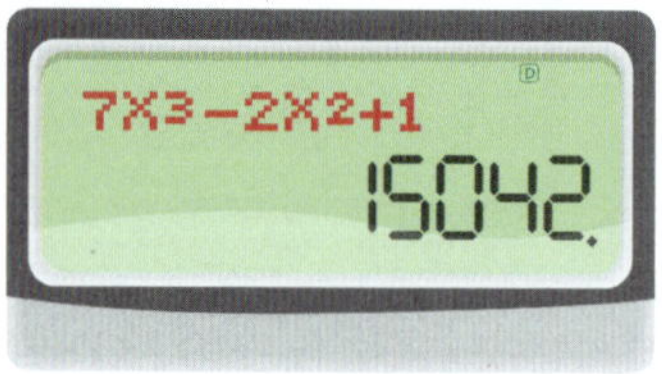

Ilustrações: Eduardo dos Santos/ASC Imagens

Observe que o resultado obtido equivale a $7 \cdot 13^3 - 2 \cdot 13^2 + 1 = 15\,042$.

Para inserir a variável *X* na expressão, utilizamos a tecla (ALPHA) antes de pressionar a tecla) (X), pois a variável *X* corresponde à segunda função desta tecla.

LibreOffice Calc

As planilhas eletrônicas são compostas por linhas e colunas e o encontro entre elas é denominado célula. Além de organizar e apresentar informações de maneira objetiva e precisa, essas planilhas manipulam os dados por meio de fórmulas e cálculos automatizados.

Em relação ao Calc, trata-se de uma planilha eletrônica que faz parte do pacote LibreOffice, desenvolvido pela The Document Foundation, uma organização sem fins lucrativos. O LibreOffice é um pacote gratuito de aplicações que inclui, além da planilha eletrônica, editores de texto, de apresentação, de desenho, de banco de dados e de fórmulas científicas e equações. Esse pacote pode ser obtido no endereço eletrônico <http://linkte.me/fh66y> (acesso em: 18 jan. 2016). Para os procedimentos apresentados a seguir, usamos a versão LibreOffice 4.4.5.2.

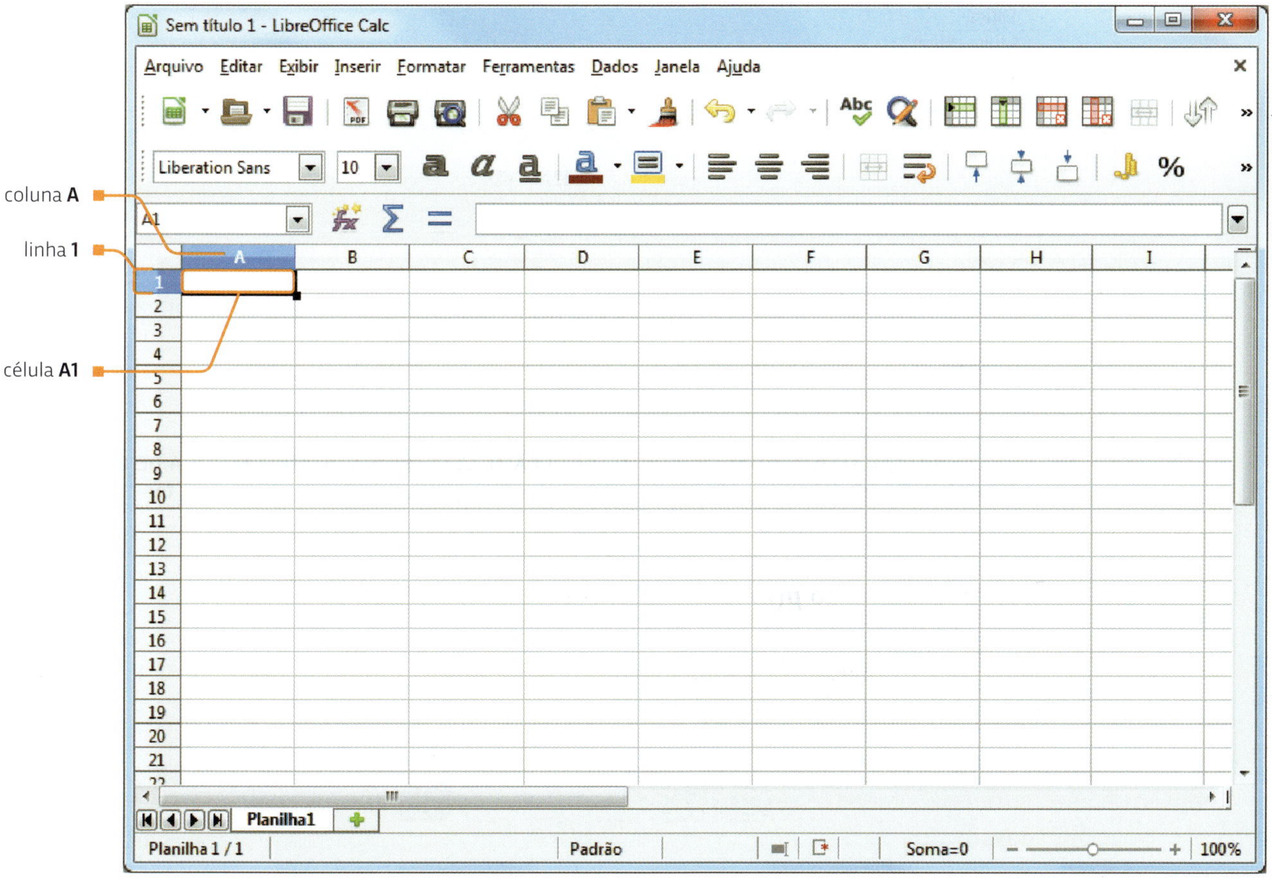

The Document Foundation/Acervo da produtora

Tabela de frequências

Para construir uma tabela de frequências é necessário realizar alguns cálculos simples e repetitivos. Esses cálculos podem ser realizados com fórmulas da planilha eletrônica. Vamos construir a tabela de frequências que se pede na atividade **2** da página **176**, que deve ser obtida a partir das informações da tabela ao lado.

Classificação atribuída pelos alunos para uma prova de Matemática de 2018

Nível de dificuldade	Quantidade de alunos
Muito fácil	15
Fácil	10
Mediana	5
Difícil	6
Muito difícil	4

Fonte de pesquisa: Alunos do 3º ano.

A tabela de frequências deverá apresentar as frequências absoluta, relativa, absoluta acumulada e acumulada relativa.

1º passo:

Selecione o intervalo de células **A1:E1** e clique no botão **Mesclar e centralizar células** ( ).
Na célula mesclada, digite o título da tabela: CLASSIFICAÇÃO ATRIBUÍDA PELOS ALUNOS PARA UMA PROVA DE MATEMÁTICA DE 2018. Em seguida, preencha as outras partes não numéricas da tabela conforme a figura.

	A	B	C	D	E
1	CLASSIFICAÇÃO ATRIBUÍDA PELOS ALUNOS PARA UMA PROVA DE MATEMÁTICA DE 2018				
2	Nível de dificuldade	f	fa	fr	far
3	Muito fácil				
4	Fácil				
5	Mediana				
6	Difícil				
7	Muito difícil				
8	Total				
9					
10					
11					

2º passo:

Utilize as opções de formatação que preferir para melhorar a aparência da tabela, por exemplo:

Negrito ( ), **Centralizar horizontalmente** ( ), **Bordas** ( ), etc.

	A	B	C	D	E
1	**CLASSIFICAÇÃO ATRIBUÍDA PELOS ALUNOS PARA UMA PROVA DE MATEMÁTICA DE 2018**				
2	**Nível de dificuldade**	**f**	**fa**	**fr**	**far**
3	Muito fácil				
4	Fácil				
5	Mediana				
6	Difícil				
7	Muito difícil				
8	**Total**				
9					
10					
11					

3º passo:

Digite a frequência absoluta de cada nível de dificuldade na coluna *f* da tabela de frequências. Em seguida, na célula **B8**, digite a fórmula =**SOMA(B3:B7)** para obter o total das frequências absolutas. Note que **B3:B7** é o intervalo de células onde estão os valores a serem adicionados.

	A	B	C	D	E
1	**CLASSIFICAÇÃO ATRIBUÍDA PELOS ALUNOS PARA UMA PROVA DE MATEMÁTICA DE 2018**				
2	**Nível de dificuldade**	**f**	**fa**	**fr**	**far**
3	Muito fácil	15			
4	Fácil	10			
5	Mediana	5			
6	Difícil	6			
7	Muito difícil	4			
8	**Total**	40			
9					
10					

Imagens: The Document Foundation/Acervo da produtora

4º passo:

Preencha a coluna da frequência acumulada (*fa*) de acordo com as instruções a seguir.

- A frequência acumulada do primeiro nível de dificuldade é igual à frequência absoluta. Então, na célula **C3**, digite a fórmula =**B3** para repetir em **C3** o valor de **B3**.
- A frequência acumulada do segundo nível de dificuldade é igual à frequência acumulada anterior adicionada com a frequência absoluta desse nível de dificuldade. Então, na célula **C4**, digite a fórmula =**C3**+**B4**.
- Com a célula **C4** selecionada, clique e arraste a guia de preenchimento automático até a célula **C7**. Assim, a fórmula em **C4** será estendida para as células seguintes da coluna.

CLASSIFICAÇÃO ATRIBUÍDA PELOS ALUNOS PARA UMA PROVA DE MATEMÁTICA DE 2018				
Nível de dificuldade	**f**	**fa**	**fr**	**far**
Muito fácil	15	15		
Fácil	10	25		
Mediana	5	30		
Difícil	6	36		
Muito difícil	4	40		
Total	40			

> A guia de preenchimento automático localiza-se no canto inferior direito da seleção atual e é utilizada para estender determinados padrões às células adjacentes.
>
> 

5º passo:

Preencha a coluna da frequência relativa (*fr*) de acordo com as instruções a seguir.

- A frequência relativa é igual à razão entre a frequência absoluta e a quantidade total de alunos. Então, na célula **D3**, digite a fórmula =**B3/B$8**.
- Com a célula **D3** selecionada, clique e arraste a guia de preenchimento automático até a célula **D8**.
- Para exibir os valores em porcentagem, selecione o intervalo **D3:D8** e clique no botão **Formatar como porcentagem** (**%**).

CLASSIFICAÇÃO ATRIBUÍDA PELOS ALUNOS PARA UMA PROVA DE MATEMÁTICA DE 2018				
Nível de dificuldade	**f**	**fa**	**fr**	**far**
Muito fácil	15	15	37,50%	
Fácil	10	25	25,00%	
Mediana	5	30	12,50%	
Difícil	6	36	15,00%	
Muito difícil	4	40	10,00%	
Total	40		100,00%	

Imagens: The Document Foundation/Acervo da produtora

> O símbolo "$" é utilizado para fixar uma referência em uma fórmula de modo que, ao estendê-la para outras células, a referência não se altere.

6º passo:

Preencha a coluna da frequência acumulada relativa (*far*). Para isso, proceda de modo análogo ao preenchimento da coluna de frequência acumulada (*fa*).

	A	B	C	D	E
1	**CLASSIFICAÇÃO ATRIBUÍDA PELOS ALUNOS PARA UMA PROVA DE MATEMÁTICA DE 2018**				
2	**Nível de dificuldade**	**f**	**fa**	**fr**	**far**
3	Muito fácil	15	15	37,50%	37,50%
4	Fácil	10	25	25,00%	62,50%
5	Mediana	5	30	12,50%	75,00%
6	Difícil	6	36	15,00%	90,00%
7	Muito difícil	4	40	10,00%	100,00%
8	**Total**	40		100,00%	
9					

Em algumas situações, os valores exibidos nas colunas de frequência relativa e frequência acumulada relativa podem não ser exatos. Nesse caso, no formato de porcentagem, o programa realiza arredondamentos para duas casas decimais.

Histograma

Com base nas informações previamente organizadas na planilha eletrônica, podemos construir diversos tipos de gráficos estatísticos, entre eles o histograma.

Vamos construir o histograma referente à frequência absoluta, apresentado no tópico de **Dados agrupados em intervalos** do capítulo **6**, que deve ser obtido de acordo com as informações da tabela.

Salário dos funcionários de certa empresa em 2016

Valor dos salários em reais (classes)	Frequência (*f*)
900,00 ⊢ 2 000,00	19
2 000,00 ⊢ 3 100,00	10
3 100,00 ⊢ 4 200,00	6
4 200,00 ⊢ 5 300,00	3
5 300,00 ⊢ 6 400,00	1
6 400,00 ⊢ 7 500,00	1
Total	40

Fonte de pesquisa: Departamento de gestão de pessoas da empresa.

1º passo:

Copie as informações da tabela para a planilha eletrônica, utilizando as opções de formatação que preferir.

	A	B
1	**Salário dos funcionários de certa empresa em 2016**	
2	**Valor dos salários em reais (classes)**	**Frequência (*f*)**
3	[900, 2000)	19
4	[2000, 3100)	10
5	[3100, 4200)	6
6	[4200, 5300)	3
7	[5300, 6400)	1
8	[6400, 7500)	1
9	**Total**	40

Imagens: The Document Foundation/Acervo da produtora

Digitamos as classes com colchetes à esquerda e parênteses à direita para indicar intervalos fechados à esquerda e abertos à direita.

2º passo:

Selecione as classes com suas respectivas frequências, ou seja, o intervalo de células **A3 : B8**, e clique no botão **Gráfico** . Abrirá a janela **Assistente de gráficos**.

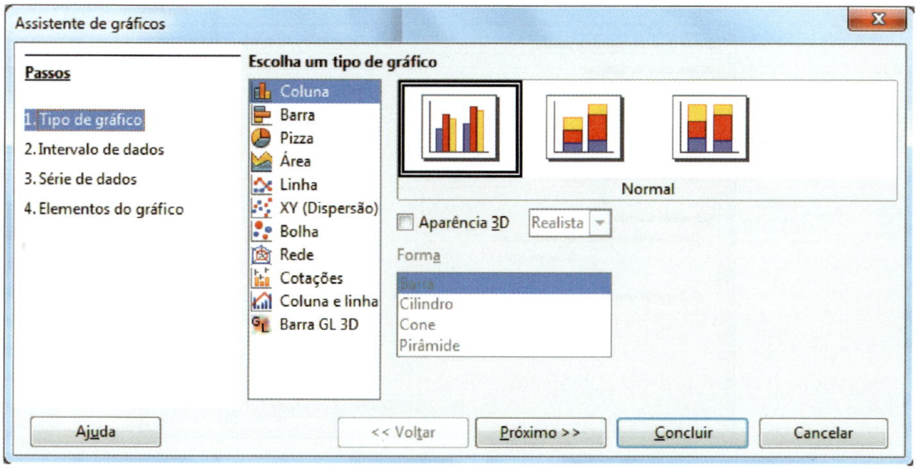

3º passo:

Vamos construir um gráfico de barras verticais que, provavelmente, será a opção selecionada inicialmente em **1. Tipo de gráfico**. Na opção **4. Elementos do gráfico**, podemos inserir tanto o título do gráfico como o título dos eixos. No campo **Título**, digite o mesmo título da tabela, no campo **Eixo X** digite Salário (R$) e no campo **Eixo Y** digite Frequência.

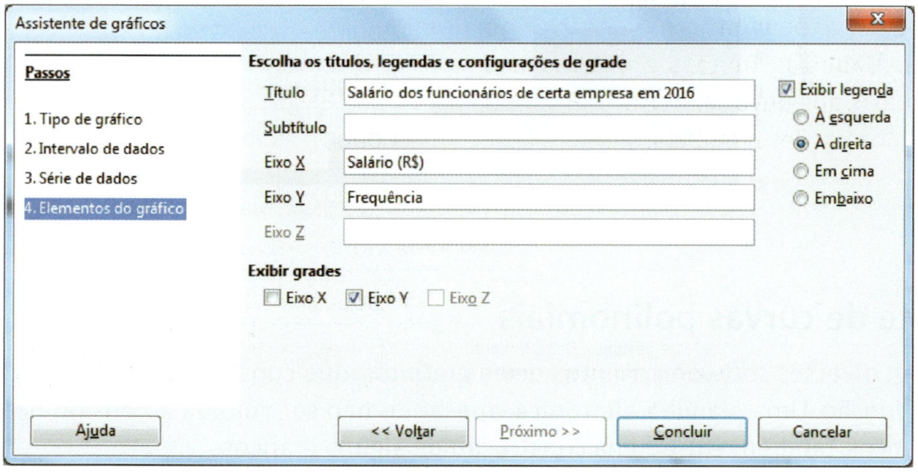

Por fim, clique no botão **Concluir**.

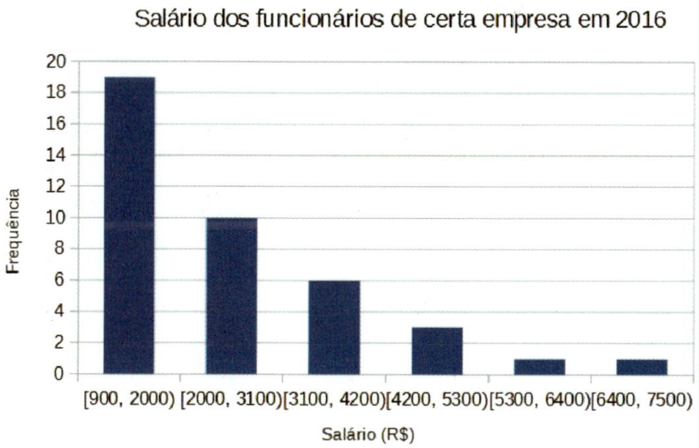

Imagens: The Document Foundation/Acervo da produtora

É possível inserir as respectivas frequências sobre cada barra. Para isso, clique com o botão direito do *mouse* sobre uma das colunas e selecione a opção **Inserir rótulos de dados**.

4º passo:

Sobre uma das barras do gráfico, clique com o botão direito do *mouse* e selecione a opção **Formatar série de dados...** Na aba **Opções**, selecione a opção **Eixo Y principal** e no campo **Espaçamento** digite 0 (zero).

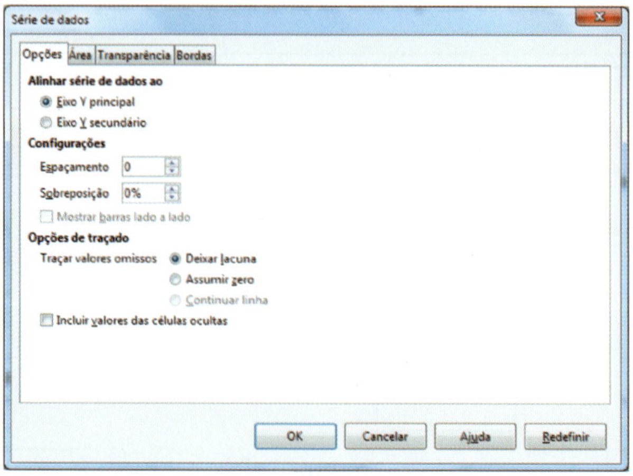

Para finalizar, clique em **OK**.

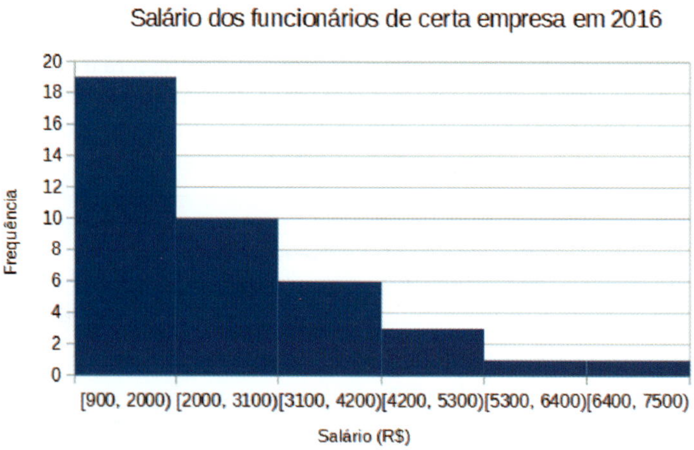

Imagens: The Document Foundation/Acervo da produtora

Ajuste de curvas polinomiais

Existem diversos *softwares*, muitos deles gratuitos, que constroem representação gráfica de uma função. Uma planilha eletrônica, apesar de não ser voltada ao ensino de conceitos matemáticos, também é usada na construção de alguns gráficos.

Veremos como determinar funções polinomiais de diferentes graus na planilha eletrônica, que se ajustam à dispersão de alguns pontos dados. Procedimentos semelhantes a esse geralmente são utilizados para modelar situações.

Considere os pontos (1, 0), (2, 2), (3, 5), (4, 6), (5, 4) e (6, 3). Vamos organizar as coordenadas desses pontos em um quadro.

x	y
1	0
2	2
3	5
4	6
5	4
6	3

1º passo:

Copie as informações do quadro para a planilha eletrônica, usando as opções de formatação que preferir.

x	y
1	0
2	2
3	5
4	6
5	4
6	3

2º passo:

Selecione as informações digitadas, ou seja, o intervalo de células **A1 : B7**, e clique no botão **Gráfico** . Abrirá a janela **Assistente de gráficos**.

Desejamos construir um gráfico de dispersão que, provavelmente, será a 6ª opção em **1. Tipo de gráfico**. Entre outras configurações possíveis, podemos inserir um título clicando na opção **4. Elementos do gráfico**. No campo **Título**, digite um título, que pode ser Função polinomial, por exemplo. Em seguida, clique no botão **Concluir**.

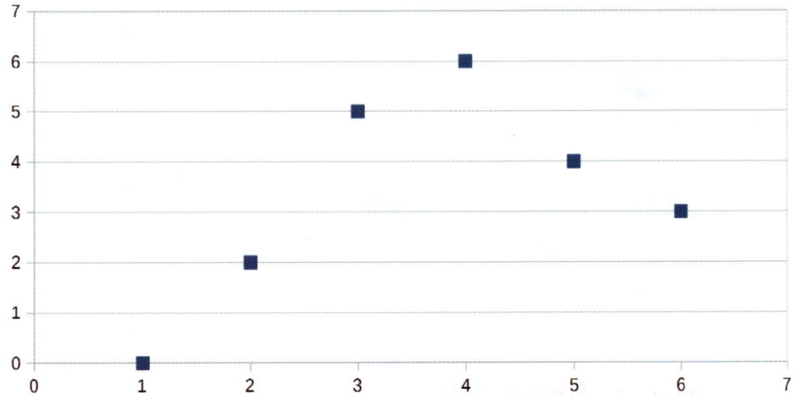

3º passo:

Sobre um dos pontos do gráfico, clique com o botão direito do *mouse* e selecione a opção **Inserir linha de tendência...** Na aba **Tipo**, selecione a opção **Polinomial** e escolha um grau para o polinômio, que pode ser 4, por exemplo, indicando-o no campo **Grau**, e ative a opção **Mostrar equação** para visualizarmos a lei de formação dessa função.

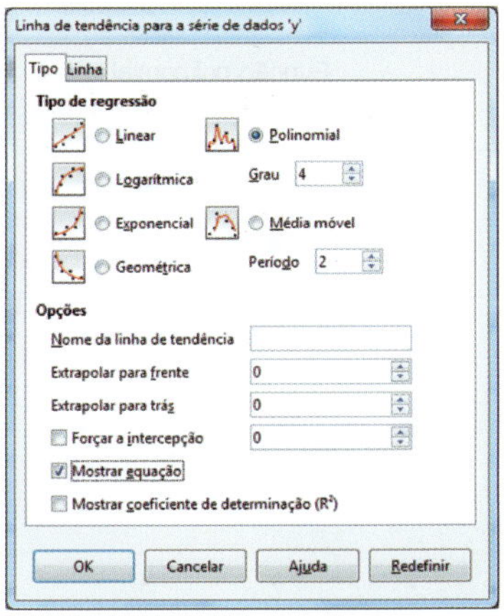

Imagens: The Document Foundation/Acervo da produtora

Para finalizar, clique em **OK**.

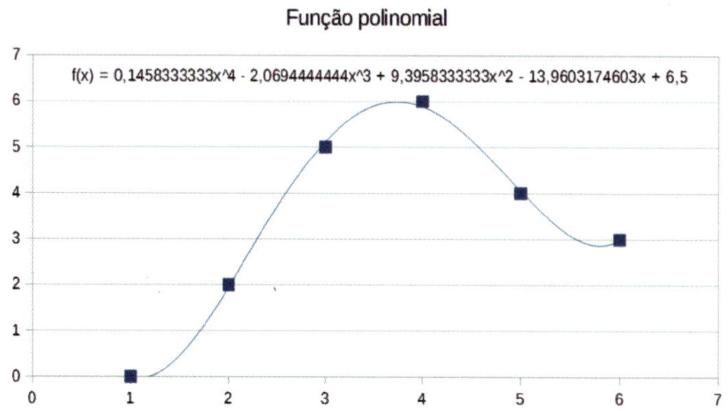

> É possível que a lei de formação dessa função polinomial apareça sobreposta ao gráfico. Caso isso ocorra, clique sobre ela e arraste-a para outro local que melhore a leitura.

Desse modo, obtemos uma função polinomial de grau 4 que se ajusta a esses pontos. Para alterar o grau do polinômio obtido, basta clicar sobre a linha de tendência, selecionar a opção **Formatar linha de tendência...** e repetir o procedimento do passo anterior, escolhendo um grau diferente de 4. Quanto maior o grau do polinômio, mais a função se ajustará aos pontos dados.

Também é possível arredondar os coeficientes da função polinomial à quantidade de casas decimais que desejarmos. Para isso, clique com o botão direito do *mouse* sobre a lei de formação da função e selecione a opção **Formatar equação da linha de tendência...** Na aba **Números**, selecione a categoria **Número** e indique, no campo **Casas decimais**, a quantidade de casas decimais desejada. Nesse caso, vamos arredondar para 2 casas decimais.

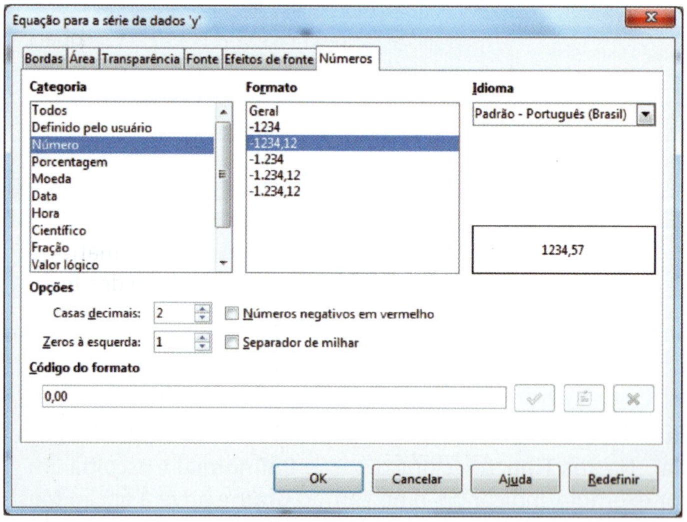

Para concluir, clique em **OK**.

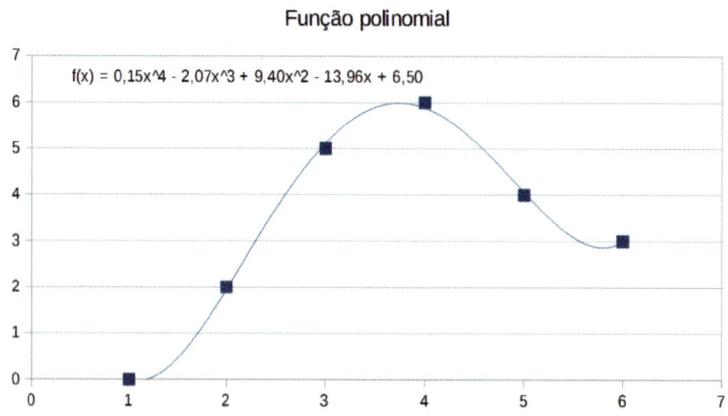

Imagens: The Document Foundation/Acervo da produtora

Leitura e pesquisa

A seguir, apresentamos algumas sugestões de leitura e pesquisa em livros e *sites*. Os livros indicados abordam direta ou indiretamente os assuntos desenvolvidos no volume, e os *sites* podem fornecer informações valiosas para enriquecer seus conhecimentos.

Boa leitura e uma ótima pesquisa!

Livros:

Barrella, Elaine Spisso; Martins, Laura Maria Runau (Orgs.).
A matemática nas profissões. São Paulo: Portal, 2010.
Esse livro apresenta diversas pesquisas e entrevistas de profissionais de variadas áreas que relatam como e para que utilizam a Matemática em suas profissões.

Bentley, Peter.
O livro dos números: uma história ilustrada da Matemática. Rio de Janeiro: Zahar, 2010.
Por meio de gravuras históricas, fotos e pinturas, esse livro mostra a presença da Matemática nas diversas áreas. Com linguagem acessível, o autor desvenda os segredos e os mistérios dessa área do conhecimento.

Bellos, Alex.
Alex através do espelho: como a vida reflete os números e como os números refletem a vida. 1. ed. Tradução de Paulo Geiger. São Paulo: Companhia das Letras, 2015.
Nesse livro, comenta-se como os números puderam transformar o mundo, baseando-se em encontros do autor com histórias e pessoas de todo o nosso planeta. As descobertas matemáticas presentes nessa obra alternam de triângulos, rotações, e números primos a fractais, cones e curvas.

Companhia das Letras/Arquivo da editora

Devlin, Keith.
Os problemas do milênio: sete grandes enigmas matemáticos do nosso tempo. Tradução de Michelle Dysman. Rio de Janeiro: Record, 2008.
O livro apresenta questões a respeito das mais fascinantes áreas da Matemática pura e aplicada, explicando e contextualizando sete problemas que envolvem desde a Física das partículas e a computação até o *design* aeronáutico.

Dewdney, Alexander Keewatin.
20 000 *léguas matemáticas*: um passeio pelo misterioso mundo dos números. Tradução de Vera Ribeiro. Rio de Janeiro: Zahar, 2000 (Ciência & cultura).
O livro é uma odisseia pela História da matemática, na busca de resposta para a questão "Por que tudo que existe, dos átomos ao próprio Universo, é regido por leis matemáticas?". Além disso, traz aplicações claras para mostrar o surpreendente poder da Matemática.

Zahar/Arquivo da editora

Du Sautoy, Marcus.
A música dos números primos: a história de um problema não resolvido na matemática. Tradução de Diego Alfaro. Rio de Janeiro: Zahar, 2007.
Narrando as histórias das tentativas de solução para a hipótese ou conjectura de Riemann, o livro apresenta passagens curiosas, casos estranhos e relatos de muita disputa envolvendo grandes personalidades do universo científico.

Zahar/Arquivo da editora

Du Sautoy, Marcus.
Os mistérios dos números: os grandes enigmas da matemática (que até hoje ninguém foi capaz de resolver). Tradução de George Schlesinger. Rio de Janeiro: Zahar, 2013.
Esse livro aborda os maiores desafios matemáticos de todos os tempos, revelando sua beleza e sua contribuição para a compreensão do mundo em que vivemos. Em cada capítulo é oferecido ao leitor uma viagem por grandes temas da Matemática.

DVC Editora/Arquivo da editora

FUNG, Kaiser.
Os números governam sua vida: a influência velada das probabilidades e da estatística em tudo o que você faz. Tradução de Beth Honorato. São Paulo: DVS Editora, 2011.

O livro propicia ao leitor uma viagem ao mundo dos números e revela as aplicações práticas das probabilidades e da estatísica no cotidiano, com uma linguagem simples e realista.

GARBI, Gilberto Geraldo.
A rainha das Ciências: um passeio histórico pelo maravilhoso mundo da matemática. 4. ed. São Paulo: Livraria da Física, 2009.

O livro relata de maneira simples e clara quatro milênios da História da matemática, sem preocupação com a linguagem matemática das fórmulas, pois podem ser entendidas no próprio contexto.

GUEDJ, Denis.
O teorema do papagaio. Tradução de Eduardo Brandão. São Paulo: Companhia das Letras, 1999.

Nessa narrativa, o autor desafia a compreensão do pensamento matemático tanto para os personagens da história, uma família inusitada com seu papagaio, quanto para o leitor. Em seu contexto, ele apresenta alguns personagens históricos importantes para a Matemática, como Tales, Pitágoras, Fermat, Euler e Tartaglia.

Companhia das Letras/Arquivo da editora

LIVIO, Mario.
A equação que ninguém conseguia resolver: como um gênio da matemática descobriu a linguagem da simetria. Tradução de Jesus de Paula Assis. Rio de Janeiro: Record, 2008.

O livro conta essencialmente a história da teoria desenvolvida pelo matemático Évariste Galois (1811-1832), o qual desenvolveu uma linguagem matemática que descreve a essência das simetrias e explora suas propriedades. Ele foi extraordinariamente inovador e suas ideias contribuíram para conceitos que vão desde os tapetes persas às moléculas da vida, da música de Bach à escolha do parceiro ideal para se casar.

LIVIO, Mario.
Deus é matemático? Tradução de Jesus de Paula Assis. Rio de Janeiro: Record, 2010.

Esse livro apresenta uma investigação a respeito do poder da Matemática, já que desde tempos antigos cientistas e filófosos admiram como essa ciência, aparentemente abstrata, pode explicar perfeitamente o mundo em que vivemos.

MLODINOW, Leonard.
A janela de Euclides: a história da geometria, das linhas paralelas ao hiperespaço. Tradução de Enézio E. de Almeida Filho. São Paulo: Geração Editorial, 2004.

De maneira clara e divertida, o livro mostra como a geometria intervém em tudo à nossa volta, mostrando que ela faz parte da arte, da música, da pintura, da escultura, da arquitetura e até mesmo do corpo humano.

Zahar/Arquivo da editora

PAENZA, Adrián.
Matemática, cadê você?: sobre números, personagens, problemas e curiosidades. Tradução de Maria Alzira Brum Lemos. Rio de Janeiro: Ciência que late, 2009.

O livro é um guia para a descoberta da Matemática no dia a dia. São diversas histórias rodeadas por personagens e números que alteram em graus de dificuldade, algumas podem ser compreendidas de maneira simples e outras são mais desafiadoras.

SEIFE, Charles.
Os números (não) mentem: como a matemática pode ser usada para enganar você. Tradução de Ivan Weisz Kuck. Rio de Janeiro: Zahar, 2012.

Nesse livro é apresentado uma análise de casos reais com os mais estranhos resultados numéricos. Com isso, o autor mostra como surgem os dados numéricos que chegam até nós, se são confiáveis ou não e se foram divulgados de maneira honesta.

SINGH, Simon.
O último teorema de Fermat: a história do enigma que confundiu as maiores mentes do mundo durante 358 anos. 7. ed. Tradução de Jorge Luiz Calife. Rio de Janeiro: Record, 2000.
O livro conta a história de diversos matemáticos que tentaram resolver o teorema que Fermat deixou sem descrever a solução. Nele também é apresentada a importância desse teorema para o desenvolvimento da Matemática e como ele confundiu e frustrou mentes brilhantes por mais de 350 anos.

SMULLYAN, Raymond.
A dama ou o tigre? E outros problemas lógicos. Tradução de Helena Martins. Rio de Janeiro: Zahar, 2004.
O livro narra a história fictícia de uma princesa que soluciona diversos problemas lógicos matemáticos para que seu namorado não fosse morto. Seu pai, um rei semibárbaro, após descobrir o romance ordenou que o rapaz fosse julgado em sua arena, onde deveria escolher entre duas portas que decidiriam seu destino.

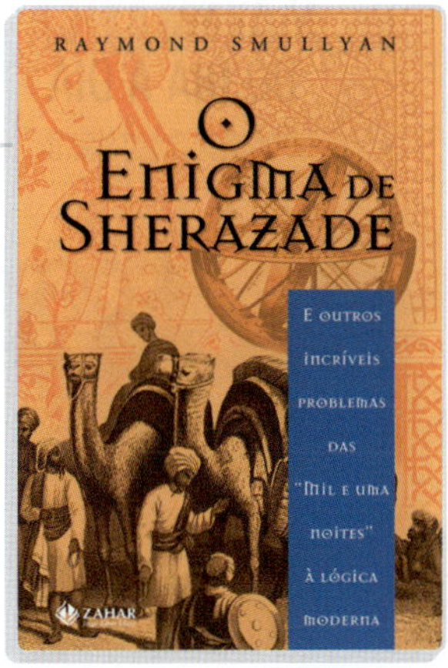

Zahar/Arquivo da editora

SMULLYAN, Raymond.
O enigma de Sherazade: e outros incríveis problemas das mil e uma noites à lógica moderna. Tradução de Sérgio Flaksman. Rio de Janeiro: Zahar, 1998.
Nesse livro, a partir da milésima segunda noite, a jovem Sherazade desafia o sultão com charadas, enigmas matemáticos e lógicos, distraindo-o para não ter sua cabeça decaptada.

STEIN, J.
Como a matemática explica o mundo: o poder dos números no cotidiano. Tradução de Marcio de Paula S. Hack. Rio de Janeiro: Elsevier, 2008.
O livro oferece um passeio por grandes resultados da Matemática do século XX de maneira humorada, mas sem perder a precisão necessária. Os assuntos variam de sistemas eleitorais até Física Quântica, apresentados de maneira concreta com exemplos pertinentes ao cotidiano.

STEWART, Ian.
Almanaque das curiosidades matemáticas. Tradução de Diego Alfaro. Rio de Janeiro: Zahar, 2009.
Com bom humor e por meio de deliciosas narrativas, o livro nos leva para um passeio por curiosas questões, como "A quantas pessoas é preciso perguntar a data do aniversário até que duas digam o mesmo dia?" e "Como a matemática tentou provar que Deus existe?". A encantadora descrição de cada curiosidade matemática presente no livro é a porta de entrada para descomplicar temas que poderiam ser espinhosos no mundo da Matemática.

Zahar/Arquivo da editora

STEWART, Ian.
Mania de matemática: diversão e jogos de lógica matemática. Tradução de Maria Luiza X. de A. Borges. Rio de Janeiro: Zahar, 2005.
Esse livro reúne vários desafios matemáticos construídos em torno de relatos ficcionais, envolvendo jogos e brincadeiras. Os capítulos abrangem alguns assuntos relativamente simples e outros um pouco mais sofisticados, como é o caso da otimização.

STEWART, Ian.
Mania de matemática – 2: novos enigmas e desafios matemáticos. Tradução de Diego Alfaro. Rio de Janeiro: Zahar, 2009.
Esse livro reúne 20 curiosos desafios e quebra-cabeças que intrigaram matemáticos durante algum tempo. Alguns capítulos abrangem implicações práticas consideráveis, outros desconcertantes até para matemáticos profissionais, mas todos apresentados de maneira simples por meio de exemplos claros.

Elsevier/Arquivo da editora

STROGATZ, Steven.
A Matemática do dia a dia: transforme o medo de números em ações eficazes para a sua vida. Tradução de Paulo Polzonoff Jr. Rio de Janeiro: Elsevier, 2013.
De maneira interessante e acessível, o livro revela ao leitor como a Matemática está relacionada com a Literatura, a Filosofia, o Direito, a Medicina, a Economia e a cultura *pop*. Cada capítulo reserva uma descoberta, entre elas o porquê de os números serem tão úteis.

Sites

Todos os *sites* foram acessados em: 18 maio. 2016.

Arte & Matemática. Disponível em: <http://linkte.me/e19di>.
O *site* traz explicações sobre conceitos matemáticos de acordo com períodos e/ou temas, associando-os à arte em geral.

Banco Internacional de Objetos Educacionais.
Disponível em: <http://linkte.me/jgfz7>.
O *site* contém áudios, experimentos práticos, animações, vídeos e *softwares* educacionais de diversos conteúdos do Ensino Fundamental e do Ensino Médio.

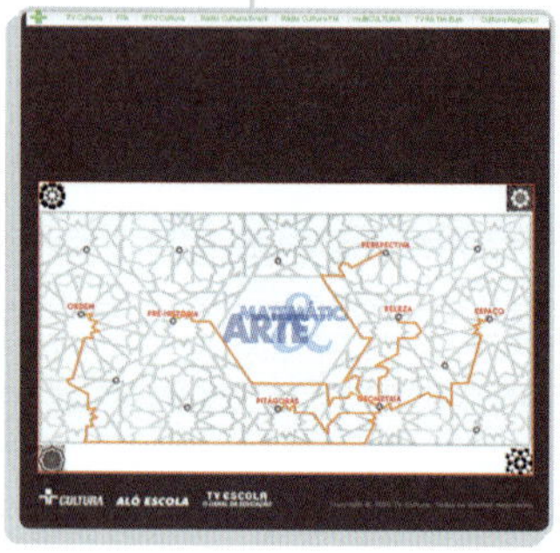
Arte & Matemática/Fac-símile: ID/BR

Brasil Escola. Disponível em: <http://linkte.me/vj7c1>.
O *site* fala sobre o que é a Matemática e para que ela é utilizada. Em uma coluna denominada "canais da matemática", há uma série de temas, com explicações e exercícios.

Conteúdos digitais para o ensino e aprendizagem de Matemática e Estatística.
Disponível em: <http://linkte.me/mh1j7>.
O *site* contém *softwares* e experimentos educacionais, além de atividades de áudio. Para cada uma dessas seções, há roteiros que podem ser seguidos para guiar o estudo dos temas apresentados.

ENEM. Disponível em: <http://linkte.me/q28ny>.
Nesse *site* é possível acessar as provas e os gabaritos do ENEM de anos anteriores, além de obter informações a respeito de resultados do candidato.

Hora do Enem. Disponível em: <http://linkte.me/bhs9f>.
Site que oferece uma plataforma de estudos com vídeos, simulados e muitos outros recursos com o objetivo de preparar o estudante para o Exame Nacional do Ensino Médio.

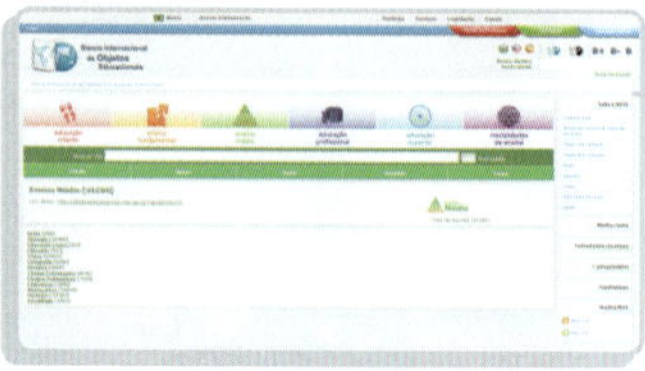
Banco Internacional de Objetos Educacionais/Fac-símile: ID/BR

Khan Academy. Disponível em: <http://linkte.me/n28h8>.
O Khan Academy é uma plataforma de estudos das mais diversas disciplinas e áreas do conhecimento, incluindo a Matemática. Nela, o internauta pode escolher o tema de seu interesse e desenvolver atividades. Em caso de dúvidas, o usuário pode recorrer aos vídeos para compreender melhor o assunto e prosseguir nos estudos.

Olimpíada Brasileira de Matemática. Disponível em: <http://linkte.me/c39d3>.
Nesse *site* é possível acessar as provas e os gabaritos da OBM de anos anteriores. Também há tópicos sobre como se preparar para as competições, quem são os organizadores, o calendário das provas, os regulamentos, entre outros.

Olimpíada Brasileira de Matemática das Escolas Públicas.
Disponível em: <http://linkte.me/dpo1a>.
Nesse *site* é possível acessar as provas e as soluções, o banco de questões, as apostilas e os vídeos. Também há tópicos sobre as escolas inscritas, as cerimônias nacionais de premiação, o calendário, os regulamentos, as dúvidas sobre o regulamento e a competição, entre outros.

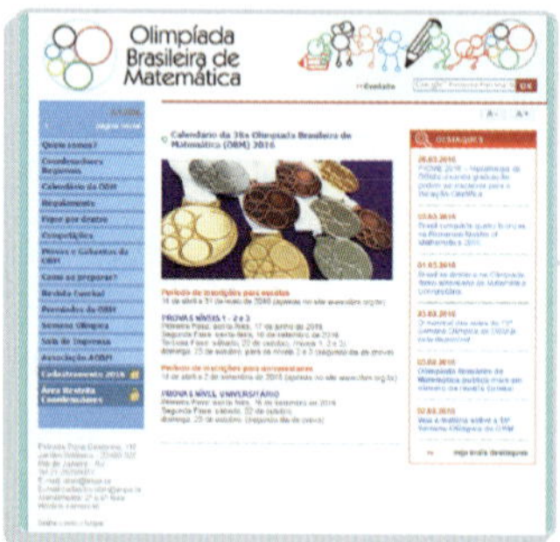

Olimpíada Brasileira de Matemática/Fac-símile: ID/BR

Recursos educacionais multimídia para a matemática do ensino médio.
Disponível em: <http://linkte.me/q5rik>.
O *site* possui experimentos, vídeos, áudios e *softwares* que podem ser acessados tanto por essas categorias quanto por temas específicos.

Gabarito

unidade 1

capítulo 1 Geometria espacial de posição

1. a) Reta. b) Ponto. c) Plano.

2. a) F; b) V; c) F; d) V; e) F

3. 35 triângulos.

4. Alternativa **d**.

5. a) No máximo, 9 triângulos.
b) Não.
c) No máximo, 4 planos.

6. No máximo, 20 planos.

7. a) Sim.
b) Não.

8. a) Concorrentes.
b) Paralelas.
c) Reversas.
d) Coincidentes.

9. Sim.

10. a) Reversas.
b) Concorrentes.

11. a) Paralelas.
b) Concorrentes.
c) Concorrentes.
d) Paralelas.
e) Paralelas.
f) Reversas.
g) Reversas.
h) Concorrentes.

12. a) $\overleftrightarrow{TU}$, $\overleftrightarrow{ST}$, $\overleftrightarrow{SU}$, $\overleftrightarrow{RS}$, $\overleftrightarrow{RT}$ e $\overleftrightarrow{RU}$.
b) $\overleftrightarrow{TU}$, $\overleftrightarrow{SU}$, $\overleftrightarrow{RS}$ e $\overleftrightarrow{RT}$.

13. a) Reta r contida em α.
b) Reta s secante ao plano α.

14. a) F; b) V; c) V; d) F

15. a) Reta r contida no plano α.
b) Reta r secante ao plano α.
c) Reta r paralela ao plano α.

16. a) Secante.
b) Secante.
c) Paralela.
d) Contida.

17. a) $\overleftrightarrow{EF}$, $\overleftrightarrow{EG}$, $\overleftrightarrow{FH}$ e $\overleftrightarrow{GH}$
b) $\overleftrightarrow{EF}$, $\overleftrightarrow{EG}$, $\overleftrightarrow{FH}$ e $\overleftrightarrow{GH}$
c) $\overleftrightarrow{EA}$, $\overleftrightarrow{EF}$, $\overleftrightarrow{FD}$ e $\overleftrightarrow{AD}$
d) $\overleftrightarrow{BC}$, $\overleftrightarrow{GH}$, $\overleftrightarrow{EF}$ e $\overleftrightarrow{AD}$

18. A reta u pode estar contida, ser secante ou ser paralela ao plano δ.

19. a) O plano que contém a face *DCGH*.
b) Os planos que contêm as faces *BCGF*, *CGHD*, *ABFE* e *ADHE*.
c) Secantes.
d) Secantes.

20. a) Paralelo.
b) Secante.

21. Paralela ou concorrente.

22. a) V; b) V; c) F; d) F

23. a) O plano que contém a face *DCGH*.
b) Aos planos que contêm as faces *ABFE*, *AEHD* e *ABCD*.
c) Dos planos que contêm as faces *ADHE* e *DHGC*.

24. Alternativa **d**.

25. Paralelos.

26. a) V; b) F; c) V; d) V

27. a) Os planos que contêm as faces *ADEH* e *BCFG*.
b) Os planos que contêm as faces *ADEH*, *BCFG* e *ABGH*.
c) Sim, pois as retas são concorrentes e formam quatros ângulos congruentes.

28. Alternativa **e**.

29. a) Um quadrilátero congruente ao quadrilátero *ABCD*.
b) Um segmento de reta.
c) Um ponto ou um segmento de reta.

31. Objeto **S1**: **P1**, **P2**, **P3** e **P4**; Objeto **S2**: **P1** e **P4**.

32. a) $5\sqrt{2}$ cm
b) $\sqrt{61}$ cm
c) 6 cm
d) 2 cm

33. a) V; b) F; c) V; d) V

34. a) $2\sqrt{6}$ cm
b) $5\sqrt{5}$ cm
c) $2\sqrt{31}$ cm

35. a) $\overline{AB}$, $\overline{CD}$, $\overline{EF}$ e $\overline{GH}$
b) $\overline{AB}$, $\overline{CD}$, $\overline{EF}$ e $\overline{GH}$
c) $\overline{AE}$, $\overline{DH}$, $\overline{CG}$ e $\overline{BF}$
d) $\overline{AE}$, $\overline{BF}$, $\overline{DH}$ e $\overline{CG}$

36. a) 6 cm
b) $6\sqrt{2}$ cm
c) $\sqrt{7}$ cm

capítulo 2 Poliedros

1. Os objetos **B**, **C** e **E**.

2. a) São poliedros as figuras **I**, **II**, **V**, **VI**.

b) • poliedros convexos: **I**, **II**, **VI**;

• poliedro não convexo: **V**.

3. a) 8 faces, 12 arestas, 6 vértices.

b) 4 arestas.

c) Triângulo.

4. a) 5 vértices, 5 faces, 8 arestas.

b) Sim.

5. Alternativa **b**.

6. a) 24 faces.

b) 36 arestas.

c) 14 vértices.

7. 8 faces triangulares.

8. Os poliedros dos itens **A** e **D**.

9. 324°

10. a) 13 cm

b) 192 cm^2

11. I) 1141,2 mm^2;

II) 3 804 mm^2;

III) 4 564,8 mm^2.

12. Alternativa **e**.

13. 3,5 cm

14. a) 140 cm^3

b) 195 cm^3

c) 256 cm^3

15. 854 L

16. a) $1\,440\sqrt{3}$ u^3

b) $400\sqrt{3}$ u^3

17. 1,728 L

18. Alternativa **b**.

19. Alternativa **c**.

20. a) Heptágono.

b) Heptágono.

c) Triângulo.

d) Undecágono.

21. apótema da pirâmide: $2\sqrt{21}$ m; apótema da base $4\sqrt{3}$ m

22. a) $\left(9 + 3\sqrt{109}\right)$

b) $16\sqrt{3}$ cm^2

23. $\frac{245}{3}$ cm^3

24. 13 dm

25. 111 dm^3

26. Área da superfície: $72\sqrt{3}$ m^2; volume: $72\sqrt{2}$ m^3.

27. Alternativa **e**.

28. a) $\left(20 + 12\sqrt{5}\right)$ cm^2

b) $\left(60\sqrt{3} + 48\sqrt{7}\right)$ m^2

29. Aproximadamente 72,35 cm^2.

30. $\left(104\sqrt{3} + 540\right)$ dm^2

31. a) 12 cm

b) $\left(260 + 64\sqrt{10}\right)$ cm^2

c) $\left(460 + 64\sqrt{10}\right)$ cm^2

d) 1 040 cm^3

32. a) 36 cm^2

b) altura do tronco: 4 cm; volume: 228 cm^3

33. Aproximadamente 9,29 cm.

34. $\frac{16\,625}{486}$ cm^3

capítulo 3 Corpos redondos

1. a) $80{,}5\pi$ m^2 ou aproximadamente 252,77 m^2.

b) 100π m^2 ou aproximadamente 314 m^2.

c) 24π m^2 ou aproximadamente 75,36 m^2.

d) 72π m^2 ou aproximadamente 226,08 m^2.

2. a) 2 cm

b) Aproximadamente 3 cm.

3. a) Aproximadamente 13 m.

b) 25π m^2 ou aproximadamente 78,5 m^2.

c) 180π m^2 ou aproximadamente 565,2 m^2.

4. $5{,}976\pi$ m^2 ou aproximadamente 18,76 m^2.

5. 405π ou aproximadamente 1 271,7 cm^2.

6. Alternativa **a**.

7. a) $A_t = 3{,}355x^2$

b) 335,5 cm^2

8. Aproximadamente 5,6 kg.

9. a) $11{,}25\pi$ m^3 ou aproximadamente 35,33 m^3.

b) 10π m^3 ou aproximadamente 31,4 m^3.

c) 128π m^3 ou aproximadamente 401,92 m^3.

d) $12{,}5\pi$ m^3 ou aproximadamente 39,25 m^3.

10. O volume da pilha de moedas de R$ 0,50 é aproximadamente 5 917,53 mm^3 e o volume da pilha de moedas de R$ 1,00 é aproximadamente 7 811,4 mm^3.

11. Aproximadamente 1,91 dm.

12. $36{,}8\pi$ cm² ou aproximadamente 115,552 cm².

13. $\left(4 + 2\sqrt{6}\right)$ m

14. $(6 + 58{,}88\pi)$ m³ ou aproximadamente 24,46 m³.

15. a) 6 000 segundos ou 1 h 40 min

b) Gráfico **II**.

16. a) 600π dm² ou aproximadamente 1 884 dm².

b) 1200π dm² ou aproximadamente 3 768 dm².

c) 588π dm² ou aproximadamente 1 846 dm².

d) 980π dm² ou aproximadamente 3 077 dm².

17. Alternativa **e**.

18. a) triângulo **I**: 240π cm² ou aproximadamente 753,6 cm²; triângulo **II**: 136π cm² ou aproximadamente 427,04 cm²

b) triângulo **I**: 320π cm² ou aproximadamente 1 004,8 cm²; triângulo **II**: 255π cm² ou aproximadamente 800,7 cm²

19. Aproximadamente 6 782,4 cm² de papel.

20. a) $\frac{250}{3}\pi$ cm³ ou aproximadamente 261,67 cm³.

b) 100π cm³ ou aproximadamente 314 cm³.

21. Aproximadamente 9 161,74 m².

22. Aproximadamente 426,67 mL.

23. Alternativa **d**.

24. Aproximadamente 0,5495 m².

25. Alternativa **a**.

26. a) 875π cm³ ou aproximadamente 2 747,5 cm³.

b) 631π cm³ ou aproximadamente 1 981,34 cm³.

c) $\frac{3\,416\pi}{3}$ cm³ ou aproximadamente 3 575,41 cm³.

27. a) área: 400π cm² ou aproximadamente 1 256 cm²; volume: $\frac{4\,000}{3}\pi$ cm³ ou aproximadamente 4 186,67 cm³

b) área: 288π cm² ou aproximadamente 904,32 cm²; volume: $1\,152\pi$ cm³ ou aproximadamente 3 617,28 cm³

c) área: 196π cm² ou aproximadamente 615,44 cm²; volume: $\frac{2\,744}{3}\pi$ cm³ ou aproximadamente 2 872,05 cm³

d) área: $544{,}5\pi$ cm² ou aproximadamente 1 709,73 cm²; volume: $2\,994{,}75\pi$ cm³ ou aproximadamente 9 403,52 cm³

28. 3 unidades.

29. a) 36π dm² ou aproximadamente 113,04 dm².

b) 64π dm² ou aproximadamente 200,96 dm².

30. a) 64π u² ou aproximadamente 200,96 u².

b) 17 u

c) $\frac{19\,652\pi}{3}$ u³ ou aproximadamente 20 569,09 u³.

31. Alternativa **d**.

32. Alternativa **a**.

33. Alternativa **b**.

34. a) 45° b) 75%

35. $\frac{\sqrt{2}}{2}$ cm

36. 4 dm

37. 1575π cm³ ou aproximadamente 4 945,5 cm³.

38. 500π m³ ou aproximadamente 1 570 m³.

unidade 2

capítulo 4 Ponto e reta

1. $A(-5, -3)$; $B(-3, 1)$; $C(3, 5)$; $D(1, -2)$; $E(1, 0)$; $F(0, -4)$; $G(6, 0)$

3. a) $S = \left\{p \in \mathbb{R} \middle| p > \frac{18}{5}\right\}$

b) $S = \left\{p \in \mathbb{R} \middle| -\frac{5}{2} < p < \frac{18}{5}\right\}$

c) $S = \left\{p \in \mathbb{R} \middle| p < -\frac{5}{2}\right\}$

d) $S = \varnothing$

4. A: 3º quadrante; B: 2º quadrante; C: 1º quadrante.

5. 32

6. a) São congruentes.

b) São congruentes.

- Sim.

7. Sim.

8. a) $AB = \sqrt{85}$; $BC = 12$; $AC = \sqrt{85}$

Não é escaleno.

b) $AB = 4\sqrt{5}$; $BC = \sqrt{89}$; $AC = \sqrt{257}$

É escaleno.

c) $AB = 6$; $BC = 6$; $AC = 6$

Não é escaleno.

d) $AB = \sqrt{13}$; $BC = 2\sqrt{17}$; $AC = 5$

É escaleno.

9. Alternativa **c**.

10. a) $p = \frac{2\sqrt{14}}{3}$ b) $a = 0$ ou $a = 7$ c) $n = \frac{2\sqrt{15}}{3}$

11. Alternativa **b**.

12. Alternativa **c**.

13. a) $M(-6, 4)$

b) $M(7, -7)$

c) $M(2, 3)$

14. $\overline{MC}$: $\sqrt{13}$ u.c.; $\overline{ND}$: $\frac{5}{2}$ u.c.

15. a) $G\left(-3, -\frac{2}{3}\right)$

b) $G(0, 6)$

c) $G(5, -2)$

16. Alternativa **c**.

17. $A(0, -4)$; $B(-4, -2)$

18. $C(-2, -1)$

19. a) $AP = 3$ u.c.

b) $G(4, 2)$

c) $\frac{AG}{AP} = \frac{2}{3}$; $\frac{GP}{AP} = \frac{1}{3}$

d) $\frac{BG}{BQ} = \frac{2}{3}$; $\frac{GQ}{BQ} = \frac{1}{3}$; $\frac{CG}{CR} = \frac{2}{3}$; $\frac{GR}{CR} = \frac{1}{3}$

20. a) $M\left(0, -\frac{7}{2}\right)$

b) 7,5 cm

c) $B(0, 0)$; $C(0, -7)$

21. a) $m = \frac{4}{3}$

b) $m = \frac{2}{7}$

c) $m = \frac{2}{3}$

d) $m = \frac{3}{7}$

22. a) $3x - 2y + 6 = 0$; $y = \frac{3}{2}x + 3$

b) $6x - 7y - 9 = 0$; $y = \frac{6}{7}x - \frac{9}{7}$

c) $-3x - 8y + 31 = 0$; $y = -\frac{3}{8}x + \frac{31}{8}$

23. a) $y - 1 = 0$

b) $2x - y - 3 = 0$

c) $-2x + 13y - 128 = 0$

d) $2x + y - 14 = 0$

24. Alternativa **a**.

25. Não pertence.

26. reta que contém o segmento AC: r: $y = -\frac{4}{3}x + 8$; reta que contém o segmento AB: s: $y = 4x + 8$

27. $\frac{x}{4} + \frac{y}{3} = 1$

28. Alternativa **e**.

29. $x - y + 2 = 0$

30. $k = 4$; $y = 3x - 13$

31. $y = -4x + 28$; $y = -\frac{2}{5}x + \frac{44}{5}$; $y = \frac{1}{2}x + 4$

32. reta que contém o segmento AB: $x - 2y + 2 = 0$; reta que contém o segmento BD: $x + y - 10 = 0$

33. a) Paralelas.

b) Paralelas.

c) Concorrentes.

d) Concorrentes.

34. $y = -4x + 17$

35. a) $k = 2$

b) $k = 8$

c) $k = 4$

36. a) $(4, 5)$

b) $(0, 4)$

38. $3x - 2y - 1 = 0$

39. $6x - 4y - 13 = 0$

40. $x + 2y - 20 = 0$

41. $y = -3x + 9$

42. Alternativa **b**.

43. a) $\text{tg}\,\theta = \frac{37}{5}$

b) $\text{tg}\,\theta = \frac{7}{9}$

c) $\text{tg}\,\theta = 43$

44. a) $\theta = 45°$

b) $\theta = 60°$

c) $\theta = 30°$

d) $\theta = 45°$

45. a) $d(P, r) = 1$

b) $d(P, r) = 2$

c) $d(P, r) = \frac{29\sqrt{13}}{13}$

d) $d(P, r) = 2\sqrt{17}$

46. Alternativa **d**.

47. A e C pertencem ao conjunto solução; B e D não pertencem ao conjunto solução

49. I) $y < \frac{3}{2}x - \frac{5}{2}$

II) $y \geqslant -\frac{2}{3}x + \frac{4}{3}$

III) $y > \frac{1}{4}x - \frac{3}{2}$

51. a) $\begin{cases} y \leqslant \frac{x}{2} - 1 \\ y \geqslant -x + 2 \end{cases}$

b) $\begin{cases} y > x - 4 \\ y > -\frac{2x}{3} + 1 \end{cases}$

52. $\begin{cases} y \leqslant \frac{2}{3}x + 2 \\ y < -x + 2 \\ y \geqslant 0 \end{cases}$

capítulo 5 Cônicas

1. a) $(x-2)^2 + (y-4)^2 = 3^2$

b) $(x+3)^2 + (y-3)^2 = 5^2$

c) $x^2 + y^2 = \left(\sqrt{7}\right)^2$

d) $(x+15)^2 + (y+7)^2 = 9^2$

2. a) Não representa uma circunferência.

b) Representa uma circunferência com $C(-3, 2)$ e raio 5.

c) Não representa uma circunferência.

d) Representa uma circunferência com $C(-5, 2)$ e raio 4.

e) Representa uma circunferência com $C(-27, 13)$ e raio $\sqrt{5}$.

f) Representa uma circunferência com $C(0, 0)$ e raio 1.

3. $(x-1)^2 + (y+3)^2 = \left(\sqrt{10}\right)^2$

4. Alternativa **a**.

5. Circunferência de centro $C(-3, 1)$: raio $\sqrt{2}$ e equação $x^2 + y^2 + 6x - 2y + 8 = 0$; circunferência de centro $C(4, -4)$: raio 4 e equação $x^2 + y^2 - 8x + 8y + 16 = 0$

6. $\left(x - \frac{3}{2}\right)^2 + (y-6)^2 = \frac{29}{4}$

7. $(x-6)^2 + (y+12)^2 = 5^2$; 4º quadrante

8. $S = \{k \in \mathbb{R} \mid k < 34\}$

9. Interiores: A e C; exterior: B; pertencentes: D e E

10. $S = \left\{m \in \mathbb{R} \mid m < -2\sqrt{7} \text{ ou } m > 2\sqrt{7}\right\}$

12. $(15, -2)$; $(-3, 16)$

13. O computador que está localizado no ponto B recebe o sinal mas o telefone celular que está no ponto D não recebe.

14. $4x + 5y = -7$

15. $(4, 4)$; $(-4, 0)$

16. a) r é secante à λ; s é secante à λ; t é secante à λ

b) r é secante à τ; s é secante à τ; t é exterior à τ

c) r é exterior à δ; s é exterior à δ; t é exterior à δ

17. a) tangentes exteriores

b) concêntricas

18. a) Resposta pessoal.

b) I) r é secante à λ_1 e à λ_4.

II) s é tangente à λ_2 e exterior à λ_3.

III) λ_1 e λ_2 são interiores; λ_2 e λ_4 são interiores.

19. Perpendicular ao eixo e e passando pelo vértice.

20. a) $\frac{x^2}{9} + \frac{y^2}{5} = 1$

b) $\frac{x^2}{6} + \frac{\left(y - \frac{5}{2}\right)^2}{\frac{25}{4}} = 1$

c) $\frac{(x-2)^2}{4} + \frac{(y-2)^2}{5} = 1$

21. a) $Q(1, 0)$

b) 6

c) 4

d) $2\sqrt{5}$

e) $\frac{\sqrt{5}}{3}$

22. a) $\frac{x^2}{50} + \frac{y^2}{25} = 1$

b) $\frac{(x-2)^2}{20} + \frac{(y-6)^2}{36} = 1$

23. a) $Q(0, 0)$; $F_1\left(0, -2\sqrt{5}\right)$; $F_2\left(0, 2\sqrt{5}\right)$

b) $Q(0, 4)$; $F_1(0, 1)$; $F_2(0, 7)$

c) $Q(5, 2)$; $F_1(1, 2)$; $F_2(9, 2)$

24. Vênus.

25. Alternativa **e**.

26. a) $\frac{x^2}{4} - \frac{y^2}{21} = 1$

b) $\frac{y^2}{2} - \frac{x^2}{2} = 1$

c) $\frac{(x-2)^2}{9} - \frac{(y-1)^2}{9} = 1$

d) $\frac{(y+2)^2}{4} - \frac{(x-2)^2}{5} = 1$

27. a) $y = 2\sqrt{2}x$; $y = -2\sqrt{2}x$

b) $y = \frac{\sqrt{3}}{3}x$; $y = -\frac{\sqrt{3}}{3}x$

28. a) $F_1(5, 0)$; $F_2(-5, 0)$; $e = \frac{5}{4}$

b) $F_1(0, 13)$; $F_2(0, -13)$; $e = \frac{13}{12}$

c) $F_1(2, -5)$; $F_2(-6, -5)$; $e = \frac{2\sqrt{6}}{3}$

30. $m = \sqrt{3}$

32. $\frac{x^2}{8} - \frac{y^2}{8} = 1$

33. a) $F(5, -1); V(4, -1)$; diretriz: $x = 3$

b) $F(-2, -3); V(-2, -1)$; diretriz: $y = 1$

c) $F(-1, -2); V(3, -2)$; diretriz: $x = 7$

34. a) $x^2 = 8y$

b) $(y - 1)^2 = 12(x - 2)$

c) $(x - 2)^2 = 8(y - 1)$

d) $y^2 = \frac{9}{2}x$

35. a) $y^2 = 8x$

b) $(x - 2)^2 = -8(y - 1)$

c) $(x + 3)^2 = 4(y + 1)$

36. a) $V(-1, 2); F\left(-1, \frac{9}{4}\right)$; diretriz: $y = \frac{7}{4}$

b) $V(3, 4); F\left(3, \frac{15}{4}\right)$; diretriz: $y = \frac{15}{4}$

37. $A(1, 1); B(-1, 1)$

38. $x^2 = -4(y - 8)$

39. a) $y = x + 2$

b) $y = x^2 - 6x + 8$

c) $A(6, 8); B(1, 3)$

40. $m = 12$

41. $(x - 1)^2 = -\frac{(y - 6)}{2}$; $(x - 1)^2 = (y + 6)$

unidade 3

capítulo 6 Estatística

1. a) três leves e uma média; uma leve e duas graves; duas leves e uma gravíssima; duas médias e uma grave

b) R$ 122 900,00

5. Resposta pessoal.

6. a) 1,63 m; 1,67 m; 1,71 m; 1,75 m; 1,79 m

b) $\bar{x} \simeq 1{,}73$ m; $Mo = 1{,}75$ m; $Md = 1{,}75$ m

7. 9 alunos; 30 alunos

8. Alternativa **d**.

9. a) Grupo *C*.

b) Grupo *A*: $Dp \simeq 2{,}28$ pontos; grupo *B*: $Dp \simeq 0{,}69$ ponto; grupo *C*: $Dp \simeq 1{,}29$ pontos

c) Grupo *B*.

10. Rodrigo

11. $Dm \simeq 0{,}08$ m; $V \simeq 0{,}008$ m; $Dp \simeq 0{,}0894$ m

12. Alternativa **b**.

capítulo 7 Números complexos

1. a) $Re(z_1) = 2; Im(z_1) = 3$

b) $Re(z_2) = 1; Im(z_2) = -1$

c) $Re(z_3) = 0; Im(z_3) = -13$

d) $Re(z_4) = -\frac{1}{4}; Im(z_4) = -\frac{1}{2}$

2. a) $z = 3 + 4i$

b) $z = 2i$

c) $z = -7$

d) $z = 8 - 11i$

3. a) $x = \frac{3}{5}; y = -3$

b) $x = 1; y = 1$

c) $x = 4; y = 25$

d) $x = \frac{1}{8}; y = -\frac{3}{28}$

4. a) $z_1 + z_2 = 3 + i$

b) $z_1 - z_2 = 1 + 5i$

c) $2z_1 + z_2 = 5 + 4i$

d) $z_1 \cdot z_2 = 8 - i$

5. a) $p = -4$

b) $p = -3$

c) $p = -6$

d) $p = -\frac{5}{3}$

6. Alternativa **e**.

7. $z_1 = 3 + 4i; z_2 = 1 - 2i; z_3 = 0; z_4 = -4 + 4i; z_5 = -3 + i; z_6 = -2; z_7 = 5i$

9. a) $S = \{-5i, 5i\}$

b) $S = \{-4i, 4i\}$

c) $S = \{2 - i, 2 + i\}$

d) $S = \{6 - 2i, 6 + 2i\}$

10. $\frac{1}{2} - \frac{\sqrt{3}}{2}i$ e $\frac{1}{2} + \frac{\sqrt{3}}{2}i$

11. Alternativa **d**.

12. $S = \left\{\frac{-5 - i}{4}, \frac{-5 + i}{4}\right\}$

13. a) $1 - 2i$

b) i

c) $\frac{13}{5} + \frac{1}{5}i$

d) $\frac{3}{10} + \frac{1}{10}i$

14. a) $\frac{z_1}{z_2} = \frac{-4 + 7i}{5}$

b) $\frac{z_1}{z_2} = \frac{-4 - 7i}{13}$

15. a) $Re(z) = 1$; $Im(z) = -3$

b) $Re(z) = -\frac{31}{41}$; $Im(z) = \frac{8}{41}$

17. $bc = ad$

18. a) $7 - 4i$

b) $-i$

19. a) -1

b) i

c) 1

d) $-i$

20. a) $\frac{7 + 24i}{25}$

b) -64

c) i

d) $1 + i$

21. $1 - i$

22. $a = 3$

24. a) 5

b) 18

c) 21

26. a) $z_1 = 3\sqrt{2}\left(\cos\frac{7\pi}{4} + i\,\text{sen}\frac{7\pi}{4}\right)$

b) $z_2 = 13\left(\cos\frac{\pi}{2} + i\,\text{sen}\frac{\pi}{2}\right)$

c) $z_3 = 7\left(\cos 0° + i\,\text{sen}\,0°\right)$

27. a) $z_1 = \frac{7}{2} + \frac{7\sqrt{3}}{2}i$

b) $z_2 = -4$

c) $z_3 = -5\sqrt{3} + 5i$

28. a) $z_1 = 3\left(\cos\frac{5\pi}{6} + i\,\text{sen}\frac{5\pi}{6}\right)$;

$z_2 = 4\sqrt{2}\left(\cos\frac{7\pi}{4} + i\,\text{sen}\frac{7\pi}{4}\right)$

b) $z_1 \cdot z_2 = 12\sqrt{2}\left[\cos\left(\frac{31\pi}{12}\right) + i\,\text{sen}\left(\frac{31\pi}{12}\right)\right]$

c) $\frac{z_1}{z_2} = \frac{3\sqrt{2}}{8}\left[\cos\left(-\frac{11\pi}{12}\right) + i\,\text{sen}\left(-\frac{11\pi}{12}\right)\right]$

29. a) 256

b) $131\,072\sqrt{2} - 131\,072\sqrt{2}i$

30. a) $125\left[\cos\left(108°\right) + i\,\text{sen}\left(108°\right)\right]$

b) $15\,625\left[\cos\left(216°\right) + i\,\text{sen}\left(216°\right)\right]$

c) $5\sqrt{5}\left[\cos\left(54°\right) + i\,\text{sen}\left(54°\right)\right]$

d) $125\left[\cos\left(108°\right) + i\,\text{sen}\left(108°\right)\right]$

31. Alternativa **a**.

unidade 4

capítulo 8 Polinômios

1. a) grau: 7

b) grau: 5

c) grau: 6

d) grau: 7

2. $a = 0$ e $m = -2$ ou $a = 5$ e $m = 3$

3. $f(a + 2) = -6$

4. a) 48 b) $9 - 7i$ c) $-15 - i$

5. $a = 10$; $b = 10$

6. Alternativa **b**.

7. $a = 3$; $b = -2$

8. $q(x) = x^2 + 4x - 5$; raízes: -5 e 1

9. $S = \left\{a \in \mathbb{R} \middle| -\sqrt{84} < a < \sqrt{84}\right\}$

10. $a = 81$; $b = -162$; $c = 162$; $d = -216$

11. a) $r(x) - q(x) = -x^5 + 2x^3 + x - 12$

b) $p(x) \cdot q(x) = 3x^7 + 2x^6 - 5x^5 - 4x^4 + 16x^3 + 12x^2 + 6x$

c) $\left[p(x)\right]^2 = 9x^4 + 12x^3 + 10x^2 + 4x + 1$

d) $\left[p(x) \cdot r(x)\right] + q(x) = x^5 + 19x^3 - 22x^2 - 11x - 12$

12. a) 6

b) 12

c) 8

d) 10

13. $a = 9$; $b = 3$

14. $S = \left\{m \in \mathbb{R} \middle| m \neq 0 \text{ e } m \neq \frac{5}{7}\right\}$

15. a) quociente: $3x + 3$; resto: $-x + 5$

b) quociente: $-x + 1$; resto: $x^3 - x^2 - 2x + 23$

16. $A = -6$; $B = 0$; $C = -5$; $D = 5$

17. a) $p(x) = x^4 - 1$

b) $p(x) = 2x^3 + x^2 - x + 2$

18. a) quociente: $3x^3 - 4x^2 + x - 1$; resto: 0

b) quociente: $2x^4 - 4x^3 + 7x^2 - 14x + 24$; resto: -42

c) quociente: $5x^4 + 4x^2 - 8x - 6$: resto: -5

d) quociente: $x^2 + 3x + 5$; resto: $9x - 25$

19. a) dividendo: $p(x) = 3x^5 - x^4 + 2x^2 - 6$;
divisor: $d(x) = x - 2$;
quociente: $q(x) = 3x^4 + 5x^3 + 10x^2 + 22x + 44$;
resto: $r(x) = 82$

b) dividendo: $p(x) = x^4 + 3x^3 - 10x^2 - 24x$;
divisor: $d(x) = x + 4$;
quociente: $q(x) = x^3 - x^2 - 6x$;
resto: $r(x) = 0$

c) dividendo: $p(x) = 2x^3 - 7x^2 - 4x - 133$;
divisor: $d(x) = x - 5$;
quociente: $q(x) = 2x^2 + 3x + 11$;
resto: $r(x) = -78$

d) dividendo: $p(x) = x^4 - 18x + 17$;
divisor: $d(x) = x - 1$;
quociente: $q(x) = x^3 + x^2 + x - 17$;
resto: $r(x) = 0$

20. 4

21. a) 0
b) 12
c) 1 485
d) 0

22. a) Sim
b) Não
c) Sim
d) Não

23. $a = -5$

24. Alternativa **a**.

capítulo 9 Equações polinomiais

1. a) 6 raízes.
b) 5 raízes.
c) 4 raízes.

2. a) Grau 3.
b) Grau 5.
c) Grau 4.
d) Grau 5.

3. raíz dupla: 2; raízes triplas: -3 e $\frac{1}{4}$

4. a) $S = \{3\}$
b) $S = \{-1, 2\}$
c) $S = \{0, 2i, -2i\}$
d) $S = \{-1, 1, \sqrt{6}i, -\sqrt{6}i\}$

5. a) $p(x) = (x+3)(x+1)(x-1)$
b) $p(x) = (x+1)(x-2)(x+3)$
c) $p(x) = (x-1)^3(x+4)$

6. Multiplicidade 3.

7. a) Possíveis respostas: $p(x) = 2x^2 + 10x + 12$;
$p(x) = 2x^3 + 10x^2 + 12x$; $2x^3 + 8x^2 + 2x - 12$
b) Possíveis respostas: $p(x) = -\frac{x^3}{3} + \frac{x^2}{3} + 3x - 3$;
$p(x) = -\frac{x^4}{3} + \frac{x^3}{3} + 3x^2 - 3x$; $-\frac{x^4}{3} + \frac{10x^2}{3} - 3$
c) Possíveis respostas:
$p(x) = -3x^4 + 21x^3 - 48x^2 + 84x - 144$;
$p(x) = -3x^5 + 18x^4 - 27x^3 + 36x^2 - 60x - 144$
$p(x) = 3x^5 - 24x^4 + 69x^3 - 132x^2 + 228x - 144$
d) Possíveis respostas:
$p(x) = x^3 - 4x^2 - 3x + 18$; $p(x) = 2x^3 - 8x^2 - 8x + 26$;
$p(x) = -3x^3 - 12x^2 + 9x - 54$

8. a) $k = 4$ b) $2i$ e $-2i$

9. $f(x) = x^3 - 2x^2 - 3x$

10. Alternativa **a**.

11. a) $x_1 + x_2 = -\frac{(-6)}{2} = 3$; $x_1x_2 = \frac{(-20)}{2} = -10$
b) $x_1 + x_2 + x_3 = -\frac{3}{2}$; $x_1x_2 + x_1x_3 + x_2x_3 = \frac{4}{2} = 2$;
$x_1x_2x_3 = -\frac{6}{2} = -3$
c) $x_1 + x_2 + x_3 + x_4 = -\frac{6}{3} = -2$;
$x_1x_2 + x_1x_3 + x_1x_4 + x_2x_3 + x_2x_4 + x_3x_4 = -\frac{5}{3}$;
$x_1x_2x_3 + x_1x_2x_4 + x_1x_3x_4 + x_2x_3x_4 = -\frac{10}{3}$; $x_1x_2x_3x_4 = \frac{3}{3} = 1$

12. a) 2, 4 e 6 b) 1, 2 e 4 c) -3 e 1

13. 64 u^3

14. $\frac{1}{12}$

15. $S = \{m \in \mathbb{R} \mid -8 < m < -5 \text{ ou } 1 < m < 8\}$

16. Alternativa **d**.

17. a) $\frac{p}{q} \in \left\{-1, 1, -\frac{1}{3}, \frac{1}{3}\right\}$
b) $\frac{p}{q} \in \left\{-1, 1, 2, -2, -\frac{1}{5}, \frac{1}{5}, -\frac{2}{5}, \frac{2}{5}\right\}$
c) $\frac{p}{q} \in \left\{-1, 1, -\frac{1}{2}, \frac{1}{2}, -\frac{1}{4}, \frac{1}{4}, -2, 2, -3, 3, -\frac{3}{2}, \frac{3}{2}, -\frac{3}{4}, \frac{3}{4}, -6, 6\right\}$

18. a) $S = \left\{1, 3, \frac{1}{3}\right\}$
b) $S = \left\{1, \frac{2}{5}, \frac{5}{2}\right\}$
c) $S = \{-2, 3, 5\}$

20. a) $f(x)$ não possui raízes inteiras.
b) $\frac{1}{3}$ é a única raiz racional de $f(x)$.
c) $S = \left\{\frac{1}{3}, 1 + i, 1 - i\right\}$

Todos os *sites* foram acessados em: 18 maio 2016.

- Cefet-MG – Centro Federal de Educação Tecnológica de Minas Gerais
<http://linkte.me/e4dv4>.

- Enem/Inep – Exame Nacional do Ensino Médio/Instituto Nacional de Estudo e Pesquisa
<http://linkte.me/qwkgv>.

- EPCAr – Escola Preparatória de Cadetes do Ar
<http://linkte.me/b24ka>.

- EsPCEx – Escola Preparatória de Cadetes do Exército
<http://linkte.me/nrg66>.

- ESPM-RJ – Escola Superior de Propaganda e Marketing do Rio de Janeiro
<http://linkte.me/j94zz>.

- Fatec – Faculdade de Tecnologia
<http://linkte.me/nbb25>.

- Fuvest – Fundação Universitária para o Vestibular
<http://linkte.me/t26mh>.

- Insper – Ensino Superior em Negócios, Direito e Engenharia
<http://linkte.me/y9o87>.

- ITA – Instituto Tecnológico de Aeronáutica
<http://linkte.me/p91r0>.

- Mackenzie – Universidade Presbiteriana Mackenzie
http://linkte.me/w139w>

- PUC-RJ – Pontifícia Universidade Católica do Rio de Janeiro
<http://linkte.me/i393k>.

- PUC-SP – Pontifícia Universidade Católica de São Paulo
<http://linkte.me/a69si>

- Udesc – Universidade do Estado de Santa Catarina
<http://linkte.me/utn7e>.

- UEA – Universidade do Estado do Amazonas
<http://linkte.me/w7299>.

- Uece – Universidade Estadual do Ceará
<http://linkte.me/qdxx7>.

- UEL-PR – Universidade Estadual de Londrina
<http://linkte.me/v5v96>.

- UEMG – Universidade do Estado de Minas Gerais
<http://linkte.me/e7241>

- Uepa – Universidade do Estado do Pará
<http://linkte.me/cf194>.

- UEPB – Universidade Estadual da Paraíba
<http://linkte.me/lamm7>

- UEPG – Universidade Estadual de Ponta Grossa
<http://linkte.me/tg55l>

- Uerj – Universidade do Estado do Rio de Janeiro
<http://linkte.me/k0pe4>.

- UFES – Universidade Federal do Espírito Santo
<http://linkte.me/ms87s>.

- UFG – Universidade Federal de Goiás
<http://linkte.me/ns1qq>.

- UFMG – Universidade Estadual de Minas Gerais
<http://linkte.me/k5t49>.

- UFSM – Universidade Federal de Santa Maria
<http://linkte.me/qv8ra>.

- UFTM – Universidade Federal do Triângulo Mineiro
<http://linkte.me/z4d0a>.

- Unesp – Universidade Estadual Paulista "Júlio de Mesquita Filho"
<http://linkte.me/o00eo>.

- Unicamp – Universidade Estadual de Campinas
<http://linkte.me/g431m>.

- UPE – Universidade de Pernambuco
<http://linkte.me/z0256>.

Referências bibliográficas

- Boyer, C. B. *História da matemática*. Trad. Elza F. Gomide. São Paulo: Edgard Blücher, 1974.
- Carmo, M. P; Morgado, A. C; Wagner, E. *Trigonometria, números complexos*. 3. ed. Rio de Janeiro: Sbm, 2005 (Coleção do Professor de Matemática).
- Dolce, O.; Pompeo, J. N. *Fundamentos de matemática elementar*, 10: geometria espacial, posição e métrica. 5. ed. São Paulo: Atual, 1993.
- Eves, H. *Introdução à história da matemática*. Trad. Hygino H. Domingues. Campinas: Ed. da Unicamp, 2004.
- Iezzi, G. *Fundamentos de matemática elementar*, 6: complexos, polinômios, equações. 6. ed. São Paulo: Atual, 1993.
- ________. *Fundamentos de matemática elementar*, 7: geometria analítica. 4. ed. São Paulo: Atual, 1993.
- Lima, E. L. et al. *A matemática no Ensino Médio*. 6. ed. Rio de Janeiro: Sbm, 2006. v. 2 (Coleção do Professor de Matemática).
- ________. et al. *A matemática no Ensino Médio*. 6. ed. Rio de Janeiro: Sbm, 2006. v. 3 (Coleção do Professor de Matemática).
- ________. *Meu professor de matemática e outras histórias*. 5. ed. Rio de Janeiro: Sbm, 2006 (Coleção do Professor de Matemática).
- Pickover, C. A. *O livro da matemática*: de Pitágoras à 57ª dimensão. Kerkdriel: Librero, 2011.
- Rooney, A. *A história da matemática*: desde a criação das pirâmides até a exploração do infinito. São Paulo: M. Books do Brasil Editora Ltda., 2012.
- Roque, T. *História da matemática*: uma visão crítica, desfazendo mitos e lendas. Rio de Janeiro: Zahar, 2012.